W0200005

Lambacher Schweizer

Mathematik für Gymnasien

Abitur- und Klausurtraining

Baden Württemberg

erarbeitet von
Jürgen Frink,
Detlef Hoche,
Matthias Janssen,
Arne Jessen,
Klaus-Peter Jungmann,
Karen Kaps,
Michael Kölle,
Peter Neumann

Ernst Klett Verlag
Stuttgart · Leipzig

1. Auflage 1 7 6 5 | 17 16

Autorinnen und Autoren: Jürgen Frink, Tübingen; Detlef Hoche, Stuttgart; Dr. Matthias Janssen, Inzlingen; Arne Jessen, Balingen; Klaus-Peter Jungmann, Dortmund; Karen Kaps, Stade; Dr. Michael Kölle, Tübingen; Peter Neumann, Markkleeberg

Redaktion: Andreas Marte, Claudia Hofmeister
Herstellung: Simone Glauner

Umschlaggestaltung: KomaAmok, Stuttgart
Titelbilder: Wasserstrudel: Getty Images (amana Images/Takeshi Daigo), München; Wendeltreppe: Getty Images (Image Bank/Joao Paulo), München
Illustrationen: Da-TeX Gerd Blumenstein, Leipzig
Satz: Da-Tex Gerd Blumenstein, Leipzig
Reproduktion: Meyle & Müller Medienmanagement, Pforzheim
Druck: Medienhaus Plump GmbH, Rheinbreitbach

Printed in Germany
ISBN 978-3-12-735307-5

9 783127 353075

Inhaltsverzeichnis

Liebe Schülerinnen und Schüler,

dieses Arbeitsheft soll Ihnen helfen, sich erfolgreich auf die Abiturprüfung vorzubereiten, es soll Sie aber auch auf dem Weg dorthin bei Klausuren unterstützen. Dieses Heft besteht aus drei Teilen:

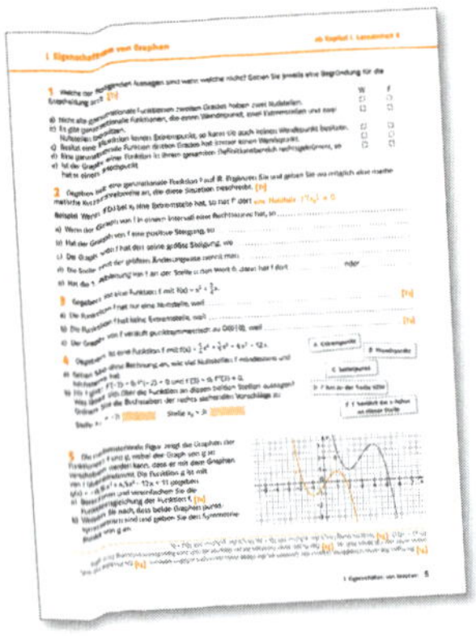

Übungsaufgaben

Der erste Teil enthält Übungsaufgaben unterschiedlicher Schwierigkeitsgrade.
Die Kapitelnamen sind gleich wie im Schülerbuch Lambacher Schweizer Kursstufe (ISBN 978-3-12-735301-3).
Oben auf den Seiten ist angegeben, ab welcher Lerneinheit des entsprechenden Kapitels im Schülerbuch die jeweilige Seite bearbeitet werden kann. Jeweils eine Seite ist einem Thema gewidmet. Die Aufgaben werden nach unten hin immer schwieriger. Aufgaben mit oranger Aufgabenziffer sollen ohne GTR gelöst werden, bei Aufgaben mit schwarzer Aufgabenziffer kann der GTR hilfreich sein. Wenn Ihnen der Lösungsansatz für eine Aufgabe fehlt, können Ihnen die Tipps zu den Aufgaben helfen, einen Ansatz zu finden, mit dem Sie weiterarbeiten können.
Am Ende jedes Kapitels stehen Klausuraufgaben mit und ohne Hilfsmittel, die das Niveau von anspruchsvollen Klausuren oder von Abituraufgaben aufweisen.
Mit diesen Übungsaufgaben können Sie nicht nur parallel zum Unterricht üben, sondern auch in den Wochen und Monaten vor der schriftlichen Abiturprüfung die Inhalte der Kursstufe systematisch auffrischen und eventuelle Lücken identifizieren.
Den Themen, die typischerweise für die Abiturprüfung besonders relevant sind, haben wir in diesem Heft besonders breiten Raum eingeräumt. Die Lösungen zu allen Aufgaben sind hinten im Heft zu finden.

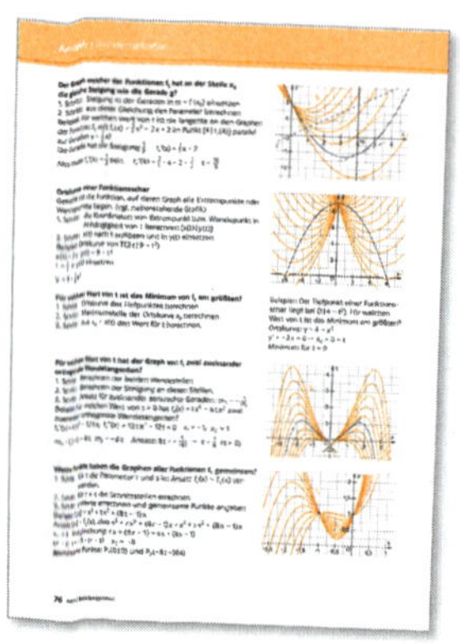

Basisfertigkeiten

Die Seiten zu Basisfertigkeiten zeigen typische Fragestellungen in Prüfungen und typische Vorgehensweisen zur Lösung dieser Fragestellungen.
Der Schwerpunkt der Basisfertigkeiten liegt auf Schrittfolgen, mit denen komplexe Aufgaben in einzelne Schritte zerlegt werden können. Die Schrittfolgen sollen auch das Verständnis für Lösungsstrategien fördern. Probleme, die alleine mit der Anwendung einer Formel aus der Formelsammlung oder einer einfachen Berechnung mit dem GTR gelöst werden können, werden bei den Basisfertigkeiten nicht behandelt. Die Basisfertigkeiten und die Formelsammlung ergänzen daher einander, ohne sich gegenseitig überflüssig zu machen.

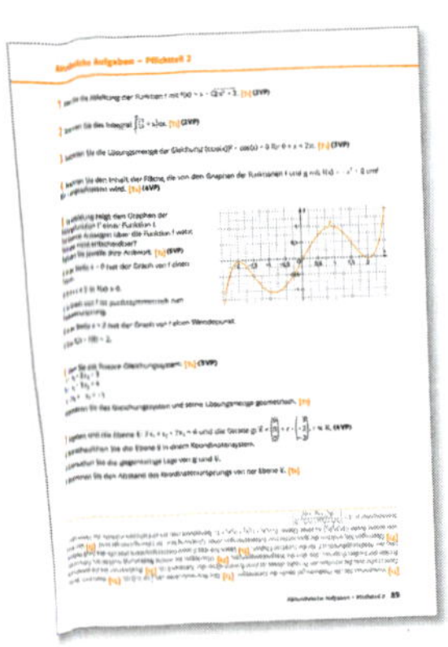

Abiturähnlichen Aufgaben

Die abiturähnlichen Aufgaben sollen eine Abiturvorbereitung unter Echtbedingungen ermöglichen. Die Abiturprüfung besteht aus zwei Blöcken:

- einem Pflichtteil mit Aufgaben, die das Grundwissen und die Grundkompetenzen in Mathematik überprüfen. Die Aufgaben des Pflichtteils müssen ohne Taschenrechner und Formelsammlung bearbeitet werden. Für diesen Aufgabenblock gibt es maximal 30 Verrechnungspunkte.
- zwei Aufgaben des Wahlteils zur Analysis sowie zur analytischen Geometrie und Stochastik. Die Aufgaben des Wahlteils sind komplexer. Diese Aufgaben sollen mit GTR und Formelsammlung bearbeitet werden. Bei beiden Wahlteilaufgaben können jeweils maximal 15 Verrechnungspunkte erzielt werden.

Die bei den abiturähnlichen Aufgaben angegebene Punkteverteilung ist als Vorschlag der Autoren anzusehen und stellt keine verbindliche Punkteverteilung dar.
Die Aufgaben im Heft haben den üblichen Aufbau und die übliche Länge von Prüfungsaufgaben, enthalten aber auch an schwierigen Stellen Tipps.
Die Lösungen der abiturähnlichen Aufgaben sind ausführlich und erlauben eine Selbstkontrolle.

Viel Erfolg!

1 Berechnen Sie die Steigung des Graphen der Funktion f mit $f(x) = 3x^3 - x$ an der Stelle −2. [T1]

Die 1. Ableitung von f ist $f'(x) =$ ___ . Die Steigung m ist $m = f'($ ___ $) =$ ___

2 In welchem Punkt P_0 verläuft die Tangente an den Graphen von f mit $f(x) = 2x^2$ parallel zur Geraden g mit $g(x) = \frac{1}{3}x + 4$? [T2]

Die Steigung m des Graphen von f an der gesuchten Stelle ist mit der Steigung der Geraden g mit m = ___ gegeben.

Allgemein ist $f'(x) =$ ___ . Berechnen der Stelle x_0 aus $m = f'(x_0)$, also ___ = ___ mit der Lösung $x_0 = \frac{1}{12}$.

Wegen $f(x_0) =$ ___ ist $P_0($ ___ | ___ $)$.

3 Entscheiden Sie über die Richtigkeit der folgenden Aussagen und begründen Sie zwei Ihrer Entscheidungen.

	W	F
a) Der Graph einer quadratischen Funktion hat an jeder Stelle eine andere Steigung.	☐	☐
b) Haben die Graphen zweier Funktionen an der Stelle x_0 die gleiche Steigung, so schneiden sie sich dort.	☐	☐
c) Die Steigung einer Geraden ist überall gleich.	☐	☐
d) Es gibt ganzrationale Funktionen, deren Graph im gesamten Definitionsbereich eine positive Steigung hat.	☐	☐
e) An der Nullstelle einer Funktion ändert die Steigung des Graphen stets ihr Vorzeichen.	☐	☐
f) Ist die Steigung eines Graphen im gesamten Definitionsbereich negativ, so ist die Funktion monoton fallend.	☐	☐
g) Die Steigung des Graphen einer ganzrationalen Funktion dritten Grades kann jeden reellen Wert annehmen.	☐	☐

Begründung für ___ : ______________________________

Begründung für ___ : ______________________________

4 Gegeben ist die Funktion f mit $f(x) = \frac{1}{3}x^3 - 3x^2 + 11x - 2$.

a) Weisen Sie nach, dass der Graph von f an keiner Stelle des Definitionsbereichs die Steigung 1 annimmt.
b) Bestimmen Sie den Wertebereich der Ableitungsfunktion und geben Sie an, welche Schlussfolgerung aus dieser Angabe zu ziehen ist.
c) Berechnen Sie alle Stellen, an denen der Graph von f die Steigung 3 besitzt.

5 An welchen Stellen hat der Graph von f mit $f(x) = x^5 - 5x^3 - 40x + 3$ die Steigung 10? [T3]
Begründen Sie, warum der Graph von f an keiner Stelle des Definitionsbereichs von f die Steigung −100 annehmen kann.

6 Prüfen Sie, ob sich die Graphen der Funktionen f und g berühren: $f(x) = x^2 - x - \frac{4}{3}$ und $g(x) = \frac{1}{3}x^3 - x$. [T4]

Bei ganzrationalen Funktionen sucht man zunächst die Stellen mit gleicher Steigung, also für die $f'(x) = g'(x)$ ist. $2x - 1 = x^2 - 1$ hat die Lösungen $x_1 =$ ___ und $x_2 =$ ___ . Gilt auch $f(x) = g(x)$ für beide Stellen?

$f(x_1) =$ ___ ; $g(x_1) =$ ___ Schlussfolgerung: f und g ______________ an der Stelle $x_1 =$ ___ .

$f(x_2) =$ ___ ; $g(x_2) =$ ___ Schlussfolgerung: f und g ______________ an der Stelle $x_2 =$ ___ .

[T1] Um die Steigung an einer Stelle zu ermitteln, muss man die Ableitung an dieser Stelle berechnen. [T2] Eine Gerade $y = mx + c$ hat an jeder Stelle die Steigung m. [T3] Es ist eine biquadratische Gleichung zu lösen. Man löst sie, indem x^2 durch u ersetzt wird. [T4] Zwei Graphen berühren sich, wenn sie außer der gleichen Steigung auch den gleichen Funktionswert an dieser Stelle besitzen.

1 Ermitteln Sie die Gleichung der Tangente in $P(1 \mid f(1))$ an den Graphen der Funktion f mit $f(x) = 2x^2 - 3x$.

1\. Schritt: $f'(x) =$ ____ ; $m = f'(1) =$ ____ 2. Schritt: $f(1) =$ ____

3\. Schritt: ____ = ____ · ____ + c $c =$ ____ 4. Schritt: t: $y =$ ____

2 Vom Punkt $P(0 \mid 4)$ aus, der nicht auf dem Graphen von f mit $f(x) = x^2 - 4x + 5$ liegt, sollen Tangenten an den Graphen der Funktion f gelegt werden. Geben Sie mögliche Berührpunkte und Tangentengleichungen an. [T1]

$f'(x) =$ ____. Der Punkt P liegt auf der Tangente, also erfüllt er die allgemeine Tangentengleichung:

$4 = f'(u) \cdot (0 - u) + f(u)$ ____________________

mit den Lösungen $u_1 =$ ____ $B_1($ ____ | ____ $)$ t_1: $y =$ ____

und $u_2 =$ ____ $B_2($ ____ | ____ $)$ t_2: $y =$ ____

3 An welcher Stelle x_0 haben die Graphen von f und g mit $f(x) = 2x^2 - x + 3$ und $g(x) = -x^2$ zueinander parallele Tangenten? [T2]

____ = ____ $x_0 = \frac{1}{6}$

4 Für welche Werte von x haben die Graphen von f und g mit $f(x) = 2x^2 - x + 3$ und $g(x) = -x^2$ zueinander senkrechte Tangenten? [T3]

Der Ansatz ____ $= -\frac{1}{\_\_\_\_}$ führt auf $x^2 - \frac{1}{4}x - \frac{1}{8} = 0$ mit den Lösungen $x_1 =$ ____ und $x_2 =$ ____.

5 Ermitteln Sie die Gleichungen von Tangente und Normale an den Graphen von f im Punkt P, nachdem Sie eine Skizze angefertigt haben. [T4], [T3]

a) $f(x) = 3x^2$; $P(1 \mid 3)$

t: $y =$ 6x ~~6~~ −3

n: $y =$ $-\frac{1}{6}x + \frac{19}{6}$

b) $f(x) = x - x^2$; $P(2 \mid f(2))$

t: $y =$ ~~6~~ −4x + 6

n: $y =$ $+\frac{1}{4}x + \frac{3}{4}$

Skizze zu a)

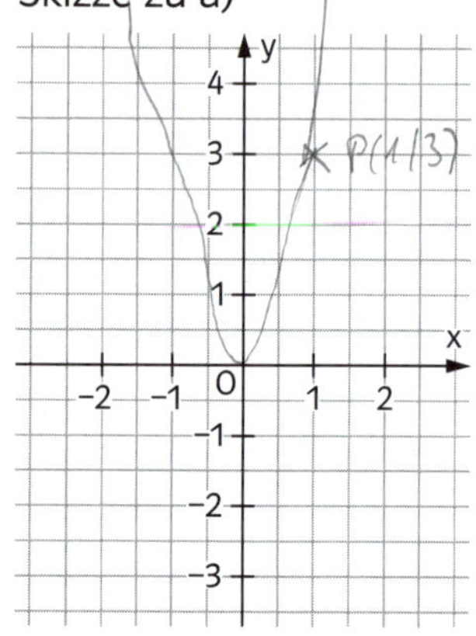

Skizze zu b)

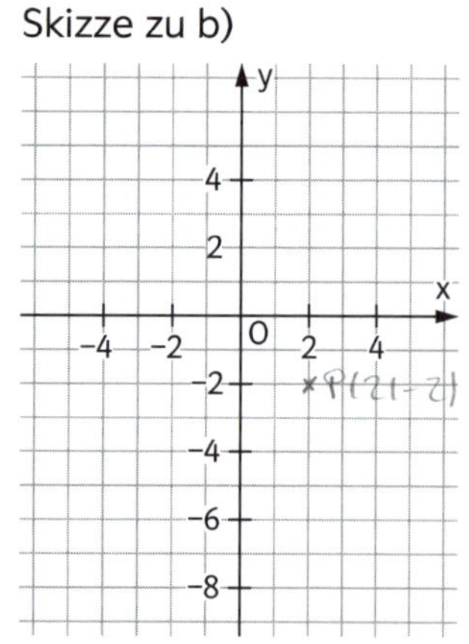

6 Gegeben sind die Funktionen f und g mit $f(x) = x^3 - 3x^2 - x + 4$ und $g(x) = -4x + 5$.

a) Berechnen Sie, an welchen Stellen die Graphen von f und g zueinander parallele Tangenten haben.

b) Für welche Punkte verlaufen die Tangenten des Graphen der Funktion f senkrecht zum Graphen von g?

7 Unter welchem Winkel schneiden sich die Graphen von f und g mit $f(x) = x^2 - 1$ und $g(x) = (x - 1)^2 + 3$? [T5]

$f(x_0) = g(x_0)$ führt auf $x_0 = \frac{5}{2}$ $m_1 =$ ____ ; $m_2 =$ ____ $\delta =$ ____

8 Gegeben sind die Funktion f mit $f(x) = \frac{18}{x}$ und die Gerade $y = 0{,}5x - 3$. Berechnen Sie die Gleichungen der Tangenten an der Graphen von f, die senkrecht zur gegebenen Geraden verlaufen.

9 An den Stellen 2 und −2 werden Tangenten an die Funktion f mit $f(x) = ax^2$ gelegt. Für welche Werte von a schneiden sich diese Tangenten senkrecht?

[T1] Verwenden Sie die allgemeine Tangentengleichung aus Aufgabe 1. [T2] An dieser Stelle müssen die Steigungen beider Graphen gleich sein. [T3] Die Steigungen zueinander senkrechter Geraden m_1 und m_2 erfüllen die Gleichung $m_1 \cdot m_2 = -1$. [T4] Die Normale geht durch den Berührpunkt der Tangente und steht senkrecht auf ihr. [T5] Die Schnittwinkel zweier Geraden berechnet man aus den Steigungen mit $\tan(\delta) = \left|\frac{m_2 - m_1}{1 + m_1 \cdot m_2}\right|$.

1 Welche der folgenden Aussagen sind wahr, welche nicht? Geben Sie jeweils eine Begründung für die Entscheidung an! [T1]

	W	F
a) Nicht alle ganzrationale Funktionen zweiten Grades haben zwei Nullstellen.	☐	☐
b) Es gibt ganzrationale Funktionen, die einen Wendepunkt, zwei Extremstellen und zwei Nullstellen besitzen.	☐	☐
c) Besitzt eine Funktion keinen Extrempunkt, so kann sie auch keinen Wendepunkt besitzen.	☐	☐
d) Eine ganzrationale Funktion dritten Grades hat immer einen Wendepunkt.	☐	☐
e) Ist der Graph einer Funktion in ihrem gesamten Definitionsbereich rechtsgekrümmt, so hat er einen Hochpunkt.	☐	☐

2 Gegeben ist eine ganzrationale Funktion f auf ℝ. Ergänzen Sie und geben Sie wo möglich eine mathematische Kurzschreibweise an, die diese Situation beschreibt. [T1]

Beispiel: Wenn f(x) bei x_0 eine Extremstelle hat, so hat f′ dort eine Nullstelle. $f'(x_0) = 0$.

a) Wenn der Graph von f in einem Intervall eine Rechtskurve hat, so ______

b) Hat der Graph von f eine positive Steigung, so ______

c) Der Graph von f hat dort seine größte Steigung, wo ______

d) Die Stelle mit der größten Änderungsrate nennt man ______

e) Hat die 1. Ableitung von f an der Stelle u den Wert 0, dann hat f dort ______ oder ______

3 Gegeben ist eine Funktion f mit $f(x) = x^3 + \frac{3}{2}x$.

a) Die Funktion f hat nur eine Nullstelle, weil ______ [T2]

b) Die Funktion f hat keine Extremstelle, weil ______

c) Der Graph von f verläuft punktsymmetrisch zu O(0 | 0), weil ______ [T3]

4 Gegeben ist eine Funktion f mit $f(x) = \frac{1}{4}x^4 + \frac{1}{3}x^3 - 4x^2 - 12x$.

a) Geben Sie ohne Rechnung an, wie viel Nullstellen f mindestens und höchstens hat.

b) Für f gilt: $f'(-2) = 0$; $f''(-2) = 0$ und $f'(3) = 0$; $f''(3) \neq 0$.
Was lässt sich über die Funktion an diesen beiden Stellen aussagen? Ordnen Sie die Buchstaben der rechts stehenden Vorschläge zu:

Stelle $x_1 = -2$: ______ Stelle $x_2 = 3$: ______

A Extrempunkt

B Wendepunkt

C Sattelpunkt

D f′ hat an der Stelle VZW

E f′ berührt die x-Achse an dieser Stelle

5 Die nebenstehende Figur zeigt die Graphen der Funktionen f und g, wobei der Graph von g so verschoben werden kann, dass er mit dem Graphen von f übereinstimmt. Die Funktion g ist mit $g(x) = -0{,}5x^3 + 4{,}5x^2 - 12x + 11$ gegeben.

a) Berechnen und vereinfachen Sie die Funktionsgleichung der Funktion f. [T4]

b) Weisen Sie nach, dass beide Graphen punktsymmetrisch sind und geben Sie den Symmetriepunkt von g an.

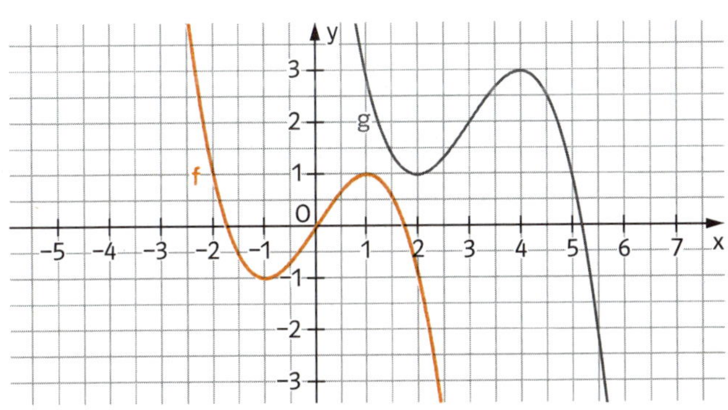

[T1] Fertigen Sie unterschiedliche Skizzen der Graphen an, die diese Anforderungen erfüllen können. [T2] Ein Produkt ist Null, wenn einer der Faktoren Null ist. [T3] Der Graph einer Funktion ist punktsymmetrisch zum Koordinatenursprung, falls gilt: $f(-x) = -f(x)$. [T4] Verschiebung längs der x-Achse mit $f(x - a)$, längs der y-Achse mit $f(x) + b$.

1 In der nebenstehenden Abbildung sind die Graphen der Funktionen f, f′ und f″ dargestellt.

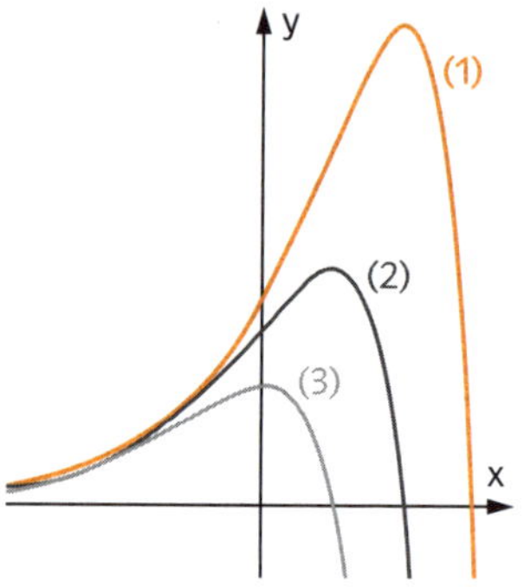

An der Stelle, wo der Graph (1) ________________ hat, besitzt der Graph (2) ________________________ und Graph (3) ist dort negativ. [T1]

An der Stelle, wo der Graph (1) einen Wendepunkt hat, besitzt der Graph (2) ____________________ und Graph (3) ____________________.

Ordnen Sie nun zu: f: ______ f′: ______ f″: ______

2 Bei einer ganzrationalen Funktion f hat die erste Ableitung an der Stelle x_0 eine Nullstelle und die zweite Ableitung ist an dieser Stelle negativ. Welche der folgenden Aussagen sind unter dieser Voraussetzung mit Sicherheit wahr?

- ☐ A: Der Graph von f ist symmetrisch zur y-Achse.
- ☐ B: Die Funktion f hat an der Stelle x_0 ein lokales Maximum.
- ☐ C: Die Funktion f ist in der Umgebung von x_0 monoton fallend.
- ☐ D: Die Funktion f hat an der Stelle x_0 eine Nullstelle.
- ☐ E: Der Graph von f ist in der Umgebung von x_0 eine Rechtskurve.
- ☐ F: Der Graph von f ist in der Umgebung an der Stelle x_0 linksgekrümmt.
- ☐ G: x_0 ist keine Wendestelle von f.
- ☐ H: Die 1. Ableitung von f hat bei x_0 eine Nullstelle mit Vorzeichenwechsel.

3 Skizzieren Sie den Verlauf des Graphen von f in der Umgebung der Stelle 2, wenn gilt:
$f(2) = 0$; $f'(2) = 0$; $f''(2) < 0$

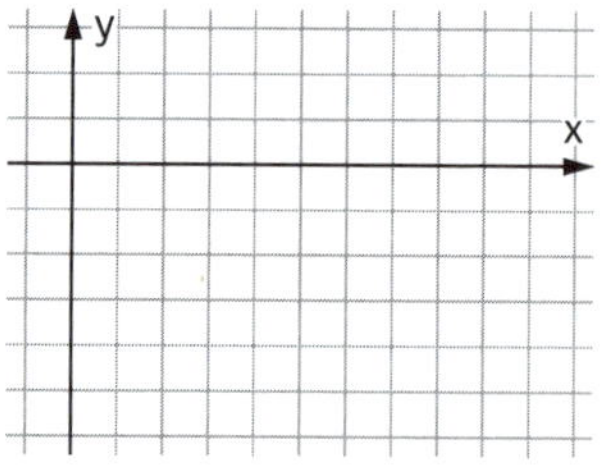

4 Berührt der Graph der Ableitungsfunktion f′(x) an der Stelle u die x-Achse, so hat f an der Stelle u

☐ eine Nullstelle ☐ einen Sattelpunkt ☐ eine Extremstelle ☐ einen Vorzeichenwechsel ☐ keinen Funktionswert

Entscheiden Sie sich für die richtige Aussage.

5 Skizzieren Sie zum vorgegebenen Graphen der Funktion f in dasselbe Koordinatensystem den Graphen der Ableitungsfunktion f′.

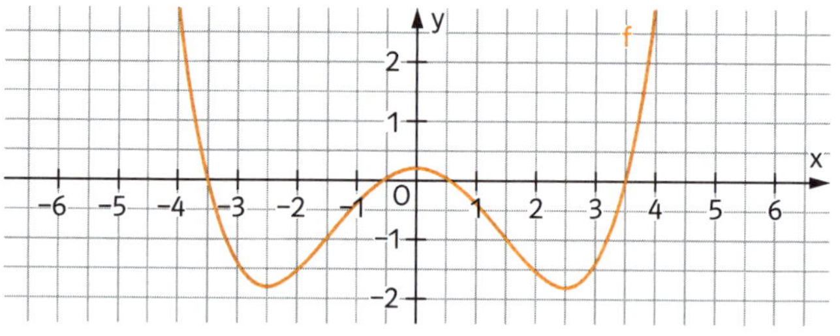

[T1] Suchen Sie auf gedachten senkrechten Linien nach den Elementen Wendepunkt – Extrempunkt – Nullstelle.

1 In der Abbildung ist der Graph der ersten Ableitungsfunktion f′ einer Funktion f dargestellt.

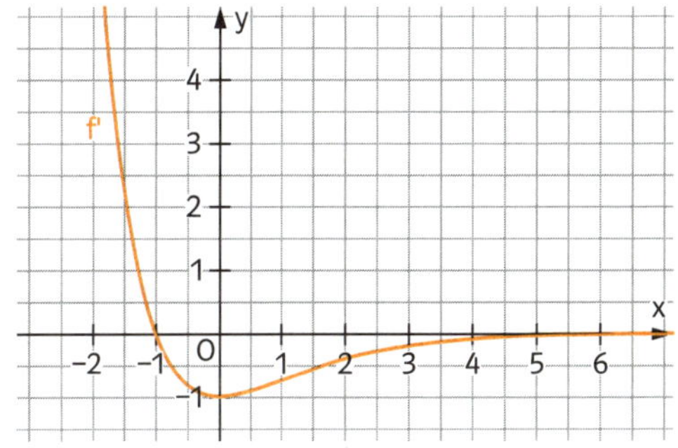

a) Formulieren Sie jeweils eine wahre Aussage:
Das Vorzeichen der Steigung des Graphen der Funktion f an der Stelle x = 2 ist ______________. Die Funktion f ist im Intervall

$0{,}5 < x < 1{,}5$ ________________ monoton ________________.

b) Begründen Sie, dass die folgenden Aussagen für den Graphen der Funktion f wahr sind. [T1]
Aussage 1: Der Graph der Funktion f besitzt bei x = 0 einen Wendepunkt.
Aussage 2: Der Graph der Funktion f besitzt bei x = −1 eine zur x-Achse parallele Tangente.
c) Skizzieren Sie einen möglichen Verlauf des Graphen der Funktion f.

2 Die nebenstehende Abbildung zeigt die Graphen der Funktionen f und f′.

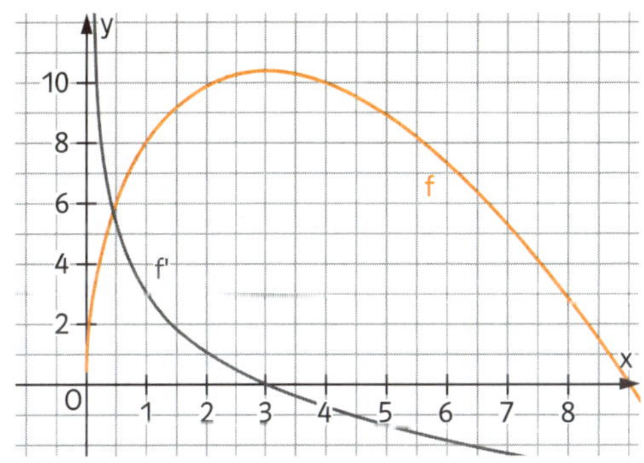

a) Treffen Sie Aussagen über die Graphen an der Stelle x = 3:

Funktion f: ________________________________

Funktion f′: ________________________________

Funktion f″: ________________________________

b) Es ist $f(x) = (9 - x) \cdot \sqrt{x}$. Die Funktion f′ hat die Zuordnungsvorschrift $f'(x) =$ ________________________________

Die zweite Ableitung ist im gesamten Definitionsbereich ________________________________

3 In der folgenden Tabelle sind die freien Felder mit den nebenstehend abgebildeten Kärtchen zu füllen. Diese beziehen sich zeilenweise auf die in der Kopfzeile benannte Funktion. Benutzen Sie jeweils den Begriff, der die Situation am deutlichsten beschreibt.

Funktion f(x)	1. Ableitungsfunktion f′(x)	2. Ableitungsfunktion f″(x)
quadratische Funktion		
	Extrempunkt	
streng monoton wachsend		
Hochpunkt		
	Nullstelle ohne Vorzeichenwechsel	
	Nullstelle mit Vorzeichenwechsel	Nullstelle ohne Vorzeichenwechsel
Extrempunkt auf der x-Achse		

Kärtchen:
- < 0
- Wendepunkt
- ≠ 0
- Sattelpunkt
- Nullstelle
- lineare Funktion
- Nullstelle mit Vorzeichenwechsel
- Extrempunkt
- konstante Funktion
- Nullstelle
- > 0
- Nullstelle mit Vorzeichenwechsel

[T1] Suchen Sie auf gedachten senkrechten Linien nach den Elementen Wendepunkt – Extrempunkt – Nullstelle.

1 Ordnen Sie die vorgeschlagenen Zielfunktionen Z(a) den dargestellten Situationen zu!

(1) $Z(a) = -a \cdot f(a)$

(2) $Z(a) = \sqrt{a^2 + [f(a)]^2}$

(3) $Z(a) = |f(a) - g(a)|$

(4) $Z(a) = 2 \cdot a \cdot f(a)$

(5) $Z(a) = \frac{1}{2} \cdot a \cdot [f(a) - g(a)]$

(6) $Z(a) = \frac{1}{2} \cdot a \cdot f(a)$

A: eingefärbte Fläche maximal oder minimal

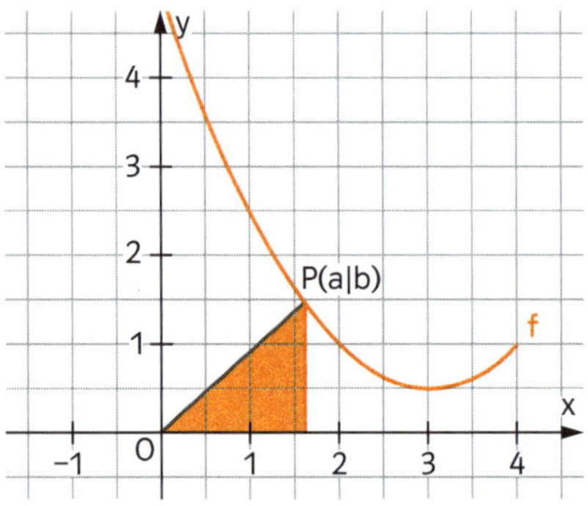

B: kürzester Abstand vom Ursprung

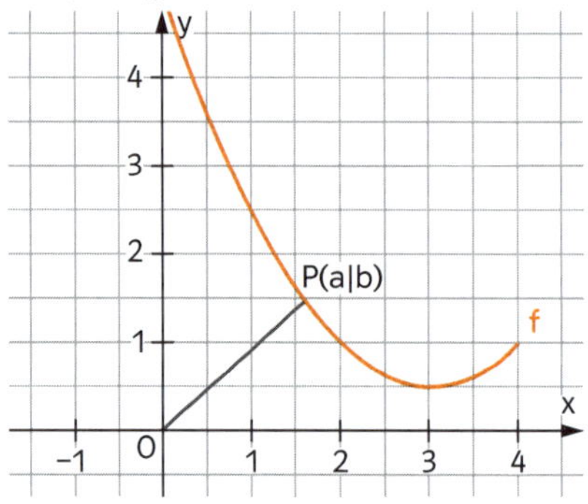

C: eingefärbte Fläche maximal oder minimal

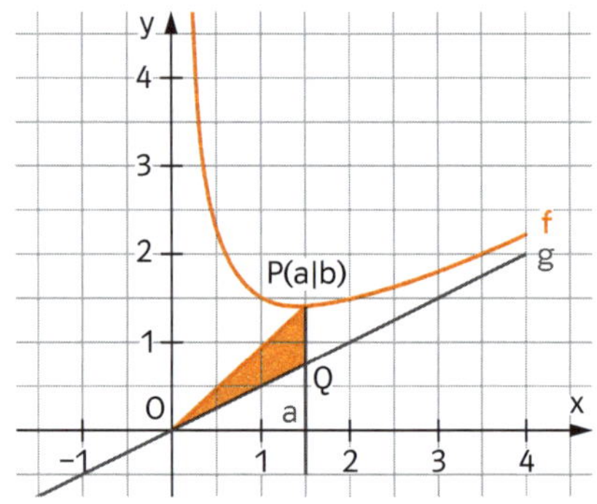

D: größter senkrechter Abstand der Graphen von f und g zwischen den Schnittpunkten

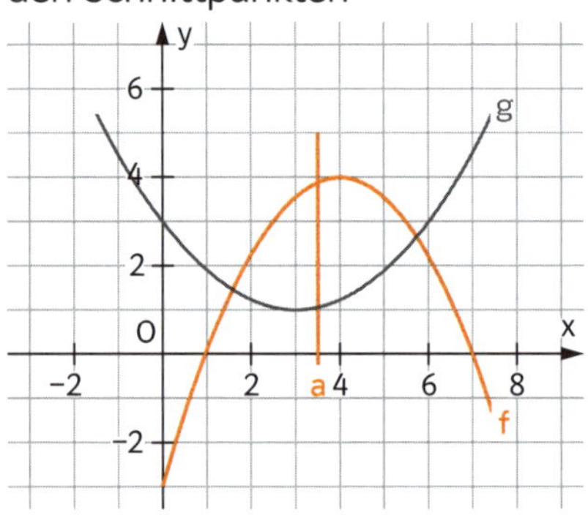

E: eingefärbte Fläche maximal

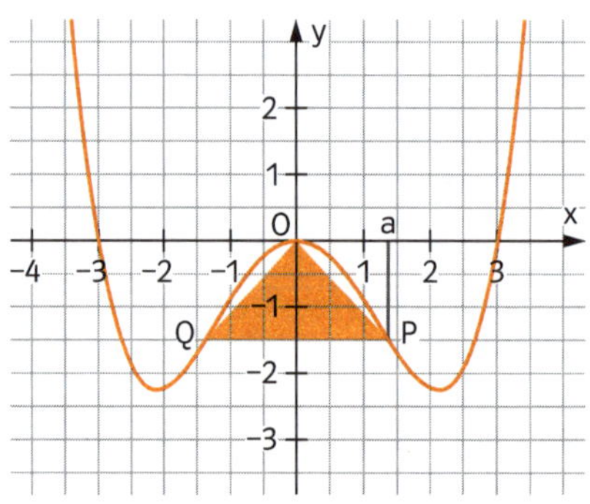

F: eingefärbte Fläche maximal

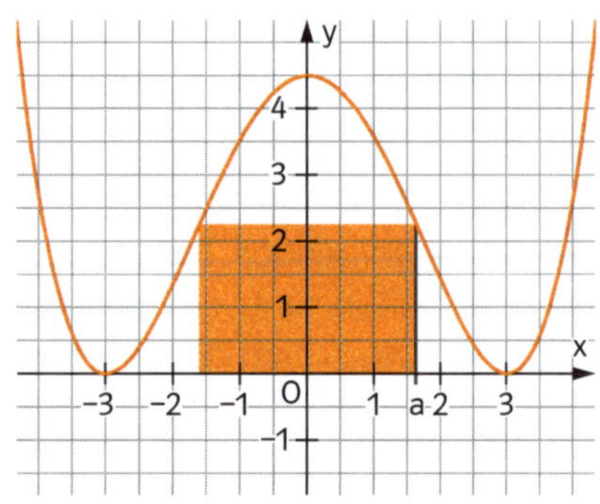

2 Gegeben ist ein beliebiger Punkt P im Intervall [0; 3] auf dem Graphen von f mit $f(x) = x^2 - 6x + 10$.

a) Die Strecke OP, die Senkrechte zur x-Achse durch P und die x-Achse begrenzen ein Dreieck. Für welchen Punkt P des Graphen der Funktion ist die Fläche dieses Dreiecks am größten oder am kleinsten? [T1]

b) Für welchen Punkt P des Graphen der Funktion f ist der Abstand von P zum Koordinatenursprung am kleinsten? [T1]

3 Gegeben sind die Funktionen f mit $f(x) = -\frac{4}{9}x^2 + \frac{32}{9}x - \frac{28}{9}$ und g mit $g(x) = \frac{2}{9}x^2 - \frac{4}{3}x + 3$. An welcher Stelle zwischen den Schnittstellen beider Graphen ist der senkrechte Abstand der Graphen am größten? [T1]

4 Gegeben ist die Funktion f mit $f(x) = \frac{1}{9}x^2 \cdot (x^2 - 9)$ und zwei Punkte P und Q des Graphen von f mit gleichem Funktionswert zwischen den beiden Tiefpunkten. Für welchen Punkt P des Graphen der Funktion ist die Fläche des Dreiecks OPQ am größten? [T1]

5 Gegeben sind die Funktionen f und g mit $f(x) = \frac{x}{2} + \frac{1}{x}$ mit $x > 0$ und $g(x) = \frac{1}{2}x$. Die Punkte $P(a\,|\,f(a))$, der Koordinatenursprung und der Punkt $Q(a\,|\,g(a))$ bilden ein Dreieck. Für welchen Wert von a ist die Fläche dieses Dreiecks am größten oder am kleinsten? [T1]

[T1] Skizzieren Sie diese Funktion und das gesuchte Objekt. Vergleichen Sie mit den Grafiken in Aufgabe 1.

1 Berechnen Sie alle Nullstellen der Funktion f mit $f(x) = x^2 + \frac{6}{x^2} - 5$. [T1], [T2]

2 Die ganzrationale Funktion f dritten Grades mit $f(x) = a x^3 + b x^2 + c x + d$ hat den Hochpunkt H(3 | 2) und den Tiefpunkt T(−3 | −2). Geben Sie ohne Berechnung an, was über die Koeffizienten a, b, c und d ausgesagt werden kann und begründen Sie diese Aussagen. [T3]

3 Skizzieren Sie den möglichen Graphen einer ganzrationalen Funktion, für die gilt:
$f(0) = -4;\ f'(0) = 0;\ f(3) = 0;\ f'(3) = 0;\ f''(3) = 0$

4 Mit nebenstehender Skizze ist der Graph einer Ableitungsfunktion f′ gegeben.
Der Graph der Funktion f geht durch den Punkt (2 | 4).
Skizzieren Sie den Verlauf der Graphen der Funktionen f und f″ in die nebenstehende Grafik. [T4]

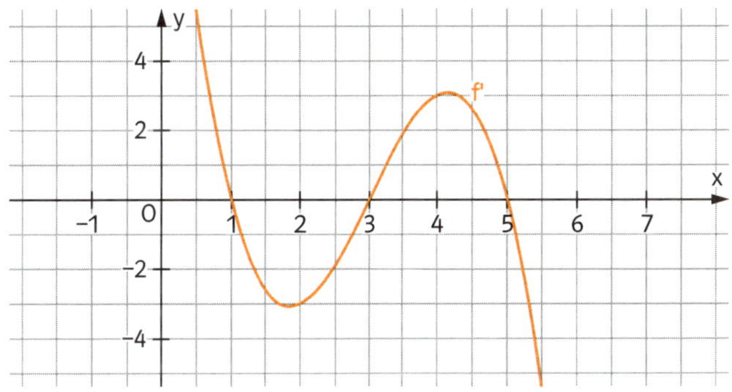

5 Das nebenstehende Bild zeigt die Graphen der Funktionen f, f′ und f″. Ordnen Sie diese den genannten Funktionen zu und geben Sie die Funktionsterme an. [T4], [T5]

oranger Graph:

____

schwarzer Graph:

____

grauer Graph:

____

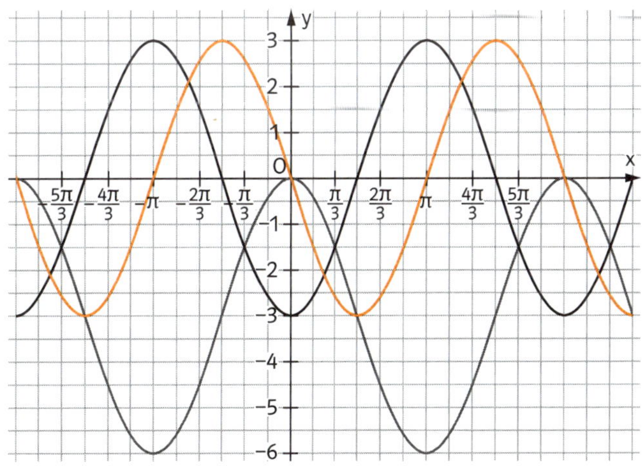

6 Die Gerade t mit der Gleichung $y = -3x + 13$ ist Tangente an den Graphen der Funktion f mit $f(x) = x^3 - 9x^2 + 24x - 14$

a) Weisen Sie diese Behauptung rechnerisch nach.
b) Die Tangente t, die Normale an den Graphen von f im Berührpunkt B von t und die x-Achse bilden ein rechtwinkliges Dreieck. Berechnen Sie den Flächeninhalt dieses Dreiecks. Fertigen Sie eine Skizze an.
c) Zeigen Sie, dass der Berührpunkt B der Tangente mit dem Graphen von f auch Wendepunkt des Graphen der Funktion f ist.
d) Verschiebt man den Graphen der Funktion f so, dass sein Wendepunkt im Koordinatenursprung liegt, entsteht der Graph der Funktion g mit $g(x) = f(x + a) + b$.
Bestimmen Sie die Werte von a und b und geben sie g(x) in möglichst einfacher Form an.

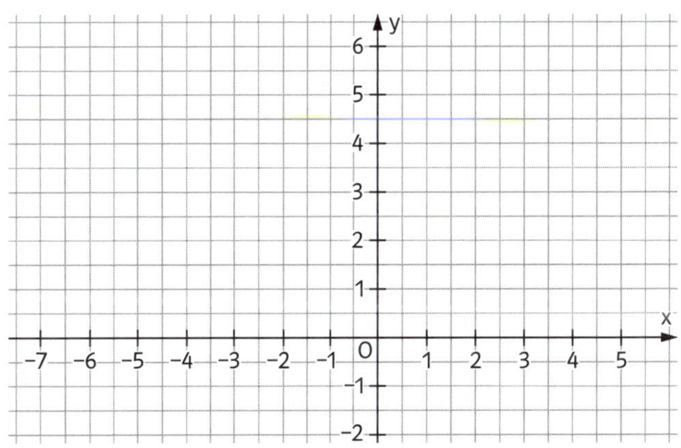

[T1] Setzen Sie $f(x) = 0$ und multiplizieren Sie diese Gleichung mit x^2. [T2] Bei Gleichungen, die x nur in der 2. und 4. Potenz haben, ersetzt man x^2 durch u. [T3] Skizzieren Sie die Funktion und versuchen Sie, Symmetrieeigenschaften zu erkennen. [T4] Zeichnen Sie senkrechte Hilfslinien, wo f′ Nullstellen und Extremwerte besitzt. Erinnern Sie sich an die Gedankenkette „Wendestelle – Extremstelle – Nullstelle". [T5] Die Periodizität der gezeichneten Funktionen deutet auf trigonometrische Funktionen hin.

1 Eine Firma hat sich auf Behälterbau spezialisiert. Bei der Produktion einer bestimmten Art von Behältern kann man den Umsatz U (in Euro) in Abhängigkeit von der Stückzahl x durch $U(x) = -10x^2 + 480x + 490$ angeben. Die Produktionskosten (in Euro) für die Stückzahl x werden mit $K(x) = x^3 - 33x^2 + 371x + 1605$ berechnet.

a) Zeichnen Sie beide Funktionen in ein geeignetes Koordinatensystem und berechnen Sie den Gewinn für die Produktion von 15 Stück dieser Behälter.

b) Berechnen Sie, bei welcher Stückzahl der größte Gewinn erzielt wird. [T1]

c) Geben Sie das Intervall der Stückzahlen an, in welchem ein Gewinn erzielt wird. [T1]

2 Gegeben ist eine Funktion f mit der Gleichung $f(x) = \frac{2}{3}x^3 - x^2 + \frac{3}{8}x$ $(x \in \mathbb{R})$.

a) Berechnen Sie die Nullstellen von f sowie die Extrempunkte des Graphen von f. Ermitteln Sie auch die Art der Extrema. Zeigen Sie, dass der Graph der Funktion f genau einen Wendepunkt hat, und geben Sie die Koordinaten dieses Wendepunktes an. [T2]

b) Ermitteln Sie eine Gleichung der Tangente t an den Graphen der Funktion f im Punkt $P(0{,}5 \mid f(0{,}5))$. Die Tangente t und die Koordinatenachsen begrenzen ein Dreieck. Bestimmen Sie den Flächeninhalt dieses Dreiecks. [T3]

c) Eine Gerade g ist durch die Punkte $A(0 \mid 1)$ und $B(4 \mid 2{,}5)$ bestimmt. [T4]
Es existieren Tangenten an den Graphen der Funktion f, die parallel zur Geraden g verlaufen.
Ermitteln Sie die Abszissen der Berührpunkte dieser Tangenten mit dem Graphen der Funktion f. [T5]

3 Das auf einer Breite von 40 Metern konstante Profil eines Aufsprunghanges einer Skisprungschanze soll näherungsweise in einem Koordinatensystem durch den Graphen der Funktion f mit

$f(x) = \frac{3}{100\,000} \cdot x^3 - \frac{9}{1000} \cdot x^2 + \frac{1}{5} \cdot x + 80$

$(x \in \mathbb{R};\ 0 \leqq x \leqq 250)$ beschrieben werden.
(x – horizontale Entfernung vom Absprungpunkt in m; y – Höhe in m). Die Kante des Schanzentisches liegt im Punkt $A(0 \mid 86)$.

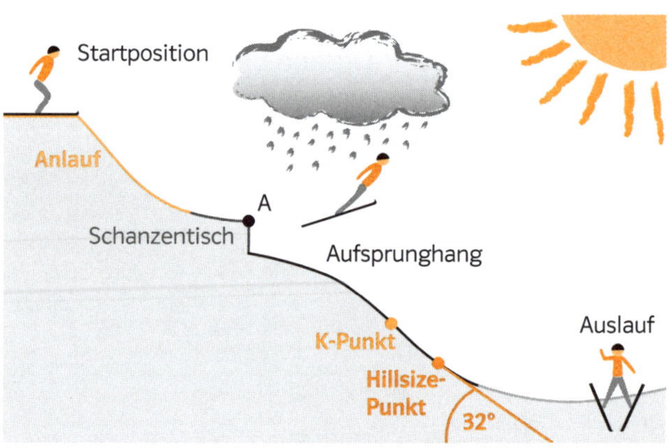

a) Eine wichtige Angabe bei Schanzendaten ist der K-Punkt (auch kritischer Punkt), in dem der Aufsprunghang das größte Gefälle aufweist.
Ermitteln Sie die Koordinaten des K-Punktes einschließlich des zugehörigen Gefälles in Prozent.

b) „Hillsize“ ist ein Maß für die Größe einer Sprungschanze. Sie ist festgelegt als Länge der Strecke zwischen Schanzentischkante und dem Punkt hinter dem K-Punkt des Aufsprunghanges, in dem nur noch ein Gefälle von 32° vorhanden ist.
Berechnen Sie die „Hillsize“ dieser Schanze. Runden Sie auf volle Meter. [T6]

4 Gegeben sind die Funktionen f und g durch $f(x) = -\frac{1}{16}x^3 + 3x$ und $g(x) = \frac{1}{8}x^2$ $(x \in \mathbb{R})$.

a) Berechnen Sie für die Funktion f alle Nullstellen, sowie die Extrem und Wendepunkte des Graphen von f.

b) Berechnen Sie alle Stellen u, für die die Graphen von f und g die gleiche Steigung haben.

c) Weisen Sie nach, dass es eine Stelle a gibt, an der f und g zueinander senkrechte Tangenten besitzen. [T7]

d) Vom Punkt $(0 \mid -8)$ aus sollen Tangenten an g gelegt werden. Ermitteln Sie ihre Gleichungen.

e) Für jeden Wert von k mit $0 < k < 6$ bilden die Punkte $F(k \mid f(k))$ und $G(k \mid g(k))$ mit dem Koordinatenursprung ein Dreieck. Berechnen Sie den Wert für k so, dass dieses Dreieck einen möglichst großen Flächeninhalt hat. [T8]

[T1] Beachten Sie, dass die Lösungen stets natürliche Zahlen sind. [T2] Hinreichend für die Existenz eines Wendepunktes ist $f''(x_0) = 0$ und $f'''(x_0) \neq 0$. [T3] Skizzieren Sie den Graphen von f mithilfe der Angaben aus der Teilaufgabe a) und tragen Sie die Tangente ein. [T4] Zeichnen Sie g in ein Koordinatensystem ein und entnehmen Sie m aus einem Steigungsdreieck. [T5] Die Abszisse eines Punktes ist immer sein x-Wert. [T6] Der Abstand der Punkte $P_1(x_1 \mid y_1)$ und $P_2(x_2 \mid y_2)$ ist $d = \sqrt{(x_1 - x_2)^2 + (y_1 - y_2)^2}$. [T7] Es reicht, die Steigungen an der Stelle a zu betrachten. Sie müssen die Gleichung $m_1 = -\frac{1}{m_2}$ erfüllen. [T8] Skizzieren Sie die Graphen und tragen Sie eine Senkrechte zwischen x = 0 und x = 6 ein. Sie schneidet die Graphen in F und G.

1 Die Funktion f mit $f(x) = \frac{1}{(2x-3)^2}$ kann als Verkettung der Funktionen v und u mit $v(x) = 2x - 3$ und $u(x) = \frac{1}{x^2}$ aufgefasst werden. Dabei bezeichnet man die Funktion v als die ______________ Funktion und u als die ______________ Funktion. Man schreibt auch
$f(x) = (u \circ v)(x) = u(v(x))$.
Bei der Verkettung wendet man auf die Variable _____ zuerst die Zuordnungsvorschrift _____ (multipliziere mit 2 und subtrahiere 3) und danach auf dieses Zwischenergebnis _______ die zweite Zuordnungsvorschrift _____ (quadriere und bilde den Kehrwert) an.

u | v | x | v(x) | äußere | innere

2 Gegeben sind die beiden Funktionen f und g mit $f(x) = x + 2$ und $g(x) = x^2$. Aus diesen beiden Funktionen können weitere Funktionen gebildet werden.
Ordnen Sie die Kärtchen passend zu.

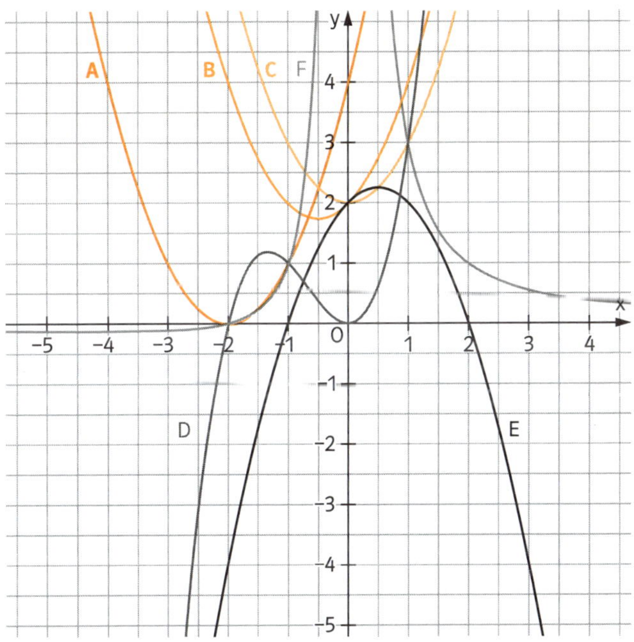

$f(x) + g(x)$ | $x^2 + x + 2$ | $g(f(x))$ | $f(x) \cdot g(x)$ | Graph B | Graph D | Graph A | $f(g(x))$ | $f(x) - g(x)$ | Graph F | $\frac{f(x)}{g(x)}$ | Graph E | $x^3 + 2x^2$ | $\frac{1}{x} + \frac{2}{x^2}$ | $(x+2)^2$ | $-x^2 + x + 2$ | $x^2 + 2$ | Graph C

3 Gegeben sind die beiden Funktionen f und g mit $f(x) = 2x - 1$ und $g(x) = x^2$.
Berechnen Sie die Funktionswerte.

a) $f(g(2)) =$ ______________ b) $f(g(-3)) =$ ______________ c) $g(f(2)) =$ ______________

d) $g(f(-1)) =$ ______________ e) $f\left(g\left(-\frac{1}{2}\right)\right) =$ ______________ f) $g\left(f\left(\frac{1}{3}\right)\right) =$ ______________

4 Es ist $f(x) = u(v(x))$. Vervollständigen Sie die Tabelle.

	u(x)	v(x)	f(x)
a)	$x^3 + 1$	$4x - 3$	
b)	$\sqrt{x}$		$\sqrt{x^2 - 9}$

	u(x)	v(x)	f(x)
c)		$0{,}5x + 2$	$\sin(1{,}5x + 6)$
d)	$\frac{5}{x^2}$		$\frac{5}{(3x-2)^4}$

5 Die Funktion f kann als Produkt und als Verkettung aufgefasst werden.
Geben Sie mögliche Funktionen u und v an. [T1]

a) $f(x) = (5x - 6)^3$ b) $f(x) = \frac{3}{x^2 + 4}$ c) $f(x) = (\sin(x))^2$

[T1] Es sind mehrere Lösungen möglich.

1 Die Funktion f mit $f(x) = \frac{1}{(2x-3)^2}$ kann als Verkettung der äußeren Funktion u mit $u(x) = \frac{1}{x^2}$ und der inneren Funktion v mit $v(x) = 2x - 3$ aufgefasst werden. Die Ableitung der Funktion f an der Stelle x_0 ist gleich der Ableitung der ______________ an der Stelle ________ multipliziert mit der Ableitung der ______________ an der Stelle ________, d.h. $f'(x) = u'($______$) \cdot$ ______.

$f(x) = \frac{1}{(2x-3)^2}$ $u(x) =$ ______ $v(x) =$ ______

$u'(x) =$ ______ $v'(x) =$ ______

$f'(x) = u'($______$) \cdot$ ______ $=$ ______ $\cdot$ ______

2 Leiten Sie ab. Der Term der Ableitungsfunktion muss nicht vereinfacht werden.

	f(x)	u(x)	u'(x)	v(x)	v'(x)	$f'(x) = u'(v(x)) \cdot v'(x)$
a)	$(7-4x)^6$	x^6	$6x^5$	$7-4x$	-4	$6\cdot(7-4x)^5 \cdot -4$
b)	$\sqrt{3x^2+5}$	$x^{\frac{1}{2}}$	$\frac{1}{2}x^{-\frac{1}{2}}$	$3x^2+5$	$6x$	$\frac{1}{2}(3x^2+5)^{-\frac{1}{2}} \cdot 6x$
c)	$\frac{4}{3x^3+2}$	$\frac{4}{x}$	$-\frac{4}{x^2}$	$3x^3+2$	$9x^2$	$-\frac{4}{(3x^3+2)^2} \cdot 9x^2$
d)	$-3\cos(2x^2)$	$-3\cos(x)$	$3\sin(x)$	$2x^2$	$4x$	$3\sin(2x^2) \cdot 4x$

3 Ergänzen Sie.

a) $f(x) = (x-3)^4$

$f'(x) = 4 \cdot (x-3)^{3}$

b) $f(x) = (5-4x)^{-2}$

$f'(x) = -2 \cdot (5-4x)^{-3} \cdot (-4)$

c) $f(x) = -3 \cdot \sin(4x+1)$

$f'(x) = -3 \cdot \cos(4x+1) \cdot 4$

d) $f(x) = (3x^2-6)^{4}$

$f'(x) = 4 \cdot (3x^2-6)^{3} \cdot 6x$

4 Welche Funktion f und welcher Graph der Ableitungsfunktion f′ gehören zusammen? Ordnen Sie zu und begründen Sie Ihre Antwort. [T1]

(1) $f(x) = \frac{1}{6} \cdot (x-2)^3$ (2) $f(x) = \left(\frac{1}{2}x - \frac{3}{2}\right)^4$ (3) $f(x) = \frac{1}{2} \cdot (x-3)^2$ (4) $f(x) = \left(\frac{1}{4} \cdot x - 1\right)^3$

(A) 3

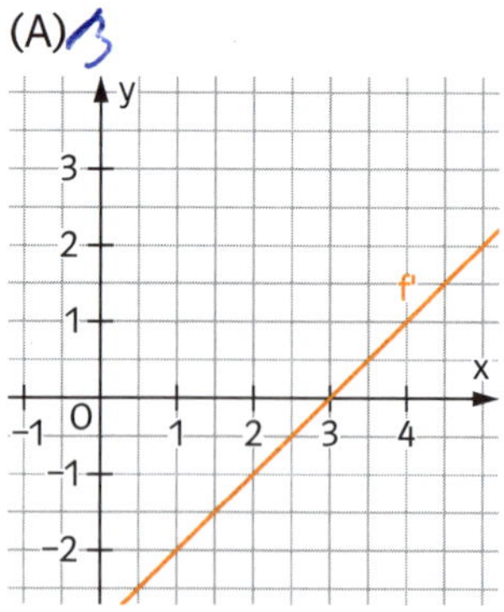

(B) 1

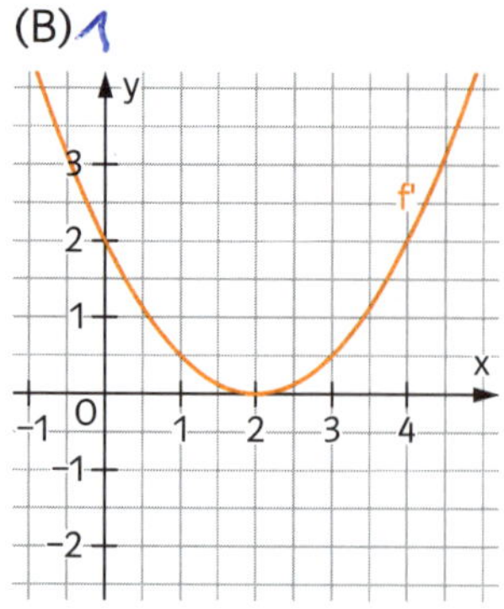

(C) 2

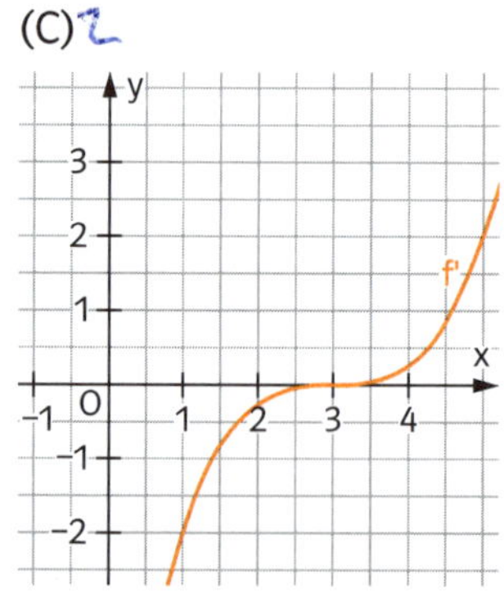

(D) 4

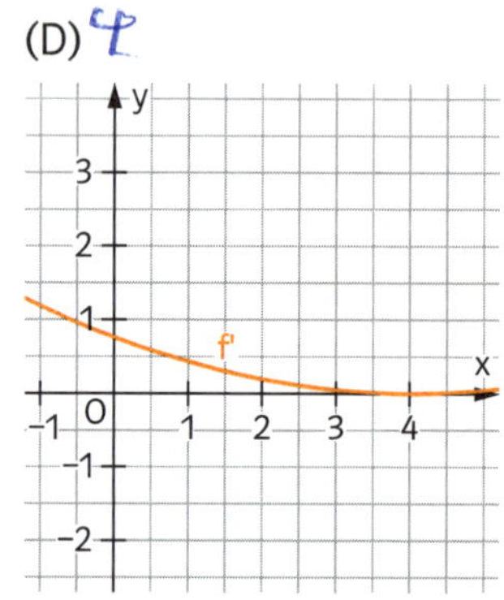

[T1] Bestimmen Sie den Grad der Ableitungsfunktion f′ der ganzrationalen Funktion f und leiten Sie daraus Eigenschaften für den Graphen der Ableitungsfunktion her. In welchen Bereichen steigt bzw. fällt der Graph der Funktion f und was bedeutet dies für den Graphen der Ableitungsfunktion f′?

1 Ergänzen Sie.

a) $f(x) = (3x - 2) \cdot \sin(x)$ $\qquad f'(x) = 3 \cdot \sin(x) + (3x - 2) \cdot$ ______

b) $g(x) = (5 + 2x) \cdot \sqrt{x}$ $\qquad g'(x) =$ ______ $\cdot \sqrt{x} +$ ______ $\cdot \frac{1}{2\sqrt{x}}$

c) $h(x) = -\cos(x) \cdot (5x^2 - 3)$ $\qquad h'(x) = \sin(x) \cdot$ ______ $+$ ______ $\cdot$ ______

d) $i(x) = \sqrt{x} \cdot \cos(x)$ $\qquad i'(x) = \frac{1}{2\sqrt{x}} \cdot \cos(x) +$ ______ $\cdot$ ______

e) $k(x) = \frac{6}{x^2 - 2}$ [T1] $\qquad k'(x) =$ ______

f) $l(x) = \sqrt{x^3} \cdot \left(\frac{1}{2}x + 4\right)^2$ $\qquad l'(x) =$ ______

2 Kontrollieren Sie die Rechnung und verbessern Sie gegebenenfalls.

a) $f(x) = (5 - 3x)^3 \cdot x^{-2}$
$f'(x) = 3 \cdot (5 - 3x)^2 \cdot (-3) \cdot x^{-3}$
$= -9 \cdot (5 - 3x)^2 \cdot x^{-3}$

b) $g(x) = -2x^2 \cdot \cos(x)$
$g'(x) = -4x \cdot \cos(x) - 2x^2 \cdot \sin(x)$

c) $f(x) = \frac{1}{4}x^2 \cdot \sqrt{4 - x}$
$f'(x) = \frac{1}{2}x \cdot \sqrt{4 - x} + \frac{1}{4}x^2 \cdot \frac{1}{2 \cdot \sqrt{4 - x}}$

3 Leiten Sie ab und vereinfachen Sie.

a) $f(x) = (2x + 1) \cdot \cos(3x)$ b) $f(x) = (2 - 5x)^3 \cdot (1 + 2x)$ c) $f(x) = \sqrt{4x - 6} \cdot 3x^2$

d) $f(x) = \frac{2}{x} \cdot (x^2 + 3x + 2)$ e) $f(x) = \frac{5}{4 - 3x}$ f) $f(x) = \frac{2x^2 + 4x - 3}{2x}$

4 Bestimmen Sie die Gleichung der Tangente an den Graphen der Funktion f an der Stelle x_0. [T2]

a) $f(x) = (3x - 2) \cdot \sqrt{x};\ x_0 = 4$ b) $f(x) = x^2 \cdot \sin(x);\ x_0 = \pi$ c) $f(x) = \sqrt{x} \cdot (2x^2 - 4);\ x_0 = 2$

5 Gegeben ist die Funktion f mit $f(x) = (2x - 3) \cdot \sqrt{x}$.
a) Bestimmen Sie die Schnittpunkte des Graphen mit der x-Achse.
b) Bestimmen Sie die Gleichung der Tangente im Punkt $P(2 \mid f(2))$.
c) In welchen Punkten hat der Graph von f waagrechte Tangenten?
d) Skizzieren Sie den Graphen von f und kontrollieren Sie mit dem GTR.

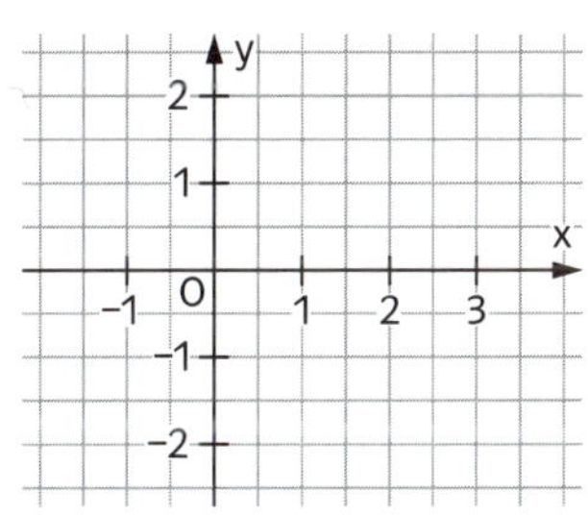

6 Gegeben ist die Funktion f mit $f(x) = \frac{1}{x - 2}$.
a) An welchen Stellen hat die Ableitung der Funktion f den Wert −1?
b) Bestimmen Sie die Gleichungen der Tangente und der Normalen an den Graphen von f im Punkt $P(4 \mid f(4))$. [T3]

[T1] Diesen Quotienten können Sie entweder mithilfe der Produkt- und der Kettenregel oder mithilfe der Quotientenregel ableiten.
[T2] (1) Bestimmen Sie den Term der Ableitungsfunktion. (2) Berechnen Sie mithilfe von f' die Steigung des Graphen von f an der Stelle x_0. (3) Bestimmen Sie die Koordinaten des Punktes $P(x_0 \mid f(x_0))$. (4) Für die Tangentensteigung gilt dann: $y = f'(x_0) \cdot (x - x_0) + f(x_0)$. [T3] Die Steigung der Normalen m_n erhält man aus der Steigung der Tangente m_t aus: $m_t \cdot m_n = -1$.

1 Die Abbildung zeigt den Graphen der natürlichen Exponentialfunktion f mit $f(x) = e^x$.

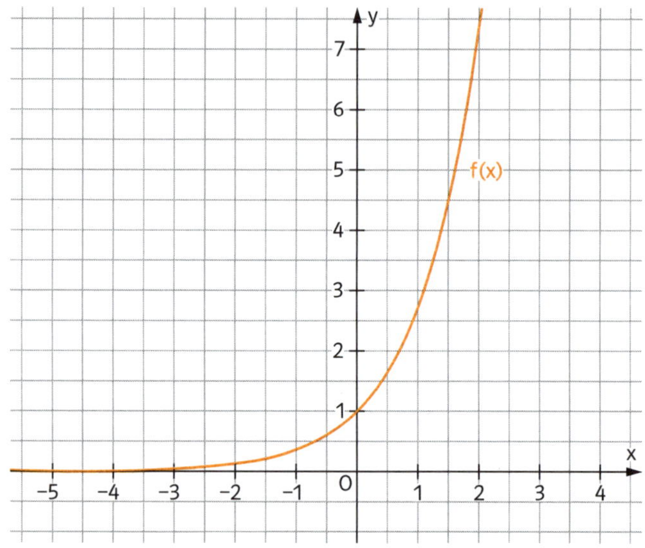

a) Zeichnen Sie an den Stellen $x_1 = -1$, $x_2 = 0$, $x_3 = 1$ und $x_4 = 2$ die Tangenten an den Graphen ein und bestimmen Sie mithilfe der Abbildung die Steigungen.

$f'(-1) =$ ______________ $f'(0) =$ ______________

$f'(1) =$ ______________ $f'(2) =$ ______________

b) Bei der natürlichen Exponentialfunktion e^x ist der Graph der Ableitungsfunktion ______________ mit dem Graphen der Funktion.

c) Bestimmen Sie die allgemeine Gleichung einer Tangente an den Graphen der natürlichen Exponentialfunktion e^x im Punkt $P(a \mid e^a)$.

$y =$ ______________________________

2 a) Ordnen Sie die Funktionsgleichungen den Graphen zu und skizzieren Sie den fehlenden Funktionsgraphen.

- ☐ $f_1(x) = e^x$
- ☐ $f_4(x) = e^x + 2$
- ☐ $f_2(x) = e^{-x}$
- ☐ $f_5(x) = e^{0{,}5x}$
- ☐ $f_3(x) = e^{x-2}$
- ☐ $f_6(x) = -e^x$

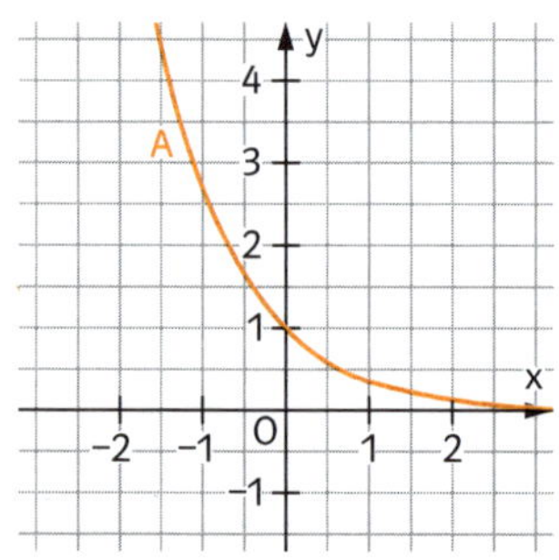

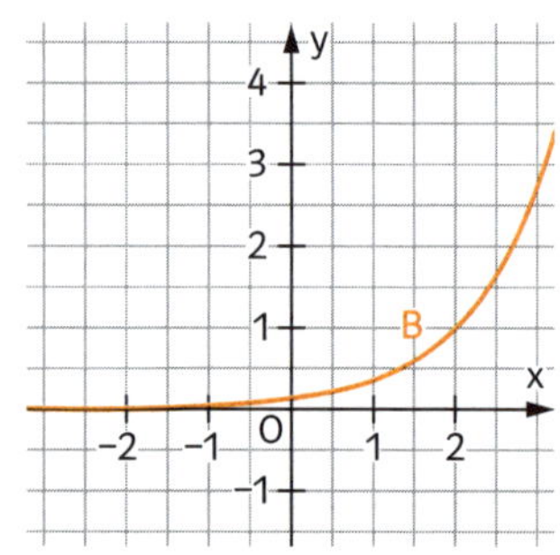

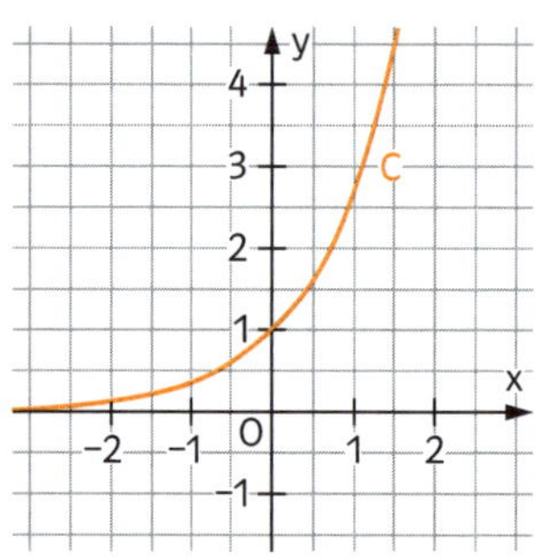

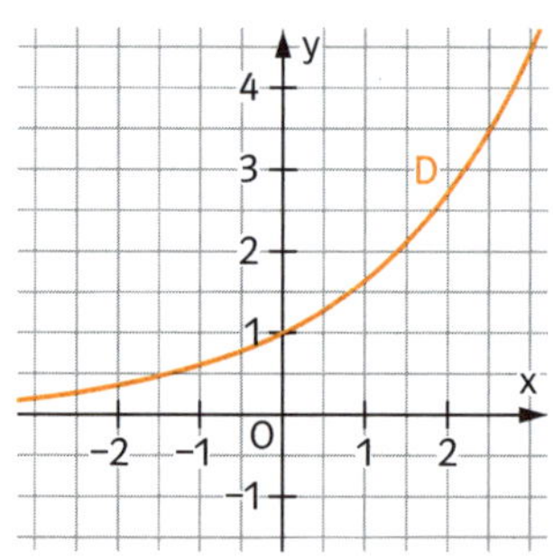

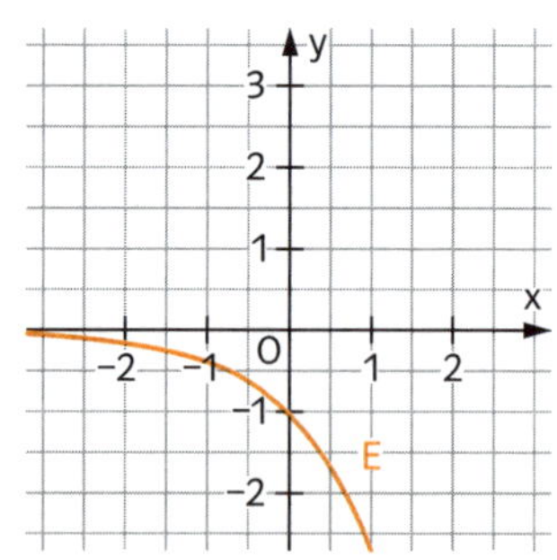

b) Ergänzen Sie: Man erhält den Graphen der Funktion f_3, indem man den Graphen der natürlichen Exponentialfunktion f_1 um _____ Einheiten in ______________-Richtung verschiebt. Der Graph von f_4 entsteht durch Verschiebung um _____ Einheiten in ______________-Richtung und um den Graphen von f_2 zu erhalten, muss man den Graphen der natürlichen Exponentialfunktion f_1 an der _____-Achse spiegeln.

3 a) Beschreiben Sie, wie man den Graphen von g mit $g(x) = 2 \cdot e^{x-3} + 4$ aus dem Graphen der natürlichen Exponentialfunktion $f(x) = e^x$ erhalten kann.

b) Der Graph der natürlichen Exponentialfunktion f mit $f(x) = e^x$ wurde um 5 Einheiten in negative x-Richtung verschoben, um den Faktor 3 in y-Richtung gestreckt und um 4 Einheiten in negative y-Richtung verschoben. Wie heißt der neue Funktionsterm?

4 Bestimmen Sie die erste und die zweite Ableitungsfunktion.

a) $f(x) = 5 \cdot e^x$ b) $f(x) = \frac{2}{3} \cdot e^{3x}$ c) $f(x) = x \cdot e^{-x}$ d) $f(x) = e^{x^2}$

5 Geben Sie die Gleichungen der Tangente und der Normale an den Graphen der Funktion f im Punkt P an. [T1]

a) $f(x) = e^{-0{,}5x}$; $P(-2 \mid f(-2))$ b) $f(x) = 0{,}5 \cdot e^{x-2}$; $P(4 \mid f(4))$

[T1] Die Steigung der Normale m_n erhält man aus der Steigung der Tangente m_t aus: $m_t \cdot m_n = -1$.

1 a) Welcher der abgebildeten Graphen zeigt den Verlauf der Funktion e^x und welcher den von $\ln(x)$?

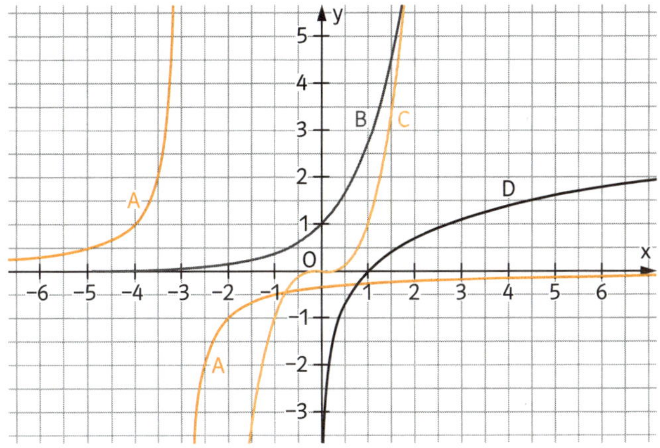

e^x : ________ $\ln(x)$: ________

b) Wichtige Werte:

$e^{\square} = 1$ $\ln(1) = \square$

$e^{\ln(x)} = \square$ $\ln(e^x) = \square$

c) Ergänzen Sie die Tabelle:

$e^{\ln(4)} = 4$ $\ln(e^4) =$ ______

$e^{2x} = (\quad)^2$ $\ln(x^2) =$ ______

2 Welche Exponential- und Logarithmenterme kann man vereinfachen? Ergänzen Sie.

$e^{a+b} = e^a \cdot e^b$ $e^{a-b} =$ ______ $(e^a)^k =$ ______ $e^a + e^b =$ ______

$\ln(a \cdot b) =$ ______ $\ln\left(\frac{a}{b}\right) =$ ______ $\ln(a^k) =$ ______ $\ln(a + b) =$ ______

3 Vereinfachen Sie.

a) $\ln(e^{-1}) =$ ______ b) $\ln(3 \cdot e^2) =$ ______ c) $e^{\frac{1}{2}\ln(4)} =$ ______

4 Kontrollieren Sie die Rechnung und korrigieren Sie gegebenenfalls.

a) $(e^{\ln 9})^{\frac{1}{2}} = e^{\frac{1}{2} \cdot \ln 9}$
$= e^{\ln \frac{9}{2}}$
$= \frac{9}{2}$

b) $\ln(2) - \ln(x) + \ln\left(\frac{2}{x}\right)$
$= \ln(2) - \ln\left(x \cdot \frac{2}{x}\right)$
$= \ln(2) - \ln(2)$
$= 0$

c) $e^x + \frac{6}{e^x} = 7$
$e^x + 6 = 7e^x$
$6 = 6e^x$
$1 = e^x$
$x = 0$

5 Lösen Sie die Gleichung. [T1]

a) $2e^{2x} - 14e^x + 20 = 0$ b) $(2x^2 - 18) \cdot (e^{2x} - 4) = 0$ c) $e^x - 3 = \frac{18}{e^x}$ d) $e^{3x} - 9e^x = 0$

Strategien zum Lösen von Gleichungen

Strategie 1: Lösungsformel für quadratische Gleichungen

Strategie 2: Äquivalenzumformung

Strategie 3: Nullproduktsatz Ein Produkt ist null, wenn einer der Faktoren null ist.

Strategie 4: Substitution z. B. $e^x = u$

6 Gegeben ist die Funktion f mit $f(x) = \frac{1}{10} \cdot e^{2x} - \frac{5}{2}$.

a) Geben Sie den Definitions- und den Wertebereich der Funktion an.
b) Berechnen Sie die Schnittpunkte des Funktionsgraphen mit den Koordinatenachsen.
c) In welchem Punkt P ist die Steigung des Graphen von f 1?

7 Die erwartete Zahl der verkauften Bücher für den neuesten Roman einer bekannten Jugendbuchreihe wird von dem Verlag modellhaft mit der Funktion $b(t) = 1000 \cdot (100 - 100e^{-kt})$ (t in Wochen) beschrieben.

a) In den ersten drei Wochen werden 25 000 Bücher verkauft. Berechnen Sie den Parameter k.
b) Mit welcher Gesamtzahl an verkauften Büchern rechnet der Verlag?
c) Nach wie vielen Wochen wird die Startauflage von 50 000 Büchern verkauft sein?
d) Wann werden erstmals weniger als 2 000 Bücher pro Woche verkauft?

[T1] Die Strategien zum Lösen von Gleichungen können als Hilfestellung dienen. Manchmal müssen auch mehrere Strategien nacheinander genutzt werden, um die Gleichung zu lösen.

1 Beschreiben Sie, welche Wirkung der Parameter t auf den Verlauf des Graphen hat. Schreiben Sie den passenden Buchstaben bzw. die passenden Buchstaben in der richtigen Reihenfolge in die Tabelle.

$f(x) = x^3$	$t > 0$	$t < 0$
$f_t(x) = x^3 + t$		
$f_t(x) = (x - t)^3$		
$f_t(x) = t \cdot x^3$	A	
$f_t(x) = t \cdot (x - t)^3 + t$		B, F, ___

A: Streckung um den Faktor t in y-Richtung

B: Verschiebung um |t| Einheiten in negative x-Richtung

C: Verschiebung um t Einheiten in positive x-Richtung

D: Verschiebung um t Einheiten in positive y-Richtung

E: Verschiebung um |t| Einheiten in negative y-Richtung

F: Spiegelung an der x-Achse und Streckung um den Faktor |t| in y-Richtung

2 Geben Sie zu der abgebildeten Kurvenschar eine Funktionenschar f_t an (Parameter $t \in \{-2; -1; 0; 1; 2\}$). Beschriften Sie die Graphen mit f_{-2}; f_{-1}; usw. und überprüfen das Ergebnis mit dem GTR.

a) $f_t(x) =$ ______________ b) $f_t(x) =$ ______________ c) $f_t(x) =$ ______________

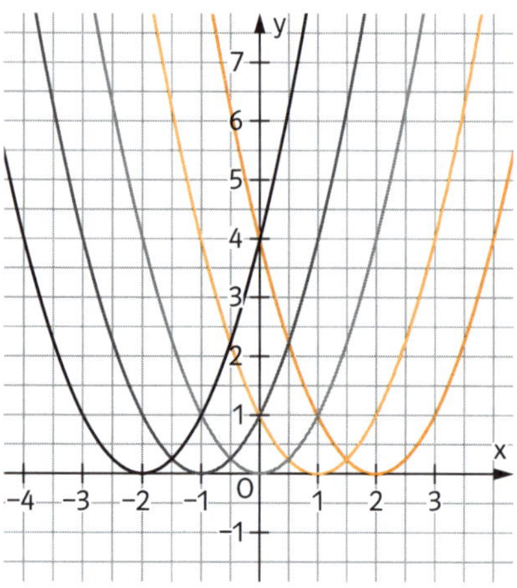

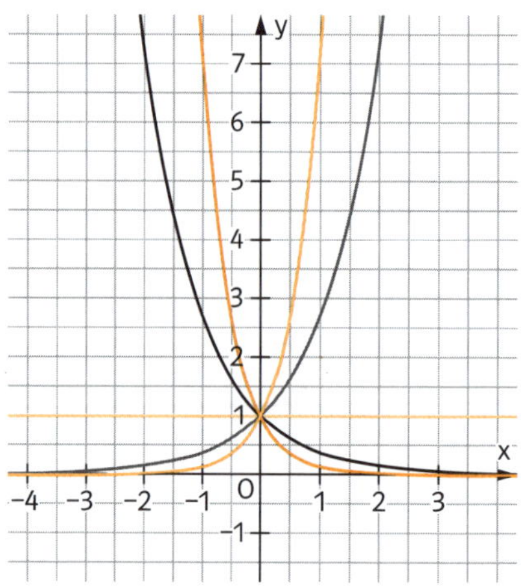

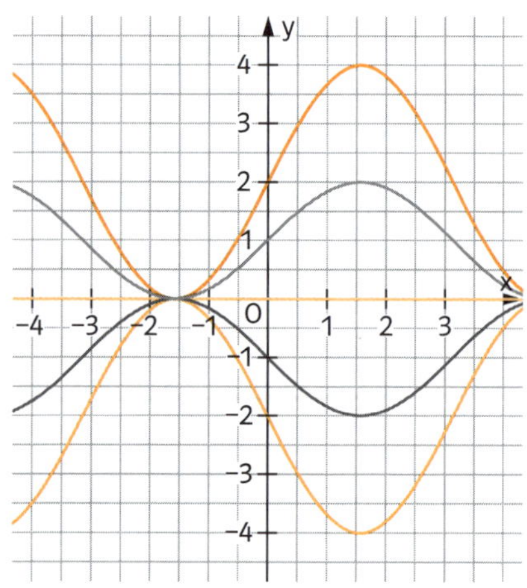

3 Gegeben ist die Funktionenschar f_t ($t \in \mathbb{R}$). Für welchen Wert von t liegt der angegebene Punkt auf dem zugehörigen Graphen der Funktionenschar?

a) $f_t(x) = (x + t) \cdot (x - t)^2$; $P(0 \mid 8)$ b) $f_t(x) = t \cdot 2^x$; $P(-2 \mid 1)$ c) $f_t(x) = e^{x - t}$; $P(-1 \mid e^2)$

4 Gegeben ist die Funktionenschar f_t ($t \in \mathbb{R}$). Bestimmen Sie die Steigung in Abhängigkeit des Parameters t an der Stelle x_0.

a) $f_t(x) = t - \frac{t}{3}x$; $x_0 = -3$ b) $f_t(x) = \frac{t}{4}x^3 - tx^2 + tx + 1$; $x_0 = 1$ c) $f_t(x) = t \cdot e^{tx}$; $x_0 = 0$

5 Gegeben ist die Funktionenschar f_t ($t \in \mathbb{R}$) mit $f_t(x) = tx^3 - 4tx$.

a) Welche Punkte haben die Graphen aller Funktionen f_t gemeinsam? [T1]
b) Für welchen Wert von t verläuft der Graph von f_t durch $A(1 \mid 6)$?
c) Für welchen Wert von t ist der Graph von f_t an der Stelle 2 parallel zur Ursprungsgeraden $y = 4x$?
d) Bestimmen Sie den Parameter t so, dass der Graph von f_t den Graphen von f_4 im Koordinatenursprung orthogonal schneidet. [T2]

[T2] Damit sich die Graphen von f_t und f_4 im Koordinatenursprung orthogonal schneiden, muss $f_t'(0) \cdot f_4'(0) = -1$ gelten.

[T1] Ersetzen Sie t durch die Parameter r und s und bestimmen Sie die gemeinsamen Punkte der Graphen f_r und f_s.

1 Gegeben ist die Funktionenschar f_t mit $f_t(x) = \frac{1}{4}x^4 - \frac{1}{2}tx^2 + 2,\ t > 0$.

Die Abbildung zeigt die Graphen von f_1, f_2 und f_3.

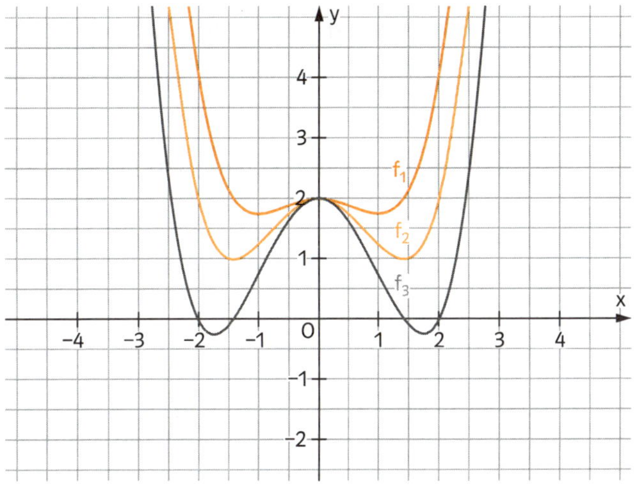

a) Berechnung der Extrempunkte der Kurvenschar f_t:

$f'_t(x) =$ ______________________

$f''_t(x) =$ ______________________

$f'_t(x) = 0$ ________ $= 0$

$x \cdot ($__________$) = 0$

für $x_1 =$ ________ ; $x_2 =$ ________ und $x_3 =$ ________

$f''_t(x_1)$ _<_ 0 und $f_t(x_1) =$ _2_ ; _H_ (0 | ________)

$f''_t(x_2)$ ____ 0 und $f_t(x_2) =$ ____ ; ____ (____ | ____)

$f''_t(x_3)$ ____ 0 und $f_t(x_3) =$ ____ ; ____ (____ | ____)

b) Skizzieren Sie in der Abbildung den Graphen von f_4 mithilfe der Extrempunkte.

2 Gegeben ist die Funktionenschar f_t mit $f_t(x) = x^3 + t \cdot (x^2 - x)$ und $t \in \mathbb{R}$.

a) Zeigen Sie, dass sich alle Funktionsgraphen in genau zwei Punkten schneiden. [T1]
b) Bestimmen Sie die Extrempunkte von f_3.
c) Für welche Werte von t hat der Graph von f_t keine Extrempunkte? [T2]
d) Gibt es einen Wert von t, für den der Graph von f_t keinen Wendepunkt hat? [T3]

3 Gegeben sind die Funktionenschar f_t ($t \in \mathbb{R}$) mit $f_t(x) = -\frac{1}{4}x^4 + \frac{1}{2}t^2x^2 + 1$ und die Gerade g: $y = -\frac{5}{4}x + \frac{5}{2}$.

a) Bestimmen Sie die Extremstellen von f_t in Abhängigkeit von t.
b) Für welche Werte von t liegt der Hochpunkt des Graphen von f_t auf der Geraden g?
c) Für welchen Wert von t hat der Graph von f_t zwei zueinander orthogonale Wendetangenten? [T4]

4 Bei einem großen Feuerlöschfahrzeug ist auf dem Fahrzeugdach ein Wasserstrahlrohr montiert. Für den Verlauf des Wasserstrahls in Abhängigkeit von der Wassergeschwindigkeit v gilt näherungsweise $w_v(x) = \frac{1}{2}x + \frac{7}{2} - \frac{5}{v^2} \cdot x^2$ (1 Längeneinheit entspricht einem Meter, v in $\frac{m}{s}$, $0 < v \leq 20$, $y = 0$ gibt das Bodenniveau an).

a) Unter welchem Winkel zur Horizontalen und in welcher Höhe über dem Boden wird das Wasser vom Strahlrohr ausgeworfen? [T5]
b) Bestimmen Sie die Wurfweite des Wasserstrahls in Abhängigkeit vom Parameter v. [T6]
c) Bestimmen Sie die mit dem Wasserstrahl maximal erreichbare Höhe in Abhängigkeit von v.
d) Für welche Wassergeschwindigkeit beträgt die Wurfweite des Wasserstrahls 30 m?
e) Skizzieren Sie in einem geeigneten Koordinatensystem den Verlauf des Wasserstrahls für $v_1 = 5$, $v_2 = 10$ und $v_3 = 20$.

[T1] Ersetzen Sie t durch die Parameter r und s und bestimmen Sie die gemeinsamen Punkte der Graphen von f_r und f_s.
[T2] Überprüfen Sie, ob die notwendige Bedingung für Extrempunkte ($f'(x_0) = 0$) und die hinreichende Bedingung ($f''(x_0) \neq 0$) für jeden Wert von t erfüllt sind.
[T3] Überprüfen Sie, ob die notwendige Bedingung für Wendepunkte ($f''(x_0) = 0$) und die hinreichende Bedingung ($f'''(x_0) \neq 0$) für jeden Wert von t erfüllt sind.
[T4] Berechnen Sie die Wendestellen in Abhängigkeit von t und bestimmen Sie an diesen Stellen die Steigungen der Wendetangenten.
[T5] Für den Steigungswinkel α gilt: $\tan(\alpha) = w_v'(x)$.
[T6] Berechnen Sie den Schnittpunkt des Graphen von w_v mit der x-Achse.

Ohne Hilfsmittel

1 Bilden Sie die erste Ableitung der Funktion f und vereinfachen Sie so weit wie möglich.

a) $f(x) = \frac{1}{4} \cdot \sin(4x^2)$ b) $f(x) = x^4 \cdot e^{2x}$ c) $f(x) = \frac{e^{-2x+2}}{x}$

2 Gegeben sind die beiden Funktionen f und g mit $f(x) = 2x^2$ und $g(x) = 1 - 3x$. Berechnen Sie.

a) $f(g(2)) =$ ______ b) $g(f(1)) =$ ______ c) $f \circ g(0{,}5) =$ ______

3 Lösen Sie die Gleichung.

a) $e^x \cdot (x^3 - 3x^2 - 4x) = 0$ b) $e^{2x} - 9e^x + 14 = 0$ c) $(2x^2 - 18) \cdot (e^{2x} - 9) = 0$

4 Bestimmen Sie die Gleichung der Tangente sowie der Normalen an den Graphen von f im Punkt P.

a) $f(x) = \sqrt{x^2 + 9}$; $P(-4\,|\,f(-4))$ b) $f(x) = 3 - \frac{9}{x^2}$; $P(3\,|\,f(3))$

5 Gegeben ist die Funktionenschar f_a mit $f_a(x) = a \cdot (x-2)^2 - 2a$, $a \in \mathbb{R}$.

a) Bestimmen Sie den Parameter a so, dass die folgende Gleichung erfüllt ist: $f_a'(3) = -2$.
b) Erklären Sie, wie die Graphen der Funktionenschar aus der Normalparabel hervorgehen und welchen Einfluss der Parameter a auf die Graphen hat.

6 Gegeben ist die Funktionenschar f_t mit $f_t(x) = x^3 - tx^2 - t^2x$; $t > 0$.

a) Bestimmen Sie die Schnittpunkte der Funktionsgraphen mit den Koordinatenachsen.
b) Berechnen Sie Wendepunkte in Abhängigkeit von t.
c) Bestimmen Sie die Gleichung der Wendetangente des Graphen von f_3.

Mit Hilfsmitteln

7 Gegeben ist die Funktionenschar f_a mit $f_a(x) = -\frac{4}{a^2} \cdot x^2 + \frac{8}{a} \cdot x$, $a > 0$.

a) Skizzieren Sie den Kurvenverlauf für drei Werte von a in ein gemeinsames Koordinatensystem. Wie beeinflusst der Parameter a die Graphen der Funktionenschar f_a?
b) Untersuchen Sie die Graphen der Funktionenschar f_a auf Schnittpunkte mit der x-Achse und Extrempunkte.

8 In einer Schulmensa wird das Essen nach der Zubereitung in Warmhaltebehältern gelagert, bis es an die Schüler ausgegeben wird. Die Temperatur des Essens zum Zeitpunkt t nach dem Umfüllen kann näherungsweise beschrieben werden durch die Funktion f mit $f(t) = 30 + 60 \cdot e^{-\frac{k}{100} \cdot t}$; $t \geq 0$ (t in Minuten, f(t) in °C).

a) Mit welcher Temperatur wird das Essen in die Warmhaltebehälter gefüllt?
b) Erfahrungsgemäß beträgt die Temperatur des Essens 15 Minuten nach dem Umfüllen zwischen 75 °C und 80 °C. Für welche Werte von k ist dies der Fall?

Nun gilt $f(t) = 30 + 60 \cdot e^{-0{,}015 \cdot t}$.

c) Aus Gründen der Lebensmittelsicherheit muss die Temperatur des ausgegebenen Essens mindestens 65 °C betragen. Wie lange wird diese Vorschrift eingehalten?
d) In welchem 5-Minuten-Abschnitt sinkt die Temperatur um 2 °C? [T1]
e) Zeigen Sie, dass die Temperatur des Essens im Warmhaltebehälter stets abnimmt. [T2]

[T1] Der 5-Minuten-Abschnitt beginnt bei $t = t_0$ und endet bei $t = t_0 + 5$. Stellen Sie eine Gleichung auf und lösen diese numerisch. [T2] Untersuchen Sie die Temperaturänderung (→ Ableitung).

1 An einer Stelle auf der A8, an der sich die Autobahn von drei auf zwei Spuren verengt, rechnet man mit der in der Abbildung dargestellten Ankunftsrate von einfahrenden Autos. Aus Erfahrung weiß man, dass maximal 30 Autos pro Minute diese Stelle durchfahren können, sonst kommt es zu einem Stau.

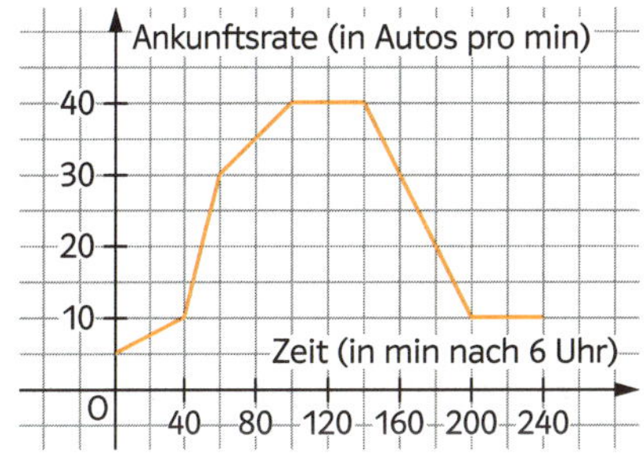

a) Um wie viel Uhr beginnt der Stau? ____________________

b) Zu welcher Uhrzeit ist der Stau am längsten? ____________________

c) Wie viele Autos stehen maximal im Stau? ____________________

d) Um wie viel Uhr löst sich der Stau wieder auf? ____________________

e) Hätte sich der Stau bis 10 Uhr aufgelöst, wenn man annimmt, dass lediglich 25 Autos diese Stelle durchfahren können? ____________

2 Zwei Weinbergschnecken veranstalten ein Wettrennen. Ihre Geschwindigkeiten zeigt die nebenstehende Abbildung.

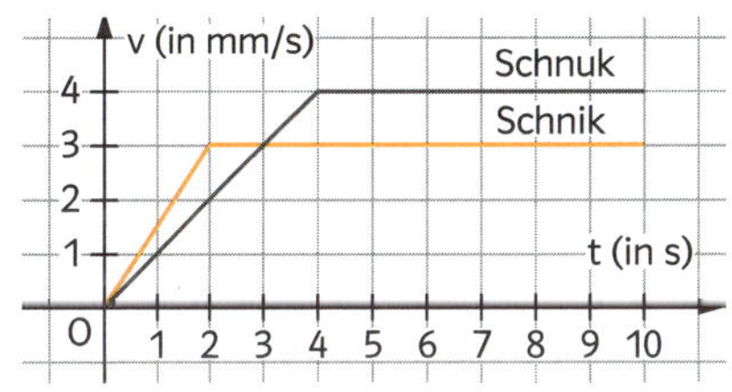

a) Wie groß ist der maximale Vorsprung von Schnik? [T1]

b) Nach wie vielen Sekunden wird Schnik eingeholt? Wie viele mm sind beide dann gekrochen?

c) Nach wie vielen Sekunden hat Schnuk 3 mm Vorsprung?

3 a) Bestimmen Sie mithilfe geeigneter Teilflächen. [T2]

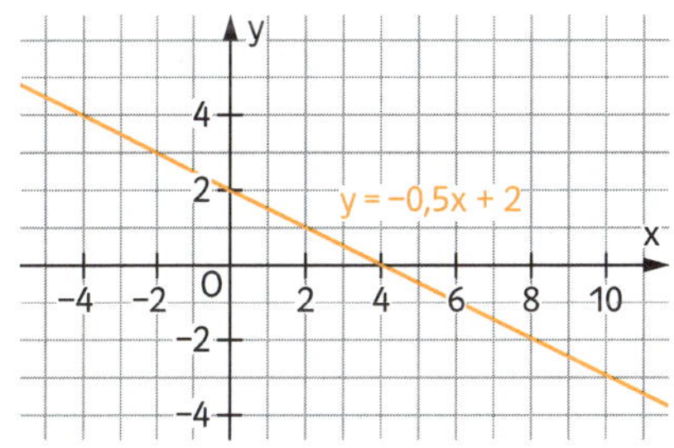

$\int_{-2}^{7}(-0{,}5x+2)\,dx =$ ____________________

$\int_{-4}^{0}(-0{,}5x+2)\,dx =$ ____________________

b) Ergänzen Sie die Lücken:

$\int_{-2}^{\square}(-0{,}5x+2)\,dx = 8$ $\int_{-4}^{10}(-0{,}5x+2)\,dx = \square$ $\int_{\square}^{9}(-0{,}5x+2)\,dx = 0$

4 Bestimmen Sie den Inhalt der gefärbten Fläche. [T3]

a)

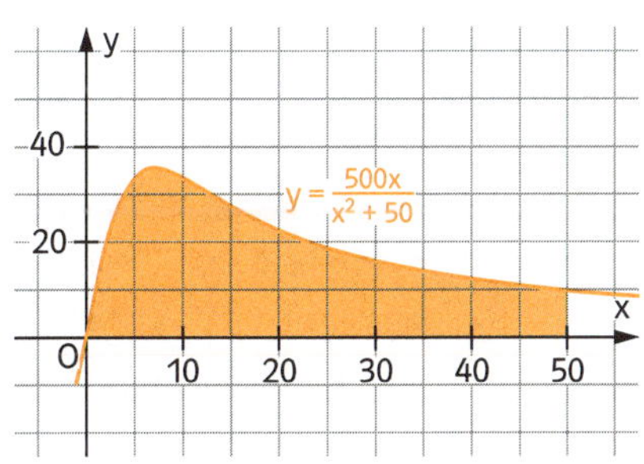

b)

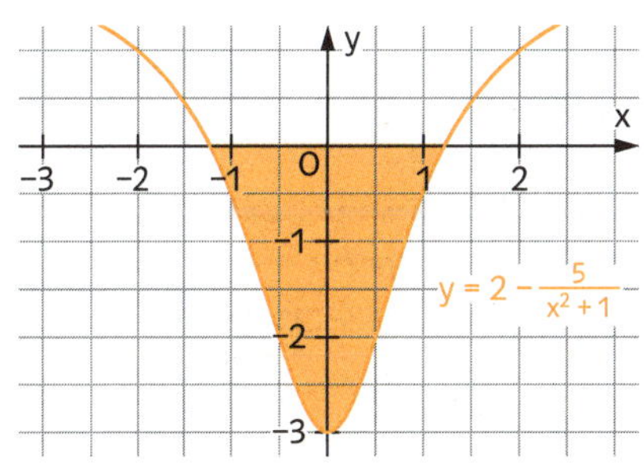

5 Durch eine Impfung wird das menschliche Immunsystem zur Bildung spezifischer Antikörper angeregt. Die Anzahl der pro Sekunde gebildeten Antikörper nach einer Tetanus-Impfung wird modellhaft durch die Funktion f mit $f(x) = \frac{1200x}{x^2+10}$ beschrieben, wobei x die Anzahl von Sekunden nach der Impfung beschreibt. Bestimmen Sie die Anzahl der innerhalb der ersten 20 s nach der Impfung gebildeten Antikörper.

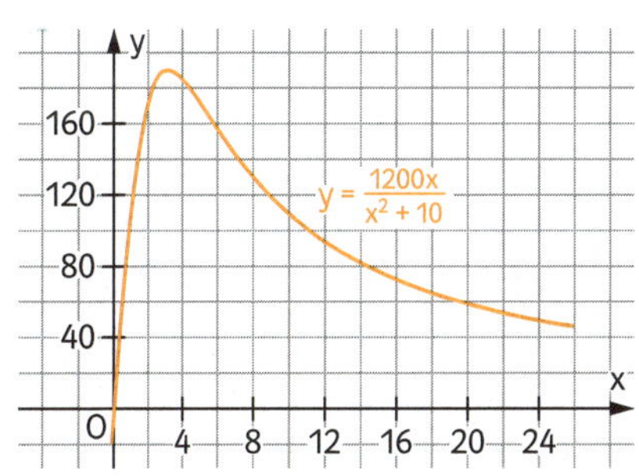

[T1] Der Wegunterschied entspricht dem Inhalt der Fläche zwischen beiden Graphen. [T2] Beim orientierten Flächeninhalt bekommen die Teilflächen unterhalb der x-Achse ein negatives Vorzeichen. [T3] Bestimmen Sie zunächst die Nullstellen der Funktion.

1 Füllen Sie die Lücken.

a) $\int_1^3 (6x^2 - 5)dx = [\,\_\_\_ - 5x]_1^3 = \_\_\_ - 15 - (\_\_\_ - 5) = \_\_\_ = 42$

b) $\int_{-2}^{\_\_\_} (-\_\_\_ - x)\,dx = \left[-\frac{1}{3}x^3 - \_\_\_\right]_{-2}^{-1} = \_\_\_\frac{1}{3}\_\_\_\frac{1}{2}\_\_\_(\_\_\_\frac{8}{3}\_\_\_2) = \_\_\_ = -\frac{5}{6}$

c) $\int_0^{\ln 6} (\_\_\_)\,dx = \left[\frac{1}{4} \cdot e^{2x+4\cdot\ln 2}\right]_0^{\ln 6} = \_\_\_ - \_\_\_ = \_\_\_$ [T1]
$= \_\_\_$

2 Zu jeder Funktionsgleichung von f gehört die Funktionsgleichung einer Stammfunktion F.
Verbinden Sie zusammengehörige Kartenpaare.

$f(x) = 2a$ | $f(a) = 2x + 1$ | $f(x) = 4a^2x$ | $f(x) = 4ax$ | $f(x) = 2a^2$ | $f(a) = 4ax + 1$

$F(a) = 2ax + a$ | $F(x) = 2a^2x + a$ | $F(a) = 2a^2x + a$ | $F(x) = 2ax + a$ | $F(x) = 2a^2x^2 + a$ | $F(x) = 2ax^2 + a$

3 a) Geben Sie die Stammfunktion F von f mit $f(x) = 3x^2 + x$ an, deren Graph den Punkt P(2 | 4) enthält. [T2]

b) Geben Sie die Stammfunktion F von f mit $f(x) = \frac{2}{x^2} + 1$ an, für die gilt: F(1) = 0.

4 Ordnen Sie den Funktionsgraphen A, B, C und D den Graphen einer zugehörigen Stammfunktion zu.

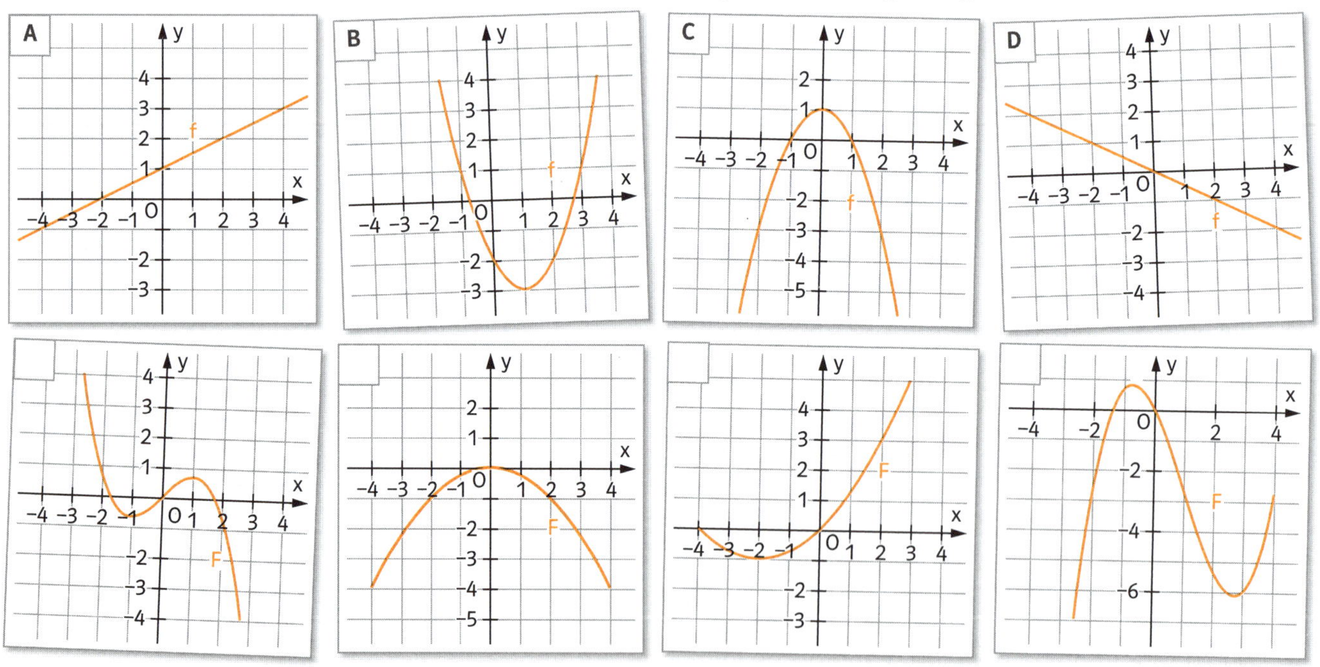

5 F sei eine Stammfunktion der ganzrationalen Funktion f. Entscheiden Sie, ob die Aussage wahr ist. Begründen Sie wahre Aussagen und geben Sie ein Gegenbeispiel an, falls die Aussage falsch ist.

a) Jede Funktion f hat mindestens 2 verschiedene Stammfunktionen.
b) Hat f den Grad n (n > 0), so ist jede ihrer Stammfunktionen ganzrational vom Grad n − 1.
c) Haben zwei Funktionen eine gleiche Stammfunktion, so sind die beiden Funktionen identisch.
d) Es gibt eine Funktion f, die mit einer ihrer Stammfunktionen F übereinstimmt.
e) Eine Nullstelle von f ist stets eine Extremstelle von F.
f) Eine Extremstelle von F ist stets eine Nullstelle von f.
g) Eine Nullstelle von f kann auch eine Nullstelle von F sein.

[T2] Weitere Stammfunktionen erhält man, wenn man zu einer Stammfunktion beliebige Konstanten addiert.
[T1] Für alle positiven Zahlen x gilt: $e^{\ln x} = x$ und $\ln(e^x) = x$, $x^a \cdot x^b = x^{a+b}$ und $\ln(x^a) = a \cdot \ln(x)$.

1 Ergänzen Sie die Lücken so, dass F eine Stammfunktion von f ist.

a) $f(x) = 2x + 3$ F(x) = ______ b) $f(x) = 4\sin(2x)$ F(x) = ______

c) $f(x) = \frac{3}{x^5}$ [T1] F(x) = ______ d) f(x) = ______ $F(x) = \frac{1}{2} \cdot e^{2x}$

e) $f(x) = \frac{3x+5}{x^3}$ [T2] F(x) = ______ f) f(x) = ______ $F(x) = 3\sin\left(17x - 4\frac{1}{2}\right)$

d) $f(x) = \frac{3}{7x-1}$ F(x) = ______ h) $f(x) = 3^x$ [T3] F(x) = ______

2 a) F sei die Stammfunktion von f mit $F(-4) = 0$. Entscheiden Sie, ob die Aussage wahr ist. Die Buchstaben aller richtigen Aussagen ergeben in der richtigen Reihenfolge ein Lösungswort.

- **E: F hat bei $x \approx 0$ ein Maximum.** wahr □ falsch □
- **S: F hat bei $x \approx 2{,}5$ ein Minimum.** wahr □ falsch □
- **U: F(4) ist positiv.** wahr □ falsch □
- **G: F hat im Intervall [−2; 2] nur positive Funktionswerte.** wahr □ falsch □
- **L: F hat zwischen 2 und 3 eine Nullstelle.** wahr □ falsch □
- **A: F hat bei $x \approx 2{,}5$ eine Wendestelle.** wahr □ falsch □
- **N: $F(-1) > 5$.** wahr □ falsch □
- **H: F hat bei $x \approx -2$ eine Wendestelle.** wahr □ falsch □
- **I: F ist im Intervall [−4; 0] monoton steigend.** wahr □ falsch □

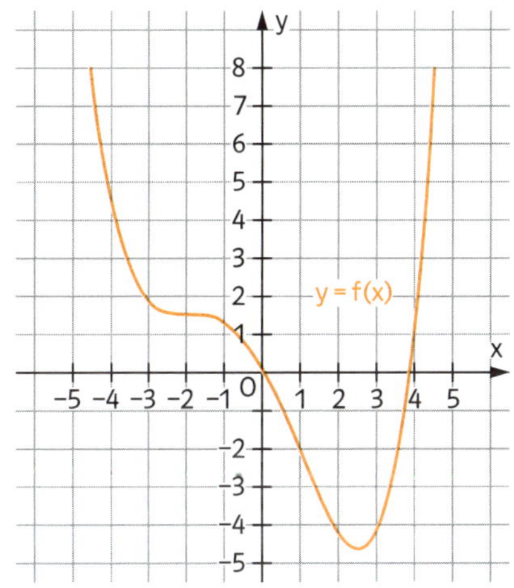

Lösungswort: ______

b) Skizzieren Sie in die oben stehende Abbildung den Graphen von F.

3 Es ist $\int_a^b f(x)\,dx = 5$, $\int_a^c f(x)\,dx = 11$, $\int_a^b g(x)\,dx = -2$ und $\int_b^c g(x)\,dx = 1$. Berechnen Sie – falls möglich – mithilfe dieser Werte:

a) $\int_b^c f(x)\,dx =$ ______ b) $\int_b^a g(x)\,dx =$ ______ c) $\int_a^c g(x)\,dx =$ ______

d) $\int_b^c (f(x))^2\,dx =$ ______ e) $\int_b^c (2 \cdot f(x))\,dx =$ ______ f) $\int_b^c f(2x)\,dx =$ ______

g) $\int_a^b (f(x) - g(x))\,dx =$ ______ h) $-\int_c^a f(x)\,dx =$ ______ i) $\int_b^c (f(x) \cdot g(x))\,dx =$ ______

4 Berechnen Sie:

a) $\int_1^2 \frac{2x^3 - 5}{x^2}\,dx$ [T2] b) $\int_0^{\pi} \sin(3x)\,dx$ c) $\int_0^1 \frac{3}{4x+1}\,dx$ d) $\int_1^9 \frac{2}{\sqrt{4x}}\,dx$ e) $\int_{-0{,}25}^0 e^{4x-1}\,dx$

5 Bestimmen Sie diejenige Stammfunktion F von f mit $f(x) = 4x^2 - x$, die ihren Tiefpunkt auf der x-Achse hat.

6 Bestimmen Sie b so, dass gilt: $\int_1^b (2x - 1)\,dx = 20$.

[T1] Formen Sie zunächst den Funktionsterm von f mit Hilfe der Beziehung $\frac{1}{x^r} = x^{-r}$ um. [T2] Formen Sie zunächst den Funktionsterm von f mit Hilfe der Beziehung $\frac{a+b}{c} = \frac{a}{c} + \frac{b}{c}$ um und kürzen Sie. [T3] Formen Sie zunächst den Funktionsterm von f mit Hilfe der Beziehung $3 = e^{\ln 3}$ um.

1 Bestimmen Sie den Funktionsterm der angegebenen Integralfunktion.

a) $f(x) = x^3 + 1$ $\qquad J_0(x) = \int_0^x f(t)\,dt = \int_0^x (t^3 + 1)\,dt = [\;\_\_\_\;]_0^x = \_\_\_$

b) $f(x) = x^3 + 1$ $\qquad J_2(x) = \int_2^x (t^3 + 1)\,dt = [\;\_\_\_\;]_{\_\_}^{\_\_} = \_\_\_$

c) $f(x) = e^{3x}$ $\qquad J_{\ln 3}(x) = \int_{\ln 3}^x \_\_\_\,dt = [\;\_\_\_\;]_{\_\_}^{\_\_} = \_\_\_$

d) $f(x) = \sin\left(2x + \frac{1}{2}\pi\right)$ $\qquad J_{\frac{\pi}{4}}(x) = \int_{\pi/4}^x \_\_\_\,dt = [\;\_\_\_\;]_{\_\_}^{\_\_}$
$= \_\_\_$

2 In der nebenstehenden Abbildung sehen Sie den Graph einer ganzrationalen Funktion 3. Grades. Füllen Sie die Lücken aus.

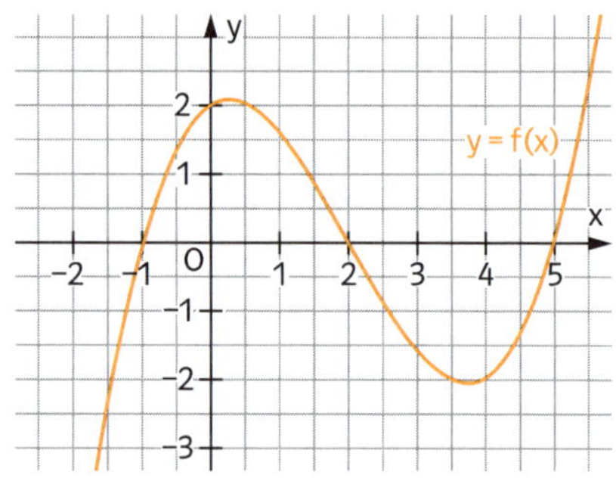

a) $J_2(5) = \int_{\_\_}^{\_\_} f(t)\,dt \approx \_\_$ $\qquad$ b) $J_2(1) = -J_2(\_\_)$

c) $J_{-1}(\_\_) = J_{-1}(\_\_) = 0$ $\qquad$ d) $J_{-1}(3) \approx \_\_$

e) $J_0(5) = -J_{\_\_}(\_\_) \approx \_\_$ $\qquad$ f) $J_{-2}(0)\ \_\_\ 0$

3 Bei einem Gewitter beschreibt die Funktion f mit $f(t) = 60t \cdot e^{-0,5t}$, $0 \leq t \leq 15$, modellhaft die Menge des auftreffenden Regens (in ml pro m^2 und Minute, t: Zeit nach Beginn des Gewitters in min.).

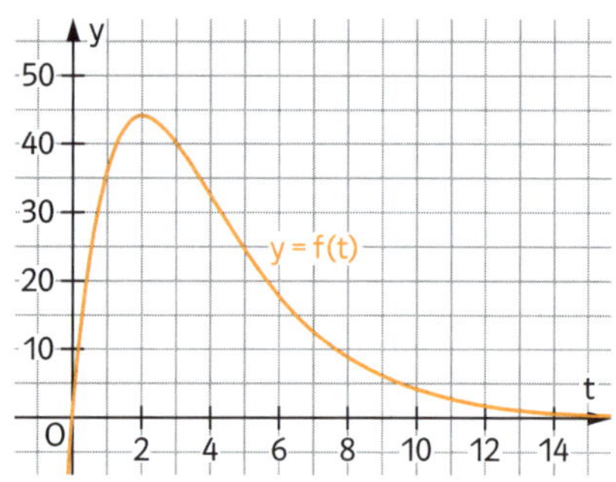

a) $J_0(5) \approx 171$ bedeutet, dass ____.

b) Bestimmen Sie: $J_0(2) \approx$ ______________________

c) Bestimmen Sie, wie viele ml Regen zwischen der 5. und der 10. Minute pro m^2 fallen.

____

d) Wann ist die maximale Wasserhöhe erreicht und wie hoch steht das Wasser maximal, wenn jeder m^2 Boden pro Minute 25 ml aufnehmen kann? [T1]

Max. Wasserhöhe: nach ________ min. Max. Wassermenge: ________ ml. Max. Wasserhöhe: ________ mm.

e) Wann sind erstmals 100 ml pro m^2 Regen gefallen? [T2] ______________________

4 Gegeben sind der Graph einer Funktion f und das Intervall $I = [-0,5; 7]$. Begründen Sie folgende Aussagen:

a) $J_0(x)$ wechselt in I sein Vorzeichen genau einmal.
b) $J_0(x)$ hat in I eine Sattelstelle.
c) $J_3(x)$ hat in I keine Extremstelle.
d) $J_0(1) < J_1(0)$.

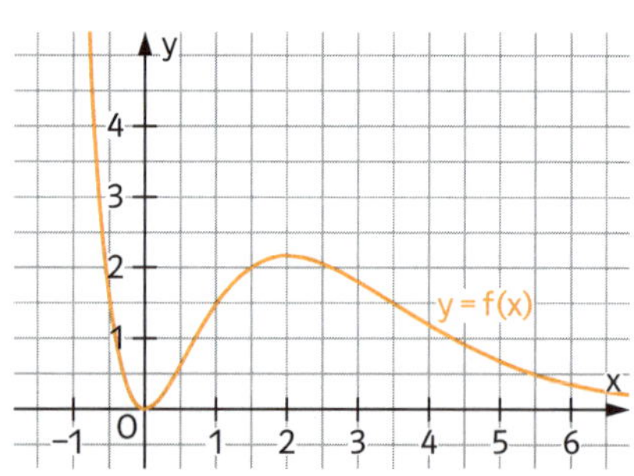

[T1] Die maximale Wasserhöhe ist erreicht, wenn der Boden mehr Wasser aufnimmt, als neu hinzu kommt. Teilt man die Wassermenge durch die Grundfläche, so erhält man die Wasserhöhe. [T2] Lassen Sie den GTR die Integralfunktion $J_0(x)$ zeichnen.

1 Berechnen Sie den Inhalt der Fläche, die von den Graphen von f und g eingeschlossenen wird.

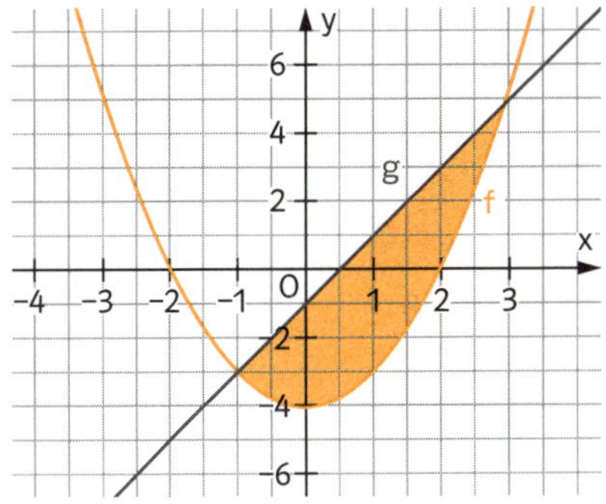

1. Funktionsterme bestimmen: $f(x) =$ ______, $g(x) =$ ______
2. Schnittstellen bestimmen: ______
3. Differenzfunktion integrieren: ______

2 a) Drücken Sie den Inhalt der Flächen durch ein oder mehrere Integrale aus:

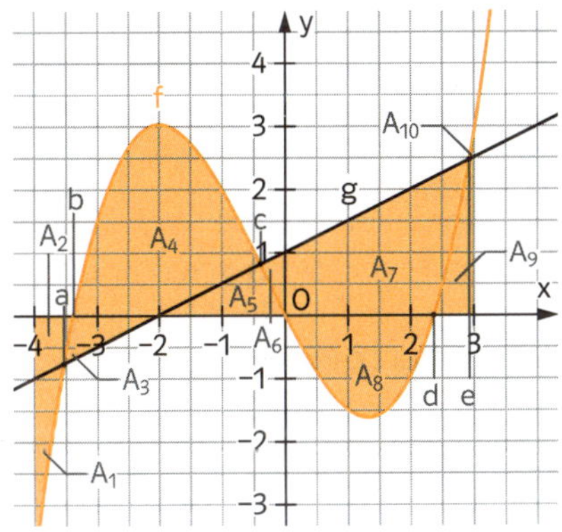

$A_1 + A_2 =$ ______ [T1]

$A_6 + A_7 + A_8 =$ ______

$A_3 =$ ______

$A_4 =$ ______

b) Benennen Sie folgende Flächen:

Die von den Graphen von f und g eingeschlossene Fläche: ______

Die von den Graphen von f und g und der x-Achse eingeschlossenen Flächen: ______ und ______

Die von den Graphen von f und g, der x-Achse und der Geraden $x = -4$ eingeschlossene Fläche: ______

3 Für $t > 0$ ist die Funktionenschar f_t mit $f_t(x) = x^2 - tx$ gegeben. Für welchen Wert von t hat die vom Graph f_t und der x-Achse eingeschlossene Fläche den Inhalt 4,5 FE?

1. Schnittstellen bestimmen: ______
2. Differenzfunktion integrieren: $A(t) =$ ______
3. Lösen der Gleichung $A(t) = 4{,}5$: ______

4 Berechnen Sie den Inhalt der gefärbten Fläche.

a)

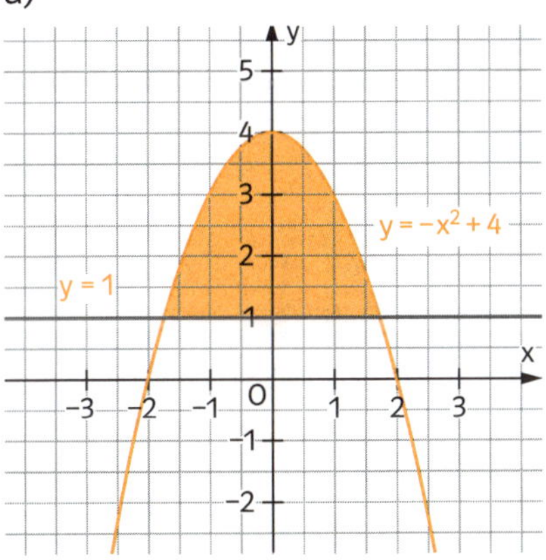

b)

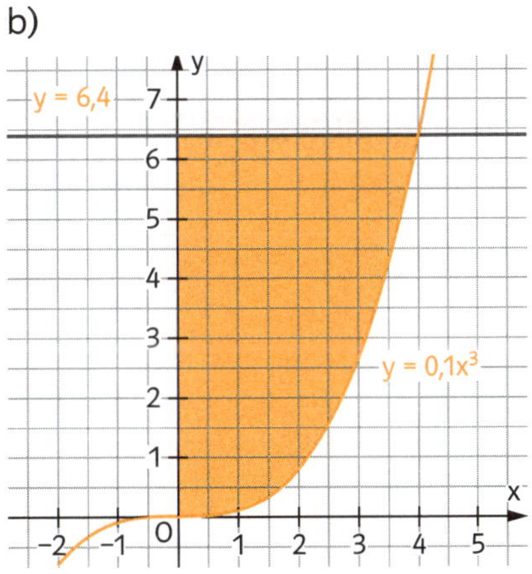

c)

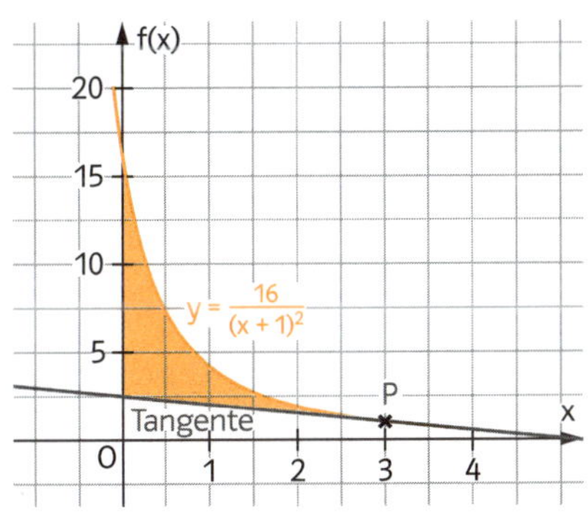

5 Für $t > 0$ ist die Funktionenschar f_t mit $f_t(x) = tx^2$ gegeben. Für welchen Wert von t hat die vom Graph von f_t, der Tangente an den Graph in P(1 | t) und der x-Achse eingeschlossene Fläche den Inhalt 100 FE? [T2]

[T1] Beachten Sie, dass Integrale auch negative Werte annehmen können, Flächeninhalte aber stets positiv sind. [T2] Fertigen Sie zunächst eine Skizze an. Berechnen Sie dann die Gleichung der Tangente in Abhängigkeit von t, integrieren Sie f_t über dem Intervall [0; 1] und ziehen Sie von diesem Integral eine Dreiecksfläche ab.

1 Prüfen Sie, ob die in der Abbildung dargestellten nach rechts bzw. nach oben ins Unendliche reichenden Flächen einen endlichen Flächeninhalt haben.

$A_1(z) = \int_2^z \frac{3}{x^2}\,dx =$ ________________ Für $z \to \infty$ gilt: $A_1(z) \to$ ______

$A_2(z) =$ ________________ Für $z \to 0$ gilt: $A_2(z) \to$ ______

Ergebnis: A_1 ________________

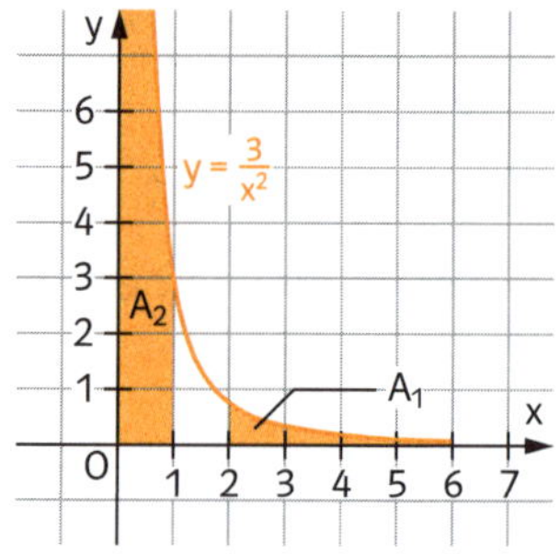

2 Bei einem Sturm wird die Windgeschwindigkeit in Abhängigkeit der Zeit gemessen. Es ergibt sich näherungsweise die Funktion v mit $v(t) = t^2 \cdot e^{-0,1t}$ (v in $\frac{m}{s}$, t in min). Schätzen Sie die mittlere Windgeschwindigkeit $\bar{v}$ in den ersten 100 min anhand des Schaubildes und berechnen Sie diese anschließend:

Schätzwert: $\bar{v} =$ ____ Rechnung: $\bar{v} =$ ________________

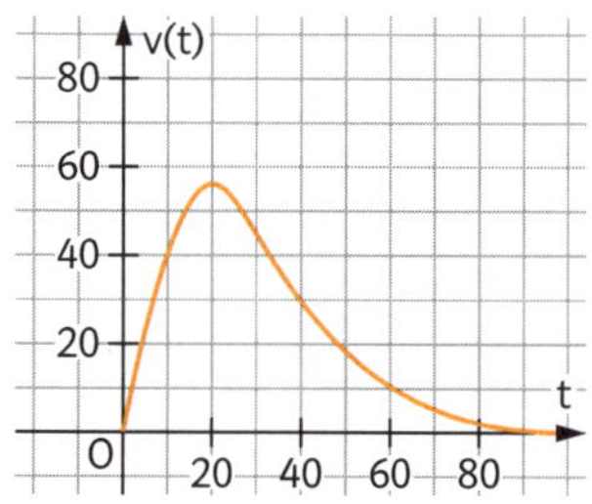

3 Rotiert die dargestellte Fläche zwischen den Graphen von f mit $f(x) = \frac{1}{50}(x-2)^2 + 0{,}4$ und g mit $g(x) = \frac{1}{4}\sqrt{x-1}$ über dem Intervall [0; 6] um die x-Achse, erhält man die Form eines Fußballpokals (alle Angaben in dm).

a) Wie viel Flüssigkeit passt in den Pokal?

b) Welche Masse hat der Pokal, wenn sein Material durchschnittlich die Dichte $3{,}4\,\frac{g}{cm^3}$ hat?

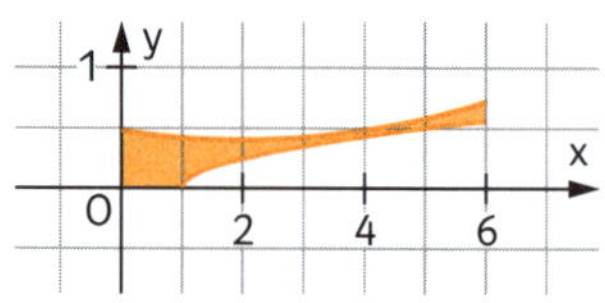

4 Die Leistung einer kleinen Solaranlage an einen Sommertag wird durch die Funktion p mit $p(t) = -\frac{1}{2}t^3 + 5t^2$; $0 \le t \le 10$ modellhaft beschrieben (p: Leistung in Joule/Sekunde; t: Zeit in Stunden nach Sonnenaufgang).

a) Berechnen Sie die mittlere Leistung der Solaranlage im angegebenen Zeitraum.

b) Berechnen Sie die in der 5. Stunde produzierte Energiemenge.

c) In welchem 2-Stunden-Zeitraum speist die Solaranlage 180 000 J Energie ins elektrische Netz? [T1]

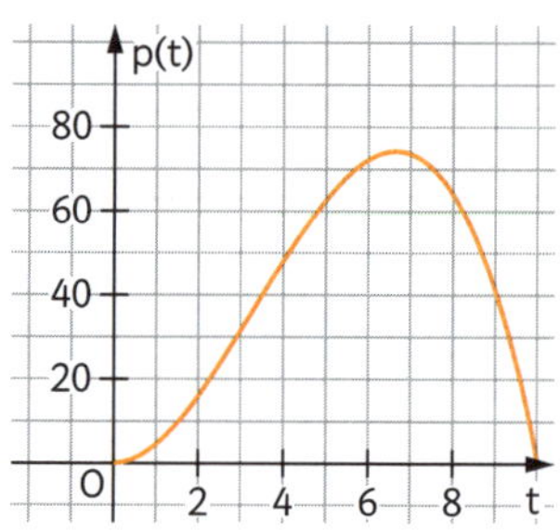

5 a) Berechnen Sie bei Abbildung (1) und (2) das Volumen des Rotationskörpers, der entsteht, wenn die abgebildete Fläche um die x-Achse rotiert. [T2]

b) Prüfen Sie bei Abbildung (3) und (4), ob die nach rechts ins Unendliche reichende Fläche einen endlichen Flächeninhalt hat und geben Sie diesen falls möglich an.

(1)

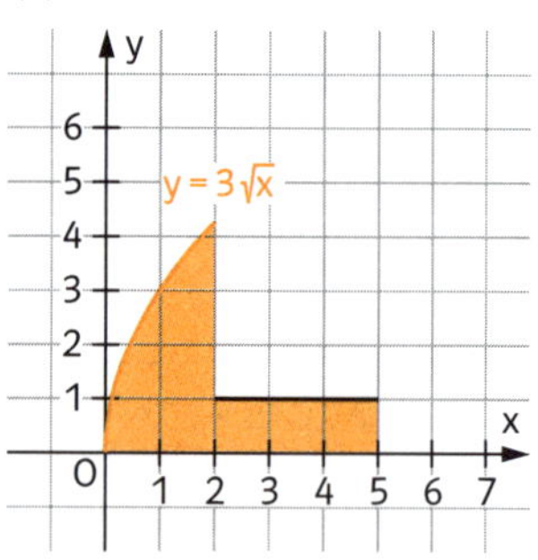

(2)

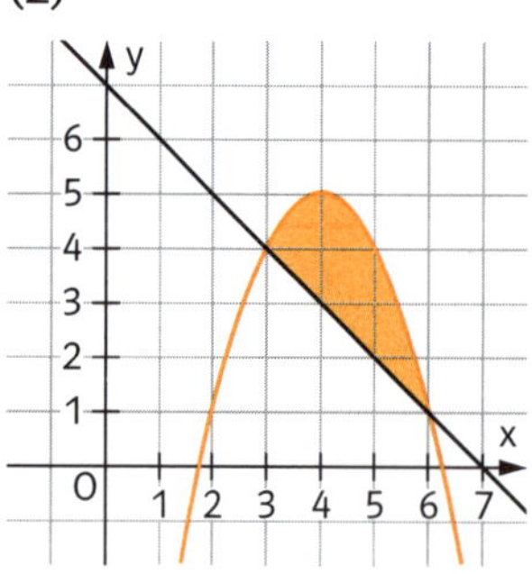

(3)

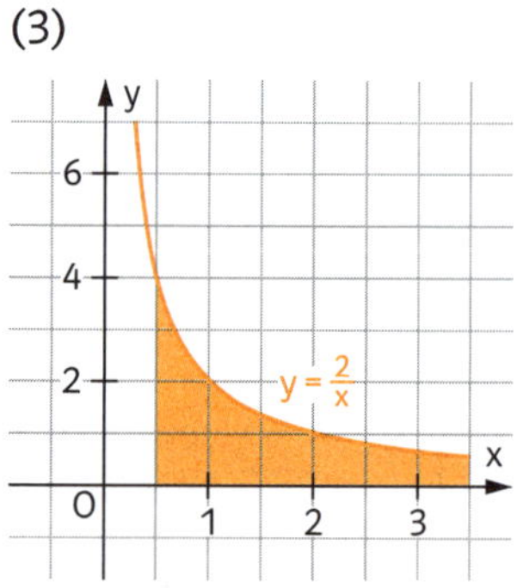

(4)

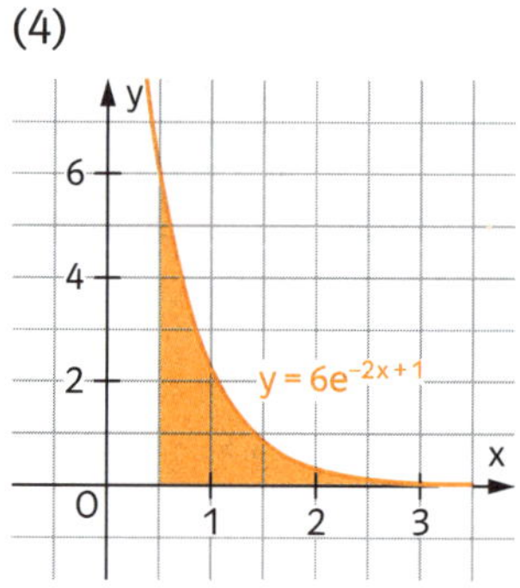

6 Bei optimalem Anfahren gilt für die Geschwindigkeit einer S-Bahn: $v(t) = 4t - 0{,}2t^2$; v in $\frac{m}{s}$, t in s.

a) Berechnen Sie die Durchschnittsgeschwindigkeit $\bar{v}$ der S-Bahn in den ersten 8 Sekunden.

b) In welcher Sekunde legt die S-Bahn eine Strecke von 15 m zurück?

[T1] Berechnen Sie zunächst den benötigten Mittelwert im 2-Stunden Zeitraum. Lassen Sie dann in der Formel für den Mittelwert die Integrationsgrenzen variabel. [T2] Die Parabel in Abbildung 2 hat eine Gleichung der Form $y = -(x - d)^2 + e$.

1 Geben Sie eine Stammfunktion an.

a) $f(x) = 6x^7 - \frac{7}{x^8}$ b) $f(x) = \sqrt{3x+4}$ [T1] c) $f(x) = e^{-3x+7} + \pi \cdot \sin(\sqrt{2} \cdot x)$ [T1]

2 Berechnen Sie z.

a) $\int_1^z \left(4 - \frac{2}{x^2}\right) dx = 3$ b) $\int_0^{\frac{\pi}{2}} \left(z \cdot \cos\left(2x + \frac{\pi}{2}\right)\right) dx = 17$ [T2] c) $\int_z^e \left(\frac{2}{x+e}\right) dx = 2 \cdot \ln 2$ [T2/T3]

3 a) Ergänzen Sie den Lückentext.

An den Nullstellen von f hat der Graph von F ______________ Tangenten, d.h. F hat dort ______________stellen oder ______________stellen. An den Extremstellen von f hat F ______________________. Zwei beliebige Stammfunktionen von f unterscheiden sich lediglich durch ____________ ____________. Die Intergralfunktion von $J_a(x)$ von f zur unteren Grenze a ist die Stammfunktion F von f mit F(a) = ____________________.

b) Skizzieren Sie in der nebenstehenden Abbildung den Graph der Integralfunktion $J_0(x)$ von f zur unteren Grenze 0.

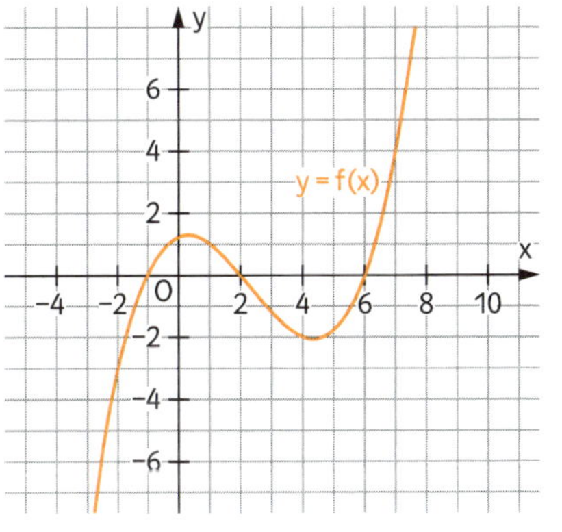

4 Gegeben ist die Funktion f mit $f(x) = 2x^3 - 3x^2$.
a) Für welche Stammfunktion F von f gilt $F(-1) = 1$?
b) Bestimmen Sie die Steigung der Tangente an den Graphen von F im Punkt $P(-0{,}5 \mid F(-0{,}5))$.

5 Berechnen Sie $\int_1^3 (x^2 - 2x)\,dx$ und deuten Sie das Ergebnis anhand geeigneter Flächeninhalte.

6 a) Der Graph von f mit $f(x) = 3x^2$, die Normale an den Graph von f in $P(2 \mid 12)$ und die x-Achse schließen eine Fläche ein. Berechnen Sie den Inhalt dieser Fläche.
b) Der Graph von f mit $f(x) = 3x^2$, die Normale an den Graph von f in $P(2 \mid 12)$ und die y-Achse schließen eine Fläche ein. Berechnen Sie den Inhalt dieser Fläche. [T4]

7 Gegeben ist der Graph einer Stammfunktion F von f.
a) Bestimmen Sie einen Näherungswert für f(4).
b) Bestimmen Sie näherungsweise $\int_0^2 f(x)\,dx$ und $\int_0^2 F(x)\,dx$.
c) Begründen Sie, dass f' im Intervall [0; 2] eine Nullstelle hat.
d) Begründen Sie, dass f' im Intervall [1; 3] negativ ist.
e) Skizzieren Sie den Graph von f in die nebenstehende Abbildung.

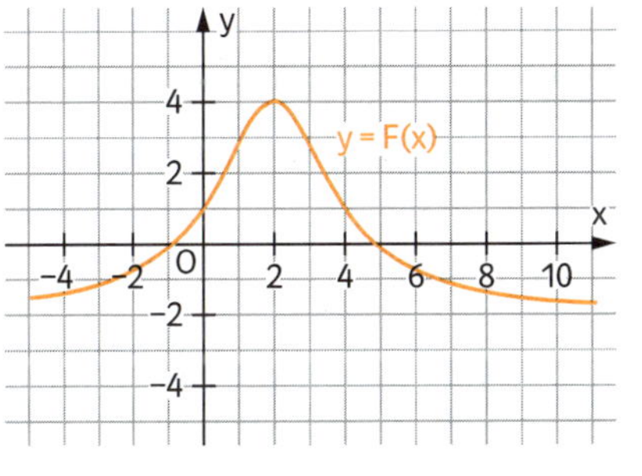

8 Für jedes k > 0 ist die Funktion f_k mit $f_k(x) = -x^3 + kx^2$ gegeben. Für welchen Wert von k hat die vom Graph von f_k und der x-Achse eingeschlossene Fläche den Inhalt $21\frac{1}{3}$ FE?

[T1] Beachten Sie, dass es sich um eine Verkettung von Funktionen handelt. [T2] Ziehen Sie die Konstante vor das Integral.
[T3] Für $f(x) = \frac{1}{x}$ gilt: $F(x) = \ln|x|$. [T4] Fertigen Sie eine Skizze an und verwenden Sie das Ergebnis von Teilaufgabe a) geschickt.

1 Der Graph von f mit $f(x) = 8 + \frac{72}{x^2 - 25}$, die x-Achse und die Geraden mit den Gleichungen $x = -5$; $x = 5$ und $y = 7$ begrenzen eine Fläche, die den Querschnitt eines 3 m tiefen Tores darstellt (1 LE ≙ 1 m).

a) Zeichnen Sie den Querschnitt des Tores.

b) Wie viele m^3 Stein wurden für den Bau des Tores benötigt?

c) Mittig durch das Tor führt eine 6 m breite zweispurige Straße. Ein 2 m breiter und 3 m hoher Lastwagen mit rechteckiger Querschnittsfläche durchfährt den Torbogen auf der Mitte der rechten Fahrspur. Wie nah kommt er dem Torbogen?

2 An einem Januarabend um 18 Uhr beginnt es, auf eine schneelose Landschaft zu schneien. Die Funktion f mit $f(t) = \frac{75}{t^2 - 7t + 21}$ $(t \geq 0)$ beschreibt, wie viel Schnee (in cm) pro Stunde fällt (t in Stunden ab 18 Uhr). Auf einer Wiese bleibt der Schnee liegen ohne zu schmelzen. Auf dem Flachdach eines Hauses schmelzen pro Stunde 5 cm des gefallenen Schnees.

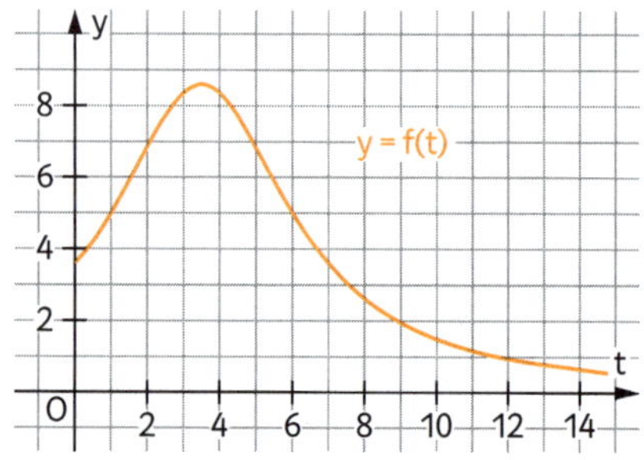

a) Begründen Sie, warum die Schneehöhe auf der Wiese ständig zunimmt.

b) Was bedeutet $\int_0^3 f(t)\,dt \approx 17{,}8$ konkret?

c) Um wie viel Uhr liegt der Schnee auf der Wiese 20 cm hoch? [T1]

d) Um wie viel Uhr bleibt erstmals Schnee auf dem Dach liegen?

e) Wann ist die Schneehöhe auf dem Dach maximal? Wie hoch ist sie dann? [T2]

f) Innerhalb welcher Stunde sinkt die Schneehöhe auf dem Dach um genau 2 cm?

g) Wann ist der Schnee auf dem Dach erstmals komplett geschmolzen?

3 Berechnen Sie, falls möglich, einen Wert von a, so dass gilt:

a) $\int_a^{\infty} \frac{100}{x^2}\,dx = 20$ b) $\int_a^{\infty} \left(\frac{1}{x^2} + \frac{1}{100}\right)dx = 100$ c) $\int_0^a \left(\frac{1}{\sqrt{x}}\right)dx = 4{,}5$ d)

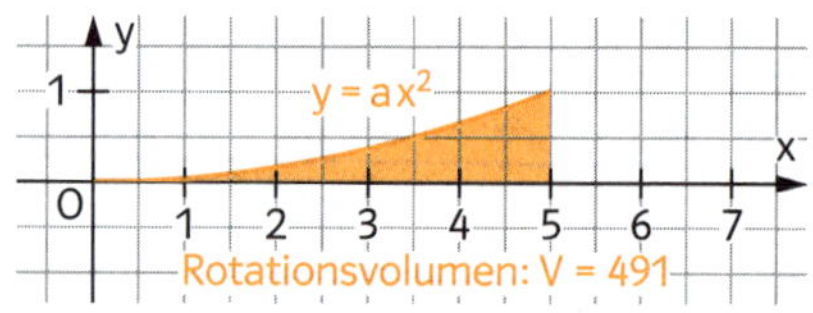

4 An einem Montagmorgen um 10 Uhr wird bekannt gegeben, dass die Gruppe „Take Five" ein Konzert in der Schleyerhalle gibt. Sofort gehen bei der Vorverkaufsstelle Mails mit Kartenbestellungen ein. Diese „Bestellrate" wird durch eine Funktion f mit $f(t) = -0{,}083t^4 + 2{,}1t^3 - 17t^2 + 45t + 24$; $0 \leq t \leq 12$ modellhaft beschrieben (t: Zeit nach 10 Uhr in Stunden, f(t): Bestellrate in Bestellungen pro Minute).

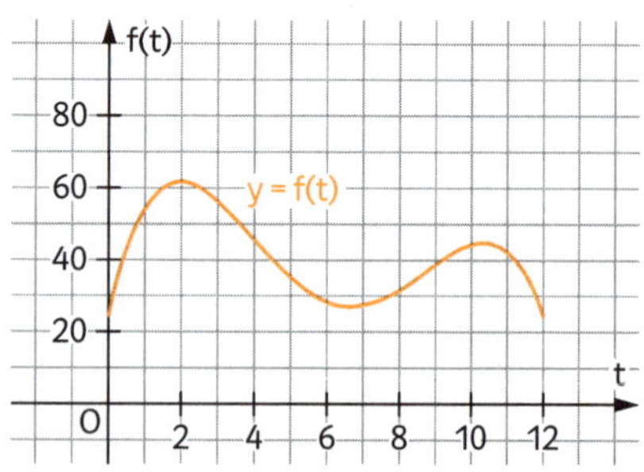

a) Wie viele Karten werden bis 12 Uhr bestellt? [T3]

b) Die Schleyerhalle fasst 15 500 Leute. Um wie viel Uhr ist sie ausgebucht?

c) Wie viel Karten werden durchschnittlich pro Minute zwischen 10 und 20 Uhr bestellt?

Um 14 Uhr wird bekannt, dass der bei den weiblichen Fans beliebte „Robbie" aufgrund gesundheitlicher Probleme nicht am Konzert teilnehmen kann. Deshalb werden ab diesem Zeitpunkt wieder Karten abbestellt. Die Anzahl der Abbestellungen wird näherungsweise durch die Funktion g mit $g(t) = -0{,}5t^2 + 5t + 22$; $4 \leq t \leq 12$ beschrieben (t: Zeit nach 10 Uhr in Stunden, g(t): Abbestellungen pro Minute).

d) Interpretieren Sie die Schnittstellen der Graphen von f und g im konkreten Sachzusammenhang.

e) Wie viele Karten sind um 18 Uhr bestellt?

f) Um wie viel Uhr ist das Konzert ausverkauft?

[T1] Lassen Sie den GTR die Integralfunktion $\int_0^x f(x)$ zeichnen. [T2] Die Funktion g mit $g(t) = f(t) - 5$ beschreibt für $t > 1$ die Entwicklung der Schneehöhe auf dem Dach. [T3] Die Bestellrate in der Einheit Bestellungen pro Stunde, ist durch $60 \cdot f(t)$ gegeben.

1 Die vier Abbildungen zeigen den Graphen von Funktionen, die auf den Karten zu finden sind.

a) Schreiben Sie auf die vier passenden Funktionsterm-Karten die Buchstaben der Graphen.

b) Unterstreichen Sie auf den anderen Karten in den Funktionsgleichungen die Stellen, welche eine Zuordnung zu einem der Graphen unmöglich machen. [T1]

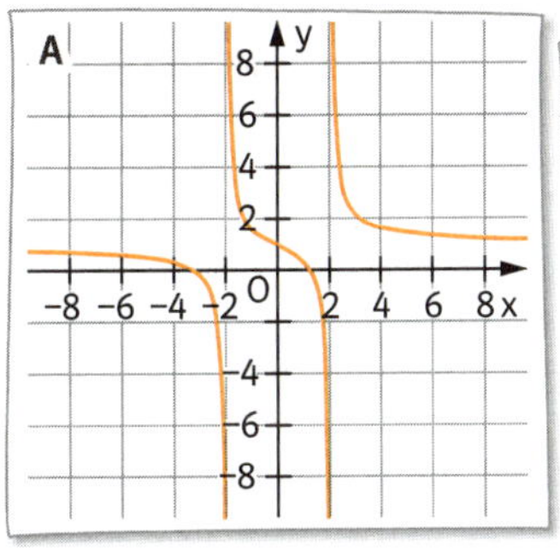

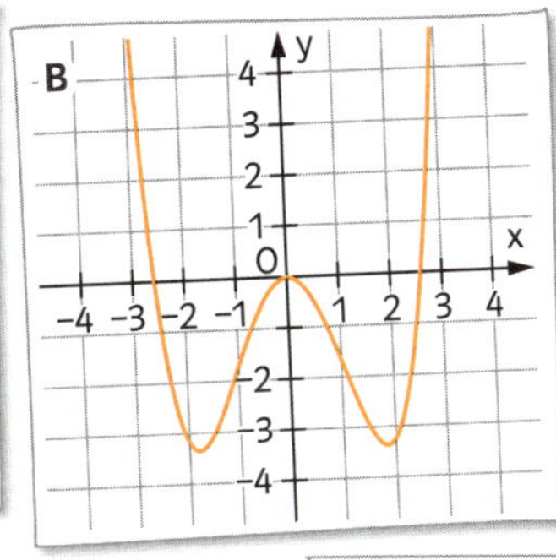

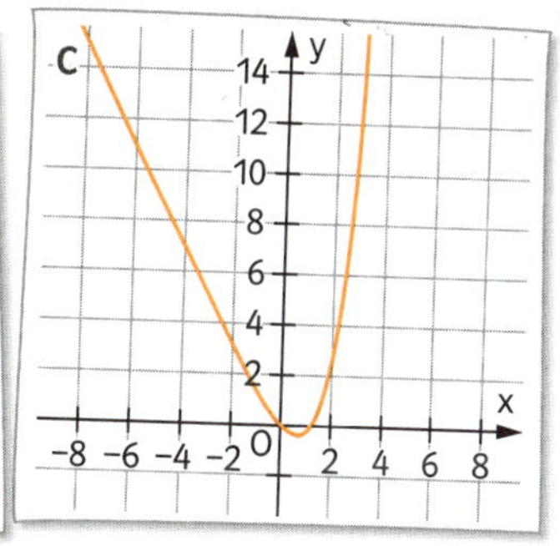

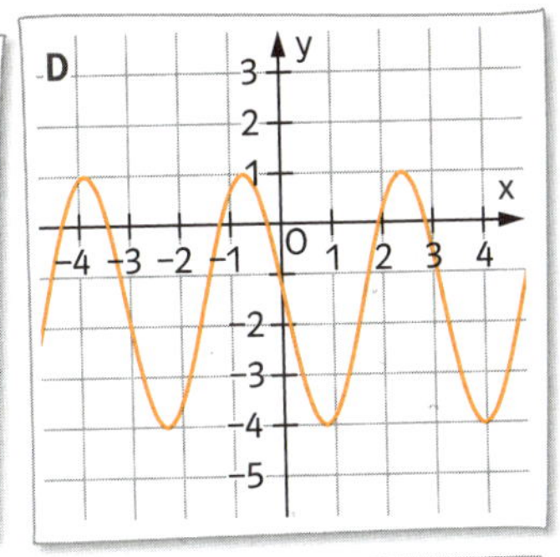

- A $f(x) = \frac{2x}{(x-2)(x+2)} + 1$
- $f(x) = \frac{2x}{(x-3)(x+2)} + 4$
- $f(x) = \frac{2x}{(x-2)(x+3)} + 1$
- C $f(x) = 0{,}3x^3 - 2x^2$
- $f(x) = -0{,}3x^4 - 2x^2$
- $f(x) = 0{,}3x^4 - 2x^2$
- $f(x) = e^x + x^2$
- $f(x) = e^x - 2x - 1$
- $f(x) = e^x - 2x + 1$
- $f(x) = -2{,}5\sin\left(x + \frac{\pi}{2}\right) - 1{,}5$
- $f(x) = 2{,}5\sin(2x + \pi) - 1{,}5$
- D $f(x) = 5\sin(2x + \pi) - 1{,}5$

2 Füllen Sie die Lücken in den Funktionen so, dass der Graph punktsymmetrisch (p.s.) oder achsensymmetrisch (a.s.) wird. Kreuzen Sie an, welche Symmetrie sich ergibt bzw. notieren Sie, dass keine Möglichkeit (k.M.) existiert, durch einen Eintrag eine Symmetrie zu erhalten. [T2]

a) $h(x) = x^5 + 3x^{\square} - 12x$ ☐ p.s. ☐ a.s. ☐ k.M.

b) $l(x) = 7x^4 + 3x^{\square} - 12x$ ☐ p.s. ☐ a.s. ☐ k.M.

c) $f(x) = \sin(x + \square)$ ☐ p.s. ☐ a.s. ☐ k.M.

d) $g(x) = e^{\square}$ ☐ p.s. ☐ a.s. ☐ k.M.

3 Die Funktion g hat folgende Eigenschaften:
- Der Graph von g ist punktsymmetrisch zum Ursprung
- Der Graph von g hat einen Hochpunkt bei $x = -\frac{2}{\sqrt{3}}$
- Die Nullstellen ungleich x = 0 liegen 4 LE voneinander entfernt.

a) Skizzieren Sie eine mögliche Funktion in das Koordinatensystem.

b) Ein möglichst einfacher Funktionsterm für g ist: ______________.

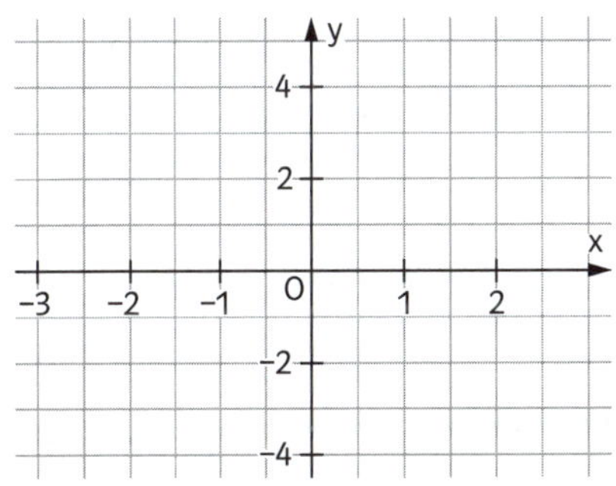

4 a) Ein Schüler untersucht, ob die unbegrenzte Fläche unter der Funktion $f(x) = \frac{1}{(2x-5)^3}$ im Intervall [0,5; 2,5] existiert.
Kontrollieren Sie Skizze, Rechenweg und Ergebnis.
Korrigieren Sie die Fehler. Was ist falsch gelaufen?

$$A(z) = \int_{0,5}^{z} \frac{1}{(2x-5)^3}\,dx = \left[-\frac{1}{2}(2x-5)^{-2}\right]_{0,5}^{z} = -\underbrace{\frac{1}{2(2z-5)^2}}_{\to 0 \text{ für } z \to 2,5} - \frac{1}{2(1-5)^2}$$

Für $z \to 2{,}5$ ist also $A(z) = -\frac{1}{32}$

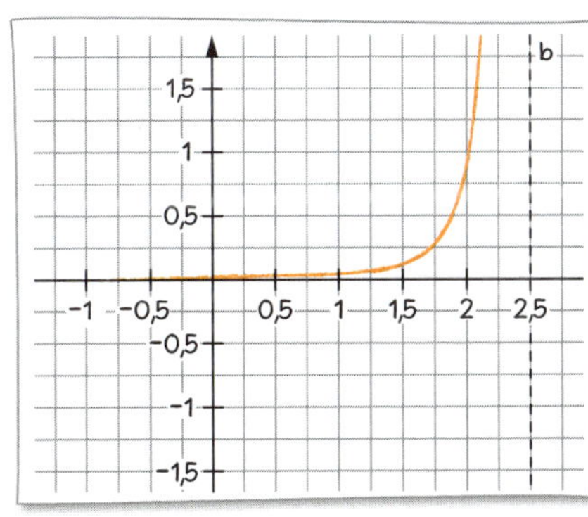

b) Untersuchen Sie, ob die Fläche unter dem Funktionsgraphen von f(x) im Intervall [3; z] für $z \to \infty$ endlich ist.

[T1] Beachten Sie charakteristische Eigenschaften der Funktionsgruppen, ganzrationale Funktionen haben z. B. keine Polstellen, die e-Funktion wird nie Null und ist nicht symmetrisch, sin- und cos-Funktionen zeigen unendlich viele Extrema, haben neben der Amplitude noch eine Periode usw. [T2] f ist punktsymmetrisch zum Ursprung, wenn gilt: $f(x) = -f(-x)$ bzw. achsensymmetrisch, wenn gilt $f(x) = f(-x)$. Überprüfen Sie: −x in Term einsetzen, Ergebnis mit f(x) bzw. −f(x) vergleichen.

IV Nullstellen, Extremstellen und Wendestellen

1 a) Notieren Sie, unter welcher Bedingung eine Definitionslücke x_0 eine Polstelle ist und wann nicht.

b) Ergänzen Sie die Lücken in der Tabelle.

$f(x) = \frac{g(x)}{h(x)}$	Nullstelle(n) g(x)	Nullstelle(n) h(x)	Nullstelle(n) f(x)	Polstelle(n) f(x)	f ist definiert für	senkrechte Asymptoten
1. $f(x) = \frac{x-3}{x+3}$	$x = 3$	$x = -3$	$x = 3$	$x = -3$	$x \in \mathbb{R}\setminus\{-3\}$	$x = -3$
2. $f(x) = \frac{x-3}{x^2-9}$	$x = 3$	$x_{1/2} = \pm 3$	$x_1 = 3$			
3. $f(x) = \frac{x^2-9}{x^2-9}$						
4. $f(x) = \frac{x^2-5x+6}{x-2}$						
5. $f(x) = \frac{(x+1)\cdot(x-5)^2}{2(x+1)^2\cdot(x-5)}$						

c) Notieren Sie, falls vorhanden, die Gleichungen der waagerechten Asymptoten der Funktionen 1 bis 5: [T1]

1. $y =$ 2. $y =$

d) Skizzieren Sie die Funktionsgraphen und ihre Asymptoten in ein Koordinatensystem ($-7 \leq x \leq 6$).

2 a) Notieren Sie für jede der Strategien zum Berechnen von Nullstellen eine möglichst einfache Funktion, die bei $x_0 = \pi$ eine Nullstelle hat. S1: $f(x) = \frac{x-\pi}{x+5}$ S2: ________ S3: ________

Strategie 1: gebrochenrationale Funktionen: $f(x_0) = \frac{z(x_0)}{n(x_0)} = 0$, wenn $z(x_0) = 0$ und $n(x_0) \neq 0$.

Strategie 2: Umformung des Terms in ein Produkt. Faktoren einzeln untersuchen.

Strategie 3: Substitution $x^2 = u$

b) Schreiben Sie auf, welche Strategie für die Bestimmung der Nullstellen am geeignetsten ist und welche Gleichung sich ergibt. Es können auch zwei Strategien benötigt werden. Berechnen Sie die Nullstelle(n).

$f(x) = 4x^4 - 4x^2 - 15$ Strategie: ____ Gleichung: $4u^2 - 4u - 15 = 0$ Nullstelle(n): ____

$g(x) = \frac{2x^2 - 4x - 16}{x^2 - x - 12}$ Strategie: ____ Gleichung: ____ Nullstelle(n): ____

$h(x) = 15x^5 + 45x^4 - 60x^3$ Strategie: ____ Gleichung: ____ Nullstelle(n): ____

$i(x) = \frac{e^{2x} - 0{,}5e^x - 5}{e^x + 3}$ Strategie: ____ Gleichung: ____ Nullstelle(n): ____

$k(x) = e^{3x} + e^{2x} + e^x + \frac{1}{4}$ Strategie: ____ Gleichung: ____ Nullstelle(n): ____

3 Berechnen Sie die angegebenen Stellen von f bzw. Punkte der Funktionsgraphen, falls sie existieren. [T2]

a) Nullstelle(n) von $f(x) = x^3 - 1{,}5x^2 - 13{,}5x$

b) Hochpunkt(e) von $g(x) = -4e^x + 5x$

c) Wendestelle(n) von $h(x) = -\frac{1}{22}x^4 - \frac{1}{11}x^3 + \frac{6}{11}x^2 + \frac{35}{22}x$

d) Tiefpunkt(e) von $i(x) = -e^{\frac{1}{x}}$

4 Gegeben sind die Funktionen $f(x) = 4x \cdot e^x - 2e^x$ und $g(x) = e^x(x^2 + 0{,}5x - 0{,}5)$.

a) Bestimmen Sie die Schnittpunkte der beiden Funktionsgraphen.

b) Bestimmen Sie die Fläche zwischen den beiden Funktionsgraphen im Intervall $I = [-10; 0{,}5]$.

c) Welchen Flächeninhalt hat das Dreieck, das durch die Wendepunkte der beiden Funktionsgraphen gebildet wird? [T3]

[T1] Überlegen Sie zuvor, wie sich die Funktion für große x-Werte verhält ($x \to \infty$ bzw. $x \to -\infty$). [T2] Welche notwendigen und hinreichenden Bedingungen müssen jeweils erfüllt sein? Welcher Term (Funktion, 1./2./3. Ableitung) muss gleich Null gesetzt werden? [T3] Sind alle Seiten eines Dreiecks gegeben, kann der Kosinussatz bei der Winkelberechnung helfen. Zeichnet man die Höhe einer Seite ein, z.B. h_a, kann man über die trigonometrischen Funktionen im rechtwinkligen Teildreieck die Höhe und damit die Fläche bestimmt werden.

1 Die Abbildung zeigt den Graphen einer Funktion f und Punkte bzw. Bereiche, die beschriftet werden sollen. Schreiben Sie die fett gedruckten Anfangsbuchstaben der Bezeichnung links in das Kästchen, rechts daneben die Nummer der zugehörigen Kriterien/des zugehörigen Kriteriums.

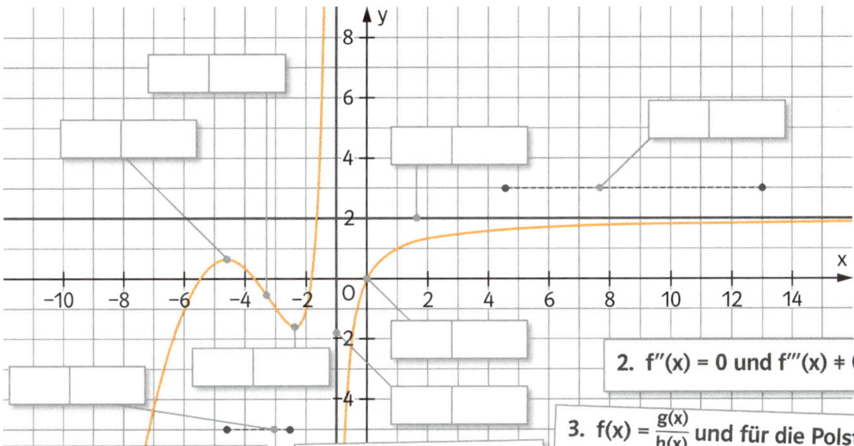

Bezeichnungen:
Schnittpunkt **x**-Achse
Hochpunkt
Tiefpunkt
Wendepunkt
senkrechte **As**ymptote
waagerechte **As**ymptote
streng **m**onton **st**eigend
streng **m**onoton **f**allend

Kriterien:

2. $f''(x) = 0$ und $f'''(x) \neq 0$

5. $\lim\limits_{x \to \infty} f(x) = 2$

1. $f(x) = 0$

3. $f(x) = \frac{g(x)}{h(x)}$ und für die Polstelle −1 gilt $g(-1) \neq 0$ und $h(-1) = 0$

10. $f'(x) = 0$ und f' hat bei x einen Vorzeichenwechsel von − nach +

8. $f'(x) = 0$ und $f''(x) < 0$

11. Im Intervall gilt für $x_1 < x_2$ $f(x_1) > f(x_2)$

6. $f'(x) = 0$ und f' hat bei x einen Vorzeichenwechsel von + nach −

7. $f''(x) = 0$ und f'' hat bei x einen Vorzeichenwechsel

9. $f'(x) = 0$ und $f''(x) > 0$

10. Im Intervall gilt für $x_1 < x_2$ $f(x_1) < f(x_2)$

2 a) Was kann über den Verlauf des Funktionsgraphen gesagt werden, wenn für $a > 0$ gilt: $f(a) = 3$, $f'(a) = 0$, $f''(a) = 0$ und f' hat bei a keinen Vorzeichenwechsel?

b) Skizzieren Sie einen möglichen Verlauf des Graphen von f und den zugehörigen Verlauf des Graphen von f'. Skizzieren Sie dann in einer anderen Farbe einen ebenso möglichen Verlauf, bei dem die Ableitung in einem anderen Quadranten des Koordinatensystems verläuft.

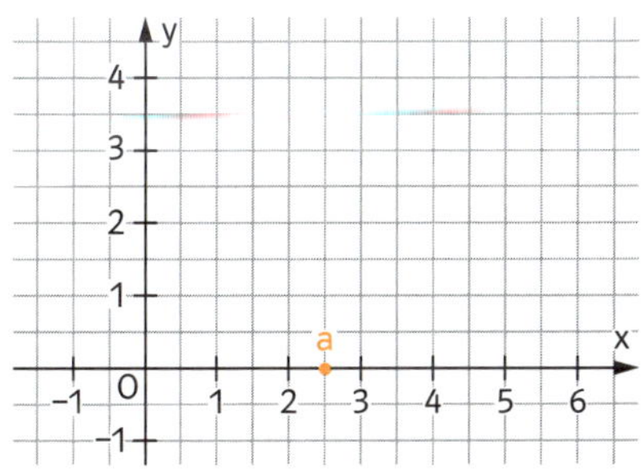

3 Untersuchen Sie die folgenden Funktionen auf Punkt- bzw. Achsensymmetrie.

$a(x) = \sin(x) + 1$ $b(x) = \cos(x) + 1$ $c(x) = e^x$ $d(x) = e^{x^2}$

$e(x) = (x + 5) \cdot (x - 5)^{-1}$ $f(x) = x^3 + x$ $g(x) = x^4 + x^2 + 4$ $h(x) = (x - 2)^4 + 2$

4 a) Erklären Sie in eigenen Worten, was die Aussage von Herrn Kaleschke bedeutet. Fügen Sie Ihren Ausführungen eine Skizze bei, welche einen möglichen Verlauf der Eisrückgänge in den vergangenen Jahren zeigt.
b) Begründen Sie, warum sich diese Entwicklung nicht beliebig fortsetzen kann.

Bremerhaven (dpa) Das Meereis rund um den Nordpol ist erneut stark zurückgegangen. Zum Ende des Sommers werden nur noch 4,9 Millionen Quadratkilometer des Arktischen Ozeans von Eis bedeckt sein. Lars Kaleschke vom Klimacampus der Universität Hamburg sagte am Montag: „Wir haben es mit einer Beschleunigung der Abnahme zu tun.“ Die Entwicklung ist nach Ansicht des Meereis-Experten Rüdiger Gerdes vom Alfred-Wegener-Institut in Bremerhaven vor allem menschengemacht. (Badische Zeitung vom 13.09.2010)

5 a) Die Abbildung zeigt den Querschnitt eines Werkstückes. Der Funktionsgraph von g hat im Ursprung einen Tiefpunkt und in B die Steigung 2. Die Punkte A und B sollen mit einem möglichst einfachen Funktionsgraphen f so verbunden werden, dass die Oberfläche des Werkstücks keine Ecke zusätzlich erhält. [T1]
b) Wie viel Prozent höher wird das Bauteil im Vergleich mit einer linearen Verbindung von A und B (LE im Koordinatensystem in mm)? [T2]
c) Bestimmen Sie das Volumen des abgerundeten Bauteils, wenn es 3 cm breit ist und der Querschnitt durchgehend wie abgebildet ist. [T3]

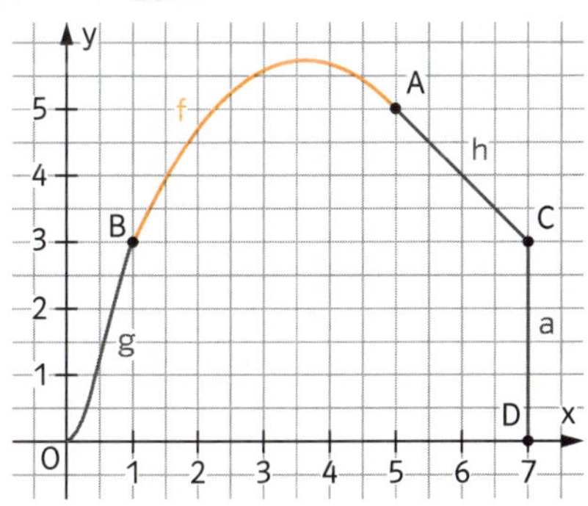

[T1] Da eine lineare Verbindung Ecken ergibt, ist ein Versuch mit $f(x) = ax^2 + bx + c$ sinnvoll. Aus den Punkten und Steigungen erhält man ein LGS zur Berechnung von a, b und c. [T2] Zwischenergebnis: $f(x) = -0{,}375x^2 + 2{,}75x + 0{,}625$. [T3] Hier müssen Sie zuerst g(x) (Funktion 3. Grades) analog zu f(x) bestimmen, dann können die Teilflächen berechnet und addiert werden (= Grundfläche). V = Grundfläche · Höhe.

1 Alle Funktionen sollen die Polstelle 5 besitzen. Füllen Sie zuerst die Lücken in den Funktionstermen, tragen Sie dann die passende Skizzennummer (I–IV) für den Verlauf des Graphen hinter der Funktion ein. Die Skizzen sollen nur das Vorzeichen in der Umgebung der Polstelle angeben, daher wurden die Koordinatenachsen nicht eingezeichnet.

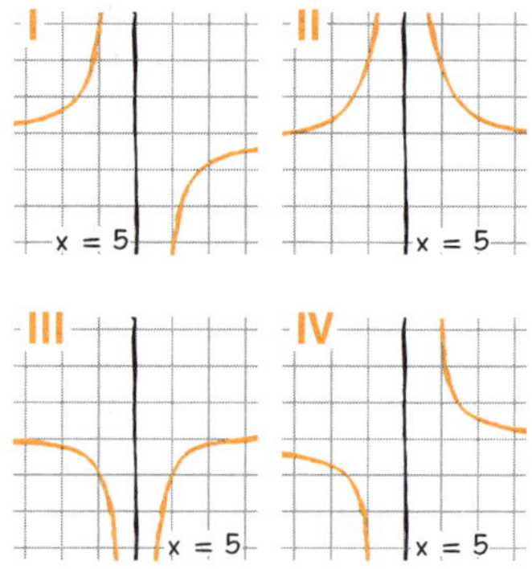

$f(x) = \frac{1}{x - \square} + 2$ ____ $g(x) = \frac{-2}{(x - \square)^2}$ ____ $h(x) = 2 - \frac{1}{x + \square}$ ____

$i(x) = \frac{1}{e^x(3x - \square)^2} + 1$ ____ $k(x) = \frac{x^2 - 25}{(2x - \square)^2}$ ____ $l(x) = 1 - \frac{1}{e^x(4x - \square)^2}$ ____

$m(x) = \frac{1}{(x + \square)^2} - 2$ ____ $n(x) = \frac{25 - x^2}{(0{,}5x - \square)^2} + 2$ ____

2 Bestimmen Sie die Definitionsmenge der Funktion. Für welche x ist f(x) positiv, negativ bzw. Null?

	Definitionsbereich	f(x) < 0	f(x) = 0	f(x) > 0
$f(x) = \frac{x \cdot (x^2 + 1)}{x^2}$				
$g(x) = \frac{(e^x - 1) \cdot x}{x - 1}$				

3 Die Abbildungen zeigen die Graphen von vier Funktionen und ihren ersten und zweiten Ableitungen. Beschriften Sie die zusammengehörigen Abbildungen mit f, f′ und f″, g, g′ und g″ usw. Begründen Sie. Markieren Sie dazu beispielsweise farbig diejenigen Punkte, Bereiche u. ä., die Ihnen die Zuordnung ermöglicht haben.

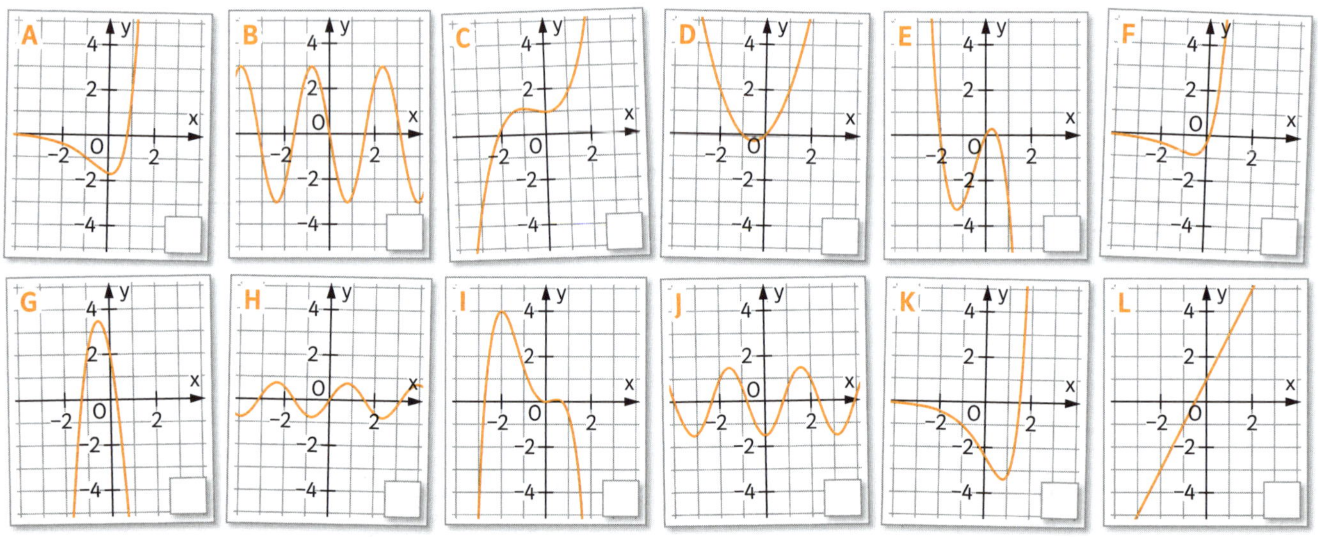

4 Untersuchen Sie, ob es Funktionen mit den gegebenen Eigenschaften gibt oder nicht. Begründen Sie. [T1]

a) Der Graph einer Funktion dritten Grades hat zwei Extremstellen und zwei Nullstellen. Das Verhalten für $x \to +\infty$ und $x \to -\infty$ ist gleich. Die Koordinaten des Wendepunktes sind beide positiv.

b) Die Funktionen der Schar haben die Form e^{tx} $(t > 0)$ und haben keine Nullstelle. Die Graphen der Funktionenschar schneiden sich in einem Punkt und alle Graphen haben bis auf eine Ausnahme positive Steigungen.

c) Die Funktion ist ein Produkt aus einer e-Funktion und einer ganzrationalen Funktion zweiten Grades. Sie hat zwei Nullstellen, ist für große positive und negative x negativ und der Graph hat zwei Extrempunkte.

d) Eine Funktion, deren Graph sowohl punkt- als auch achsensymmetrisch ist.

5 a) Untersuchen Sie die Funktion $f(x) = 4 \cdot e^x \cdot (x + 0{,}5)$ auf Extrem- und Wendestellen.

b) Ist die Tangente an den Graphen der Funktion f im Schnittpunkt mit der x-Achse parallel zur Geraden mit der Gleichung $g(x) = 2{,}43 \cdot x + 2$?

c) Gibt es eine Normale an den Graphen der Funktion, die selbst nicht Graph einer Funktion ist? Begründen Sie.

[T1] Die Existenz ist durch ein Beispiel zu zeigen. Die Nichtexistenz kann durch einen Widerspruch in den gegebenen Eigenschaften begründet werden.

1 Gegeben ist die Funktionenschar $f_t(x) = \frac{1}{5}x^3 - 0{,}5\,t x^2 + \frac{4}{15}t^2 x,\ t \in \mathbb{R}$

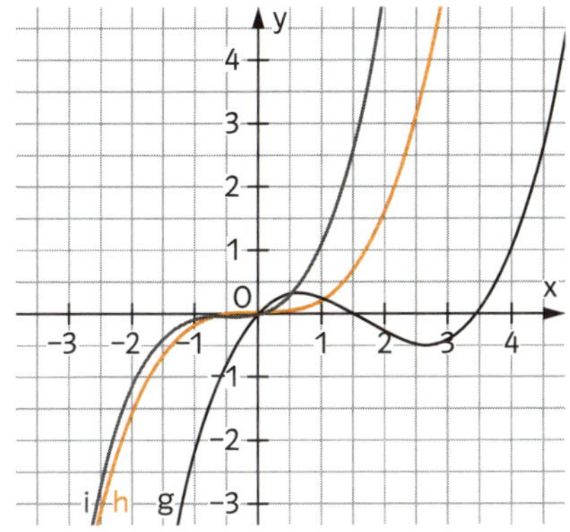

Die Funktionen der Schar entstehen dadurch, dass für _____ verschiedene Zahlen eingesetzt werden.

a) Notieren Sie welcher der Graphen der von f_{-1}, von f_0 und welcher der von f_2 ist. f_{-1} = __________ f_0 = __________ f_2 = __________

b) Begründen Sie, warum alle Funktionen der Schar durch den Ursprung O verlaufen. ______________________________

c) Für welche t ist der Graph der Funktion symmetrisch, für welche nicht? Begründen Sie. ______________________________

d) Beim Ableiten verhält sich der Parameter _____ wie eine beliebige Zahl, abgeleitet wird nur nach _____.

$f_t'(x)$ = __________ $f_t''(x)$ = __________ $f_t'''(x)$ = __________

e) Welche Schritte sind nötig, um $f_t(x)$ für $t > 0$ auf Extrem- und Wendepunkte zu untersuchen?

Vorgehen Extrema: 1. notwendige Bedingung: _____ 2. hinreichende B.: __________
__________ 3. Punkt(e) bestimmen: __________

Vorgehen Wendepunkt(e): 1. __________ 2. __________
__________ 3. __________

f) Berechnen Sie den Hochpunkt H für $t > 0$ und geben Sie die Ortskurve der Hochpunkte an.
(Zwischenergebnis: $H\left(\frac{1}{3}t \,|\, \square\right)$). [T1] Ortskurve: y = __________

g) Bestimmen Sie die Fläche zwischen dem Graphen der Funktion $f_t(x)$ und der x-Achse abhängig von t.
Für welches $t > 0$ wird $A(t) = 35{,}7$? Nummerieren Sie nur die notwendigen Schritte in der korrekten Abfolge. Schritte, deren Reihenfolge egal ist, erhalten die gleiche Nummer. Berechnen Sie dann das Ergebnis.

- **Nullstellen** ☐
- **Wendestelle berechnen** ☐
- **Stammfunktion F(x)** ☐
- **Skizze** ☐
- **A(t) mit Integral berechnen** ☐
- **A(t) = 35,7 nach t auflösen** ☐
- **orientierten Flächeninh. beachten** ☐

2 Gegeben sind die Funktionenscharen $f_t(x) = 2tx - 3t + 2$ und $g_u(x)$.

a) Zeigen Sie, dass alle Graphen der Funktionenschar $f_t(x)$ durch einen gemeinsamen Punkt verlaufen. [T2]

b) Die Funktionenschar $g_u(x)$ besteht aus Geraden, die durch den Punkt $Q(4\,|-1)$ verlaufen.
Bestimmen Sie die Funktionsgleichung der Geradenschar. Welche Bedeutung hat u für die Graphen?

c) Bestimmen Sie u so, dass die Gerade g_u senkrecht zur Ursprungsgerade aus der Schar f_t verläuft. [T3]

3 Die Funktionenschar $i_t(x) = 4x^4 - 8tx^2 - 45t^2$ ist für $t > 0$ gegeben.

a) Geben Sie den Wert für t an, so dass der Graph durch den Punkt $P(3\,|\,114{,}75)$ verläuft.

b) Finden Sie Werte von t, so dass die Fläche zwischen der x-Achse und dem Graph 5540 Flächeneinheiten beträgt.

4 Bestimmen Sie die Grenzwerte der Funktionen für $x \to +\infty$ und für $x \to -\infty$ (falls vorhanden).

a) $f(x) = \frac{2x^3 - 4x^5}{x^5 + 20x^4}$ b) $g(x) = 2 + \frac{3e^x + 5x}{12x^6 + x^3}$ c) $h(x) = 4e^{-2x} + \frac{3x^4 + 5x^3}{2e^{0{,}1x} + 4x^3}$ d) $i(x) = \frac{x^2 - 6x + 9}{(4x - 12)(x - 3)}$

[T1] Die Ortslinie erhält man, indem man aus der Gleichung für die x-Koordinate eine Gleichung t = … (abhängig von x) formt und damit das t in der Gleichung für die y-Koordinate ersetzt. Nun hat man für die y-Koordinate die Abhängigkeit von x, d.h. eine Funktion, das ist die Ortskurve. [T2] Klammern Sie t aus. Erinnerung: Der Graph von f(x − a) + b entsteht aus dem von f(x) durch eine Verschiebung in x-Richtung um + a und in y-Richtung um b. [T3] Zwei Geraden stehen senkrecht, wenn das Produkt der Steigungen −1 ergibt.

1 Die Abbildung rechts zeigt den Graphen einer ganzrationalen Funktion.

a) Die Funktion muss mindesten den Grad ________

haben, da ______________________________.

b) Vor dem höchsten Exponent steht ein _____ Faktor.

c) Zeichnen Sie die Wendepunkte möglichst genau ein.

d) Ergänzen Sie das lineare Gleichungssystem und bestimmen Sie f.

Die Funktion hat die allgemeine Form:

$f(x) = a \cdot x^4 +$ ______________________________,

die Ableitung hat die allgemeine Form:

$f'(x) = 4ax^{\blacksquare} +$ ______________________________

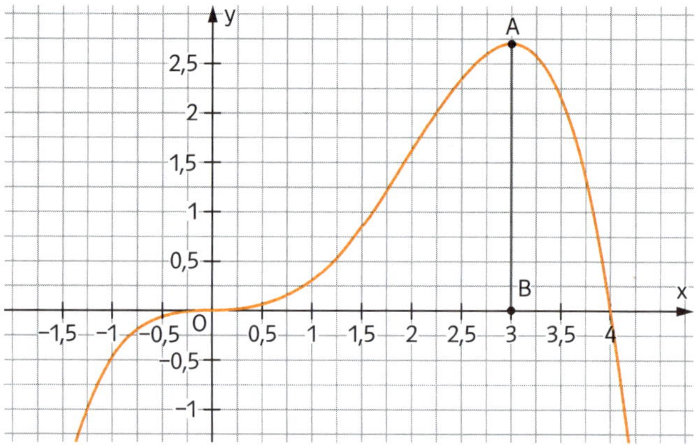

$f(0) = 0$: $a \cdot 0^4 +$ ______ $= 0$ | $f'(0) = \blacksquare$: ______________________________

$f'(\blacksquare) = 0$: ______________________________ | $f(\blacksquare) = 2{,}7$: ______________________________

$f''(0) = \blacksquare$: ______________________________ | $f(4) =$ ________ ⇒ $f(x) =$ ________________

e) Die größte Steigung für $x > 0$ ist an der Stelle _____.

Der Inhalt der Fläche zwischen dem Graphen und der x-Achse beträgt A = __________.

2 a) Kennzeichen Sie in der Grafik die Graphen der e-Funktion und die Sinusfunktion. Wie können die anderen beiden Funktionen aus diesen beiden Funktionen erhalten werden? [T1]

____

b) Die Funktion $f(x) = e^{\sin(x)}$ hat die Periode ________

und eine Amplitude von ______________________________.

c) Bestimmen Sie im Intervall I $[-2\pi; \pi]$ den Inhalt der Fläche zwischen der hellorangen und der dunkelorangen Kurve. A = ______________________________

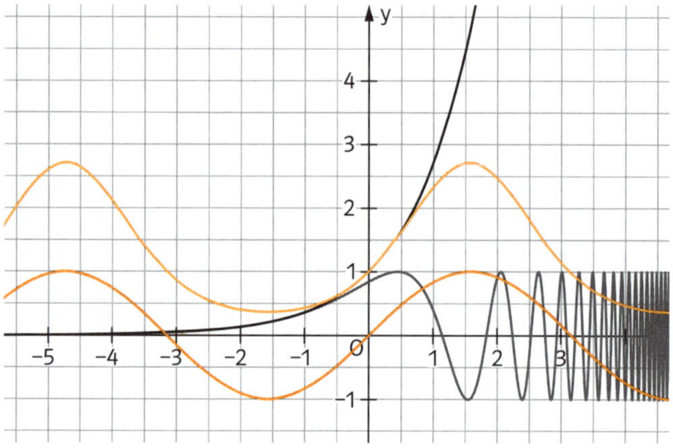

3 Korrigieren Sie die fehlerhaften Angaben in den Termen, ohne den Typ sin bzw. cos zu ändern.

$4\sin\left(\frac{1}{2}(x - 0{,}5\pi)\right)$

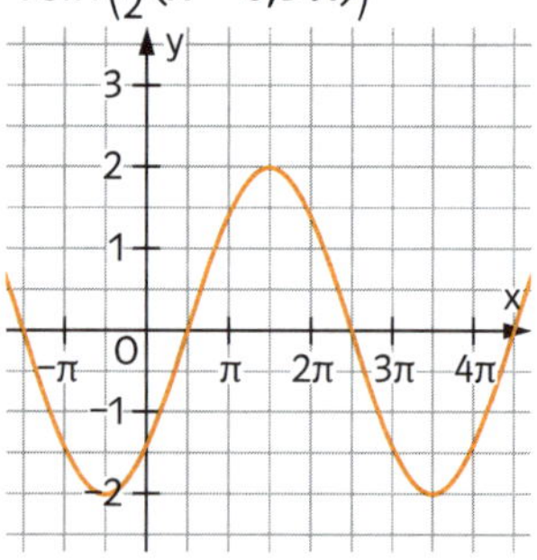

$0{,}5\cos(3(x - 2\pi)) - 1{,}5$

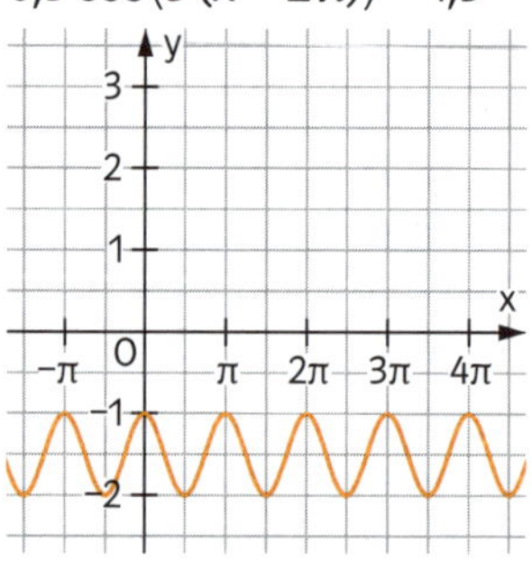

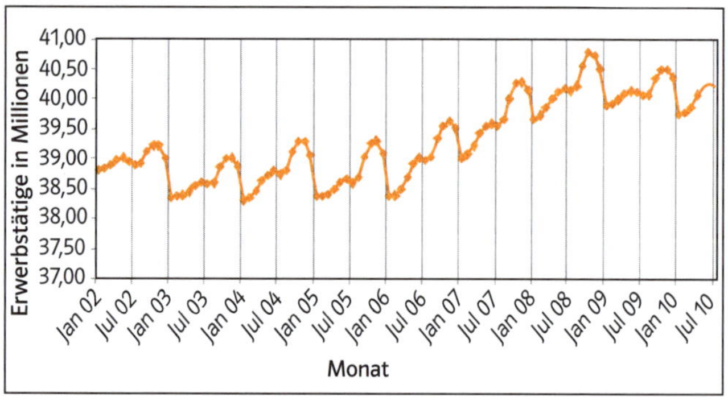

4 Die Grafik zeigt die Entwicklung der Erwerbstätigen in Deutschland (Quelle: Statistisches Bundesamt).

a) Beschreiben Sie den Kurvenverlauf und erklären Sie die zyklischen Auf- und Abwärtsbewegungen.

b) Wann steigt/fällt die Erwerbstätigenzahl am stärksten? Was heißt das evtl. für die Arbeitslosenzahlen?

c) Kann der Verlauf der Kurve in den Jahren 2002 bis 2008 durch den Graphen einer Sinusfunktion $f(x) = a \cdot \sin[b(x - c)] + d$ exakt beschrieben werden? Begründen Sie.

[T1] Funktionen können mit den Grundrechenarten verknüpft werden, sie können aber auch hintereinander ausgeführt werden.

1 Die Kärtchen zeigen drei voneinander abhängige Größen. Welche kann durch f, f′ und F beschrieben werden?
Schreiben Sie in die freien Felder f, f′ bzw. F.

Beschleunigung	Geschwindigkeit	zurückgelegte Wegstrecke
gesamte Zuflussmenge	momentane Zuflussmenge	Änderung der Zuflussmenge
Verbrauchsänderung	Gesamtverbrauch	momentaner Verbrauch

2 Überprüfen Sie die folgenden Aussagen auf ihre Richtigkeit, begründen Sie Ihr Ergebnis. [T1]
a) Jede Funktion der Form $y = ax^2 + bx$, $a > 0$, $b > 0$ besitzt einen Hochpunkt.
b) Es gibt Funktionen, die eine Wendestelle, aber keine Extremstelle besitzen.
c) Eine ganzrationale Funktion mit zwei Extremstellen besitzt mindestens eine Wendestelle.

3 Die Abbildung zeigt den Graphen von f.
a) Skizzieren Sie den Verlauf von f′ in die Abbildung.
b) Geben Sie eine ganzrationale Funktion an, welche diesen Graphenverlauf haben könnte.

$f(x) =$ ______________________

c) Skizzieren Sie den Graphen der Integralfunktion $I_1(x) = \int_1^x f(t)\,dt$ in die Abbildung. [T2]

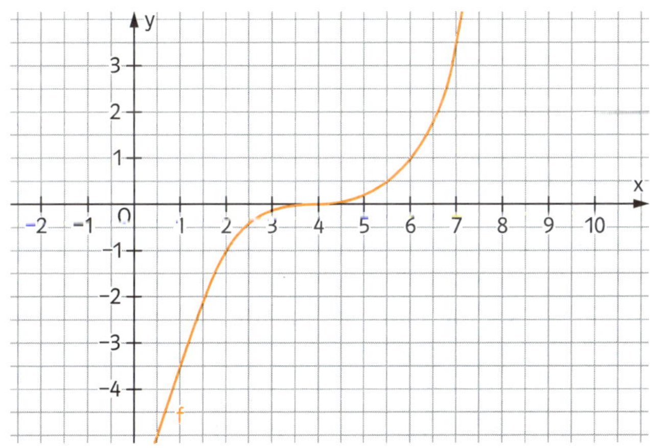

4 Bestimmen Sie $k \in \mathbb{R}\setminus\{0\}$ so, dass der Graph von $f_k(x) = k - \frac{4}{k}x^2$ mit der x-Achse einen Flächeninhalt von $A = \frac{25}{6}$ einschließt. [T3]

5 Skizzieren Sie eine periodische Funktion mit den folgenden Eigenschaften und stellen Sie einen möglichst einfachen Funktionsterm für diese Funktion auf.
a) f hat eine Periode von 3π, ihre Amplitude beträgt 3 und sie ist um 3 in Richtung der x-Achse verschoben.
b) g hat einen Hochpunkt $H\left(\frac{1}{6}\pi \,\middle|\, \frac{1}{4}\right)$ und die Nullstelle neben dem Hochpunkt hat den x-Wert $\frac{1}{4}\pi$. [T4]
c) Geben Sie einen Term an, mit dem man für $h(x) = 0{,}5\sin\left(5 \cdot \left(x - \frac{\pi}{5}\right)\right)$ den Flächeninhalt zwischen dem Graphen und der x-Achse im Intervall [1; 1,5] bestimmen kann. [T5]

6 Welche Art von Extremum besitzt die Funktion f mit $f(x) = \frac{x^2 - 1}{(2x + 3)^2}$? Begründen Sie.

[T1] Überlegen Sie, wann und ob ein Beispiel bzw. ein Gegenbeispiel ausreichend ist. Auch eine Skizze kann oft helfen. [T2] Die Integralfunktion gibt die Fläche unter dem Graphen von 1 bis x an. Sie ist bei x = 1 Null, ist dann negativ (…). [T3] Bestimmen Sie zuerst die Nullstellen und skizzieren Sie für sich den Verlauf für ein positives und ein negatives k. [T4] Skizzieren Sie den Verlauf und beachten Sie die x-Abstände der Punkte. Mit Hilfe der Amplitude kann dann c bestimmt werden. [T5] Achten Sie auf mögliche Nullstellen im Intervall und den orientierten Flächeninhalt, den das Integral liefert. Auch mit der Betragsfunktion kann hier die Lösung gefunden werden.

1 Gegeben ist die Funktion $f(x) = \frac{4x}{(x^3 + 1)}$

a) Bestimmen Sie die Asymptoten des Graphen von f und untersuchen Sie das Verhalten von f(x) für $x \to +/- \infty$.
Skizzieren Sie den Graphen von f. [T1]

b) Begründen Sie ohne Zuhilfenahme der Ableitung, warum die Funktion einen Hochpunkt haben muss.

c) Die Graphen von f und y = 1,5 umschließen im ersten Quadranten ein Flächenstück.
Wie groß ist es?

d) Bestimmen Sie die Nullstelle der Tangente an f, welche den Graph von f im Punkt (2; f(2)) schneidet.

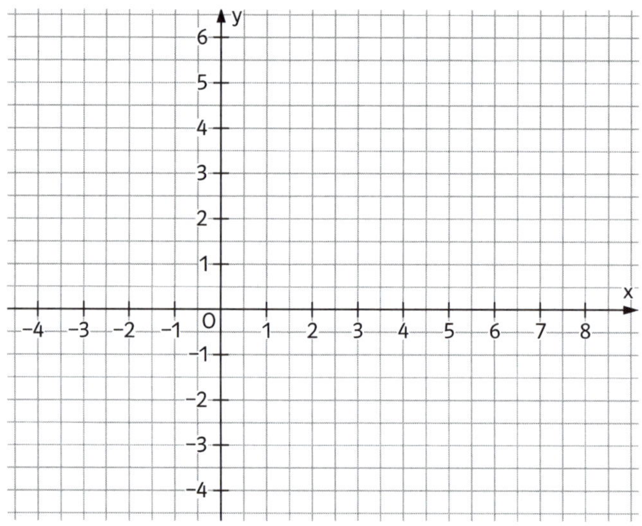

2 Gegeben ist die Funktionenschar $f_t(x) = \frac{1}{2}e^{2x} + te^x - 2t^2x,\ t \in \mathbb{R}^+$

a) Skizzieren Sie die Schaubilder für t = 0,5; 1; 2; 2,5 in ein geeignetes Koordinatensystem.

b) Auf welcher Kurve liegen alle Tiefpunkte der Funktionenschar? [T2]

3 Gegeben ist die Funktionenschar $f_t(x) = -\frac{3}{2 \cdot e^x} + tx,\ t \in \mathbb{R}$.

a) Untersuchen Sie, ob die Funktionen der Schar einen gemeinsamen Punkt besitzen. [T3]

b) Für welche t besitzt der Graph der Funktion Extrempunkte?

c) Bestimmen Sie die Ortskurve der Hochpunkte.

d) Zeigen Sie, dass im Intervall [0; 2] für $t = -\frac{3}{4}e^{-2}$ die Fläche zwischen der x-Achse und der Funktion 1,5 Flächeneinheiten beträgt.

4 Die Herstellungskosten eines Futtermittels für die Tiermästung werden durch die Funktion f mit $f(x) = \frac{x + 180}{40 + x};\ x \geq 0$ beschrieben. f(n) gibt die Herstellungskosten (in 1000 €) für die n-te Tonne an.

a) Wie hoch sind die Herstellungskosten für die 200. Tonne?

b) Zeigen Sie, dass die Herstellungskosten pro Tonne im Laufe der Produktion ständig abnehmen.

c) Ab wann sind die Herstellungskosten für eine Tonne kleiner als 3000 €?
Mit welchen Herstellungskosten pro Tonne ist langfristig zu rechnen?

d) Bestimmen Sie die Herstellungskosten für die ersten 5000 Tonnen.

e) Berechnen Sie die durchschnittlichen Herstellungskosten pro Tonne, wenn 300 Tonnen hergestellt werden.

5 Ein Schmuckdesigner hat eine Halskette entworfen. Die Ränder des Colliers können mit den Graphen der Funktionen $f(x) = 1{,}5 \cdot \sin(4(x - \pi)) + 1$ und $g(x) = 2{,}5\sin(4x)$ beschrieben werden (Werte in cm).

a) Skizzieren Sie das Collier in I $[0, \pi]$ und kennzeichnen Sie Amplituden und Perioden der Funktionen.

b) Begründen Sie, warum sich die beiden Graphen in den Hochpunkten berühren. [T4]

c) Die einzelnen V-förmigen Flächen werden mit kleinen Goldketten aus dem gleichen Material verbunden, dafür rechnet der Juwelier mit zusätzlich 35 % des Materials. Wie viel Gramm reines Gold sind in der Kette enthalten, wenn die Flächen aus 2 mm starkem 999er-Gold gefertigt werden und eine Kette aus 12 dieser Flächen bestehen soll (Gold hat eine Dichte von 19,3 g/cm³)? [T5]

[T1] Betrachten Sie den Verlauf des Graphen in der Nähe der senkrechten Asymptoten, die Nullstelle und das Vorzeichen für $x \to \infty$. [T2] Bestimmen Sie zuerst den Tiefpunkt abhängig von t, lösen Sie dann die x-Koordinate nach t auf und setze dieses t in y = … ein. [T3] Wählen Sie $t_1 \neq t_2$ und untersuchen Sie den Schnitt der beiden Funktionen. Was muss für x gelten? [T4] Zwei Graphen berühren sich, wenn für die entsprechende x-Stelle gilt: $f'(x) = g'(x)$ und $f(x) = g(x)$. Überlegen Sie, bei welcher Funktion das Bestimmen der Hochpunkte einfacher ist, überprüfen Sie dann, ob dieser auch für die andere Funktion gilt. [T5] Stellen Sie zuerst fest, welche Fläche eines der Kettenblätter hat, das Volumen ergibt sich dann durch Multiplikation mit der Höhe.

1 Ordnen Sie die Kärtchen passend zu. Hierbei ist a der Wachstums_______________ für eine Zeiteinheit, k die Wachstums_______________, T_V die _______________, T_H die _______________, B(n) die diskrete und f(x) die _______________ Darstellung. Die Variablen n bzw. x werden in der passenden Zeiteinheit angegeben.

$k = \frac{3}{4}$ | $B(n) = \frac{3}{4}e^{-0{,}5n}$ | $k = -0{,}9$ | $T_H \approx 0{,}77$ | $f(x) = 2e^{-\frac{9}{10}x}$ | $T_V \approx 0{,}92$ | $a \approx 0{,}4$ | $k = -0{,}5$ | $T_H \approx 1{,}39$ | $a = 2$ | $T_V \approx 1$ | $a \approx 0{,}6$ | $f(x) = 3e^{0{,}75x}$ | $k \approx 0{,}69$ | $B(n) = 2 \cdot 2^n$ | $a \approx 2{,}1$

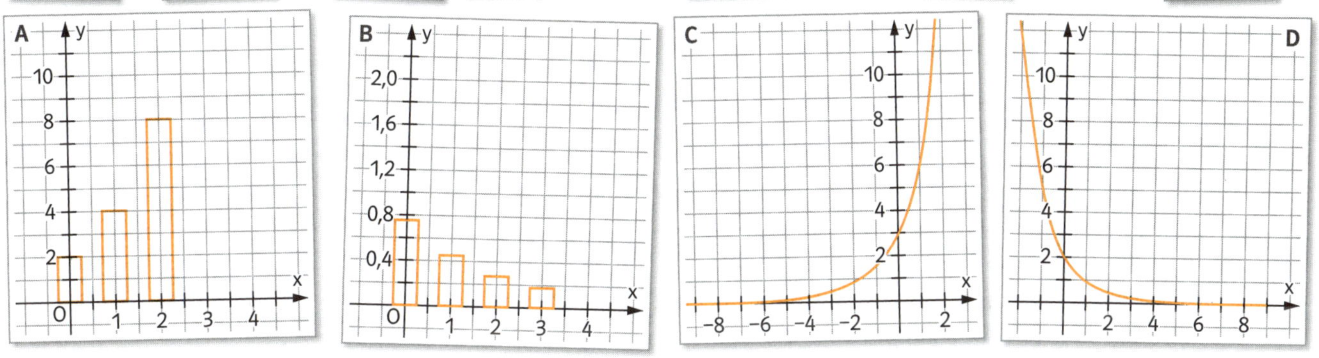

2 Stellen Sie zu der Datenreihe eine Modellfunktionen auf, indem Sie exponentielles Wachstum $B(n) = B(0) \cdot a^n$ voraussetzen. Verwenden Sie nur bei Aufgabenteil a) den GTR.

a)

n	0	1	4	6	10
B(n)	3	4,5	15	34	173

b)

n	0	2
B(n)	2	196

c)

n	1	5
B(n)	5	1

3 Die folgende Tabelle stellt die Entwicklung der Einwohnerzahl Stuttgarts im 19. Jahrhundert dar. Sie soll auf exponentielles Wachstum hin untersucht werden.

Jahr	1800	1825	1850	1875	1900
Einwohner	20 000	30 000	48 000	107 000	170 000

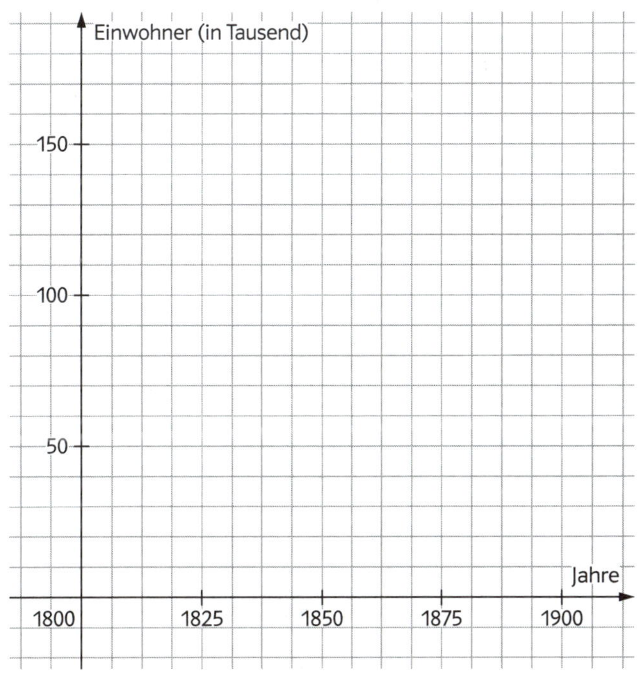

a) Stellen Sie die Entwicklung grafisch dar und bestimmen Sie grafisch einen Näherungswert für die Verdopplungszeit. $T_V \approx$ _______________ Jahre.

b) Bestimmen Sie einen Näherungswert für den Wachstumsfaktor a, indem Sie die vier Quotienten aufeinanderfolgender Werte der Tabelle berechnen und daraus den Mittelwert bilden.

$a_{25} \approx$ (_______ + _______ + _______ + _______) / 4 ≈ _______

Hieraus ergibt sich ein jährlicher Wachstumsfaktor von a ≈ _______ [T1] und eine Wachstumskonstante von k = _______ [T2]

c) Überprüfen Sie den oben bestimmten Wert von T_V mit Hilfe der Formel $T_V = \frac{\ln(2)}{k} =$ _______________.

d) Modellieren Sie das Bevölkerungswachstum ab dem Jahr 1800 und vergleichen Sie die Einwohnerzahl Stuttgarts im Jahre 2010 (etwa 593 000 Einwohner) mit dem Ergebnis Ihrer Modellfunktion.

e) Beurteilen Sie Ihre Modellierung.

[T1] Bilden Sie die 25. Wurzel aus dem Wert von a_{25}. [T2] $k = \ln(a)$.

1 Ordnen Sie die Kärtchen passend zu.

I $f(x) = 100 - 80 \cdot e^{-0,2x}$

II $f(x) = 80 - 100e^{-0,2x}$

III $f(x) = 20 + 80 \cdot 2^{-x}$

IV $f(x) = -20 + 20 \cdot e^{-0,2x}$

1 $S = 100$

2 $S = 20$

3 $S = 80$

4 $S = -20$

i $f(0) = 20$

ii $f(0) = 0$

iii $f(0) = 100$

iv $f(0) = -20$

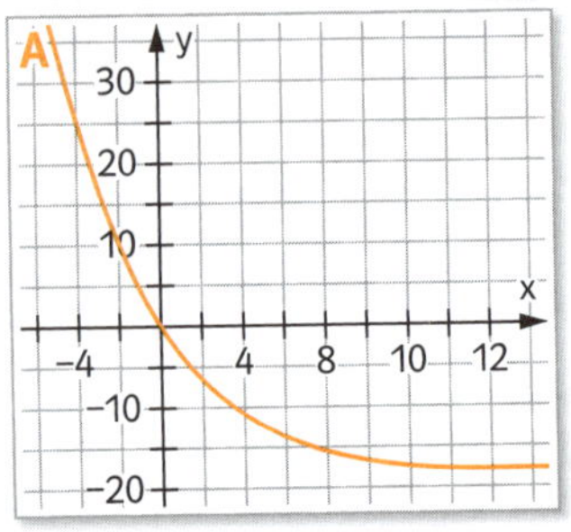

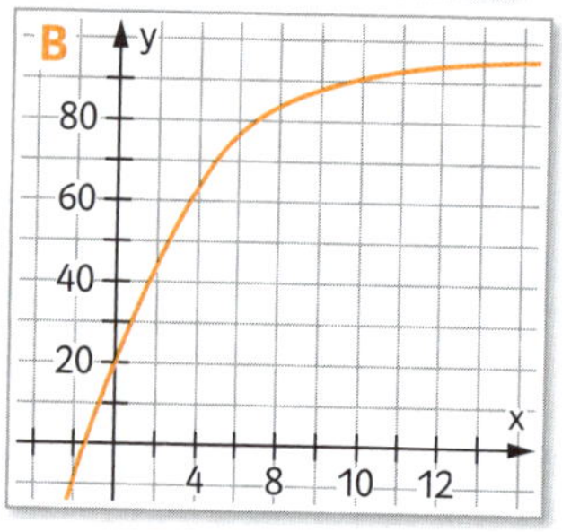

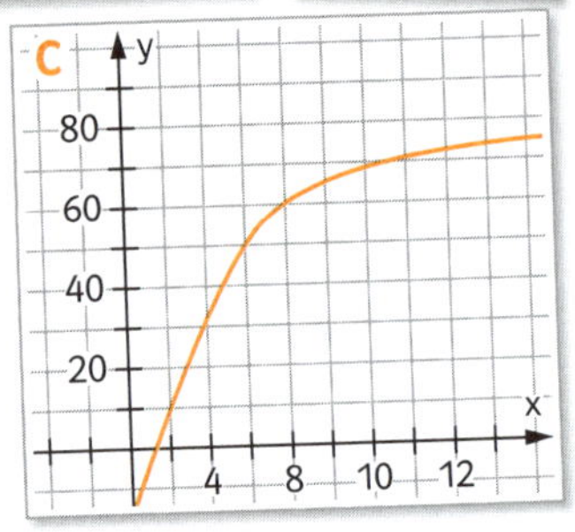

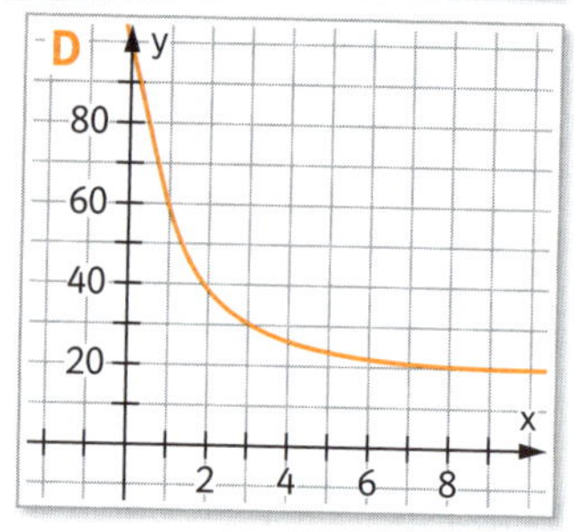

2 In der Grafik ist die Entwicklung der Mobilfunkanschlüsse in Deutschland dargestellt. Setzt man beschränktes Wachstum voraus und geht man von einer oberen Schranke von S = 130 Mobilfunkanschlüsse je 100 Einwohner aus, so kann man die Entwicklung mit Hilfe einer Funktion der Form $f(x) = 130 - c \cdot a^x$ beschreiben.

a) Setzen Sie x = 0 für das Jahr 2004 und bestimmen Sie mit den beiden Datenpunkten der Jahre 2004 und 2010 die Parameter a und c.

Ergebnis: f(x) = ____________________

b) Führen Sie für das Sättigungsmanko mit Hilfe des GTR eine exponentielle Regression durch. Füllen Sie hierzu zunächst die Tabelle aus.

Jahr	2004	2005	2006	2007	2008	2009	2010
Anschlüsse je 100 Einwohner	87	96	104	109	114	117	120
Sättigungsmanko	43						

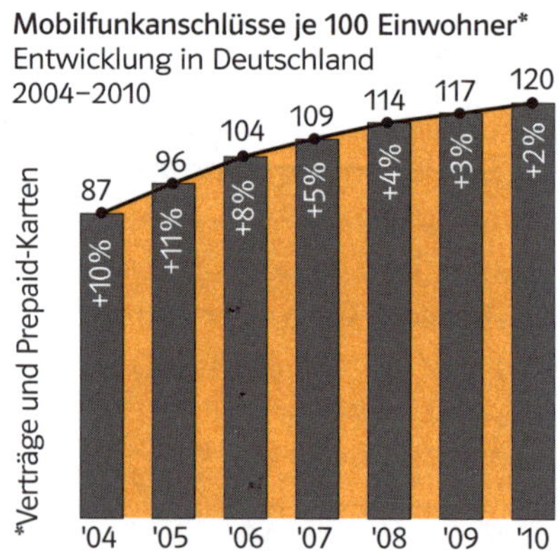

Regression des Mankos:

y = ____________________

Darstellung der Entwicklung:

f(x) = ____________________

c) Vergleichen die Ergebnisse aus den Aufgabenteilen a) und b).

d) Bestimmen Sie mit der Modellierung aus Aufgabenteil b) den Wert für das Jahr 1999 und beurteilen Sie die Modellierung.

3 Im Diagramm rechts sind verschiedene Entwicklungen in der Landwirtschaft in Deutschland dargestellt. Die Anzahl der von einem Landwirt ernährten Menschen lässt sich vermutlich durch beschränktes Wachstum modellieren.

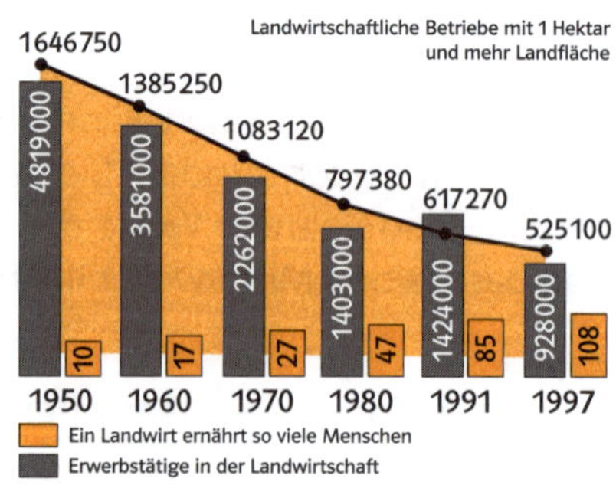

a) Nehmen Sie als vermutete Schranke S = 160 an und geben Sie mithilfe der letzten beiden Angaben aus dem Diagramm eine explizite Darstellung dieser Entwicklung an.

b) Im Jahr 2010 ernährte ein Landwirt 133 Menschen. Vergleichen Sie diese offizielle Angabe mit dem Wert, Ihrer Modellfunktion für 2010.

c) Schätzen Sie mit den bisherigen Ergebnissen ab, wie viele Erwerbstätige in der Landwirtschaft im Jahre 2010 in Deutschland tätig sind.

d) Erklären Sie den scheinbaren Widerspruch, dass von 1980 bis 1991 die Anzahl der landwirtschaftlichen Betriebe gesunken, die Anzahl der Erwerbstätigen in der Landwirtschaft aber gestiegen ist. [T1]

e) Die Anzahl der von einem Landwirt ernährten Menschen kann bis zum Jahr 1980 durch ein exponentielles Wachstumsmodell beschrieben werden. Stellen Sie mithilfe der ersten vier Angaben eine solche Wachstumsfunktion auf.

f) Berechnen Sie mithilfe der Modellierung aus e) wie viele Menschen ein Landwirt im Jahr 1900 ernährt hat und beurteilen Sie das Modell.

[T1] Denken Sie an historische Ereignisse in diesem Zeitraum.

1 Ordnen Sie die Kärtchen passend zu.

- $f(0) = 200$
- $f'(x) = 0{,}02 \cdot f(x)$
- $f'(x) = -2 + 0{,}02 \cdot f(x)$
- Der Bestand nimmt täglich um 2 % ab.
- $f(x) = 100 \cdot e^{-0{,}02x}$
- $f(0) = 100$
- $f(0) = 50$
- $f(x) = 100 - 50\,e^{0{,}02x}$
- $f(0) = 99$
- Jede Stunde laufen 2 Liter ab und 2 % der vorhandenen Flüssigkeit werden zugefügt.
- Die momentane Zuwachsrate beträgt 2 %.
- Jede Minute laufen 2 Liter hinzu und 2 % der vorhandenen Flüssigkeit werden abgepumpt.
- $f'(x) = 2 - 0{,}02 \cdot f(x)$
- $f(x) = 100 - e^{-0{,}02x}$
- $f'(x) = -0{,}02 \cdot f(x)$
- $f(x) = 200 \cdot e^{0{,}02x}$

2 Bestimmen Sie zu der Differenzialgleichung die Lösung.

a) $f'(x) = 0{,}5 \cdot f(x)$; $f(0) = 1$

$f(x) =$ ______

b) $f'(x) = -2 \cdot f(x)$; $f(0) = 2$

$f(x) =$ ______

c) $f'(x) = 2 \cdot (1 - f(x))$; $f(0) = 3$

$f(x) =$ ______

d) $f'(x) = 3 - 0{,}3 \cdot f(x)$; $f(0) = 4$

$f(x) =$ ______

3 Ein Patient bekommt pro Minute etwa 6 mg eines Medikamentenwirkstoffs durch eine Infusion ins Blut. Jede Minute werden 5 % des momentan im Blut befindlichen Wirkstoffs abgebaut.

a) Fasst man diesen kontinuierlich ablaufenden Vorgang näherungsweise als diskrete Folge B(n) auf, bei der eine Änderung im Minutentakt erfolgt, so gilt für diese Folge:

$B(0) = 6$; $B(n) = B(n-1) -$ ____ $\cdot B(n-1) +$ ____; n in ______________. Berechnen Sie mithilfe dieser Folge und dem GTR die Werte $B(1) =$ ______; $B(2) =$ ______; $B(10) =$ ______ und $B(60) =$ ______.

b) Stellt man die rekursive Darstellung der Folge B(n) aus Aufgabenteil a) um, so erhält man

$B(n) - B(n-1) =$ ____ $\cdot B(n-1) +$ ____. Die linke Seite beschreibt die Änderung pro Minute und kann näherungsweise als die Ableitung der zugehörigen kontinuierlichen Funktion f angesehen werden, die denselben Vorgang beschreibt. Hiermit erhält man für die Funktion f die Differenzialgleichung für ein beschränktes Wachstum: $f'(x) = 6 - 0{,}05 \cdot f(x) = 0{,}05 \cdot ($ ____ $- f(x))$. Aus der letzten Darstellung kann man direkt die obere Schranke $S =$ ____ ablesen [T1] und erhält als Lösung $f(x) =$ ____ $- c \cdot e^{-\_\_\_\_ \cdot x}$. [T2] Den Wert für c bestimmt man mithilfe des Anfangswerts $f(0) = 6$ zu $c =$ ____, also $f(x) =$ ____ $-$ ____ $\cdot e^{-\_\_\_\_ \cdot x}$

c) Berechnen Sie den Zeitpunkt, bei dem die momentane Änderungsrate des im Blut befindlichen Wirkstoffs 10 % beträgt.

Ansatz: $f'(x) =$ ______________ $= 0{,}1$

d) Berechnen Sie den Zeitpunkt, an dem 90 % des Sättigungswertes im Blut vorhanden sind.

Ansatz: $f(x) = 0{,}9 \cdot$ ______________ $=$ ______

e) Berechnet man die im Blut befindliche Wirkstoffmenge nach einer Stunde mithilfe der Funktion f(x) so ergibt sich f(____) = ______. Vergleicht man diesen Wert mit dem in Aufgabenteil a) berechneten Wert B(60), so ergibt sich eine ______________ Übereinstimmung.

[T1] Die Differenz in der letzten Darstellung stellt das Manko dar. [T2] Die Differenzialgleichung $f'(x) = k(S - f(x))$ hat die Lösung $f(x) = S - c\,e^{-k \cdot x}$.

Ohne Hilfsmittel

1 Ein Bestand B hat den Anfangswert $B(0) = 1000$. Es gilt $B(n) = B(n-1) + 0{,}2 \cdot (2000 - B(n-1))$, n in Tagen. Geben Sie für B eine explizite Darstellung an und erstellen Sie eine Wertetabelle für $0 \leq n \leq 4$.

2 Bestimmen Sie die Parameter so, dass f(x) eine Lösung der Differenzialgleichung ist.

a) $f'(x) = 0{,}5 \cdot f(x)$; $f(x) = 3 \cdot e^{-k \cdot x}$
b) $f'(x) = 50 - f(x)$; $f(x) = 50 - e^{-k \cdot x}$
c) $f'(x) = 50 - 0{,}5 \cdot f(x)$; $f(x) = S - 50 \cdot e^{-k \cdot x}$
d) $f'(x) = 50 - 0{,}1 \cdot f(x)$; $f(x) = 500 + 5 \cdot e^{-k \cdot x}$

3 Geben Sie eine Differenzialgleichung an, zu der f eine Lösung ist.

a) $f(x) = 2 \cdot e^{-0{,}5 \cdot x}$
b) $f(x) = -0{,}5 \cdot e^{-2 \cdot x}$
c) $f(x) = 90 - 50 \cdot e^{-0{,}2 \cdot x}$
d) $f(x) = 50 - 90 \cdot e^{-0{,}3x}$

4 Welche Lösung hat die Differenzialgleichung $f'(x) = 0{,}01 \cdot f(x)$ mit $f(0) = 2$?

Mit Hilfsmitteln

5 In einem Land mit 80 Millionen Einwohnern gibt es jährlich pro 1000 Einwohner 8 Geburten und 10 Todesfälle. Außerdem wandern jährlich 50 000 Einwohner aus und 170 000 Einwohner ein.

a) Bestimmen Sie die Entwicklung der Einwohnerzahl in diesem Land in den nächsten 5 Jahren.
b) Stellen Sie eine rekursiv definierte Folge B(n) für die Einwohnerzahl auf. $B(0) = 80\,000\,000$. [T1]
c) Stellen Sie eine Differenzialgleichung auf, welche die Einwohnerzahl beschreibt.
d) Bestimmen Sie eine Lösung dieser Differenzialgleichung und geben Sie an, mit welcher Einwohnerzahl langfristig zu rechnen ist.
e) Berechnen Sie, nach wie vielen Jahren 70 Millionen Einwohner in diesem Land leben.

6 In einem Behälter mit Zu- und Abfluss befinden sich zu Beginn 300 Liter einer Flüssigkeit. Pro Minute fließen einerseits 12 Liter hinzu, andererseits beträgt die Abflussrate pro Minute 2 % des aktuellen Inhalts. Dieser Vorgang kann durch eine Differenzialgleichung der Form $f'(x) = a - b \cdot f(x)$ beschrieben werden (x in Minuten, f(x) in Litern).

a) Geben Sie die Parameter a und b an.
b) Zeigen Sie, dass die Funktion $f(x) = 600 - 300 \cdot e^{-0{,}02 \cdot x}$ eine Lösung dieser Differenzialgleichung ist.
c) In einem zweiten Behälter befinden sich zu Beginn ebenfalls 300 Liter. Hier fließen nun pro Minute 10 Liter zu und 4 % ab. Ermitteln Sie eine Funktionsgleichung, die diesen zweiten Vorgang beschreibt.
d) Berechnen Sie, welche Flüssigkeitsmengen im Laufe eines Tages jeweils aus den beiden Behältern abgelaufen sind. [T2]

7 Ein Wachstumsprozess wird durch die Gleichung $f(x) = 3 - 2 \cdot e^{-0{,}01 \cdot x}$, x in Minuten, beschrieben.

a) Geben Sie den Anfangsbestand und den Bestand nach 3 Stunden an.
b) Berechnen Sie den Zeitpunkt, an dem 90 % der Sättigungsgrenze vorhanden ist.
c) Bestimmen Sie eine Differenzialgleichung, zu der f(x) eine Lösung ist.
d) Berechnen Sie den Zeitpunkt, an dem die Wachstumsgeschwindigkeit 0,01 beträgt. [T3]
e) In welchem Zeitintervall von einer Minute beträgt der Zuwachs etwa 2 %? [T4]

8 Führen Sie zu den folgenden Daten eine Regression mit dem GTR durch und geben Sie die Funktion f sowie die zugehörige Differenzialgleichung an. [T5]

a)

x	4	9	15	50	500
f(x)	6	7	8,5	15	29,8

b)

x	5	14	144	200	300
f(x)	29	27,5	20,5	20,2	20,02

[T1] Durch Geburten und Todesfälle nimmt die Einwohnerzahl jährlich um 0,2 % ab. [T2] Berücksichtigen Sie, dass auch Flüssigkeit zufließt. [T3] Benutzen Sie die Ableitungsfunktion. [T4] Betrachten Sie die Differenz $f(x+1) - f(x)$. [T5] Führen Sie die Regression für das Sättigungsmanko durch.

1 Bestimmen Sie die Lösungen der linearen Gleichungssysteme.

a)
$$\begin{array}{ll} \text{I} & x_1 + 5x_2 + 4x_3 = 7 \\ \text{II} & 3x_2 - 2x_3 = -1 \\ \text{III} & 2x_3 = 4 \end{array}$$
Lösung: (___ ; ___ ; ___) [T1]

b)
$$\begin{array}{ll} \text{I} & 2x_1 + 6x_3 = 2 \\ \text{II} & x_2 + x_3 = -1 \\ \text{III} & x_3 = -4 \end{array}$$
Lösung: (___ ; ___ ; ___)

c)
$$\begin{array}{ll} \text{I} & -x_1 - 3x_2 = 1 \\ \text{II} & 2x_2 + 3x_3 = 4 \\ \text{III} & -5x_3 = 6 \end{array}$$
Lösung: (___ ; ___ ; ___)

2 Überprüfen Sie, ob das lineare Gleichungssystem die angegebene Lösung hat. [T2]

a)
$$\begin{array}{l} -x_1 - x_2 + x_3 = 7 \\ 2x_1 - x_2 - 4x_3 = -10 \\ 4x_1 - 5x_2 - 15x_3 = -36 \end{array}$$
Lösung: (1; −4; 4)

b)
$$\begin{array}{l} 2x_1 + 3x_2 + x_3 = 16 \\ -4x_1 - 11x_2 + 2x_3 = 51 \\ 14x_1 + 36x_2 - 7x_3 = 171 \end{array}$$
Lösung: (4; 3; −1)

c)
$$\begin{array}{l} -4x_1 + x_2 + 4x_3 = 13 \\ 7x_1 + \frac{13}{4}x_2 - 5x_3 = -\frac{31}{4} \\ 26x_1 + \frac{17}{2}x_2 - 15x_3 = -\frac{29}{2} \end{array}$$
Lösung: (2; 1; 5)

3 Formen Sie das lineare Gleichungssystem in Stufenform um und bestimmen Sie die Lösung.

$$\begin{array}{ll} \text{I} & -4x_1 - 4x_2 + x_3 = 12 \\ \text{II} & -12x_1 - 15x_2 + 7x_3 = 10 \\ \text{III} & 44x_1 + 53x_2 - 18x_3 = -94 \end{array}$$
Ia = ___ · I [T3]

$$\begin{array}{ll} \text{Ia} & 12x_1 \text{ \_\_\_\_\_\_\_\_ } = -36 \\ \text{I} & -12x_1 - 15x_2 + 7x_3 = 10 \\ \text{III} & 44x_1 + 53x_2 - 18x_3 = -94 \end{array}$$
IIa = Ia + II [T4]

$$\begin{array}{ll} \text{I} & -4x_1 - 4x_2 + x_3 = 12 \\ \text{IIa} & \text{\_\_\_\_\_\_\_\_\_\_\_\_} \\ \text{III} & 44x_1 + 53x_2 - 18x_3 = -94 \end{array}$$
Ib = ___ · I

$$\begin{array}{ll} \text{Ib} & -44x_1 \text{ \_\_\_\_\_\_\_\_ } = \text{\_\_} \\ \text{IIa} & -3x_2 + 4x_3 = -26 \\ \text{III} & 44x_1 + 53x_2 - 18x_3 = -94 \end{array}$$
IIIa = Ib + III

$$\begin{array}{ll} \text{I} & -4x_1 - 4x_2 + x_3 = 12 \\ \text{IIa} & -3x_2 + 4x_3 = -26 \\ \text{IIIa} & \text{\_\_\_\_\_\_\_\_\_\_\_\_} \end{array}$$
IIb = ___ · IIa

$$\begin{array}{ll} \text{I} & -4x_1 - 4x_2 + x_3 = 12 \\ \text{IIb} & \text{\_\_\_\_\_\_\_\_\_\_\_\_} \\ \text{IIIa} & 9x_2 - 7x_3 = 38 \end{array}$$
IIIb = IIb + IIIa

$$\begin{array}{ll} \text{I} & -4x_1 - 4x_2 + x_3 = 12 \\ \text{IIa} & -3x_2 + 4x_3 = -26 \\ \text{IIIb} & \text{\_\_\_\_\_\_\_\_\_\_\_\_} \end{array}$$
Lösung: (___ ; −2; ___)

4 Formen Sie das lineare Gleichungssystem in Stufenform um und bestimmen Sie die Lösung.

a)
$$\begin{array}{l} 2x_1 + 2x_2 - x_3 = -4 \\ -6x_1 - 5x_2 + 6x_3 = 10 \\ -10x_1 - 8x_2 + 16x_3 = 16 \end{array}$$
Lösung: (___ ; ___ ; ___) [T5]

b)
$$\begin{array}{l} 4x_1 - 2x_2 + 9x_3 = -32 \\ 4x_1 + 2x_2 - x_3 = 0 \\ 2x_1 + 3x_2 - 3x_3 = 11 \end{array}$$
Lösung: (___ ; ___ ; ___)

c)
$$\begin{array}{l} -3x_1 + x_2 + 5x_3 = 2 \\ -2x_1 + \frac{17}{3}x_2 + \frac{19}{3}x_3 = \frac{37}{3} \\ 14x_1 - \frac{59}{3}x_2 - \frac{109}{3}x_3 = -\frac{151}{3} \end{array}$$
Lösung: (___ ; ___ ; ___) [T6]

5 Welche Fehler wurden bei der Umformung des Gleichungssystems gemacht? Markieren Sie die Fehler und beschreiben Sie, was falsch gemacht wurde.

a)
$$\begin{array}{ll} \text{I} & 5x_1 - 2x_2 + x_3 = 17 \\ \text{II} & 10x_1 - 6x_2 + 6x_3 = 36 \\ \text{III} & 15x_1 - 10x_2 + 12x_3 = 55 \end{array}$$
Ia = (−2) · I + II
$$\begin{array}{ll} \text{Ia} & -10x_2 + 4x_3 = 2 \\ \text{II} & 10x_1 - 6x_2 + 6x_3 = 36 \\ \text{III} & 15x_1 - 10x_2 + 12x_3 = 55 \end{array}$$
____

b)
$$\begin{array}{ll} \text{I} & 5x_2 + 3x_3 = 72 \\ \text{II} & -5x_2 + 7x_3 = -66 \\ \text{III} & 24x_1 - 32x_2 - 40x_3 = -120 \end{array}$$
$$\begin{array}{ll} \text{I} & 5x_2 + 3x_3 = 72 \\ \text{II} & -5x_2 + 7x_3 = -66 \\ \text{IIIa} = \text{I} + \text{II} & 10x_3 = 8 \end{array}$$
____

c)
$$\begin{array}{ll} \text{I} & x_1 - x_2 - 2x_3 = 0 \\ \text{II} & -x_2 = 10 \\ \text{III} & 0x_3 = -39 \end{array}$$
$$x_1 = -10, \quad x_2 = -10, \quad x_3 = 0$$
____

6 Geben Sie ein lineares Gleichungssystem an, bei dem alle Koeffizienten von Null verschieden sind und das die Lösung (−2; 5; 3) besitzt. [T7]

[T1] Berechnen Sie zuerst x_3, setzen Sie dann in die 2. Gleichung ein. [T2] Setzen Sie die Werte in die Gleichungen ein. Sie müssen alle Gleichungen erfüllen. [T3] Aus dem Faktor vor x_1 erkennen Sie, mit welcher Zahl multipliziert wurde. [T4] Verwenden Sie die Gleichungen im vorhergehenden System. [T5] Multiplizieren Sie die erste Gleichung mit 3. Ersetzen Sie sie dann durch die Summe mit der zweiten Gleichung. [T6] Die Rechnung wird einfacher, wenn Sie die zweite und dritte Gleichung jeweils mit 3 durchmultiplizieren. [T7] Beginnen Sie mit einem System in Stufenform und ersetzen Sie jede Gleichungen nach und nach durch die Summe bzw. das Vielfache aus der Gleichung und einer anderen.

1 Bestimmen Sie jeweils die Lösungsmenge des linearen Gleichungssystems aus der GTR-Darstellung.

a)
```
rref([A])
 [[1 0 0 -1]
  [0 1 0 0 ]
  [0 0 0 2]]
```

b)
```
rref([A])
 [[1 0 0 5 ]
  [0 1 1 -3]
  [0 0 0 0]]
```

c)
```
rref([A])
 [[1 0 1 -2]
  [0 1 2 -4]
  [0 0 0 0]]
```

Die Darstellung entspricht dem Gleichungssystem:

a) ______________________

____

____

Das LGS hat die Lösungsmenge

L = ______________________

b) ______________________

____

____

Das LGS hat ______________

Lösungen. Man setzt x_3 = ____

Eingesetzt in Gleichung II

____

x_2 = ____ ; L = ______________

Lösen Sie c) ohne Hilfe:

2 Geben Sie jeweils die Lösungsmenge des linearen Gleichungssystems an.

a)
I $2x_1 + x_2 - 9x_3 = 25$
II $3x_2 - 2x_3 = 0$
III $7x_3 = 21$
L = ______________

b) [T1]
I $x_1 - 3x_2 + 2x_3 = 0$
II $-x_3 = 6$
III $4x_2 + 5x_3 = 6$
L = ______________

c) [T2]
I $3x_1 + 5x_2 + 6x_3 = -2$
II $x_2 + 1{,}5x_3 = 7$
III $3 = -3$
L = ______________

d) [T3]
I $x_1 + 4x_3 = -8$
II $7 = 7$
III $x_3 = -1$
L = ______________

3 Bestimmen Sie die Lösungsmenge des Gleichungssystems.

Gleichungssystem:
I $2x_1 + x_3 = -1$
II $x_1 + x_2 - x_3 = 0$
III $x_1 + 3x_2 - 4x_3 = 1$

GTR-Darstellung: [T4]
```
[A]
 [[☐ ☐ ☐ ☐]
  [☐ ☐ ☐ ☐]
  [☐ ☐ ☐ ☐]]
```

GTR-Lösung:
```
rref([A])
 [[☐ ☐ ☐ ☐]
  [☐ ☐ ☐ ☐]
  [☐ ☐ ☐ ☐]]
```

Stufenform:
Ia x_1 + ____ = ____
IIa x_2 − ____ = ____
IIIa ____ = 0

Es gibt unendlich viele Lösungen. Setze $x_3 = t$. Dann erhält man aus Gleichung IIa x_2 = __________ und aus Gleichung Ia x_1 = __________. Ergebnis: L = ______________________ [T5]

4 Von den drei Gleichungssystemen hat eines genau eine Lösung, eines keine Lösung und eines unendlich viele Lösungen. Bestimmen Sie jeweils die Lösungsmenge.

a)
$15x_1 + 9x_2 + 3x_3 = 51$
$-15x_1 - 12x_2 + 2x_3 = -38$
$30x_1 + 21x_2 = 84$

b)
$-3x_1 - 4x_2 - 3x_3 = 26$
$-6x_1 - 12x_2 - 8x_3 = 72$
$3x_1 + 12x_2 + 7x_3 = -66$

c)
$3x_1 - x_2 - 4x_3 = -3$
$6x_1 - x_2 - 4x_3 = -9$
$21x_1 - 4x_2 - 16x_3 = -39$

5 Geben Sie ein lineares Gleichungssystem an, bei dem alle Koeffizienten von Null verschieden sind und das die angegebene Lösungsmenge besitzt.

a) $L = \{(1; 0; 0)\}$ [T6] b) $L = \{\,\}$ c) $L = \{(1; t; t) \mid t \in \mathbb{R}\}$ [T7] d) $L = \{(t-1; t+1; t) \mid t \in \mathbb{R}\}$

[T1] Vertauschen Sie die zweite und die dritte Gleichung, dann ergibt sich eine Stufenform. [T2] Entscheiden Sie, ob die dritte Gleichung erfüllt werden kann. [T3] Schauen Sie sich die zweite Gleichung genauer an. Stellen Sie eine passende Bedingung für x_2 auf. [T4] Schreiben Sie die Koeffizienten vor x_1, x_2 und x_3 ab. Denken Sie sich eine 0 als Koeffizient, wenn z.B. x_2 nicht vorkommt. [T5] Setzen Sie für $x_3 = t$ in Gleichung IIa und Ia ein und lösen Sie jeweils nach x_2 bzw. x_1 auf. Schreiben Sie die Lösungsmenge analog zu Aufgabe 5 d auf. [T6] Schreiben Sie zuerst ein passendes Gleichungssystem in Stufenform auf. Ersetzen Sie nun nach und nach eine Gleichung durch die Summe aus dieser Gleichung und (dem Vielfachen) einer anderen Gleichung bis alle Koeffizienten ungleich 0 sind. [T7] Die dritte Gleichung muss 0 = 0 lauten. Schreiben Sie nun die beiden anderen in Stufenform auf und wenden Sie T6 an. Achten Sie darauf, dass t herausfällt.

1 Der Graph einer ganzrationalen Funktion 3. Grades schneidet die Koordinatenachsen in $S_1(0|1)$ und $S_2(-1|0)$. Außerdem hat er in $T(2|0)$ einen Tiefpunkt. Bestimmen Sie die Funktionsgleichung.

Ansatz: $f(x) = ax^3 + bx^2 + cx + d$

Ableitung: $f'(x) =$ ____________

Aus den 4 Bedingungen ergeben sich 4 Gleichungen für a, b, c und d:

1. Bedingung Achsenschnittpunkt S_1: f(___) = ___
2. Bedingung Achsenschnittpunkt S_2: f(___) = ___
3. Bedingung Achsenschnittpunkt T: f(___) = ___
4. Bedingung Tiefpunkt T: f'(___) = ___ [T1]

I ____________ [T2]

II ____________

III ____________

IV ____________ [T3]

Lösung des LGS mit dem GTR ergibt a = ___; b = ___; c = ___; d = ___, also gilt f(x) = ____________

2 Der Graph einer ganzrationalen Funktion 3. Grades hat einen Hochpunkt $H(2|0)$ und einen Wendepunkt $W(1|-2)$. Bestimmen Sie die Funktionsgleichung.

3 Untersuchen Sie, ob es eine ganzrationale Funktion 2. Grades gibt, die die Nullstellen $x_1 = 5$ und $x_2 = -4$ hat und deren Graph an der Stelle 0 eine waagrechte Tangente besitzt.

Ansatz: $f(x) = ax^2 + bx + c$

Ableitung: $f'(x) =$ ____________

Gleichungssystem:

1. Bedingung: f(5) = ___ ____________
2. Bedingung: f(___) = 0 ____________
3. Bedingung: f'(___) = ___ ____________

Lösung mit GTR ergibt a = ___; b = ___; c = ___, daraus folgt: ____________ [T4]

4 Welche ganzrationalen Funktionen 4. Grades haben zur y-Achse symmetrische Graphen, die in $W(2|4)$ einen Wendepunkt besitzen?

Ansatz: f(x) = ____________ [T5]

Ableitung: $f'(x) =$ ____________

$f''(x) =$ ____________

Gleichungssystem:

1. Bedingung: f(___) = ___ ____________
2. Bedingung: f''(___) = ___ ____________

Das LGS hat ____________ Lösungen. Man wählt ______ = k.

Die Lösungsmenge ist L = ____________ [T6]

Jede Funktion mit der Funktionsgleichung $f_k(x) =$ ____________ erfüllt die genannten Bedingungen.

5 Welche ganzrationalen Funktionen 3. Grades haben zum Ursprung symmetrische Graphen, die in $E(1|-1)$ einen Extrempunkt besitzen?

[T1] Hier benötigen Sie die notwendige Bedingung für ein Extremum. [T2] Setzen Sie x = 0 in die Funktionsgleichung ein. [T3] Setzen Sie x = 2 in die Gleichung der Ableitung ein. Es muss sich 0 ergeben. [T4] Wenn eine ganzrationale Funktion den Grad n haben soll, dann darf der Koeffizient vor der höchsten Potenz n nicht 0 sein. [T5] Bei Funktionen mit symmetrischen Schaubildern kommen einige Potenzen nicht vor! [T6] Lösen Sie die Gleichung, in der nur noch a vorkommt, nach a auf und setzen Sie das Ergebnis in die andere Gleichung ein.

1 Eine 500 g Dose Obstsalat enthält Erdbeeren, Äpfel und Ananas. Der Inhalt soll im Einkauf 36 ct kosten und einen Nährwert von 1160 kJ haben.
In der Tabelle sind die notwendigen Informationen über die Zutaten zusammengestellt.
Wie viel g von jeder Obstsorte muss man in die Dose füllen?

Obstsorte	Einkaufspreis für 1 kg in ct	Nährwert für 1 kg in kJ
Erdbeeren	150	1300
Äpfel	30	2200
Ananas	90	3200

Ansatz: x_1, x_2, x_3 sei jeweils das Gewicht der Erdbeeren, Äpfel und Ananas in kg in der Dose.

1. Bedingung: Der Inhalt beträgt 500 g. I ____ = 0,5 [T1]

2. Bedingung: Der Einkaufspreis beträgt 36 ct. II ____ x_1 + ____ x_2 + ____ x_3 = 36 [T2]

3. Bedingung: ____ [T3] III ____ x_1 + ____ x_2 + ____ x_3 = ____

Eingabe in GTR ergibt folgende Lösung: ____

Ergebnissatz: Man muss ____ g Erdbeeren, ____ g Äpfel und ____ g Ananas in die Dose füllen.

2 Ein Fruchtsaftmixgetränk wird in 0,7 l-Flaschen verkauft. Das Getränk enthält Orangensaft, Zitronensaft und Wasser. Eine Flasche soll 110 mg Vitamin C enthalten und 1,20 Euro kosten. In der Tabelle sind die notwendigen Informationen über die Zutaten zusammengestellt.

Saft	Preis für 1 l in Euro	Vitamin C in 1 l in mg
Orange	2,00	200
Zitrone	4,00	300

Wie viel Liter Orangen- und Zitronensaft muss die Flasche enthalten? [T4]

3 Bei der Versorgung der Haushalte mit Wasser muss beachtet werden, dass der Kalkgehalt des Wassers nicht zu hoch ist. Soll das Wasser als Trinkwasser z. B. auch zur Zubereitung von Säuglingsnahrung verwendet werden, dann darf der Nitratgehalt nicht zu hoch sein. Deshalb mischen die Wasserversorger das Wasser aus verschiedenen Quellen.
Ein Wasserversorger möchte die Haushalte mit Wasser versorgen, das maximal 20 mg/l Nitrat und 200 mg/l gelöste Calcium Ionen enthält. Es stehen ihm drei Quellen zur Verfügung.
Schreiben Sie zu der gegebenen Bedingung die Nummer der Gleichung, die der Bedingung entspricht, für die die Maximalwerte erreicht werden.

	Nitrat in mg/l	Calcium in mg/l
Quelle 1	50	100
Quelle 2	30	350
Quelle 3	10	100

x_1 steht für ____

x_2 steht für ____

x_3 steht für ____

In einem Liter Wasser sollen 20 mg Nitrat sein. (____) [T5]

In einem Liter Wasser sollen 200 mg Calcium sein. (____)

I $50x_1 + 100x_2 = 1000$
II $50x_1 + 30x_2 + 10x_3 = 20$
III $50x_1 + 30x_2 = 20$
IV $100x_1 + 350x_2 + 100x_3 = 200$
V $30x_1 + 350x_2 = 1000$
VI $90x_1 + 550x_2 = 1000$
VII $150x_1 + 380x_2 + 110x_3 = 1000$
VIII $20x_1 + 200x_2 = x_3$
IX $50x_1 + 30x_2 + 10x_3 = 200$

Wie lautet die dritte Bedingung in Worten? ____ [T6]

und als Gleichung? ____

Mit dem GTR ergibt sich folgende Lösung: (____ ; ____ ; ____) [T7]

Die Haushalte werden zu ____ % aus Quelle 1, zu ____ % aus Quelle 2 und zu ____ % aus Quelle 3 versorgt.

[T1] Beachten Sie, dass die Einheit kg ist. [T2] Jedes Gewicht muss mit dem Preis multipliziert werden. [T3] Entsprechend zur zweiten Bedingung muss nun der Nährwert berechnet werden. [T4] Den Wasserpreis kann man vernachlässigen. Wasser enthält kein Vitamin C. x_3 kommt also nur in einer Gleichung vor. [T5] Die Gleichung muss die Nitratgehalte aller Quellen enthalten und die Summe muss 20 ergeben. [T6] Die Summe der Mischung aus den Quellen muss noch passen. [T7] Geben Sie die drei Gleichungen in den GTR ein und berechnen Sie x_1, x_2 und x_3.

Ohne Hilfsmittel

1 Bestimmen Sie die Lösungsmenge des linearen Gleichungssystems

a) $\begin{aligned} 4x_1 + x_2 - 3x_3 &= 38 \\ -8x_1 + x_2 + 9x_3 &= -106 \\ -16x_1 - x_2 + 14x_3 &= -181 \end{aligned}$

b) $\begin{aligned} 2x_1 + 5x_2 + x_3 &= 7 \\ -5x_2 + x_3 &= -1 \\ x_1 \quad + x_3 &= 3 \end{aligned}$ [T1]

c) $\begin{aligned} -4x_1 + x_2 - 2x_3 &= 4 \\ 2x_1 - 3x_2 + x_3 &= -2 \\ x_2 &= 1 \end{aligned}$ [T2]

d) $\begin{aligned} x_1 + 2x_2 - x_3 &= -1 \\ x_1 - x_2 + x_3 &= 1 + 3r \\ 2x_1 + x_2 + x_3 &= 3r \end{aligned}$ [T3]

2 Gesucht ist eine Funktion f mit der Gleichung $f(x) = ax^3 + bx^2 + cx + d$, deren Graph in $H(4|0)$ einen Hochpunkt und in $P(-1|-3)$ eine zur Geraden g mit der Gleichung $y = 2x + 1$ parallele Tangente hat.
Überprüfen Sie, welches der Gleichungssysteme zur Bestimmung der Koeffizienten a, b, c und d geeignet ist.

$\begin{aligned} 64a + 16b + 4c + d &= 0 \\ 48a + 8b + c &= 0 \\ -a - b - c + d &= -3 \\ 3a - 2b + c &= 2 \end{aligned}$

$\begin{aligned} d &= 4 \\ c &= 0 \\ -a + b - c + d &= -3 \\ 3a - 2b + c &= 2 \end{aligned}$

$\begin{aligned} 64a + 16b + 4c + d &= 0 \\ -a + b - c + d &= -3 \\ 48a + 8b + c &= 0 \\ 3a - 2b + c &= 2 \end{aligned}$

$\begin{aligned} 64a + 16b + 4c + d &= 0 \\ -a + b - c + d &= -3 \\ 48a + 8b + c &= 0 \\ 3a - 2b + c &= 1 \end{aligned}$

3 Zwei Geraden schneiden sich im Punkt $S(4|-2)$. Ihre beiden y-Achsenabschnitte haben den Abstand 8 und die Summe ihrer Steigungen ist 2. Bestimmen Sie die Geradengleichungen. [T4]

4 In einem Viereck beträgt die Summe gegenüberliegender Winkel 180°. Wie groß sind die Winkel, wenn es zwei Paare benachbarter Winkel gibt, deren Summe jeweils 120° beträgt? [T5]

Mit Hilfsmitteln

5 Prüfen Sie, ob es eine ganzrationale Funktion 3. Grades mit folgenden Eigenschaften gibt:
Der Graph hat einen Hochpunkt $H\left(2\middle|\frac{10}{3}\right)$ und einen Wendepunkt $W\left(1\middle|\frac{8}{3}\right)$ mit Wendetangente t: $y = x + \frac{5}{3}$ [T6]

6 In einem Experiment wird die Dehnung eines Gummibandes in Abhängigkeit von der Zugkraft F gemessen. Modellieren Sie ein Dehnungsgesetz durch eine ganzrationale Funktion von möglichst kleinem Grad und machen Sie eine Vorhersage für die Dehnung bei einer Zugkraft von 5 N. [T7]
Warum ist es nicht sinnvoll eine Vorhersage für 1 N anhand der aufgestellten Funktion zu machen?

F in N	2	3	4	7	10
s in cm	0	1	3	6	7

7 Ein Anlageberater soll 150 000 € in 3 Aktienfonds anlegen. Dabei soll das durchschnittliche Risiko 15 und das durchschnittliche Kurs-Gewinn-Verhältnis (KGV) 12 betragen.

a) Wie viele Anteile von jedem Fond sollte er erwerben? [T8]
b) Zeigen Sie, dass es keine Lösung gibt, wenn das durchschnittliche Risiko 45 betragen soll. [T9]
c) Wie müsste man das durchschnittliche KGV anpassen, damit bei einem durchschnittlichen Risiko von 45 eine Lösung existiert? [T10]

Fondname	Kosten pro Anteil	Risiko	KGV
Speku-Fond	45	50	25
Garant	32	20	8
Secure	110	10	15

[T1] Lautet (nach der Umformung des Gleichungssystems) eine Gleichung 0 = 0, so kann man hier $x_3 = t$ ansetzen und dann aus den anderen Gleichungen x_2 und x_1 bestimmen. [T2] Lautet (nach der Umformung des Gleichungssystems) eine Gleichung z. B. 1 = 0, so ist die Lösungsmenge die leere Menge. [T3] Rechnen Sie mit r, wie mit einer Zahl. [T4] Setzen Sie $y = ax + b$ und $y = cx + d$ an und stellen Sie Bedingungen auf, aus denen sich dann Gleichungen ergeben. [T5] Fertigen Sie eine Zeichnung an. Man benötigt 4 Gleichungen. Viele Bedingungen sind aber voneinander abhängig. Ist die Summe zweier gegenüberliegender Winkel 180°, dann ist wegen der Winkelsumme im Viereck auch die Summe der anderen beiden Winkel 180°. Ebenso können wegen der Winkelsumme im Viereck die beiden Paare benachbarter Winkel mit der Summe 120° sich nicht gegenüber liegen. [T6] Wenn Sie alle Bedingungen aufstellen, dann erhalten Sie 5 Gleichungen mit 4 Unbekannten. Damit das Gleichungssystem eine Lösung besitzt, muss eine Gleichung der GTR-Lösung 0 = 0 lauten. [T7] Bestimmen Sie eine ganzrationale Funktion 4. Grades, deren Graph durch die 5 gegebenen Punkte verläuft. [T8] x_1, x_2, x_3 seien die Anteile an Speku-Fond, Garant bzw. Secure. Stellen Sie drei Gleichungen aus den Werten in der Tabelle auf. Dabei muss man „durchschnittlich" folgendermaßen interpretieren: Man multipliziert z. B. die Anzahl jedes Fonds mit seinem Risiko und erhält damit durch Addition das Gesamtrisiko. Dieses muss man nun noch durch die gesamte Anzahl der Anteile aller Fonds dividieren. [T9] Die Lösungen müssen alle positiv sein. [T10] Bestimmen Sie die allgemeine Lösung in Abhängigkeit von t, wenn Sie auf die Gleichung für das KGV verzichten. Beachten Sie T9 und wählen Sie ein geeignetes t. Lösen Sie nun das Gleichungssystem für dieses t.

1 Kreuzen Sie an.

	wahr	falsch
$\vec{a} + \vec{b} = \vec{b} + \vec{a}$		
$(\vec{a} - \vec{b}) + \vec{c} = -\vec{b} + (\vec{c} + \vec{a})$		
$s \cdot (\vec{a} - \vec{b}) = s \cdot \vec{a} - s \cdot \vec{b}$		
Sind zwei Geraden parallel, so sind deren Richtungsvektoren gleich		
Haben zwei Geraden unterschiedliche Richtungsvektoren, dann schneiden sich die Geraden		
Schneiden sich zwei Geraden, so sind deren Richtungsvektoren unterschiedlich		
Windschiefe Geraden haben unterschiedliche Stütz- und unterschiedliche Richtungsvektoren		
Sind Stütz- und Richtungsvektoren unterschiedlich, so können die Geraden parallel sein		

2 M_1 bis M_6 sind die Mittelpunkte der Seitenflächen des von $\vec{a}$, $\vec{b}$ und $\vec{c}$ aufgespannten Spats. Ordnen Sie Kärtchen mit gleichen Vektoren zu.

$\overrightarrow{AM_3}$ | $-\frac{1}{2}\vec{a}$ | $\overrightarrow{M_1D}$ | $\overrightarrow{FM_3}$ | $\frac{1}{2}\vec{a} - \frac{1}{2}\vec{b}$ | $\overrightarrow{M_1M_6}$ | $\overrightarrow{M_5M_3}$ | $-\frac{1}{2}(\vec{a} + \vec{c})$ | $\overrightarrow{GM_5}$ | $\overrightarrow{M_2M_4}$ | $\overrightarrow{M_3H}$ | $\frac{1}{2}\vec{a} + \frac{1}{2}\vec{b} + \vec{c}$

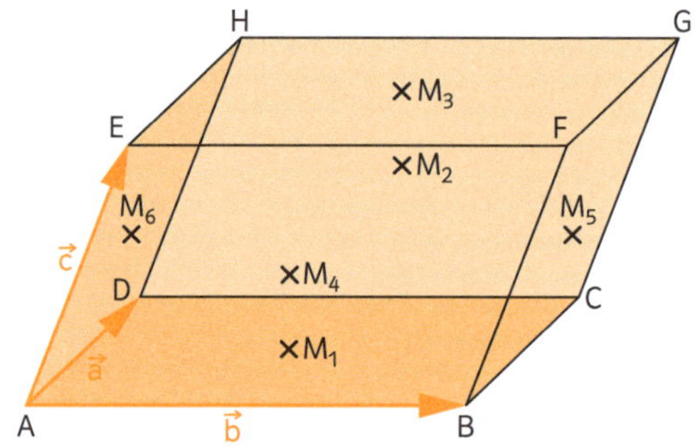

3 Zeichnen Sie die Punkte P(2|4|−1) und Q(−1|1|5) in ein Koordinatensystem. Geben Sie die Gleichung der Geraden g durch P und Q an und zeichnen Sie anschließend die Gerade g in das Koordinatensystem ein.

4 Bestimmen Sie die gegenseitige Lage der Geraden g und h. Berechnen Sie gegebenenfalls den Schnittpunkt der Geraden. [T1]

a) g: $\vec{x} = \begin{pmatrix}1\\2\\3\end{pmatrix} + r \cdot \begin{pmatrix}4\\5\\6\end{pmatrix}$ und h: $\vec{x} = \begin{pmatrix}4\\5\\6\end{pmatrix} + r \cdot \begin{pmatrix}1\\2\\3\end{pmatrix}$

b) g: $\vec{x} = \begin{pmatrix}1\\2\\3\end{pmatrix} + r \cdot \begin{pmatrix}4\\5\\6\end{pmatrix}$ und h: $\vec{x} = r \cdot \begin{pmatrix}12\\15\\18\end{pmatrix}$

c) g: $\vec{x} = \begin{pmatrix}-1\\-0{,}5\\0\end{pmatrix} + r \cdot \begin{pmatrix}-2\\-2{,}5\\-3\end{pmatrix}$ und h: $\vec{x} = \begin{pmatrix}1\\2\\3\end{pmatrix} + r \cdot \begin{pmatrix}4\\5\\6\end{pmatrix}$

d) g: $\vec{x} = \begin{pmatrix}1\\2\\3\end{pmatrix} + r \cdot \begin{pmatrix}4\\5\\6\end{pmatrix}$ und h: $\vec{x} = \begin{pmatrix}5\\7\\8\end{pmatrix} + r \cdot \begin{pmatrix}7\\8\\9\end{pmatrix}$

5 Die schwarz eingezeichneten Punkte sind jeweils die Mittelpunkte einer Seitenfläche bzw. einer Kante. Stellen Sie Parametergleichungen der Geraden h und j auf. Untersuchen Sie anschließend die gegenseitige Lage der beiden Geraden.

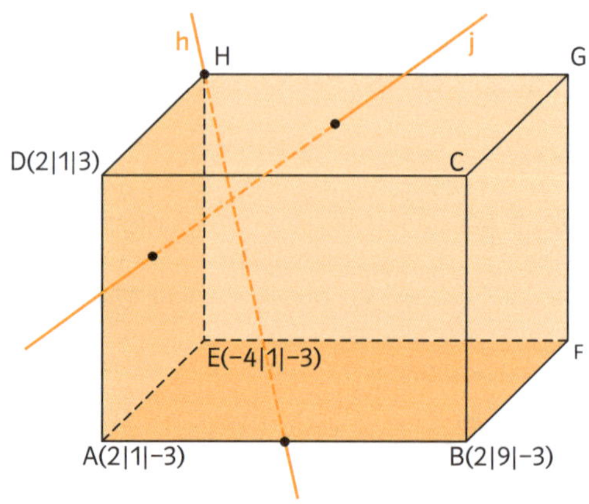

[T1] Sind die Richtungsvektoren von g und h Vielfache voneinander, so sind g und h parallel oder identisch. Betrachten Sie die Lösungsmenge des zugehörigen LGS.

1 a) Geben Sie die Koordinaten des Punktes P′ an, der durch Spiegeln des Punktes P(2 | 4 | 7) am Punkt Q(1 | 5 | 3) entsteht.

Es gilt $\overrightarrow{0P'} = \overrightarrow{0P} +$ ____________. Es ist $\overrightarrow{PQ} =$ ____________.

Damit gilt für die Koordinaten von P′: P′(____ | ____ | ____).

b) Die Punkte A und B legen eine Gerade g fest.
Gibt es immer Punkte auf g, die von A dreimal soweit entfernt sind als von B? Begründen Sie Ihre Antwort anschaulich.

c) Gibt es immer Punkte auf g, die von A den Abstand 3 und von B den Abstand 1 haben? Begründen Sie Ihre Antwort.

zu a) Zeichnen Sie P′ in die Skizze ein:

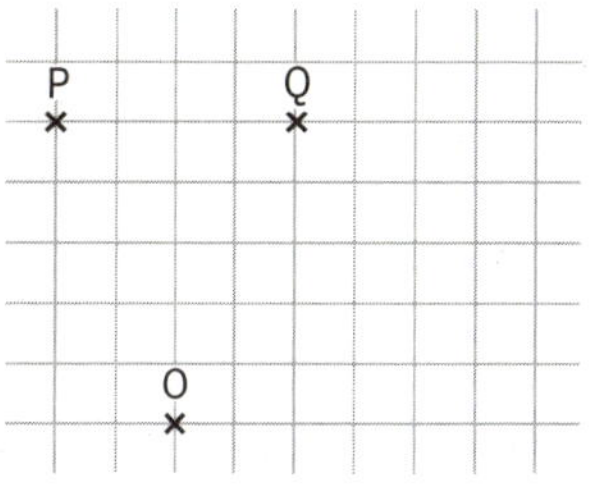

zu b) Füllen Sie die Lücken mit Zahlen geeignet aus.

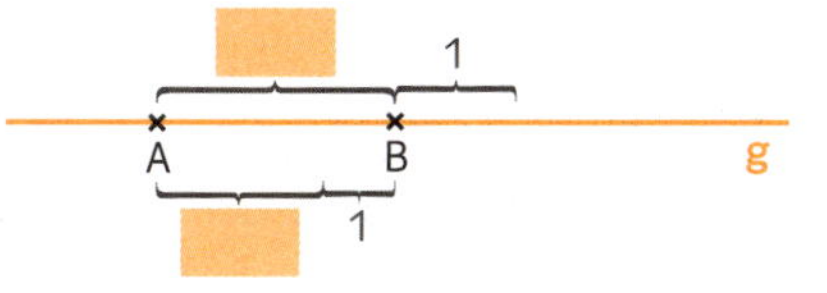

2 a) Geben Sie einen Vektor $\overrightarrow{a_0}$ der Länge 1 an, der die Richtung von A(1 | 5 | 2) nach B(4 | 1 | 9) angibt.

$\overrightarrow{AB} =$ ________. $|\overrightarrow{AB}| =$ ____________ = ________. Also $\overrightarrow{a_0} =$ ________ $\cdot \overrightarrow{AB} =$ ________.

b) Geben Sie eine Gleichung der Geraden durch die Punkte A(0 | 2 | 5) und B(−2 | 1 | 3) so an, dass der Richtungsvektor ein Einheitsvektor ist. Bestimmen Sie die Koordinaten aller Punkte auf g, die von A den Abstand 1; 3 und 12 haben.

3 Die Punkte P(2 | 1 | 3) und Q(−1 | 1 | 7) liegen auf einer Geraden g. Geben Sie die Koordinaten der Punkte R und S auf g an, die von P doppelt soweit entfernt sind wie Q.

4 a) Für eine Raute ABCD muss gelten: $\overrightarrow{AB} =$ ____________ und $|\overrightarrow{AD}| =$ ____________.
Untersuchen Sie, ob es sich beim Viereck ABCD mit A(3 | 1 | −3), B(0 | 2 | 0), C(3 | 3 | 3) und D(6 | 2 | 0) um eine Raute handelt.

b) Für ein Trapez ABCD muss gelten: $\overrightarrow{AB} =$ ____________ oder $\overrightarrow{BC} =$ ____________, $r \in \mathbb{R}$.
Untersuchen Sie, ob es sich beim Viereck ABCD mit A(6 | 3 | 0), B(0 | 0 | 4), C(−3 | 6 | 1) und D(0 | 7,5 | −1) um ein Trapez handelt.

c) Für ein gleichschenkliges Dreieck ABC muss gelten: $|\overrightarrow{AB}| =$ ____________ oder $|\overrightarrow{BC}| =$ ____________ oder $|\overrightarrow{CA}| =$ ____________.
Untersuchen Sie, ob das Dreieck mit den Eckpunkten A(4 | −2 | 2), B(2 | 0 | 3) und C(1 | −2 | 1) gleichschenklig ist.

d) Überprüfen Sie, ob eine Seitenhalbierende im Dreieck ABC mit A(6 | 0 | −1), B(4 | −2 | 0) und C(3 | 0 | 2) eine ganzzahlige Länge besitzt.

5 Zwei Kleinflugzeuge F_1 und F_2 bewegen sich auf einer geradlinigen Flugbahn, wobei sich F_1 zum Beobachtungsstart im Punkt P(1 | 4 | 2) und nach einer Minute im Punkt Q(3 | 6 | 3) befindet. F_2 befindet sich zu Beobachtungsbeginn im Punkt R(2 | 6 | 6) und fliegt mit $300\,\frac{km}{h}$ in Richtung S(6 | 3 | 6) (die Koordinaten geben die Entfernungen zum Koordinatenursprung in Kilometer an).

a) Wie schnell fliegt das Flugzeug F_1 (in $\frac{km}{h}$)? [T1]

b) Wo befinden sich die Flugzeuge nach drei Minuten? [T2]

c) Wie weit sind die Flugzeuge zu diesem Zeitpunkt voneinander entfernt?

[T1] Die Länge des Vektors $\overrightarrow{PQ}$ liefert die zurückgelegte Strecke nach einer Minute, also $\frac{1}{60}$ einer Stunde. [T2] Aus den Geradengleichungen der Flugbahnen kann für t = 3 der gesuchte Ort bestimmt werden.

1 Kreuzen Sie an.

	W	F
E: $\vec{x} = \begin{pmatrix}1\\0\\0\end{pmatrix} + r \cdot \begin{pmatrix}0\\1\\0\end{pmatrix} + s \cdot \begin{pmatrix}0\\0\\1\end{pmatrix}$ ist parallel zur x_1x_2-Ebene		
E ist parallel zur x_1x_3-Ebene		
E ist parallel zur x_2x_3-Ebene		
Drei Punkte im Raum legen immer eine Ebene fest		
Zwei parallele Geraden im Raum legen immer eine Ebene fest		
Die Ebene F: $\vec{x} = r \cdot \begin{pmatrix}1\\1\\0\end{pmatrix} + s \cdot \begin{pmatrix}0\\0\\1\end{pmatrix}$ enthält den Ursprung		
F enthält die x_3-Achse		
F schneidet die x_1-Achse unter einem Winkel von 45°		

2 Stellen Sie eine Parametergleichung der Ebene durch die Punkte A(1 | 0 | 2), B(3 | 2 | 5) und C(−2 | 1 | 3) auf.

Wählt man als Stützvektor $\overrightarrow{OA} = \begin{pmatrix}\_\_\\\_\_\\\_\_\end{pmatrix}$, und als Spannvektoren $\overrightarrow{AB} = \begin{pmatrix}\_\_\\\_\_\\\_\_\end{pmatrix}$ und $\overrightarrow{AC} = \begin{pmatrix}\_\_\\\_\_\\\_\_\end{pmatrix}$, so ergibt sich

E: $\vec{x}$ = ____.

Da die Spannvektoren $\overrightarrow{AB}$ und $\overrightarrow{AC}$ nicht ____________________ sind, erhält man eine Ebenengleichung.

Ein weiterer Punkt der Ebene ist D(0 | 3 | ___).

3 a) Überprüfen Sie, ob die Punkte A(3 | 2 | 9) und B(1 | 2 | 5) in der Ebene E: $\vec{x} = \begin{pmatrix}1\\2\\3\end{pmatrix} + r \cdot \begin{pmatrix}0\\0\\1\end{pmatrix} + s \cdot \begin{pmatrix}2\\0\\3\end{pmatrix}$ liegen.

b) Überprüfen Sie, ob die Punkte A(3 | 2 | 9), B(2 | 1 | 3), C(3 | 1 | 1) und D(2 | 2 | 1) in einer Ebene liegen.

c) Prüfen Sie, ob die Geraden g: $\vec{x} = \begin{pmatrix}1\\0\\3\end{pmatrix} + r \cdot \begin{pmatrix}2\\7\\5\end{pmatrix}$ und h: $\vec{x} = \begin{pmatrix}3\\7\\8\end{pmatrix} + s \cdot \begin{pmatrix}1\\3\\4\end{pmatrix}$ sich schneiden.

Geben Sie, falls möglich, eine Parametergleichung der Ebene an, die durch die Geraden g und h festgelegt wird.

4 Gegeben ist die Ebene E: $\vec{x} = \begin{pmatrix}2\\0\\5\end{pmatrix} + r \cdot \begin{pmatrix}1\\5\\2\end{pmatrix} + s \cdot \begin{pmatrix}0\\-2\\7\end{pmatrix}$. Begründen Sie, warum die Gerade g: $\vec{x} = \begin{pmatrix}3\\5\\7\end{pmatrix} + r \cdot \begin{pmatrix}1\\3\\9\end{pmatrix}$ in E liegt.

5 Ein Würfel hat die diagonal liegenden Eckpunkte A(0 | 0 | 0) und G(1 | 1 | 1). Geben Sie die übrigen Koordinaten der Eckpunkte an. Geben Sie eine Parametergleichung der Ebene E an, die durch A und G geht und den Würfel halbiert.

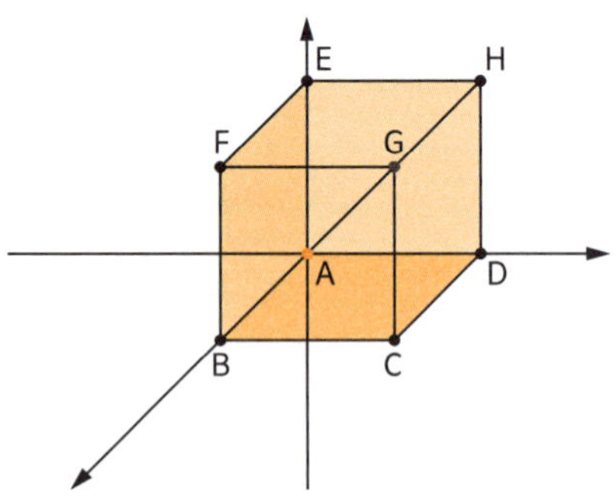

1 Ordnen Sie orthogonale Vektoren einander zu.

$\begin{pmatrix}2\\1\\9\end{pmatrix}$ $\begin{pmatrix}-13\\7\\-7\end{pmatrix}$ $\begin{pmatrix}-3\\2\\-5{,}5\end{pmatrix}$ $\begin{pmatrix}0\\1\\2\end{pmatrix}$ $\begin{pmatrix}10\\1\\1\end{pmatrix}$ $\begin{pmatrix}1\\7\\2\end{pmatrix}$ $\begin{pmatrix}7\\-2\\1\end{pmatrix}$ $\begin{pmatrix}-1\\2\\0\end{pmatrix}$

2 Überprüfen Sie, ob das Dreieck ABC mit A(3 | 2 | 9), B(1 | −2 | 5) und C(−3 | −1 | 6) bei B einen rechten Winkel hat.

$\overrightarrow{BA} = \begin{pmatrix}\_\\\_\\\_\end{pmatrix}$, $\overrightarrow{BC} = \begin{pmatrix}\_\\\_\\\_\end{pmatrix}$

$\overrightarrow{BA} \cdot \overrightarrow{BC} =$ ____________________ = ____________________

Antwort: ______________________________________

3 Kreuzen Sie für das Dreieck ABC und Viereck ABCD richtig an.

	W	F
Wenn $\overrightarrow{AB} = \overrightarrow{BC}$, dann ist ABC gleichschenklig.		
Wenn $\lvert\overrightarrow{AB}\rvert = \lvert\overrightarrow{BC}\rvert$, dann ist ABC gleichschenklig.		
Wenn $\overrightarrow{AB} \cdot \overrightarrow{AC} = 0$, dann ist ABC rechtwinklig.		
Wenn $\overrightarrow{AB} + \overrightarrow{AC} = 0$, dann ist ABC rechtwinklig.		
Wenn $\overrightarrow{AB} = \overrightarrow{DC}$ und $\overrightarrow{AD} = \overrightarrow{BC}$, dann ist ABCD eine Raute.		
Wenn $\overrightarrow{AB} = \overrightarrow{DC}$ und $\lvert\overrightarrow{BC}\rvert = \lvert\overrightarrow{AB}\rvert$, dann ist ABCD eine Raute.		
Wenn $\overrightarrow{AB} = \overrightarrow{DC}$, dann ist ABCD ein Parallelogramm. [T1]		
Wenn $\overrightarrow{AB} = r \cdot \overrightarrow{DC}$ für ein $r \in \mathbb{R}$, dann ist ABCD ein Trapez. [T2]		
Wenn $\overrightarrow{AB} = \overrightarrow{DC}$, $\overrightarrow{BC} = \overrightarrow{AD}$ und $\overrightarrow{AB} \cdot \overrightarrow{AD} = 0$, dann ist ABCD ein Quadrat.		
Wenn $\overrightarrow{AB} = \overrightarrow{DC}$, $\lvert\overrightarrow{AB}\rvert = \lvert\overrightarrow{AD}\rvert$ und $\overrightarrow{CB} \cdot \overrightarrow{CD} = 0$, dann ist ABCD ein Quadrat.		

4 a) Geben Sie drei Vektoren an, die zu $\vec{a} = \begin{pmatrix}1\\3\\2\end{pmatrix}$ orthogonal sind und in verschiedene Richtungen zeigen.

b) Geben Sie drei Vektoren an, die zu $\vec{a} = \begin{pmatrix}2\\1\\3\end{pmatrix}$ und $\vec{b} = \begin{pmatrix}1\\0\\2\end{pmatrix}$ orthogonal sind.

c) Bestimmen Sie die fehlenden Koordinaten so, dass die Vektoren $\vec{a} = \begin{pmatrix}1\\a_2\\1\end{pmatrix}$ und $\vec{b} = \begin{pmatrix}b_1\\1\\-2\end{pmatrix}$ zu $\vec{c} = \begin{pmatrix}2\\3\\1\end{pmatrix}$ orthogonal sind. [T3]

5 Untersuchen Sie, welche besonderen Eigenschaften das Viereck ABCD mit den Eckpunkten A(3 | 5 | 7), B(6 | 1 | 7), C(6 | −2 | 3) und D(3 | 2 | 3) besitzt.

[T1] Ist in einem Viereck eine zu einer Seite gegenüberliegende Seite parallel und gleich lang, so gilt diese Beziehung auch für die anderen beiden Seiten. [T2] In einem Trapez sind zwei sich gegenüberliegende Seiten parallel. [T3] Bilden Sie das Skalarprodukt von $\vec{a}$ und $\vec{c}$ sowie $\vec{b}$ und $\vec{c}$.

1 Ordnen Sie passende Kärtchen zu.

$E_1: \left[\vec{x} - \begin{pmatrix}5\\0\\3\end{pmatrix}\right] \cdot \begin{pmatrix}1\\-1\\0\end{pmatrix} = 0$

$E_2: \left[\vec{x} - \begin{pmatrix}5\\3\\0\end{pmatrix}\right] \cdot \begin{pmatrix}0\\0\\1\end{pmatrix} = 0$

$E_3: x_1 - x_2 = 5$

E_4 ist parallel zur x_1x_2-Ebene

$E_5: x_3 = 5$

$E_6: \vec{x} = r \cdot \begin{pmatrix}0\\0\\1\end{pmatrix} + s \cdot \begin{pmatrix}1\\1\\0\end{pmatrix} = 0$

E_7 ist parallel zur x_3-Achse

2 Wahr oder falsch?

	W	F
Unterscheiden sich die Koordinatengleichungen der Form $a x_1 + b x_2 + c x_3 = d$ zweier Ebenen nur in der Konstanten d, dann sind die Ebenen parallel.		
Sind zwei Ebenen parallel, so sind bei den zugehörigen Koordinatengleichungen die Koeffizienten a, b und c gleich.		
Die Gerade g: $\vec{x} = \begin{pmatrix}3\\0\\1\end{pmatrix} + t \cdot \begin{pmatrix}2\\-1\\3\end{pmatrix}$ und die Ebene E: $-6x_1 + 3x_2 - 9x_3 = 0$ sind parallel.		
Die Ebenen der Schar $E_a: -2x_2 = a$ sind orthogonal zur x_2-Achse.		
Die Ebenen der Schar $E_a: -2x_2 = a$ sind parallel zur x_1x_3-Ebene.		

3 Bestimmen Sie für die Ebene E in nebenstehender Figur eine Normalen- und Koordinatengleichung. Bestimmen Sie anschließend die gemeinsamen Punkte von E mit den Koordinatenachsen.

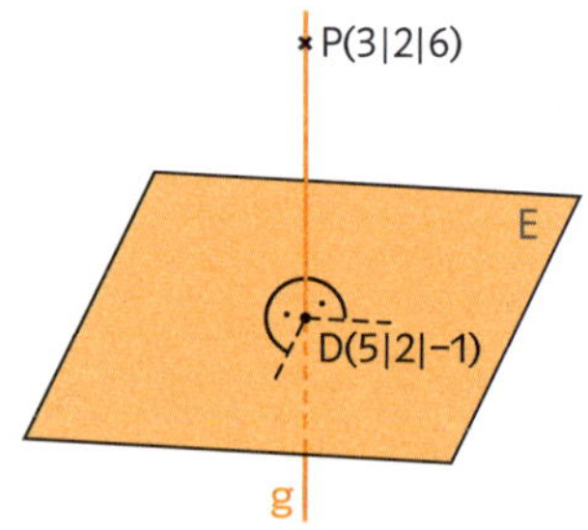

4 Bestimmen Sie eine mögliche Koordinatengleichung von E.

a) Die Ebene E ist parallel zur x_2x_3-Ebene und enthält den Punkt P(97|83|101).

b) Die Ebene E ist parallel zur x_1x_2-Ebene und hat von dieser den Abstand 3.

c) E ist festgelegt durch die zwei parallelen Geraden g: $\vec{x} = \begin{pmatrix}-2\\1\\5\end{pmatrix} + t \cdot \begin{pmatrix}1\\1\\-1\end{pmatrix}$ und h: $\vec{x} = \begin{pmatrix}5\\0\\1\end{pmatrix} + s \cdot \begin{pmatrix}-1\\-1\\1\end{pmatrix}$. [T1]

d) Die Gerade g durch P(1|5|−2) und Q(3|1|6) schneidet E orthogonal, wobei P und Q denselben Abstand von E haben. [T2]

5 Gegeben sind die Punkte A(2|3|0), B(1|5|2) und C(0|7|−1), die in einer Ebene E liegen. Bestimmen Sie eine

a) Parametergleichung [T3] b) Normalengleichung [T4] c) Koordinatengleichung [T5] von E.

6 Gegeben ist der Punkt P(2|5|3) und der Vektor $\vec{n} = \begin{pmatrix}1\\2\\9\end{pmatrix}$. Bestimmen Sie eine Normalen- und Koordinatengleichung der Ebene E, die senkrecht zu $\vec{n}$ liegt und den Punkt P enthält.

7 Prüfen Sie nach, ob der Punkt A(2|9|3) auf

a) E: $3x_1 + 2x_2 - x_3 = 20$

b) E: $\vec{x} = \begin{pmatrix}0\\1\\7\end{pmatrix} + r \cdot \begin{pmatrix}1\\1\\3\end{pmatrix} + s \cdot \begin{pmatrix}3\\9\\-1\end{pmatrix}$

c) E: $\left[\vec{x} - \begin{pmatrix}3\\0\\6\end{pmatrix}\right] \cdot \begin{pmatrix}3\\2\\5\end{pmatrix} = 0$ liegt.

[T1] Der sich aus den beiden Stützvektoren ergebende Verbindungsvektor ist ein möglicher zweiter Spannvektor von E.
[T2] Der Mittelpunkt der Strecke $\overline{PQ}$ ist ein Punkt von E. Ein Normalenvektor von E ist z.B. $\overrightarrow{PQ}$. [T3] Verwenden Sie als Stützvektor z.B. den Vektor $\overrightarrow{0A}$ und als Spannvektoren $\overrightarrow{AB}$ und $\overrightarrow{AC}$. [T4] Bestimmen Sie einen Normalenvektor $\vec{n}$, indem sie das LGS bestehend aus $\overrightarrow{AB} \cdot \vec{n} = 0$ und $\overrightarrow{AC} \cdot \vec{n} = 0$ lösen. Eine Normalengleichung ist z.B. $(\vec{x} - \overrightarrow{0A}) \cdot \vec{n} = 0$. [T5] Ausmultiplizieren der Normalengleichung liefert eine Koordinatengleichung.

1 Welche besondere Lage hat die Ebene E? Kreuzen Sie an.

	parallel zur x_1-Achse	parallel zur x_2-Achse	parallel zur x_3-Achse	parallel zur x_1x_2-Ebene	parallel zur x_1x_3-Ebene	parallel zur x_2x_3-Ebene
E: $2x_1 + 3x_2 = -7$						
E: $x_3 = 5$						
E: $x_1 - x_3 = 15$						
E: $x_2 = -2$						
E: $5x_2 + 2x_3 = 0$						
E: $3x_1 = -22$						

2 Füllen Sie die Lücken aus.

Eine Ebene schneidet mindestens ______ und höchstens ______ Koordinatenachse(n). Schneidet sie genau ______ Koordinatenachse(n), dann ist sie parallel zu einer Koordinatenachse; schneidet sie genau ______ Koordinatenachse(n), so ist sie parallel zu einer Koordinatenebene. Eine Ebene hat mindestens ______ und höchstens ______ Spurgeraden. Die Spurpunkte einer Ebene sind Ecken eines gleichschenkligen Dreiecks, falls in der Koordinatengleichung von E: $ax_1 + bx_2 + cx_3 = d$ gilt [T1]: ____________________.

3 Bestimmen Sie eine Koordinatengleichung von E.

a)

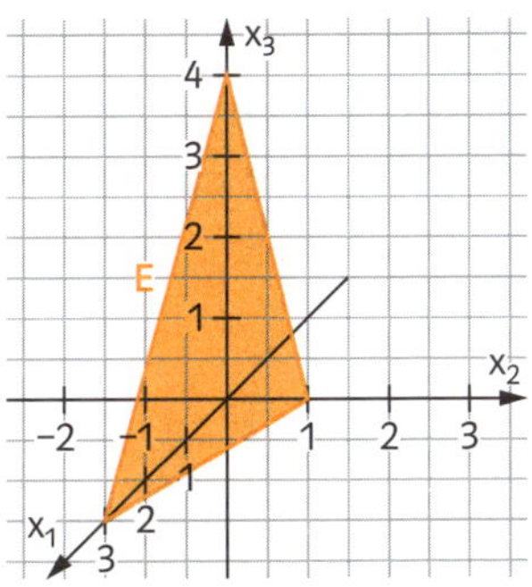

b)

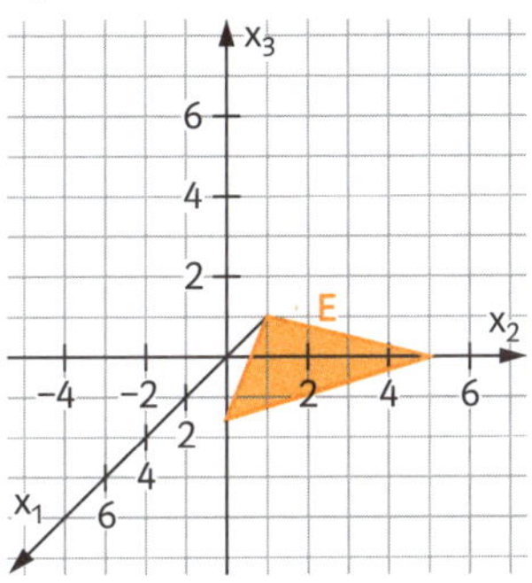

c)

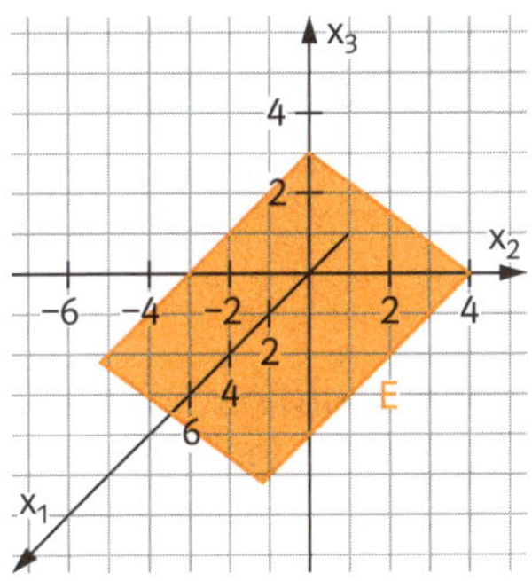

d)

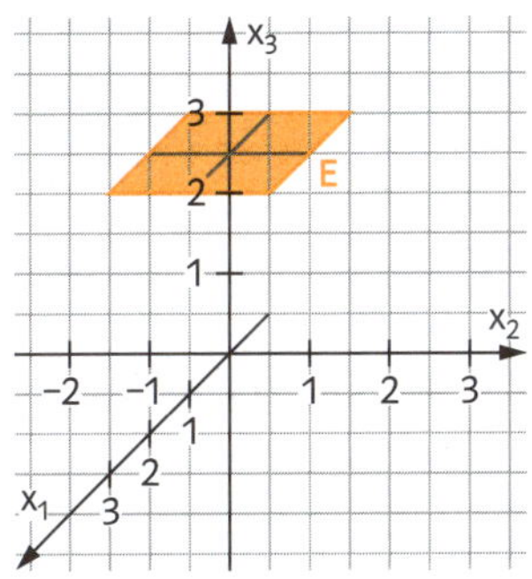

4 Veranschaulichen Sie die Ebene E in einem Koordinatensystem.

a) E: $2x_1 + 3x_2 - x_3 = 6$
b) E: $5x_1 - 2x_2 = 10$
c) E: $2x_3 = -5$
d) E: $-3x_1 + 2x_2 - 4x_3 = 12$

5 Bestimmen Sie aus den Spurpunkten oder Spurgeraden eine Koordinatengleichung der zugehörigen Ebene E.

a) $S_2(0|2|0)$, $S_3(0|0|5)$ (kein weiterer Spurpunkt)
b) $S_1(0|1|0)$ (einziger Spurpunkt)
c) $S_1(3|0|0)$, $S_2(0|2|0)$, $S_3(0|0|5)$
d) $S_1(4|0|0)$ und g: $\vec{x} = \begin{pmatrix}0\\2\\0\end{pmatrix} + r \cdot \begin{pmatrix}0\\3\\3\end{pmatrix}$
e) g: $\vec{x} = \begin{pmatrix}1\\0\\0\end{pmatrix} + r \cdot \begin{pmatrix}0\\1\\0\end{pmatrix}$ und h: $\vec{x} = \begin{pmatrix}1\\0\\0\end{pmatrix} + s \cdot \begin{pmatrix}0\\0\\1\end{pmatrix}$

[T1] Fertigen Sie eine Skizze an und tragen Sie die Koordinaten der Spurpunkte ein.

1 Füllen Sie die Kärtchen in Bezug auf die Lagebeziehung der beiden geometrischen Objekte geeignet aus.

Gegeben sind die Geraden g: $\vec{x} = \begin{pmatrix} p_1 \\ p_2 \\ p_3 \end{pmatrix} + t \cdot \begin{pmatrix} u_1 \\ u_2 \\ u_3 \end{pmatrix}$ und die Ebene E: $a x_1 + b x_2 + c x_3 = d$.

Die Gleichung $a \cdot (p_1 + t \cdot u_1) + b \cdot (p_2 + t \cdot u_2) + c \cdot (p_3 + t \cdot u_3) = d$ hat für t

genau eine Lösung: ____________

keine Lösung: ____________

unendlich viele Lösungen: ____________

Die Koordinaten des Durchstoßpunktes bestimmt man, indem man

____

2 Ordnen Sie geeignete Kärtchen einander zu.

- **A** „Der Richtungsvektor von g ist orthogonal zu jedem der beiden Spannvektoren von E“
- **B** „Der Normalenvektor von E ist kein Vielfaches des Richtungsvektors von g“
- **C** „g schneidet E senkrecht“
- **D** „Das Skalarprodukt des Normalenvektors von E mit dem Richtungsvektor von g ist 0“
- **E** „Der Richtungsvektor von g ist ein möglicher Spannvektor von E“
- **F** „Der Normalenvektor von E ist ein Vielfaches des Richtungsvektors von g“
- **G** „g ist parallel zu E oder g liegt in E“
- **H** „g ist parallel zu E oder g schneidet E nicht orthogonal“

3 Untersuchen Sie die Lagebeziehung der Gerade durch P(2|1|3) und Q(7|1|5) mit der Ebene E.
Bestimmen Sie gegebenenfalls die Koordinaten des Durchstoßpunktes.

a) E: $x_1 + x_2 - x_3 = 5$
b) E: $x_3 = 0$
c) E: $2x_1 - 5x_3 = 4$
d) E: $2x_1 - 5x_3 = -11$
e) E: $\vec{x} = \begin{pmatrix} 0 \\ -8 \\ -17 \end{pmatrix} + r \cdot \begin{pmatrix} 2 \\ 0 \\ 5 \end{pmatrix} + s \cdot \begin{pmatrix} 1 \\ 3 \\ 4 \end{pmatrix}$

4 Gegeben sind zwei Ebenen in Koordinatendarstellung.
Füllen Sie die Kärtchen in Bezug auf die Lagebeziehung der beiden Ebenen geeignet aus.

Das zugehörige lineare Gleichungssystem hat

keine Lösung ____________

unendlich viele Lösungen

- **Die Normalenvektoren sind keine Vielfache voneinander** ____________
- **Die Normalenvektoren sind Vielfache voneinander** ____________

Die Gleichung der Schnittgerade bestimmt man, indem

____

5 Bestimmen Sie die Schnittgerade der beiden Ebenen E_1: $\vec{x} = \begin{pmatrix} 2 \\ 3 \\ 5 \end{pmatrix} + r \cdot \begin{pmatrix} 1 \\ 0 \\ 3 \end{pmatrix} + s \cdot \begin{pmatrix} -1 \\ 2 \\ 1 \end{pmatrix}$ und E_2: $2x_1 - 3x_2 = 5$. [T1]

[T1] Stellen Sie die Parametergleichung von E_1 zeilenweise für x_1, x_2 und x_3 dar und setzen Sie diese x_i in die Koordinatengleichung von E_2 ein. Lösen Sie die Gleichung nach z. B. r auf und setzen Sie in der Gleichung von E_1 den Wert für r (in Abhängigkeit von s) ein.

1 Gegeben sind die Geraden g: $\vec{x} = \begin{pmatrix} 4 \\ 2 \\ -16 \end{pmatrix} + t \cdot \begin{pmatrix} 1 \\ 1 \\ -8 \end{pmatrix}$ und h: $\vec{x} = \begin{pmatrix} 0 \\ 4 \\ -8 \end{pmatrix} + s \cdot \begin{pmatrix} -1 \\ 2 \\ -4 \end{pmatrix}$,
sowie die Ebene $E_1: 2x_1 + 4x_2 + x_3 = 8$.

a) Berechnen Sie die Schnittpunkte der Ebene E_1 mit den Koordinatenachsen und veranschaulichen Sie die Lage der Ebene in einem kartesischen Koordinatensystem.
b) Berechnen Sie den Schnittpunkt von g und h.
c) Die Ebene E_2 wird durch die Geraden g und h aufgespannt. Geben Sie eine Gleichung von E_2 an. Untersuchen Sie die gegenseitige Lage von E_1 und E_2 und berechnen Sie gegebenenfalls eine Gleichung der Schnittgeraden.

2 a) Die Ebene E enthält den Punkt P(−3 | 4 | 7) und ist orthogonal zu den Ebenen $E_1: 2x_1 - 3x_3 = -1$ und $E_2: x_1 + 4x_2 - 3x_3 = 7$. Geben Sie eine Parameterdarstellung von E an. [T1]
b) Bestimmen Sie eine Gleichung der zu E_1 orthogonalen Geraden g durch P. Begründen Sie, warum g in E aus Teilaufgabe a) liegt. Berechnen Sie anschließend die Koordinaten des Durchstoßpunktes D dieser Geraden mit E_1.

3 Gegeben sind die Ebenen $E_1: x_1 - 3x_2 + 10x_3 = 7$ und $E_2: 3x_1 + x_2 = 11$. Bestimmen Sie eine Gleichung der Schnittgeraden der beiden Ebenen und zeigen Sie, dass sich E_1 und E_2 orthogonal schneiden.

4 Durch A(2 | 0 | 3), B(−1 | 2 | 6) und C(9 | 1 | 4) ist eine Ebene E_1 festgelegt. Die Ebene E_2 hat die Gleichung $E_2: 2x_1 - 48x_2 + 34x_3 = 9$. Untersuchen Sie die gegenseitige Lage von E_1 und E_2 und berechnen Sie gegebenenfalls eine Gleichung der Schnittgeraden.

5 Durch die Punkte A(−3 | 4 | 3,5), B(−2 | 2 | 1), C(−4 | 3,5 | 6,5) und D(−5 | 5,5 | 9) ist ein Viereck ABCD gegeben. Um welche Art von Viereck handelt es sich? Begründen Sie Ihre Antwort.

6 a) Zeigen Sie, dass die Punkte A(0 | −3 | 2), B(2 | 0 | 8) und D(6 | −1 | −1) ein gleichschenkliges, rechtwinkliges Dreieck bilden.
b) Berechnen Sie den Flächeninhalt des Dreiecks.
c) Geben Sie die Koordinaten des Punktes C an, so dass das Viereck ABCD ein Quadrat ist.

7 In untenstehenden Figuren ist jeweils ein Ausschnitt einer Ebene gezeichnet. Bestimmen Sie für die Ebenen E_1, E_2 und E_3 jeweils eine Gleichung.

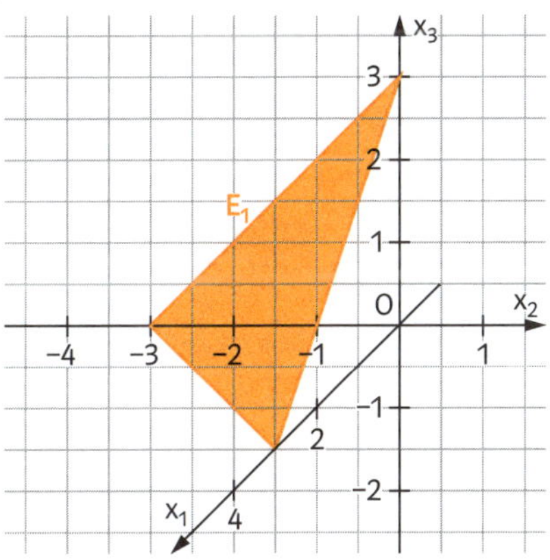

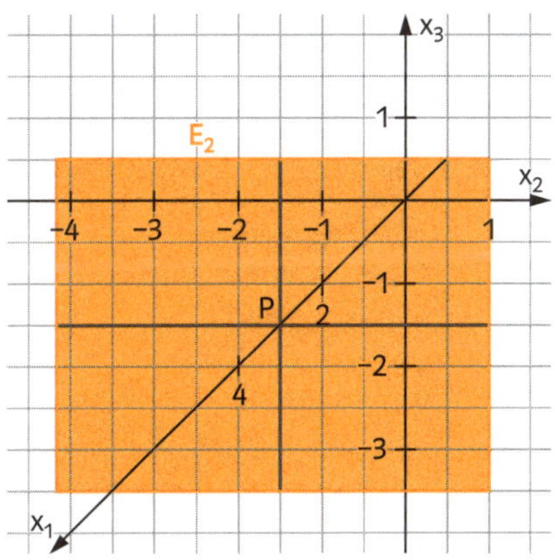

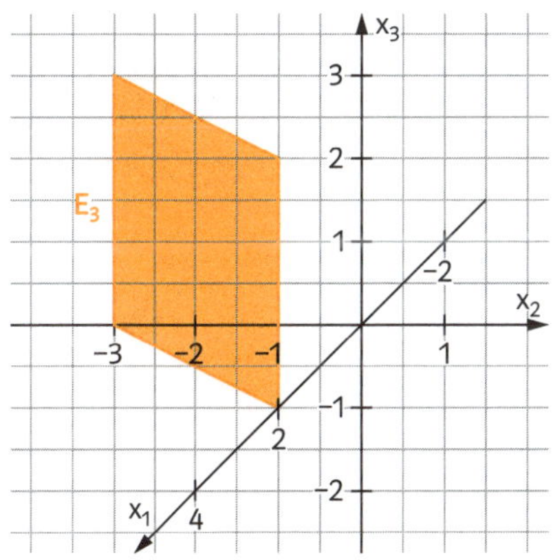

[T1] Die Normalenvektoren von E_1 und E_2 sind mögliche Spannvektoren von E.

1 Eine Pyramide mit quadratischer Grundfläche und Kantenlänge 4 m hat eine Höhe von 6 m. Der Punkt D liegt im Ursprung eines kartesischen Koordinatensystems mit der Längeneinheit 1 m.

a) Geben Sie die Koordinaten der Punkte A, B, C und S an.

b) Bestimmen Sie eine Koordinatengleichung der Ebene E, die die Punkte B, C und S enthält.

c) Im Umkreismittelpunkt des Dreiecks BCS wird senkrecht zu dieser Dreiecksfläche ein Loch gebohrt. Die Bohrung wird bis zur Bodenfläche in der x_1x_2-Ebene durchgeführt. Berechnen Sie die Koordinaten des Endpunktes P der Bohrung und begründen Sie, ob P innerhalb oder außerhalb der Pyramidengrundfläche ABCD liegt. **[T1]**

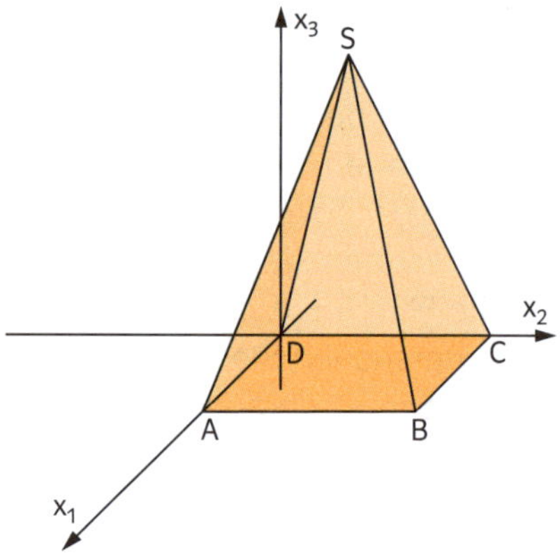

2 Auf einen 5 m hohen Laternenmast, dessen Fuß die Koordinaten P(1 | 1 | 0) hat (Koordinaten in m), fallen Sonnenstrahlen aus der Richtung $\begin{pmatrix} 2 \\ -2 \\ -1 \end{pmatrix}$.

a) Bestimmen Sie eine Normalen- und Koordinatengleichung der Ebene E, in der die Sonnenstrahlen und der Laternenmast liegen.

b) Berechnen Sie die Länge des Schattens auf dem Boden (in der x_1x_2-Ebene), den der Laternenmast wirft und geben Sie die Gleichung einer Geraden an, in der der Schatten des Laternenmasts liegt. **[T2]**

3 Zwei Flugzeuge F_1 und F_2 befinden sich zu Beobachtungsbeginn im Punkt A(−6 | 1 | 2) bzw. P(−3 | 6 | 4) (in Bezug auf den Flughafentower, der sich im Ursprung befindet; Angaben in km). F_1 fliegt mit dem Geschwindigkeitsvektor $\vec{v_1} = \begin{pmatrix} -1 \\ 5 \\ 2 \end{pmatrix}$ (Angaben in km pro Minute), F_2 befindet sich nach einer Minute im Punkt Q(−2 | 11 | 6). Beide Flugzeuge fliegen geradlinig und mit konstanter Geschwindigkeit.

a) Geben Sie je eine Gleichung für die Flugbahnen der beiden Flugzeuge an.

b) Wie weit sind die Flugzeuge voneinander entfernt, wenn F_1 sich in einer Höhe von 8 km befindet? **[T3]**

c) Zeigen Sie, dass sich die Flugbahnen der Flugzeuge schneiden.

d) Kommt es zur Kollision der beiden Flugzeuge?

4 Für $a \in \mathbb{R}$ ist eine Ebenenschar gegeben durch E_a: $(a-2)x_1 + (a-1)x_2 + a x_3 = 6$. Die Gerade g hat die Gleichung g: $\vec{x} = \begin{pmatrix} 3 \\ 1 \\ -3 \end{pmatrix} + r \cdot \begin{pmatrix} 1 \\ 0 \\ -1 \end{pmatrix}$.

a) Bestimmen Sie die Werte von a, für welche E_a parallel zu einer Koordinatenachse ist.

b) Bestimmen Sie den Wert von a so, dass g orthogonal zu E_a ist. **[T4]**

c) Zeigen Sie, dass g für keinen Wert von a parallel zu E_a ist.

[T1] Der Umkreismittelpunkt ist der Schnittpunkt der Mittelsenkrechten der Seiten eines Dreiecks. Als Richtungsvektor der Bohrung kann der Normalenvektor der Ebene verwendet werden. Überlegen Sie, was für die x_3-Koordinate von Punkten in der x_1x_2-Ebene gilt. **[T2]** Die Richtung des Mastes ist ein möglicher zweiter Spannvektor von E. Die Gerade des Sonnenstrahls durch die Laternenspitze trifft den Boden in einem wichtigen Punkt mit $x_3 = 0$. **[T3]** Berechnen Sie, wie schnell die beiden Flugzeuge in einer Minute fliegen. Überlegen Sie, was sich bei diesem Vergleich für das Aufstellen der beiden Geradengleichungen ergibt. Für die Höhe muss nur die x_3-Koordinate betrachtet werden. **[T4]** Aus der Koordinatendarstellung einer Ebene ergibt sich eine besondere Lage, wenn ein Koeffizient verschwindet. Überlegen Sie, welchen Zusammenhang zwischen Normalenvektor und Richtungsvektor es bei Parallelität bzw. Orthogonalität von Ebene und Gerade gibt.

VIII Abstand Punkt-Ebene

1 Der Abstand des Punktes P(2 | −1 | 2) von der Ebene E: $2x_1 + x_2 + 2x_3 = 1$ soll bestimmt werden.
a) Wählen Sie die zur Abstandbestimmung gehörigen Karten aus, nummerieren Sie diese und ergänzen Sie dort die Lücken.

- Als Richtungsvektor der Lotgerade dient der ______ von E, als Stützvektor kann der Ortsvektor von ______ gewählt werden.
- Bestimmen der Gleichung der Lotgeraden, d. h. der zu E ______ Gerade g durch P.
- Berechnen der Koordinaten des Lotfußpunktes F als ______ von g und E.
- Einsetzen der Punktkoordinaten in die ______.
- Umwandeln der Koordinatengleichung der Ebene in eine ______.
- Der Abstand von P zur Ebene E ergibt sich als Betrag des Vektors $\overrightarrow{\_\_}$.

b) Vervollständigen Sie die notwendigen Rechenschritte.

(1) Lotgerade g zu E durch P

Stützvektor ____ = $\begin{pmatrix} \_\_ \\ \_\_ \\ \_\_ \end{pmatrix}$

Richtungsvektor $\vec{u}$ = $\begin{pmatrix} \_\_ \\ \_\_ \\ \_\_ \end{pmatrix}$

g: $\vec{x} = \begin{pmatrix} \_\_ \\ \_\_ \\ \_\_ \end{pmatrix} + r\begin{pmatrix} \_\_ \\ \_\_ \\ \_\_ \end{pmatrix}$

(2) ______

(3) ______

2 Gegeben ist die Ebene E: $\vec{x} = \begin{pmatrix} 2 \\ -1 \\ 2 \end{pmatrix} + r\begin{pmatrix} -2 \\ 2 \\ 8 \end{pmatrix} + s\begin{pmatrix} 1 \\ 1 \\ 0 \end{pmatrix}$.
a) Bestimmen Sie eine Gleichung der zu E orthogonalen Gerade g durch den Punkt P(4 | 8 | −5). [T1]
b) Bestimmen Sie die Punkte auf g, die von der Ebene E den Abstand 10 haben. [T2]

3 Eine Pyramide hat die Grundfläche ABCD mit A(1 | 3 | 2), B(−5| 3|1), C(−5|−3|0) und D(1|−3|1).
Der Diagonalenschnittpunkt der Grundfläche ist M. Bestimmen Sie eine Spitze S so, dass $\overline{MS}$ senkrecht zur Grundfläche ist und die Pyramide die Höhe $\sqrt{38}$ hat. [T3]

4 a) Zeigen Sie, dass die Gerade g: $\vec{x} = \begin{pmatrix} 1 \\ -2 \\ -1 \end{pmatrix} + r\begin{pmatrix} 2 \\ 1 \\ 3 \end{pmatrix}$ parallel zur Ebene E: $2x_1 + 2x_2 - 2x_3 = 6$ verläuft. [T4]
b) Bestimmen Sie den Abstand von g zur Ebene E. [T5]

[T1] Richtungsvektor der gesuchten Gerade g ist ein Normalenvektor der Ebene. Ein Normalenvektor $\vec{n}$ steht senkrecht zu den Spannvektoren $\vec{u}$ und $\vec{v}$ der Ebene, daher gilt für die Skalarprodukte: $\vec{n} \cdot \vec{u} = 0$ und $\vec{n} \cdot \vec{v} = 0$. [T2] Es muss zwei Punkte auf g mit dem Abstand 10 von E geben. Ausgangspunkt der Abstandsberechnung ist der Durchstoßpunkt der Geraden durch die Ebene. Zur Bestimmung der beiden Punkte benötigen Sie den Normaleneinheitsvektors. [T3] Bestimmen Sie zuerst den Diagonalenschnittpunkt M der Grundfläche als Schnittpunkt zweier Geraden. Dann lässt sich mithilfe des Normalenvektors der Ebene ABCD eine Gerade durch den Mittelpunkt aufstellen, auf der die möglichen Spitzen S(!) der Pyramide liegen. Erinnerung: Zur Berechnung von S muss der Einheitsvektor zum Normalenvektor gewählt werden. [T4] Wenn g parallel zu E verläuft, dann steht der leicht ablesbare Normalenvektor der Ebene senkrecht zum Richtungsvektor der Gerade. [T5] Da die Gerade überall denselben Abstand zur Ebene E hat, genügt es, einen Punkt der Gerade zu wählen, z. B. den durch den Stützvektor gegebenen Punkt P. Stellen Sie die Gleichung der orthogonal zu g und E verlaufenden Geraden h durch P auf, als Richtungsvektor eignet sich der Normalenvektor von E. Der Schnittpunkt dieser Geraden h mit der Ebene liefert den Lotfußpunkt F. Den Abstand von g zu E erhält man durch die Bestimmung von $|\overrightarrow{PF}|$.

1 Der Abstand des Punktes R zur Ebene E soll mithilfe der Hesse'schen Normalenform berechnet werden.
a) Notieren Sie den Buchstaben der Aufgabenkarte (Angabe von Ebene und Punkt) beim zugehörigen Ansatz.
b) Markieren Sie auf den anderen Karten die Stellen, welche eine Zuordnung zu einer Aufgabenkarte unmöglich machen.

A	B	C	D
R(3|7|2) E: $\left[\vec{x} - \begin{pmatrix}5\\2\\3\end{pmatrix}\right] \cdot \begin{pmatrix}1\\1\\1\end{pmatrix} = 0$	R(3|7|2) E: $2x_1 + 4x_2 - 5x_3 = 8$	R(5|−2|4) E: $\left(\vec{x} - \begin{pmatrix}3\\1\\2\end{pmatrix}\right) \cdot \begin{pmatrix}1\\2\\2\end{pmatrix} = 0$	R(5|−2|4) E: $2x_1 + 4x_2 - 5x_3 = 0$

(1) $d = \left|\begin{pmatrix}2\\-3\\2\end{pmatrix} \cdot \frac{1}{3}\begin{pmatrix}1\\2\\2\end{pmatrix}\right|$

(2) $d = \left|\frac{2 \cdot 5 + 4 \cdot 2 - 5 \cdot 4}{\sqrt{4 + 16 + 25}}\right|$

(3) $d = \left|\frac{2 \cdot 3 + 4 \cdot 7 - 5 \cdot 2}{\sqrt{4 + 16 + 25}}\right|$

(4) $d = \left|\left[\begin{pmatrix}3\\7\\2\end{pmatrix} - \begin{pmatrix}5\\2\\3\end{pmatrix}\right] \cdot \frac{1}{\sqrt{3}}\begin{pmatrix}1\\1\\1\end{pmatrix}\right|$

(5) $d = \left|\frac{2 \cdot 3 + 4 \cdot 7 - 5 \cdot 2 - 8}{\sqrt{4 + 16 + 25}}\right|$

(6) $d = \left|\frac{2 \cdot 5 + 4 \cdot (-2) - 5 \cdot 4}{\sqrt{45}}\right|$

(7) $d = \left|\left[\begin{pmatrix}3\\7\\2\end{pmatrix} - \begin{pmatrix}5\\2\\3\end{pmatrix}\right] \cdot \begin{pmatrix}1\\1\\1\end{pmatrix}\right|$

(8) $d = \left|\left[\begin{pmatrix}3\\1\\2\end{pmatrix} - \begin{pmatrix}5\\-2\\4\end{pmatrix}\right] \cdot \frac{1}{3}\begin{pmatrix}1\\2\\2\end{pmatrix}\right|$

2 Gegeben sind die Ebenen E und F mit E: $\left[\vec{x} - \begin{pmatrix}3\\1\\0\end{pmatrix}\right] \cdot \begin{pmatrix}4\\4\\-2\end{pmatrix} = 0$ und F: $\vec{x} = \begin{pmatrix}3\\0\\2\end{pmatrix} + r\begin{pmatrix}2\\0\\4\end{pmatrix} + s\begin{pmatrix}1\\-1\\0\end{pmatrix}$.

a) Zeigen sie, dass die Ebenen E und F parallel sind.

E hat den Normalenvektor $\vec{n} = \begin{pmatrix}\_\_\\\_\_\\\_\_\end{pmatrix}$. Wenn die Ebenen E und F parallel sind, dann ist $\vec{n}$ auch ein Normalenvektor von ___. Dann müsste $\vec{n}$ ___________ zu den Spannvektoren $\vec{u} = \begin{pmatrix}\_\_\\\_\_\\\_\_\end{pmatrix}$ und $\vec{v} = \begin{pmatrix}\_\_\\\_\_\\\_\_\end{pmatrix}$ der Ebene F sein. $\vec{n} \cdot \vec{u} = \begin{pmatrix}\_\_\\\_\_\\\_\_\end{pmatrix} \cdot \begin{pmatrix}\_\_\\\_\_\\\_\_\end{pmatrix} =$ ___________ = ___; $\vec{n} \cdot \vec{v} = \begin{pmatrix}\_\_\\\_\_\\\_\_\end{pmatrix} \cdot \begin{pmatrix}\_\_\\\_\_\\\_\_\end{pmatrix} =$ ___________ = ___

Da beide Skalarprodukte ___ ergeben, sind die Ebenen E und F parallel.

b) Bestimmen Sie den Abstand der Ebenen.

Da die beiden Ebenen parallel sind, ist ihr Abstand z.B. gleich dem Abstand eines Punktes P(___|___|___) der Ebene ___ zur Ebene E.

$\vec{n_0} = \frac{1}{\sqrt{\_\_\_\_}}\begin{pmatrix}\_\_\\\_\_\\\_\_\end{pmatrix}$; $d = \left|\left[\begin{pmatrix}\_\_\\\_\_\\\_\_\end{pmatrix} - \begin{pmatrix}\_\_\\\_\_\\\_\_\end{pmatrix}\right] \cdot \frac{1}{\_\_\_}\begin{pmatrix}\_\_\\\_\_\\\_\_\end{pmatrix}\right| =$ ___________

c) Bestimmen Sie für jede Ebene, die zur Ebene E den Abstand 2 hat, eine Gleichung. [T1]

3 Von der quadratischen Grundfläche einer Pyramide sind die Eckpunkte A(3|0|−1), B(7|0|−1) und C(7|0|3) gegeben. Die Spitze der Pyramide mit dem Volumen V = 64 liegt auf der Geraden g: $\vec{x} = r\begin{pmatrix}1\\3\\1\end{pmatrix}$. Bestimmen Sie die Koordinaten der beiden möglichen Spitzen. [T2]

[T1] Stellen Sie eine Koordinatengleichung der Ebene E auf. Die gesuchte Ebene hat denselben Normalenvektor wie E. Betrachten Sie dann d(Q;E) = 2 mit $Q(q_1|q_2|q_3)$ und lösen Sie die entstandene Gleichung. [T2] An den Koordinaten der Eckpunkte lässt sich die Seitenlänge des Quadrates ablesen und so der Inhalt der Grundfläche berechnen. Über die Formel für das Volumen der Pyramide erhält man die Höhe der Pyramide. Die Grundfläche liegt in der x_1x_3-Ebene, die gesuchten Spitzen liegen somit in einer Ebene mit dem Abstand h zur x_1x_3-Ebene, also E_1: $x_2 = h$ oder E_2: $x_2 = -h$. Die Spitze S erhält man als Schnittpunkt von g mit E_1 bzw. E_2.

1 Der Abstand des Punktes A(5 | 4 | 3) zur Geraden g: $\vec{x} = \begin{pmatrix} -4 \\ 6 \\ 6 \end{pmatrix} + t\begin{pmatrix} 1 \\ 0 \\ -2 \end{pmatrix}$ wurde auf zwei Wegen berechnet. Ergänzen Sie die Lücken.

Der Punkt $P_t(-4 + t \,|\, 6 \,|$ ______) mit $t \in \mathbb{R}$ liegt auf der Geraden g.

Der Betrag des Vektors $\overrightarrow{AP_t} = \begin{pmatrix} -4 + t\text{\_\_\_\_} \\ \text{\_\_\_\_\_\_} \\ \text{\_\_\_\_\_\_} \end{pmatrix} = \begin{pmatrix} \text{\_\_\_} \\ \text{\_\_\_} \\ \text{\_\_\_} \end{pmatrix}$ gibt die Entfernung vom Punkt A zum Punkt P_t an.

Von allen Vektoren $\overrightarrow{AP_t}$ mit $t \in \mathbb{R}$ wird der gesucht, dessen Betrag am kleinsten ist.

a) Gesucht wird das Minimum der Funktion

$d(t) = |\overrightarrow{AP_t}| = \left|\begin{pmatrix} \text{\_\_\_} \\ \text{\_\_\_} \\ \text{\_\_\_} \end{pmatrix}\right|$

$= \sqrt{(\text{\_\_\_\_\_\_})^2 + \text{\_\_\_\_\_\_\_\_\_\_\_\_}}$

$= \sqrt{\text{\_\_\_\_\_\_\_\_\_\_\_\_\_\_\_\_\_\_}}$

$= \sqrt{\text{\_\_\_\_\_\_\_\_\_\_\_\_\_\_\_\_\_\_}}$

Mit Hilfe des GTR wird bestimmt:
Die Funktion d(t) nimmt das Minimum für t = ______

mit d(____) = ______ an.

b) Der gesuchte Vektor $\overrightarrow{AP_t}$ ist orthogonal zum Richtungsvektor der Geraden g, also gilt

$\begin{pmatrix} \text{\_\_\_} \\ \text{\_\_\_} \\ \text{\_\_\_} \end{pmatrix} \cdot \begin{pmatrix} \text{\_\_\_} \\ \text{\_\_\_} \\ \text{\_\_\_} \end{pmatrix} = 0.$

Daraus ergibt sich: ____________________ = 0.

Die Lösung der Gleichung ist t = ______ .

$|\overrightarrow{AP_{\text{\_\_}}}| = \left|\begin{pmatrix} \text{\_\_\_} \\ \text{\_\_\_} \\ \text{\_\_\_} \end{pmatrix}\right| = \sqrt{\text{\_\_\_\_\_\_\_\_\_\_\_\_}} = \text{\_\_\_\_}$

2 Ein Verfahren zur Abstandsbestimmung von zwei parallelen Geraden g: $\vec{x} = \vec{p} + r\vec{u}$ und h: $\vec{x} = \vec{q} + s\vec{v}$ im Raum soll beschrieben werden. Bringen Sie die notwendigen Schritte in die richtige Reihenfolge. **[T1]**

- Der Abstand von g zu h ist gleich den Betrag des Vektors $\overrightarrow{PS}$.
- Man berechnet den Schnittpunkt S der Ebene E mit der Geraden h.
- Der Abstand von g zu h ist gleich dem Betrag des Vektors $\overrightarrow{QS}$.
- Man berechnet den Schnittpunkt S der Ebene E mit der Geraden g.
- Man bestimmt eine Hilfsebene E, die orthogonal zu g und durch den Punkt Q verläuft.
- Der Richtungsvektor von g ist Normalenvektor von E.

3 Berechnen Sie den Abstand der parallelen Geraden g: $\vec{x} = \begin{pmatrix} 1 \\ 3 \\ 3 \end{pmatrix} + r\begin{pmatrix} 2 \\ -1 \\ 3 \end{pmatrix}$ und h: $\vec{x} = \begin{pmatrix} 6 \\ 2 \\ 4 \end{pmatrix} + s\begin{pmatrix} -4 \\ 2 \\ -6 \end{pmatrix}$. **[T2]**

4 Berechnen Sie den Flächeninhalt des Dreiecks ABC mit A(4 | 3 | 2), B(0 | −1 | 8) und C(5 | 2 | 2). **[T3]**

5 Berechnen Sie den Abstand der Geraden g: $\vec{x} = \begin{pmatrix} 0 \\ 2 \\ 3 \end{pmatrix} + s\begin{pmatrix} 0 \\ 1 \\ 1 \end{pmatrix}$ und h: $\vec{x} = \begin{pmatrix} 11 \\ 2 \\ 2 \end{pmatrix} + t\begin{pmatrix} 4 \\ -5 \\ 2 \end{pmatrix}$. **[T4]**

[T1] Zwei Karten bleiben über. **[T2]** Verfahren sie wie in Aufgabe 2. Stellen Sie für die Ebene eine Koordinatengleichung auf. **[T3]** Legen Sie zuerst fest, welche Dreiecksseite Sie als Grundseite betrachten wollen. Die Länge dieser Seite erhalten Sie als Betrag des zugehörigen Vektors. Die Höhe des Dreiecks können Sie über den Abstand des dritten Punktes zur Geraden durch die beiden anderen Punkte bestimmen. **[T4]** Prüfen Sie zuerst, ob die Geraden parallel oder windschief verlaufen. Bei windschiefer Lage: Betrachten Sie die Punkte G_r auf der Geraden g und H_s auf der Geraden h mit $r, s \in \mathbb{R}$. Der gesuchte Vektor $\overrightarrow{G_rH_s}$ ist orthogonal zu den beiden Richtungsvektoren der Geraden g und h. Aus den beiden Skalarprodukten ergibt sich ein LGS, dessen Lösung die Koordinaten der gesuchten Punkte liefert. Die Länge des Vektors liefert den Abstand.

1 Ein Dreieck hat die Eckpunkte A(4 | 5 | 3), B(6 | 2 | −1) und C(−2 | 3 | −2).
Es soll die Größe der Innenwinkel bestimmt werden. Geben Sie die Vektoren $\overrightarrow{AB}$, $\overrightarrow{BC}$ und $\overrightarrow{CA}$ an.

$\overrightarrow{AB}$ = ______________________, $\overrightarrow{BC}$ = ______________________, $\overrightarrow{CA}$ = ______________________

Ergänzen Sie den Ansatz.

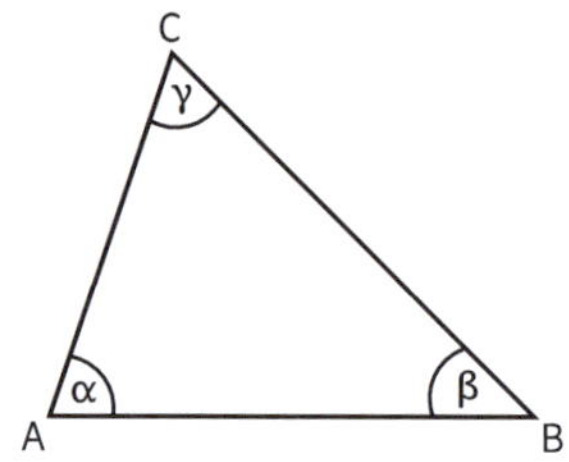

$\cos(\alpha) = \frac{\overrightarrow{AB} \cdot \quad}{\quad \cdot \quad} =$ ______________________

$\alpha =$ ______________________

Markieren Sie die Fehler im Ansatz und berechnen Sie die Winkel.

$\cos(\beta) = \frac{\overrightarrow{AB} \cdot \overrightarrow{BC}}{|\overrightarrow{AB}| \cdot |\overrightarrow{BC}|}$ $\qquad \cos(\beta) =$ ――――― = ______________________, $\beta =$ __________

$\cos(\gamma) = \frac{\overrightarrow{CA} \cdot \overrightarrow{BC}}{|\overrightarrow{CA} \cdot \overrightarrow{BC}|}$ $\qquad \cos(\gamma) =$ ――――― = ______________________, $\gamma =$ __________

2 Prüfen Sie, welcher Winkel von den Vektoren $\vec{a}$ und $\vec{b}$ eingeschlossen wird.

a) $\vec{a} = \begin{pmatrix} 3 \\ 4 \\ 2 \end{pmatrix}, \vec{b} = \begin{pmatrix} -1 \\ 5 \\ -2 \end{pmatrix}$

b) $\vec{a} = \begin{pmatrix} -3 \\ 6 \\ 1 \end{pmatrix}, \vec{b} = \begin{pmatrix} 4 \\ -2 \\ 3 \end{pmatrix}$

$\alpha = 125{,}1°$ $\qquad \alpha = 54{,}9°$ $\qquad \alpha = 116{,}2°$ $\qquad \alpha = 63{,}8°$

3 Ergänzen Sie.

Wenn das Skalarprodukt zweier Vektoren positiv ist, schließen die beiden Vektoren einen __________ Winkel ein. Wenn das Skalarprodukt zweier Vektoren negativ ist, schließen sie einen __________ Winkel ein.

4 Der Winkel zwischen den Vektoren $\vec{a}$ und $\vec{b}$ ist α. Bestimmen Sie die fehlende Koordinate des Vektors. [T1]

a) $\vec{a} = \begin{pmatrix} 5 \\ 1 \\ 9 \end{pmatrix}, \vec{b} = \begin{pmatrix} b_1 \\ 8 \\ -2 \end{pmatrix}, \alpha = 90°$ $\qquad$ b) $\vec{a} = \begin{pmatrix} 1 \\ 0 \\ a_3 \end{pmatrix}, \vec{b} = \begin{pmatrix} 0 \\ 0 \\ -3 \end{pmatrix}, \alpha = 45°$ $\qquad$ c) $\vec{a} = \begin{pmatrix} 1 \\ 0 \\ 1 \end{pmatrix}, \vec{b} = \begin{pmatrix} 0 \\ b_2 \\ 1 \end{pmatrix}, \alpha = 60°$

5 Gegeben sind die Punkte A(1 | 2 | 1), B(−2 | 1 | 3) und C(−3 | −2 | 4).
a) Bestimmen Sie die Koordinaten eines Punktes D so, dass ABCD ein Parallelogramm ist. [T2]
b) Berechnen Sie die Größe der Innenwinkel des Parallelogramms. [T3]
c) Ermitteln Sie den Schnittpunkt und den Schnittwinkel der Diagonalen. [T4]

6 a) Untersuchen Sie, ob das Viereck ABCD mit A(2 | 0 | −3), B(6 | 3,5 | 2), C(6 | 2 | 5) und D(4 | −0,5 | 4) ein besonderes Viereck ist. [T5]
b) Bestimmen Sie die Größe der Innenwinkel des Vierecks.

[T1] Wählen Sie den Ansatz wie in Aufgabe 1. Da die Winkelgröße bekannt ist, ergibt sich eine Gleichung mit einer Unbekannten.
[T2] Fertigen Sie eine Skizze an. Nutzen Sie die Parallelität zur Bestimmung der Koordinaten von D mithilfe eines Vektors zwischen zwei benachbarten Punkten. [T3] Beachten Sie, dass im Parallelogramm bestimmte Winkel die gleiche Größe haben.
[T4] Beachten Sie, dass der Schnittwinkel der kleinere Winkel zwischen zwei Geraden ist. [T5] Überprüfen Sie, ob die vier Punkte in einer Ebene liegen, indem Sie aus drei Punkten eine Ebenengleichung aufstellen. Wenn dies der Fall ist, kann die Besonderheit des Vierecks durch Betrachtung der Längen der Vierecksseiten und der Innenwinkel untersucht werden.

1 Die Karten zeigen die Ansätze zur Bestimmung einiger Schnittwinkel zwischen den Geraden g und h und den Ebenen E_1 und E_2 mit g: $\vec{x} = \begin{pmatrix} 3 \\ 2 \\ -5 \end{pmatrix} + r\begin{pmatrix} 2 \\ 1 \\ -3 \end{pmatrix}$, h: $\vec{x} = \begin{pmatrix} -3 \\ -1 \\ 4 \end{pmatrix} + t\begin{pmatrix} 3 \\ 4 \\ 1 \end{pmatrix}$, E_1: $\left[\vec{x} - \begin{pmatrix} 0 \\ 3 \\ 5 \end{pmatrix}\right] \cdot \begin{pmatrix} -3 \\ -2 \\ 1 \end{pmatrix} = 0$ und E_2: $3x_1 + 2x_2 + x_3 = 20$.

a) Notieren Sie auf den Karten, um welchen Schnittwinkel es sich handelt.

Schnittwinkel α von ____ und ____:

$$\sin(\alpha) = \frac{\left|\begin{pmatrix} 3 \\ 4 \\ 1 \end{pmatrix} \cdot \begin{pmatrix} -3 \\ -2 \\ 1 \end{pmatrix}\right|}{\left|\begin{pmatrix} 3 \\ 4 \\ 1 \end{pmatrix}\right| \cdot \left|\begin{pmatrix} -3 \\ -2 \\ 1 \end{pmatrix}\right|}$$

Schnittwinkel β von ____ und ____:

$$\cos(\beta) = \frac{\left|\begin{pmatrix} 3 \\ 4 \\ 1 \end{pmatrix} \cdot \begin{pmatrix} 2 \\ 1 \\ -3 \end{pmatrix}\right|}{\sqrt{26} \cdot \sqrt{14}}$$

Schnittwinkel γ von ____ und ____:

$$\cos(\gamma) = \frac{\left|\begin{pmatrix} -3 \\ -2 \\ 1 \end{pmatrix} \cdot \begin{pmatrix} 3 \\ 2 \\ 1 \end{pmatrix}\right|}{\left|\begin{pmatrix} -3 \\ -2 \\ 1 \end{pmatrix}\right| \cdot \left|\begin{pmatrix} 3 \\ 2 \\ 1 \end{pmatrix}\right|}$$

b) Berechnen Sie den Schnittwinkel δ von g und E_2.

____(δ) =

2 Der Winkel zwischen den Vektoren $\vec{a} = \begin{pmatrix} 6 \\ 4 \\ 4 \end{pmatrix}$ und $\vec{b} = \begin{pmatrix} 2 \\ 5 \\ 3 \end{pmatrix}$ ist α.

a) Gesucht sind zwei Geraden g_1 und g_2 mit dem Schnittwinkel α. Begründen Sie, warum die angegebenen Geradengleichungen nicht geeignet sind. Notieren Sie dann zwei geeignete Geradengleichungen.

g_1: $\vec{x} = \begin{pmatrix} 6 \\ -4 \\ 4 \end{pmatrix} + r\begin{pmatrix} 2 \\ 5 \\ 3 \end{pmatrix}$, g_2: $\vec{x} = \begin{pmatrix} 2 \\ 5 \\ 3 \end{pmatrix} + t\begin{pmatrix} 2 \\ 5 \\ 3 \end{pmatrix}$ ____

h_1 und h_2 mit h_1: ____ und h_2: ____ schließen den Winkel α ein.

b) Notieren Sie Gleichungen zweier Ebenen mit dem Schnittwinkel α.

E_1: ____ und E_2: ____

c) Berechen Sie den Schnittwinkel α. α = ____

d) Gegeben ist die Ebene E_3: $3x_1 - 2x_2 + 2x_3 = 10$ und die Gerade g_1: $\vec{x} = \begin{pmatrix} 6 \\ -4 \\ 4 \end{pmatrix} + r\begin{pmatrix} 2 \\ 5 \\ 3 \end{pmatrix}$. Geben Sie die Größe des Schnittwinkels β zwischen der Ebene E_3 und der Gerade g_1 an. ____

3 Die Skizze zeigt ein Architektenhaus mit rechteckiger Grundfläche.

a) Bestimmen Sie die Größe des Winkels zwischen den Dachflächen. [T1]

b) Berechnen Sie jeweils die Größe der Winkel zwischen einer Dachfläche und der angrenzenden Hauswand. [T2]

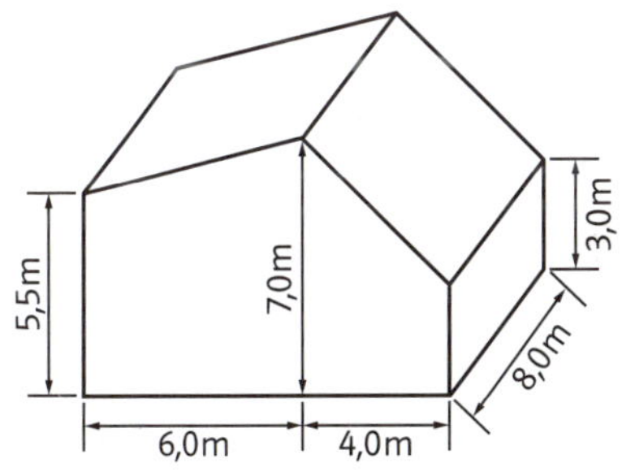

[T1] Es handelt sich um den Schnittwinkel zweier Ebenen. Überlegen Sie zuerst, ob es zwingend erforderlich ist, für beide Dachflächen Ebenengleichungen aufzustellen oder ob es zwei Geraden gibt, die sich unter demselben Winkel schneiden wie die Dachflächen. Betrachten Sie geeignete Kanten der Flächen. [T2] Auch hier lässt sich der Schnittwinkel zwischen den zwei Ebenen durch den Schnitt zweier Geraden bzw. Vektoren berechnen.

1 Gegeben sind eine Ebene E und ein Punkt A, der nicht in E liegt. Es soll ein Verfahren zur Bestimmung des Bildpunktes A' bei Spiegelung von A an E beschrieben werden.
a) Fertigen sie eine geeignete Skizze an.
b) Nummerieren Sie die Aussagen auf den Karten in der richtigen Reihenfolge.

Skizze:

■ **Berechnen des Lotfußpunktes F als Durchstoßpunkt der Lotgeraden g durch die Ebene E.**

■ **Bestimmen des Bildpunktes A': Für den Ortsvektor des Bildpunktes gilt $\overrightarrow{OA'} = \overrightarrow{OF} + \overrightarrow{AF}$.**

■ **Aufstellen einer Lotgeraden g, die durch A geht und orthogonal zu E verläuft. Richtungsvektor von g ist somit der Normalenvektor von E.**

2 Berechnen Sie die Koordinaten des Bildpunktes P' bei Spiegelung von P an der Ebene E. [T1]
a) P(6 | 2 | 1) und E: $x_1 - x_2 - 4x_3 = 18$
b) P(−8 | 13 | −1) und E: $\left[\vec{x} - \begin{pmatrix} -2 \\ 5 \\ 3 \end{pmatrix}\right] \cdot \begin{pmatrix} 3 \\ -4 \\ 2 \end{pmatrix} = 0$ [T2]

3 P' ist der Bildpunkt von P bei Spiegelung an Z. Ergänzen Sie die fehlenden Koordinaten.

	P	Z	P'
a)	(5 | −1 | 4)	(3 | −2 | 6)	
b)	(6 | 11 | −2)		(6 | 1 | 6)
c)		(2 | 1 | 2)	(3 | 0 | 1)

4 Der Punkt P(5 | −2 | 1) soll an der Geraden g: $\vec{x} = \begin{pmatrix} 3 \\ 5 \\ 4 \end{pmatrix} + r\begin{pmatrix} 8 \\ -2 \\ -2 \end{pmatrix}$ gespiegelt werden.

a) Finden Sie den Fehler. Verbessern und vervollständigen Sie die Berechnung.
Berechnen des Lotfußpunktes F_r:
$F_r(3 + 8r \mid 5 - 2r \mid 4 - 2r)$
Lotfußpunkt ist der Punkt der Geraden g mit dem geringsten Abstand zu P.

$$\overrightarrow{PF_r} = \begin{pmatrix} 3 + 8r - 5 \\ 5 - 2r - 2 \\ 4 - 2r - 1 \end{pmatrix} = \begin{pmatrix} -2 + 8r \\ 3 - 2r \\ 3 - 2r \end{pmatrix}$$

$$d(r) = \left|\overrightarrow{PF_r}\right| = \sqrt{(-2 + 8r)^2 + (3 - 2r)^2 + (3 - 2r)^2}$$
$$= \sqrt{4 - 32r + 64r^2 + 9 - 12r + 4r^2 + 9 - 12r + 4r^2}$$
$$= \sqrt{\qquad\qquad}$$

d(r) wird minimal für ______. Durch Einsetzen von ______ in F_r ergibt sich F(___ | ___ | ___).
Berechnen des Bildpunktes P':
$\overrightarrow{PF} = \begin{pmatrix} \_\_ \\ \_\_ \\ \_\_ \end{pmatrix}$; $\overrightarrow{OP'} = \overrightarrow{OF} + \overrightarrow{PF} =$ ______________
Also ist P'(___ | ___ | ___).

b) Prüfen Sie Ihre Lösung durch Vervollständigen der Lücken.
Bestimmen des Mittelpunktes M zwischen P und P':
$\overrightarrow{OM} = \overrightarrow{OP} + \frac{1}{2}\overrightarrow{PP'} =$ ______________
Also ist M(___ | ___ | ___).
Der Vergleich zeigt: ___ = F.
Prüfen, ob $\overrightarrow{PP'}$ senkrecht zur Gerade g verläuft:
Es muss gelten $\overrightarrow{PP'} \cdot \vec{u} = 0$, wobei ___ der Richtungsvektor der Geraden g ist.
$\overrightarrow{PP'} \cdot \vec{u} = \begin{pmatrix} \_\_ \\ \_\_ \\ \_\_ \end{pmatrix} \cdot \begin{pmatrix} \_\_ \\ \_\_ \\ \_\_ \end{pmatrix} =$ ______________

5 Prüfen Sie, ob die Punkte A(5 | 7 | 7) und B(−3 | −5 | 3) symmetrisch zur Ebene E: $2x_1 + 3x_2 + x_3 = 10$ liegen. [T3]

6 Bestimmen Sie die Gleichung einer Ebene, so dass die Punkte A(2 | 5 | 4) und B(−6 | 3 | 0) symmetrisch bezüglich dieser Ebene liegen. [T4]

[T1] Verfahren Sie wie in Aufgabe 1. [T2] Zur Berechnung des Lotfußpunktes kann entweder der Vektor $\vec{x}$ in der Form der Lotgeradengleichung in die Normalengleichung der Ebene eingesetzt werden oder die Ebenengleichung wird zuvor in Koordinatenform umgeformt um das Berechnen zu vereinfachen. [T3] Untersuchen Sie, ob der $\overrightarrow{AB}$ ein Vielfaches des Normalenvektors ist. Wenn dies der Fall ist, muss geprüft werden, ob der Mittelpunkt der Strecke $\overline{AB}$ ein Punkt der Ebene ist. [T4] Zuerst Bestimmen des Mittelpunktes M der Strecke $\overline{AB}$. Die Ebene verläuft durch M und hat als Normalenvektor $\vec{n} = \overrightarrow{AB}$.

1 Berechnen Sie den Abstand des Punktes P von der Ebene E. [T1]

a) P(2 | 10 | −6), E: $\left[\vec{x} - \begin{pmatrix} 5 \\ 1 \\ 0 \end{pmatrix}\right] \cdot \begin{pmatrix} 2 \\ -2 \\ 1 \end{pmatrix} = 0$

b) P(5 | 6 | 3), E: $6x_1 + 17x_2 - 6x_3 = 19$

2 Gegeben sind die Ebenen E und F mit E: $\left[\vec{x} - \begin{pmatrix} 0 \\ 2 \\ 2 \end{pmatrix}\right] \cdot \begin{pmatrix} 3 \\ 2 \\ 2 \end{pmatrix} = 0$ und F: $\vec{x} = \begin{pmatrix} 4 \\ 4 \\ 1 \end{pmatrix} + r\begin{pmatrix} 0 \\ -2 \\ 2 \end{pmatrix} + s\begin{pmatrix} -2 \\ 0 \\ 3 \end{pmatrix}$.

a) Zeigen Sie, dass E und F parallel sind. [T2]

b) Bestimmen Sie den Abstand zwischen E und F. [T3]

3 Untersuchen Sie die gegenseitige Lage der Geraden g und h. Bestimmen Sie ihren Abstand. [T4]

a) g: $\vec{x} = \begin{pmatrix} 3 \\ 2 \\ 5 \end{pmatrix} + r\begin{pmatrix} 1 \\ -3 \\ 2 \end{pmatrix}$, h: $\vec{x} = \begin{pmatrix} 3 \\ 2 \\ 5 \end{pmatrix} + r\begin{pmatrix} -2 \\ 1 \\ 5 \end{pmatrix}$

b) g: $\vec{x} = \begin{pmatrix} -4 \\ 1 \\ 3 \end{pmatrix} + r\begin{pmatrix} 4 \\ 2 \\ -6 \end{pmatrix}$, h: $\vec{x} = \begin{pmatrix} -4 \\ 0 \\ 3 \end{pmatrix} + r\begin{pmatrix} -2 \\ -1 \\ 3 \end{pmatrix}$

4 Beschreiben Sie ein Verfahren zur Bestimmung des Abstandes zweier windschiefer Geraden. [T5]

5 Entscheiden Sie begründet, ob die Aussage richtig ist.

a) Wenn die Vektoren $\vec{a}$ und $\vec{b}$ einen Winkel von 50° einschließen, dann beträgt der Schnittwinkel zwischen zwei Ebenen mit den Normalenvektoren $\vec{a}$ und $\vec{b}$ 40°. [T6]

b) Wenn die Vektoren $\vec{a}$ und $\vec{b}$ einen Winkel von 50° einschließen, dann beträgt der Schnittwinkel zwischen einer Geraden mit dem Richtungsvektor $\vec{a}$ und einer Ebene mit dem Normalenvektoren $\vec{b}$ 40°. [T7]

c) Die Gerade g mit g: $\vec{x} = \begin{pmatrix} 2 \\ 1 \\ 2 \end{pmatrix} + t\begin{pmatrix} 2 \\ 1 \\ 0 \end{pmatrix}$ und die Ebene E mit E: $x_1 - 2x_2 + x_3 = 4$ schneiden sich unter einem Winkel von 0°. [T8]

6 a) Der Punkt A(−1 | 2 | 1) wird am Punkt Z(3 | 4 | −3) gespiegelt.
Berechnen Sie die Koordinaten des Bildpunktes A'. [T9]

b) Die Punkte B(−1 | −4 | −9) und B'(3 | −8 | −7) sind symmetrisch zur Ebene E.
Bestimmen Sie eine Gleichung der Ebene E. [T10]

7 a) Die Gerade g: $\vec{x} = \begin{pmatrix} 2 \\ 1 \\ 3 \end{pmatrix} + t\begin{pmatrix} 2 \\ 0 \\ 1 \end{pmatrix}$ soll an der Ebene E: $x_1 + 4x_2 - 2x_3 = 21$ gespiegelt werden.
Bestimmen Sie eine Gleichung der Bildgeraden g'. [T11]

b) Welcher andere Fall kann beim Spiegeln einer Geraden an einer Ebene auftreten?
Beschreiben Sie für diesen Fall die Vorgehensweise zur Bestimmung einer Gleichung der Bildgeraden. [T12]

[T1] Am direktesten ist die Berechnung über die Hesse'sche Normalenform. [T2] Überlegen Sie, wie der Normalenvektor der einen Ebene und die Spannvektoren der anderen Ebene zueinander stehen, wenn die beiden Ebenen parallel sind. Außerdem müssen Sie ausschließen, dass die beiden Ebenen identisch sind. [T3] Bestimmen Sie den Abstand eines Punktes der Ebene F mit der Hesse'schen Normalenform für E. [T4] Beachten Sie, welche Rückschlüsse Sie aus den Stütz- und Richtungsvektoren der Geraden über deren Lage ziehen können. [T5] Eine Abstandbestimmung kann über die zwei Punkte der Geraden erfolgen, die den geringsten Abstand voneinander haben. Dafür werden zunächst beliebige Punkte P und Q auf beiden Geraden in Abhängigkeit von Parametern angegeben. Dann werden die Parameter so bestimmt, dass der Vektor $\overrightarrow{PQ}$ senkrecht auf den Richtungsvektoren beider Geraden steht. Alternativ kann die Abstandbestimmung auch über eine Hilfsebene erfolgen. Diese wird so gewählt, dass sie eine der Geraden enthält, die andere Gerade liegt dann parallel zur Ebene. Die Abstandbestimmung kann dann z. B. über die Hesse'sche Normalenform erfolgen. [T6] Beachten Sie die exakte Berechung der Winkel zwischen Vektoren bzw. der Schnittwinkel und bedenken Sie, wann das Skalarprodukt zweier Vektoren positiv ist. [T7] Beachten Sie zusätzlich den Zusammenhang zwischen Sinus- und Kosinusfunktion. [T8] Bedenken Sie, was ein Schnittwinkel von 0° bedeutet und prüfen Sie, ob diese Behauptung zutrifft. [T9] Die Punkte A, Z und A' liegen auf einer Geraden und es gilt: $\overrightarrow{OA'} = \overrightarrow{OZ} + \overrightarrow{AZ}$. [T10] Der Mittelpunkt der Strecke $\overline{BB'}$ ist ein Punkt der Ebene E und der Vektor $\overrightarrow{BB'}$ steht orthogonal zur Ebene E. [T11] Prüfen Sie zuerst, ob die Gerade die Ebene schneidet oder parallel zu ihr liegt. Fertigen Sie eine passende Skizze an. Für die Gleichung der Bildgeraden benötigt man einen Stütz- und einen Richtungsvektor. Bei Parallelität von g und E kennen Sie einen Richtungsvektor der Bildgeraden und benötigen nur noch einen Stützvektor. [T12] Im anderen Fall liegt ein gemeinsamer Punkt von g und E vor, der auch ein Punkt der Bildgerade sein muss. Um einen Richtungsvektor angeben zu können benötigen Sie einen zweiten Punkt der Bildgerade. Ein Punkt der Gerade g bietet sich besonders zum Spiegeln an E an.

1 Gegeben ist die Ebene E_1: $x_1 + 2x_2 - 2x_3 = 3$ und der Punkt $P(-7|2|0)$.
a) Bestimmen Sie den Abstand des Punktes P von der Ebene E_1. Geben Sie eine Koordinatengleichung der Ebene E_2 an, die parallel zu E_1 liegt und den Punkt P beinhaltet. [T1]
b) Bestimmen Sie die Gleichung einer weiteren Ebene E_3, die von E_1 denselben Abstand hat wie E_2. [T2]

2 Für eine große Tourismusmesse plant ein Architekt einen Pavillon zur Repräsentation Frankreichs. Er möchte den Pavillon als 10 Meter hohe gläserne Pyramide gestalten. In seiner Planungsskizze sind die Punkte $A(0|-6|0)$, $B(8|0|0)$ und $C(2|8|0)$ Ecken der Pyramidengrundfläche. Eine Längeneinheit entspricht dabei einem Meter.
a) Die Pyramidengrundfläche soll quadratisch sein. Zeigen Sie, dass die Punkte A, B und C die Ecken eines Quadrats sein können. Ermitteln Sie den fehlenden Punkt D der Pyramidengrundfläche und die Spitze S der senkrechten Pyramide. Zeichnen Sie ein Schrägbild der Pyramide in ein Koordinatensystem. [T3]
b) Die Punkte B, C und S liegen in der Ebene E_1. Bestimmen Sie eine Koordinatengleichung dieser Ebene. [T4] Die Seitenfläche ABS der Pyramide liegt in der Ebene E_2: $6x_1 - 8x_2 + 5x_3 = 48$. Berechnen Sie den Schnittwinkel der Ebenen E_1 und E_2 und den Schnittwinkel einer Seitenfläche zur x_1x_2-Ebene. [T5]
c) Neben dem Pavillon soll eine senkrechte Fahnenstange stehen. Ihr Fußpunkt ist für $F(7|3|0)$ geplant. Berechnen Sie den Abstand der Fahnenstange zur Pyramidenkante $\overline{BS}$. [T6]

3 Der Landeanflug eines Segelflugzeugs wird durch die Gerade g: $\vec{x} = \begin{pmatrix} 95 \\ -1450 \\ 153{,}75 \end{pmatrix} + t\begin{pmatrix} -0{,}1 \\ 22 \\ -1{,}5 \end{pmatrix}$ mit $t \in \mathbb{R}$ beschrieben. Dabei gibt t die Zeit in Sekunden an. Die Landebahn hat die Eckpunkte $A(40|0|0)$, $B(60|0|0)$, $C(40|800|4)$ und $D(60|800|4)$.
a) Das Segelflugzeug überfliegt im Landeanflug einen Kirchturm. Berechnen Sie, in welcher Höhe das Flugzeug die Kirchturmspitze $K(87{,}3|244|20{,}5)$ überfliegt und welcher Abstand zu diesem Zeitpunkt zwischen Kirchturmspitze und Flugzeug liegt. [T7]
b) Beim Aufsetzen des Segelflugzeugs darf die Flugbahn höchstens 6° gegen die Landebahn geneigt sein. Überprüfen Sie, ob dies gewährleistet ist. [T8]
c) Ein zweites Sportflugzeug bewegt sich im Bereich des Flughafens entlang der Geraden h:
$\vec{x} = \begin{pmatrix} 153 \\ -1910 \\ 243{,}75 \end{pmatrix} + t\begin{pmatrix} 2 \\ -30 \\ 4 \end{pmatrix}$ in Abhängigkeit von der Zeit t in s. Zeigen Sie, dass sich die Flugbahnen der beiden Flugzeuge schneiden, es jedoch trotzdem nicht zu einem Zusammenstoß kommt. [T9]
d) Bestimmen Sie den Abstand d(t) der beiden Flugzeuge zu einem beliebigen Zeitpunkt t.
Zu welchem Zeitpunkt haben die beiden Flugzeuge den kleinsten Abstand zueinander? [T10]

[T1] Der Abstand lässt sich direkt mit der Hesse'schen Normalenform berechnen. Parallele Ebenen haben den gleichen Normalenvektor, also gilt E_2: $x_1 + 2x_2 - 2x_3 = b$. Durch Einsetzen der Koordinaten von P ergibt sich b. [T2] Vergleichen Sie die Koordinatengleichungen von E_1 und E_2 und schließen sie so auf die Gleichung von E_3. [T3] Berechnen Sie die Längen der Strecken AB und BC und prüfen Sie mithilfe von Vektoren, ob die Strecken orthogonal zueinander liegen. Der Punkt D lässt sich durch geeignete Addition von Vektoren ermitteln. Um die Spitze S zu bestimmen, benötigen Sie den Mittelpunkt des Quadrats, denn die Spitze unterscheidet sich nur in der x_3-Koordinate (Höhe). [T4] Setzen Sie die Koordinaten der drei Punkte in die allgemeine Koordinatengleichung $a_1x_1 + a_2x_2 + a_3x_3 = b$ ein. Mithilfe des GTR lässt sich das LGS auf eine Abhängigkeit vom Parameter b zurückführen. So können Sie auf eine Koordinatengleichung der Ebene schließen. [T5] Sie benötigen die Normalenvektoren der jeweiligen Ebenen zur Schnittwinkelbestimmung. [T6] Der Fußpunkt der Fahnenstange muss nicht automatisch der Punkt der Fahnenstange mit der kürzesten Entfernung zur Pyramidenkante sein. Es ist eine Abstandsberechnung windschiefer Geraden vorzunehmen, wobei eine Gerade entlang der Pyramidenkante, die andere entlang der Fahnenstange aufgestellt werden muss. [T7] Wenn das Flugzeug den Kirchturm überfliegt, muss es auf seiner Flugbahn einen Punkt $P(87{,}3|244|p_3)$ erreichen. Durch Gleichsetzen mit der Geradengleichung erhalten Sie den Parameter t und können so die dritte Koordinate von P bestimmen. [T8] Bestimmen Sie einen Normalenvektor der Ebene ABCD, um den Schnittwinkel zwischen der Flugbahn (Gerade) und der Landebahn (Ebene) zu ermitteln. [T9] Bestimmen sie den Schnittpunkt der beiden Flugbahnen durch Gleichsetzen der Geradengleichungen. Wählen dabei zwei verschiedene Parameter für die Zeit. Die Werte für diese beiden Parameter geben Aufschluss darüber, warum es nicht zur Kollision kommt. [T10] Bilden Sie den Vektor $\overrightarrow{P_tQ_t}$, wobei P_t ein Punkt der Flugbahn g und Q_t ein Punkt der Flugbahn h zu einem beliebigen Zeitpunkt t ist. Der gesuchte Abstand d(t) ist gleich dem Betrag dieses Vektors. Mit GTR lässt sich ermitteln, für welches t die Funktion d(t) minimal wird.

1 a) Zeigen Sie, dass die Vektoren $\vec{a}$ und $\vec{b}$ aufeinander senkrecht stehen und dass $|\vec{a} + \vec{b}|^2 = |\vec{a}|^2 + |\vec{b}|^2$ ist.

$\vec{a} = \begin{pmatrix} 1 \\ 2 \\ 3 \end{pmatrix}$; $\vec{b} = \begin{pmatrix} 6 \\ -3 \\ 0 \end{pmatrix}$

Bedingung für $\vec{a} \perp \vec{b}$: ______ = 0

$|\vec{a}|^2 =$ ______

$|\vec{b}|^2 =$ ______

Summenvektor: $\vec{a} +$ ______ $= \begin{pmatrix} \\ \\ \end{pmatrix}$

Rechnung: ______

$|\vec{a}|^2 + |\vec{b}|^2 =$ ______

$|\vec{a} + \vec{b}|^2 =$ ______

b) Zeigen Sie allgemein: Im rechtwinkligen Dreieck gilt der Satz des Pythagoras: Stehen die Vektoren $\vec{a}$ und $\vec{b}$ aufeinander senkrecht, dann ist das Quadrat der Länge des Summenvektors $\vec{a} + \vec{b}$ gleich der Summe der Quadrate der Länge der Vektoren $\vec{a}$ und $\vec{b}$.

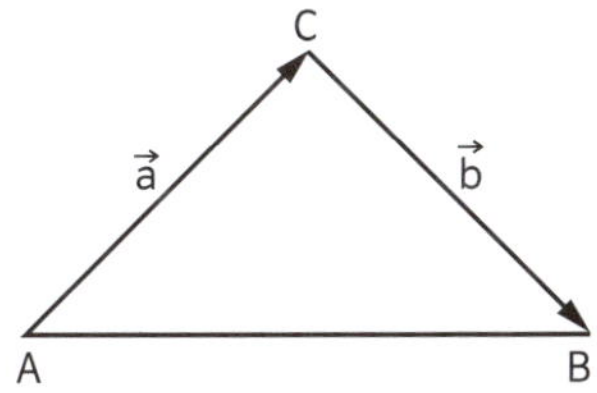

Voraussetzung: ______ [T1] Behauptung: $|\vec{a} + \vec{b}|^2 =$ ______

Beweis: $|\vec{a} + \vec{b}|^2 =$ ______ [T2]

2 a) Gegeben sind die Punkte A (0|1|5), B (5|−4|−1) und C (7|−2|3).
M sei die Mitte von $\overline{AB}$. Zeigen Sie, dass die Vektoren $\overrightarrow{AC}$ und $\overrightarrow{BC}$ aufeinander senkrecht stehen und dass $\overrightarrow{MA}$ und $\overrightarrow{MC}$ gleich lang sind. [T3]
b) Zeigen Sie allgemein: Stehen die Vektoren $\overrightarrow{AC}$ und $\overrightarrow{BC}$ aufeinander senkrecht und ist M die Mitte von $\overline{AB}$, dann sind die Vektoren $\overrightarrow{MA}$, $\overrightarrow{MB}$ und $\overrightarrow{MC}$ gleich lang. [T4]

3 Gegeben ist ein beliebiger Würfel. M ist der Schnittpunkt der Diagonalen einer Würfelfläche. Zeigen Sie, dass der Vektor $\overrightarrow{MP}$ senkrecht auf dem Vektor $\overrightarrow{MQ}$ steht, wobei $\overline{PQ}$ die Diagonale einer benachbarten Würfelfläche ist.
Wählen Sie die zur Aufgabe passende Zeichnung aus.
Der Würfel wird aus den Vektoren $\vec{a}$, $\vec{b}$ und $\vec{c}$ aufgespannt.

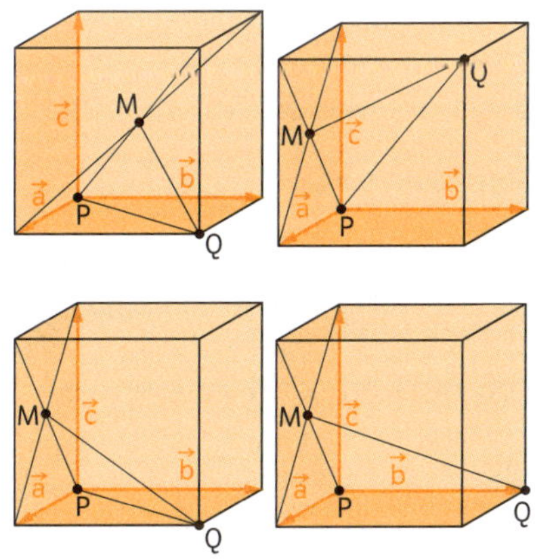

Es ist $\overrightarrow{MP} =$ ______

und $\overrightarrow{MQ} =$ ______. [T5]

$\overrightarrow{MP} \cdot \overrightarrow{MQ} =$ ______.

Begründung: ______ [T6]

4 Gegeben ist ein Parallelogramm ABCD. Zeigen Sie: Wenn die Diagonalen des Parallelogramms aufeinander senkrecht stehen, dann ist das Parallelogramm eine Raute.
Sei $\overrightarrow{AB} = \vec{a}$ und $\overrightarrow{BC} = \vec{b}$. Zeichnung:
Voraussetzungen:

ABCD ist ein Parallelogramm, d.h. $\overrightarrow{AB} =$ ______ $= \vec{a}$; ______ = ______ = ______

Die Diagonalen stehen aufeinander senkrecht, d.h. ______

Behauptung: ______, d.h. ______ [T7]

Beweis: $\overrightarrow{AC} \cdot \overrightarrow{BD} = (\vec{a} +$ ___ $) \cdot ($ ___ $-$ ___ $) =$ ______ [T8]; daraus folgt: ______

[T1] Wenn zwei Vektoren aufeinander senkrecht stehen, dann ist ihr Skalarprodukt 0. [T2] $|\vec{a} + \vec{b}|^2 = (\vec{a} + \vec{b})^2$. Wenden Sie die 1. binomische Formel an und setzen Sie die Voraussetzung ein. [T3] Zeichnung! Der Mittelpunkt einer Strecke hat als Koordinaten jeweils das arithmetische Mittel der Koordinaten der Endpunkte. [T4] Setzen Sie $\overrightarrow{AC} = \vec{a}$ und $\overrightarrow{BC} = \vec{b}$. Stellen Sie nun die Vektoren $\overrightarrow{MA}$, $\overrightarrow{MB}$ und $\overrightarrow{MC}$ in Abhängigkeit von $\vec{a}$ und $\vec{b}$ auf und berechnen Sie die Quadrate derer Längen. Die Quadrate sind genau dann gleich groß, wenn die Längen gleich groß sind. [T5] Stellen Sie einen Diagonalenvektor auf. $\overrightarrow{MP}$ ist dann $\frac{1}{2}$ mal dieser Vektor. [T6] Nutzen Sie die Eigenschaft „Würfel“. [T7] Eine Raute ist ein Parallelogramm, bei dem benachbarte Seiten gleich lang sind. [T8] Wenden Sie die 3. binomische Formel an.

1 Zwei Geraden g und h schneiden sich im Innern eines Quadrats rechtwinklig. Auf jeder Quadratseite liegt genau ein Schnittpunkt mit einer der Geraden. Zeigen Sie, dass die Strecken, die das Quadrat aus den Geraden herausschneidet, gleich lang sind.

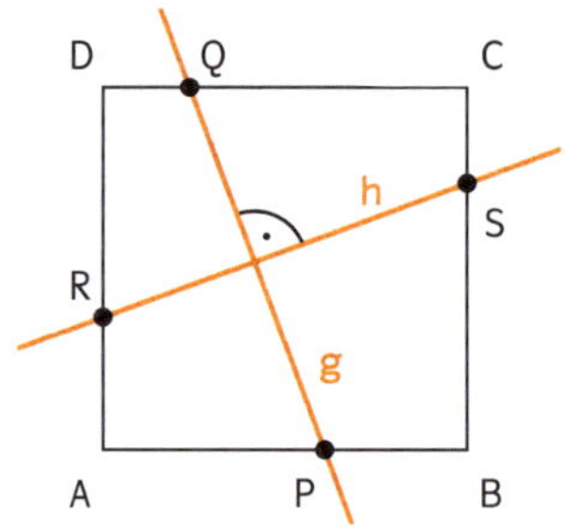

Es wird ein möglichst einfaches, zweidimensionales Koordinatensystem eingeführt:

A(0 | 0); B(1 | 0); C(___ | 1); D(___ | ___); P(p | ___); Q(q | ___); R(___ | r). [T1]

Die Koordinaten von S kann man berechnen.

Gleichung der Geraden g: $\vec{x} = \begin{pmatrix} \_\_ \\ \_\_ \end{pmatrix} + u \begin{pmatrix} \_\_ \\ \_\_ \end{pmatrix}$. [T2] Da h ______________ zu g ist, kann man einen Richtungsvektor von h angeben und somit die Gleichung von h bestimmen. [T3]

Gleichung der Geraden h: $\vec{x} = \begin{pmatrix} \_\_ \\ \_\_ \end{pmatrix} + v \begin{pmatrix} \_\_ \\ \_\_ \end{pmatrix}$. Die x-Koordinate von S ist x = ____, also ist für S auf h der Parameter v = ____. Somit ergeben sich die Koordinaten von S(___ | ______). [T4]

$\overrightarrow{PQ} = \begin{pmatrix} \_\_ \\ \_\_ \end{pmatrix}$; $|\overrightarrow{PQ}|$ = ______________________________;

$\overrightarrow{RS} = \begin{pmatrix} \_\_ \\ \_\_ \end{pmatrix}$; $|\overrightarrow{RS}|$ = ______________________________.

2 Zeigen Sie, dass in einem gleichschenkligen Dreieck ABC mit Basis AB die Höhen auf AC und BC gleich lang sind. [T5]

3 Formulieren Sie die Voraussetzung und die Behauptung des Satzes in vektorieller Form.
Satz: In jedem gleichschenkligen Dreieck ABC steht die Seitenhalbierende der Basis AB senkrecht auf der Basis. Sei M die Mitte von AB. [T6]

Voraussetzung: ______________________________ Behauptung: ______________________________

4 Zeigen Sie, dass sich die Seitenhalbierenden im Dreieck ABC in einem Punkt schneiden.
Festlegung eines Koordinatensystems: A(0 | 0); $B(x_B | 0)$; $C(x_C | y_C)$

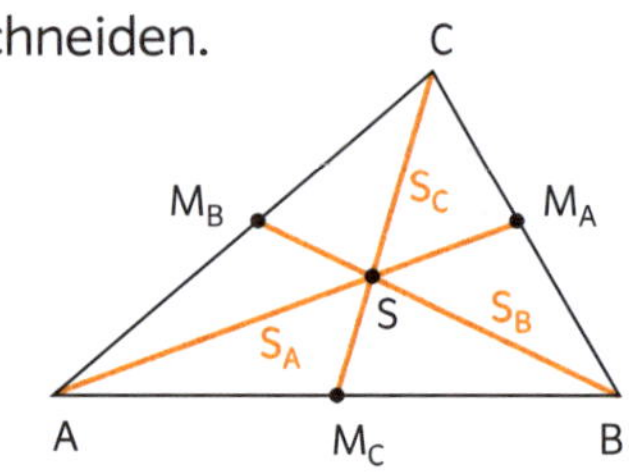

Koordinaten der Mittelpunkte

M_A(_____ | _____); M_B(_____ | _____); M_C(_____ | _____); [T7]

Gleichung der Seitenhalbierenden

durch A s_A: $\vec{x}$ = ______________; [T8] durch B s_B: $\vec{x}$ = ______________; durch C s_C: $\vec{x}$ = ______________;

Berechnung der Koordinaten des Schnittpunkts S von s_A und s_B:

Punktprobe von S in s_C: [T9]

[T1] Die fehlenden Koordinaten kann man aus den Koordinaten der anderen Punkte ablesen. [T2] Wählen Sie als Stützvektor $\overrightarrow{AP}$ und als Richtungsvektor $\overrightarrow{PQ}$. [T3] Das Produkt der Richtungsvektoren der beiden Geraden muss 0 sein. Wenn der Richtungsvektor von g die Koordinaten x und y hat, dann wählt man für den Richtungsvektor von h die Koordinaten −y und x. [T4] Alle Punkte auf BC haben die gleiche x-Koordinate. Wählen Sie v so, dass sich diese x-Koordinate ergibt und berechnen Sie dann die y-Koordinate. [T5] Führen Sie ein Koordinatensystem mit C(0 | 0); A(−a | h) und B(a | h) ein (x-Achse ist parallel zur Basis durch C, y-Achse ist die Höhe). Stellen Sie dann die Gleichungen der Schenkel und der Höhen auf und berechnen Sie die Koordinaten der Höhenfußpunkte. [T6] Die Voraussetzung ist: AC ist gleichlang wie BC. Die Behauptung ist: Der Vektor der Basis ist orthogonal zum Vektor der Seitenhalbierenden. Dies muss nun noch durch Gleichungen formuliert werden. [T7] Die Koordinaten des Mittelpunkts einer Strecke sind die arithmetischen Mittel der Koordinaten der Endpunkte der Strecke. [T8] Wählen Sie als Stützvektor den Ortsvektor von A (das ist der Nullvektor!) und als Richtungsvektor $\overrightarrow{AM_A}$. [T9] Wenn die Punktprobe stimmt, gehen alle 3 Geraden durch S.

1 Gegeben sind die Ebenen E_1: $3x_1 + 2x_2 - x_3 = 1$ und E_2: $-6x_1 + 4x_2 + 2x_3 = 0$.

a) Bestimmen Sie die Menge aller Punkte, die jeweils von beiden Ebenen den gleichen Abstand haben. Wählen Sie die zu der Problemstellung passende Zeichnung aus:

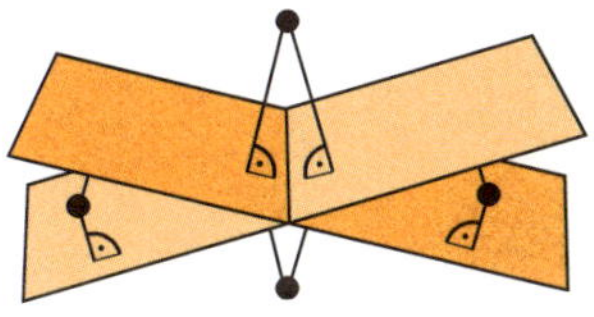
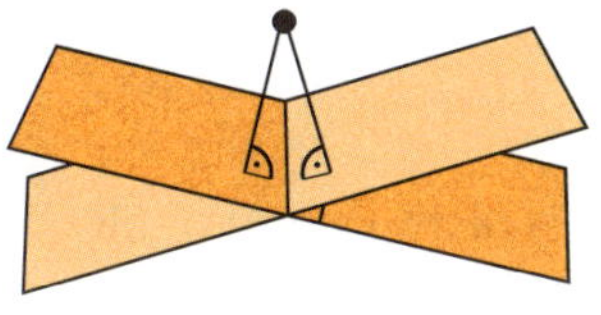
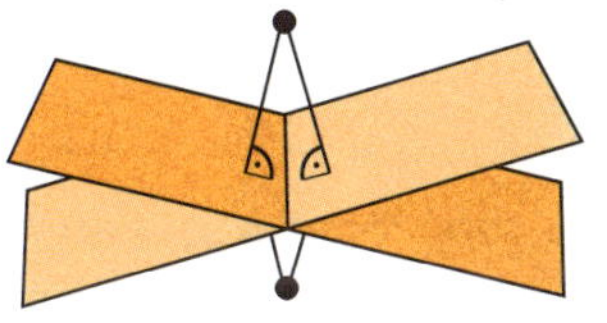

Hier sind nur typische Punkte eingezeichnet.

Für die Berechnung des Abstands eines beliebigen Punkt A $(a_1 \mid a_2 \mid a_3)$ benötigt man die Hesse'sche Normalenform der beiden Ebenen.

Normaleneinheitsvektor von E_1: $\vec{n}_0 = \frac{1}{\sqrt{14}}\begin{pmatrix} 3 \\ 2 \\ -1 \end{pmatrix}$ und von E_2: $\vec{n}_0 = \frac{\_\_}{\_\_}\begin{pmatrix} \_\_ \\ \_\_ \\ \_\_ \end{pmatrix}$ **[T1]**

Man wählt einen Punkt auf E_1, z.B. P (0 | 0 | −1). Daraus erhält man die Hesse'sche Normalenform von E_1:

E_1: $\left[\vec{x} - \begin{pmatrix} 0 \\ 0 \\ -1 \end{pmatrix}\right] \cdot \frac{1}{\sqrt{14}}\begin{pmatrix} 3 \\ 2 \\ -1 \end{pmatrix} = 0.$

Analog E_2: ______________ **[T2]**

Abstand des Punktes A von E_1

$d(A; E_1) = \left|\left[\begin{pmatrix} a_1 \\ a_2 \\ a_3 \end{pmatrix} - \begin{pmatrix} 0 \\ 0 \\ -1 \end{pmatrix}\right] \cdot \frac{1}{\sqrt{14}}\begin{pmatrix} 3 \\ 2 \\ -1 \end{pmatrix}\right|$

$= \frac{1}{\sqrt{14}}\,|3a_1 + 2a_2 - a_3 - 1|$

Abstand des Punktes A von E_2

$d(A; E_2) =$ ______________

$=$ ______________

Die beiden Abstände sind gleich, dabei sind die Betragsstriche zu beachten.

Alles auf eine Seite der Gleichung: **[T3]**

$\frac{1}{\sqrt{14}}(3a_1 + 2a_2 - a_3 - 1) = \pm$ ______________ ; ______________

Die Punkte, die den gleichen Abstand von E_1 und E_2 haben, liegen also auf den Ebenen

E_3: $6x_1 - 2x_3 = 1$ und E_4: ______________ **[T4]**

b) Zeigen Sie, dass E_3 und E_4 die Winkel zwischen E_1 und E_2 halbieren.

Die Winkel sind gleich, wenn der Betrag des Kosinus des Winkels gleich ist.

Den Kosinus des Winkels zwischen E_3 und E_1. erhält man aus:

$$\cos(\alpha) = \frac{\begin{pmatrix} 12 \\ 0 \\ -4 \end{pmatrix} \cdot \begin{pmatrix} 3 \\ 2 \\ -1 \end{pmatrix}}{\sqrt{160}\,\sqrt{14}} = \frac{40}{\sqrt{160}\,\sqrt{14}}$$

Der Kosinus der anderen Winkel beträgt **[T5]**

[T1] Einen Normalenvektor kann man direkt aus den Koeffizienten in der Gleichung ablesen. **[T2]** Als Punkt P kann man hier den Ursprung wählen. Deshalb wird die Gleichung noch einfacher. **[T3]** Schreiben Sie eine Gleichung für Plus und eine für Minus. **[T4]** E_3 ergab sich für Plus. E_4 erhalten Sie für Minus. **[T5]** Sie müssen dreimal einen Kosinus berechnen. Je zwei müssen betragsmäßig gleich sein.

Ohne Hilfsmittel

1 Zeigen Sie, dass die Gerade durch zwei Seitenmitten eines Dreiecks parallel zur dritten Seite des Dreiecks ist. [T1]

2 Zeigen Sie: Wenn die Diagonalen in einem Parallelogramm gleich lang sind, dann ist das Parallelogramm ein Rechteck. [T2]

3 Zeigen Sie:
a) Die vier Ecken eines beliebigen Vierecks im Raum liegen nicht immer in einer Ebene. [T3]
b) Die vier Ecken eines Trapezes im Raum liegen immer in einer Ebene. [T4]

4 Zeigen Sie: Die Länge jeder Seitenhalbierenden in einem beliebigen Dreieck ist kleiner als der halbe Umfang des Dreiecks. [T5]

5 Zeigen Sie: Verbindet man die Seitenmitten M_1 und M_2 der Diagonalen eines Trapezes, dann gilt
$2\left|\overrightarrow{M_1M_2}\right| = \left|\overrightarrow{AB}\right| - \left|\overrightarrow{CD}\right|$ [T2], [T4]

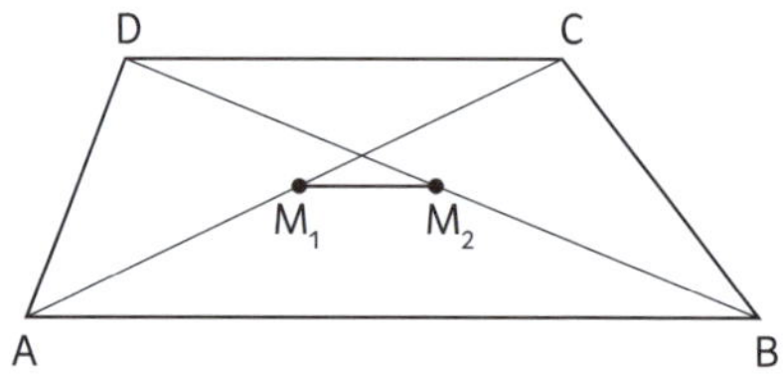

Mit Hilfsmitteln

6 a) Zeigen Sie an einem geeigneten Beispiel, dass sich im Raum die Diagonalen eines Vierecks nicht immer schneiden. [T3], [T6]
b) Zeigen Sie, dass sich bei dem von Ihnen gewählten Viereck aber die Verbindungsgeraden gegenüberliegender Seitenmitten schneiden.

7 Zeigen Sie an einem selbstgewählten Beispiel:
a) Sind zwei Ebenen parallel, dann schneiden sie aus parallelen Geraden, die nicht parallel zu den Ebenen sind, gleich lange Strecken heraus. [T7]
b) Sind zwei Ebenen parallel, dann sind die Stufenwinkel, die eine Gerade mit ihnen bildet, gleich groß.

8 a) Bestimmen Sie die Menge aller Punkte, die von den beiden Ebenen E_1: $2x_1 - x_2 + x_3 = 5$ und E_2: $x_1 + x_2 - 2x_3 = -3$ gleichen Abstand haben. [T8]
b) Zeigen Sie, dass die in a) gefundenen Ebenen die Winkel zwischen E_1 und E_2 halbieren.

9 Gegeben sind die Geraden g: $\vec{x} = \begin{pmatrix} 2 \\ -1 \\ 1 \end{pmatrix} + r \cdot \begin{pmatrix} 1 \\ 2 \\ 0 \end{pmatrix}$ und h: $\vec{x} = \begin{pmatrix} -2 \\ -3 \\ 3 \end{pmatrix} + s \cdot \begin{pmatrix} 5 \\ 4 \\ -2 \end{pmatrix}$. Bestimmen Sie eine Ebene, die einen Winkel zwischen g und h halbiert. Wählen Sie einen Punkt auf dieser Ebene und zeigen Sie, dass dieser von den beiden Geraden jeweils den gleichen Abstand hat. [T9]

10 An einen Würfel der Kantenlänge a wird ein Würfel mit halber Kantenlänge wie in der Zeichnung gesetzt. Zeigen Sie, dass der Abstand der Ecke P von der Strecke $\overline{AQ}$ größer als die Kantenlänge des kleinen Würfels ist.

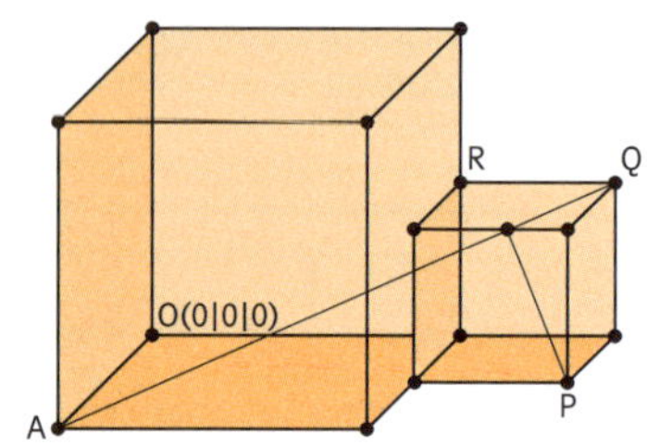

[T1] Legen Sie fest: $\overrightarrow{AB} = \vec{a}$ und $\overrightarrow{AC} = \vec{b}$. Drücken Sie nun alle Vektoren durch $\vec{a}$ und $\vec{b}$ aus. [T2] Setzen Sie $\overrightarrow{AB} = \vec{a}$ und $\overrightarrow{AD} = \vec{b}$. Drücken Sie nun alle Vektoren durch $\vec{a}$ und $\vec{b}$ aus. [T3] Wählen Sie z.B. 3 Ecken in einer Koordinatenebene und die 4. Ecke nicht in dieser Ebene. [T4] Nutzen Sie die Parallelität der Seiten, indem Sie einen Seitenvektor als Vielfaches des anderen darstellen. [T5] Stellen Sie die Seitenhalbierende als Linearkombination zweier Seitenvektoren dar. [T6] Stellen Sie jeweils die Geraden auf, setzen die Gleichungen gleich und geben das Gleichungssystem in den GTR ein. [T7] Wählen Sie zwei Ebenen mit dem gleichen Normalenvektor und zwei Geraden mit dem gleichen Richtungsvektor, der nicht orthogonal zu dem gewählten Normalenvektor ist. Achten Sie darauf, dass die beiden Geraden nicht gleich sind. [T8] Gehen Sie wie in der Beispielaufgabe auf der vorangehenden Seite vor. [T9] Bilden Sie ein gleichschenkliges Dreieck aus Vielfachen der Richtungsvektoren der beiden Geraden. Die Seitenhalbierende im gleichschenkligen Dreieck ist Winkelhalbierende. Stellen Sie nun eine Ebene auf, deren Normalenvektor orthogonal zu dieser Winkelhalbierenden ist und der parallel zu der aus den beiden Richtungsvektoren aufgespannten Ebene ist.

X Anzahl der Möglichkeiten – das Urnenmodell

1 Ein Eisstand führt acht verschiedene Sorten Eis. Wie viele Möglichkeiten gibt es, zwei Kugeln auszuwählen, um die folgenden Wünsche zu erfüllen?

a) Beide Kugeln sollen von der gleichen Sorte Eis sein. Dann gibt es ___ Möglichkeiten.

b) Es kommt nur auf die Reihenfolge in der Eistüte an. Dann hat man für die 1. Kugel ___ Möglichkeiten ________ für die 2. Kugel ___ Möglichkeiten, also insgesamt ___ = ___ Möglichkeiten.

c) Die Reihenfolge in der Tüte ist uninteressant, aber keine Sorte soll zweimal vorkommen. Dann hat man für die 1. Kugel ___ Möglichkeiten ________ für die 2. Kugel ___ Möglichkeiten, also insgesamt ___ = ___ Möglichkeiten. Dabei muss diese Anzahl halbiert werden, weil ________ ________. Also gibt es ___ Möglichkeiten. [T1]

2 Beschreiben Sie die Situation in den einzelnen Teilaufgaben der Aufgabe 1 mithilfe des Urnenmodells.
In der Urne sind ___ Kugeln, sie repräsentieren die ________.

a) Ziehen von einer Kugel aus einer Urne mit ___ Kugeln.

b) Nacheinander Ziehen von ___ Kugeln aus einer Urne mit ___ Kugeln ________ Zurücklegen.

c) Ziehen mit einem Griff von ___ Kugeln aus einer Urne mit ___ Kugeln.

3 Ordnen Sie den Teilaufgaben jeweils eines der Kärtchen mit der richtigen Formel für die Anzahl der Möglichkeiten zu.

a) Ziehen von 3 Kugeln aus einer Urne mit 5 unterschiedlichen Kugeln unter Beachtung der Reihenfolge ohne Zurücklegen. ___

b) Ziehen von 3 Kugeln aus einer Urne mit 5 unterschiedlichen Kugeln mit einem Griff. ___

c) Ziehen aller Kugeln aus einer Urne mit 5 unterschiedlichen Kugeln unter Beachtung der Reihenfolge ohne Zurücklegen. ___

d) Ziehen von 5 Kugeln aus einer Urne mit drei unterschiedlichen Kugeln mit Zurücklegen unter Beachtung der Reihenfolge. ___

- A $\binom{5}{3} = \frac{5!}{3! \cdot (5-3)!}$
- B 5^3
- C 3^5
- D $5 \cdot 4 \cdot 3 = \frac{5!}{(5-3)!}$
- E $5 \cdot 4 \cdot 3 \cdot 2 \cdot 1 = 5!$

4 Ordnen Sie jeder Teilaufgabe den richtigen Lösungsansatz zur Berechnung der Anzahl der Möglichkeiten zu. [T2]

a) 12-maliges Werfen einer idealen Münze. ___

b) 12 Personen stellen sich vor einen Fahrkartenschalter an. ___

c) In einer Gruppe von 12 Personen soll ein Dreierausschuss gebildet werden. ___

d) Von 12 Freunden sollen 3 zum Geburtstag eingeladen werden. ___

e) Beim Pferderennen sollen von 12 laufenden Pferden die ersten drei in der richtigen Reihenfolge getippt werden. ___

f) Bei einem Tippschein für 12 Fußballspiele soll jeweils der Gewinner bzw. unentschieden als Ergebnis angekreuzt werden. ___

g) Aus einer Urne mit 12 unterschiedlichen Kugeln sollen drei Kugeln mit Zurücklegen gezogen werden. ___

- 12^3
- 2^{12}
- $12!$
- $12 \cdot 11 \cdot 10$
- 3^{12}
- $\binom{12}{3}$
- 12^2

5 Ein Ausschuss aus vier Frauen und drei Männern wählt einen Vorsitzenden bzw. eine Vorsitzende und einen Stellvertreter bzw. eine Stellvertreterin.

a) Wie viele Möglichkeiten gibt es insgesamt?

b) Wie viele Möglichkeiten gibt es, wenn beide gleichen Geschlechts sind?

c) Wie viele Möglichkeiten gibt es, wenn mindestens eine Frau dabei ist?

[T1] Werden Aussagen mit dem (logischen) „und" verbunden, so multipliziert man die einzelnen Möglichkeiten bzw. Wahrscheinlichkeiten (bei Unabhängigkeit). Die Verbindung der Aussagen mit dem (logischen) „oder" führt auf die Addition (wenn die Schnittmenge leer ist). [T2] Überlegen Sie, wie man das Problem mithilfe des Urnenmodells beschreiben kann.

1 In einer Urne befinden sich 5 rote und 3 blaue Kugeln.
Nacheinander werden zwei Kugeln ohne Zurücklegen gezogen. Wie groß ist die Wahrscheinlichkeit, zwei gleichfarbige Kugeln zu ziehen? Man muss also beim 1. Zug eine rote und beim 2. Zug eine rote oder beim 1. Zug eine blaue und beim 2. Zug eine blaue Kugel ziehen. Für die Wahrscheinlichkeiten bedeutet das
___ · ___ + ___ · ___ = ___ [T1], [T2]

2 In einer Urne befinden sich zehn Kugeln mit den Nummern 1 bis 10. Mit welcher Wahrscheinlichkeit erhält man
a) stets die gleiche Nummer, wenn man dreimal mit Zurücklegen zieht?
b) nur unterschiedliche Nummern, wenn man dreimal mit Zurücklegen zieht?
c) die drei höchsten Nummern, wenn man dreimal ohne Zurücklegen zieht? [T3]
d) drei Nummern über 5, wenn man drei Kugeln mit einem Griff zieht?

3 Max kann von seinen 8 Freunden nur 5 zu einer Bootsparty einladen. Mit welcher Wahrscheinlichkeit ist sein Freund Moritz dabei, wenn Max das Los entscheiden lässt?
Günstig zur Ermittlung der Anzahl der Möglichkeiten ist die Verwendung des Urnenmodells.

Anzahl aller Möglichkeiten: Im Urnenmodell vertreten die ___ Kugeln die ______________.

Es werden ___ Kugeln für die ______________ Freunde gezogen. Die Reihenfolge ist nicht von Bedeutung, sie sollen nur zur Bootsparty eingeladen werden.

Die Anzahl aller Möglichkeiten ist also ___ = ___.
Anzahl der günstigen Möglichkeiten: Wenn Moritz dabei sein soll, können nur noch ___ Freunde ausgelost werden, also $\binom{\_\_}{\_\_}$ = ___ Wahrscheinlichkeit P(A) = ___

4 Berechnen Sie die Wahrscheinlichkeit, bei der Wettspielart „6 aus 49" im Zahlenlotto bei einem Tipp
a) keine Zahl richtig zu haben
b) genau 4 richtige Zahlen getippt zu haben [T4]
c) einen Sechser mit der richtigen Superzahl, eine Zahl von 0 bis 9, zu haben.

5 In einem Kurs sind 7 Mädchen und 13 Jungen. Zur Vorbereitung der Studienfahrt wird ein Dreierausschuss ausgelost. Mit welcher Wahrscheinlichkeit
a) wird die Kurssprecherin in den Ausschuss gelost?
b) besteht der Ausschuss nur aus Jungen?
c) enthält der Ausschuss höchstens einen Jungen?

6 Vier Sportler gelten als gleichstarke Läufer. Vor einem Lauf notiert sich ein Zuschauer die Reihenfolge eines möglichen Einlaufs für den 1. und den 2. Platz. Mit welcher Wahrscheinlichkeit tritt dieser ein?

7 a) Wie groß ist die Wahrscheinlichkeit, dass zwei zufällig ausgewählte Personen am gleichen Tag Geburtstag haben?
Günstig zur Ermittlung der Anzahl der Möglichkeiten ist die Verwendung des Urnenmodells:
Anzahl aller Möglichkeiten: Ziehen von ___ Kugeln aus einer Urne mit ___ unterschiedlichen Kugeln ______ Zurücklegen, also ___.
Anzahl der günstigen Möglichkeiten: ___

Es ist P(A) = $\frac{\_\_\_}{\_\_\_}$.

b) Berechnen Sie die Wahrscheinlichkeit, dass in einem Kurs mit 13 Schülern zwei am gleichen Tag Geburtstag haben.
Anzahl aller Möglichkeiten: Ziehen von ___ Kugeln aus einer Urne mit ___ unterschiedlichen Kugeln ___ Zurücklegen.
Anzahl der ungünstigen Möglichkeiten: Ziehen von ___ Kugeln aus einer Urne mit ___ unterschiedlichen Kugeln ______ Zurücklegen.

$P(B) = 1 - P(\overline{B}) = 1 - \frac{\_\_\_}{\_\_\_}$

$\approx 1 -$ ___ = ___

[T1] Wahrscheinlichkeit = Anzahl der günstigen Möglichkeiten durch Anzahl aller Möglichkeiten. [T2] „und" bedeutet Multiplikation der Wahrscheinlichkeiten, „oder" bedeutet Addition der Wahrscheinlichkeiten. [T3] Da kann man auch mit einem Griff ziehen. [T4] Von sechs gezogenen Zahlen hat man vier und von den 43 nicht gezogenen Zahlen zwei auf dem Lottoschein.

1 In einer Urne befinden sich 2 rote und 3 schwarze Kugeln. Ohne Zurücklegen wird dreimal je eine Kugel entnommen.
a) Zeichnen Sie ein Baumdiagramm und geben Sie die Wahrscheinlichkeitsverteilung an.
b) Berechnen Sie die Wahrscheinlichkeit dafür, dass beim zweiten Zug eine schwarze Kugel gezogen wird.
c) Berechnen Sie die Wahrscheinlichkeit dafür, dass beim dritten Zug eine rote Kugel gezogen wird.

e	rrs	rsr	rss	srr	srs	ssr	sss
P(e)							

b) P(2. Zug schwarz) = ____________ = ________

c) P(3. Zug rot) = ____________ = ________

2 In einer Urne befinden sich 4 rote und 3 blaue Kugeln. Man zieht nacheinander 4 Kugeln ohne Zurücklegen. Erstellen Sie eine Wahrscheinlichkeitsverteilung, wenn die Anzahl der gezogenen roten Kugeln interessiert und berechnen Sie dafür den Erwartungswert. [T1]
Die Zufallsvariable X steht für Anzahl der gezogenen roten Kugeln.

x	1	2	3	4
P(x)				

E(X) = ____________ = ________

3 Der Hausmeister einer Schule hat fünf Schlüssel lose in der Tasche, von denen nur einer zum Schloss des Chemieraums passt. Er zieht blindlings einen nach dem anderen aus der Tasche, ohne ihn zurückzulegen. Zeichnen Sie ein Baumdiagramm für diesen Vorgang.
Berechnen Sie die Wahrscheinlichkeit für folgende Ereignisse:
a) Der richtige Schlüssel wird erst beim zweiten Griff gezogen.
b) Der richtige Schlüssel wird als letzter gezogen.

4 In einer Urne befinden sich nur schwarze und rote Kugeln. Von den insgesamt zwanzig Kugeln werden zwei ohne Zurücklegen gezogen. Bestimmen Sie die Anzahl der schwarzen Kugeln in dieser Urne, wenn die Wahrscheinlichkeit, mindestens eine schwarze unter den gezogenen Kugeln zu haben, $\frac{27}{38}$ beträgt. [T2]

5 Bei einer bestimmten Patientengruppe kommen drei Krankheitsursachen U1, U2 und U3 in Frage, die mit unterschiedlichen Wahrscheinlichkeiten auftreten.
Es ist P(U1) = 0,05, P(U2) = 0,35 und P(U3) = 0,60.
Bei neu hinzukommenden Patienten beobachtet man ein Symptom S, welches bei der Krankheitsursache U1 in 25 %, bei U2 in 20 % und bei U3 in 10 % aller Fälle vorkommt.
Zeichnen Sie ein Baumdiagramm und ermitteln Sie die Wahrscheinlichkeit für das Vorliegen des Symptoms. [T3]

[T1] Von 7 Kugeln werden 4 mit einem Griff (also ohne Beachtung der Reihenfolge) ausgewählt. Sind z.B. nur zwei rote Kugeln dabei, hat man von 4 roten Kugeln zwei **und** von den drei blauen Kugeln zwei. [T2] Ist X die Anzahl schwarzer Kugeln, dann kann der gegebene Wert als $P(X \geq 1)$ interpretiert werden. [T3] Teilen Sie zunächst in der ersten Stufe in die Krankheitsursachen und erst in der zweiten Stufe in das Vorliegen des Symptoms auf.

1 Eine Zufallsgröße X legt fest, wie viele unbrauchbare Teile in einer Stichprobe von 10 Teilen gefunden werden. Dann ist $P(X = 3)$ die Wahrscheinlichkeit, dass genau drei Teile in der Stichprobe unbrauchbar sind.

Die Zufallsgröße X hat die Realisierungen {________________________}.

Interpretieren Sie die folgenden Aussagen:

a) $P(X = 0)$: ________________________

b) $P(X < 2)$: ________________________

c) $P(X > 0)$: ________________________

d) $P(X = k) < 0{,}9$: ________________________

____

e) $P(X \leq k) < 0{,}5$: ________________________

2 Ein Automat packt Streichhölzer ab. Dabei weicht nur bei 2 von 100 Schachteln die Anzahl der Streichhölzer in der Schachtel von der vorgeschriebenen Anzahl ab. Mit welcher Wahrscheinlichkeit sind unter 1000 Schachteln höchstens 25 Schachteln, die nicht die vorgesehene Anzahl Streichhölzer enthalten? [T1]

Die Anzahl X der ________________________ ist binomialverteilt

mit n = ____________ und p = ____________: $P(X \leq$ ____________ $) \approx$ ____________

3 Ein Parasitenbefall bei Hausschweinen kann durch besonderes Futter mit der Erfolgsaussicht von 80 % bekämpft werden. Mit welcher Wahrscheinlichkeit werden in einem Schweinezuchtbetrieb, deren 300 Schweine von Parasiten befallen sind, durch dieses Futter

a) mindestens 250 Schweine b) weniger als 220 Schweine geheilt? [T1]

4 Durch einen medizinischen Großversuch wurde festgestellt, dass in einer Bevölkerung durchschnittlich jede zehnte Person die Blutgruppe B hat. Bei einer Reihenuntersuchung werden 100 Personen auf ihre Blutgruppe untersucht. Die Wahrscheinlichkeit dafür, dass die Anzahl der Personen mit der Blutgruppe B größer als 5 und kleiner als 15 ist, soll berechnet werden. [T1]

5 Etwa 8 % der männlichen Bundesbürger sind rot-grün-blind. Mit welcher Wahrscheinlichkeit sind unter den 650 männlichen Schülern eines Gymnasiums mindestens 40 und höchstens 60 Schüler rot-grün-blind? [T1]

6 Ein Fachgeschäft erhält eine Lieferung von 160 gleichartigen Handys. Leider hat die Lieferfirma bei 10 Verpackungen versäumt, das Netzteil beizulegen. Aus der Lieferung wird eine Stichprobe von 16 Handys genommen und auf Vollständigkeit überprüft.
Bestimmen Sie die Wahrscheinlichkeit folgender Ereignisse: [T1]
Ereignis A: In der Stichprobe sind höchstens 2 unvollständige Packungen. [T2]
Ereignis B: In der Stichprobe sind mindestens 4 unvollständige Packungen.
Ereignis C: Alle Packungen in der Stichprobe sind vollständig.

7 Ein idealer Würfel wird nacheinander geworfen.

a) Mit welcher Wahrscheinlichkeit ist bei 20 Würfen keine 6 dabei?
b) Mit welcher Wahrscheinlichkeit wird bei den ersten drei Würfen mindestens eine 2 geworfen?
c) Mit welcher Wahrscheinlichkeit ist bei drei Würfen kein Ergebnis unter dem Wert 3?
d) Wie oft muss man den Würfel werfen, um mit mindestens 99 %-iger Wahrscheinlichkeit mindestens eine 6 zu erzielen? [T3]

[T1] Legen Sie die Zufallsgröße fest. Schreiben Sie: Die Anzahl X der … ist binomialverteilt mit n = … und p = …
[T2] „höchstens 2" bedeutet $X \leq 2$. [T3] Die Wahrscheinlichkeit von $X \geqq 1$ soll mindestens 0,99 betragen.

1 Ein Spieler zahlt 1 € Einsatz und wirft 3 ideale Würfel. Erscheint dabei die 6 ein-, zwei bzw. dreimal, so erhält er seinen Einsatz zurück und außerdem einen Gewinn von 1 €, 2 € bzw. 3 €. Erscheint keine 6, ist der Einsatz verloren. Geben Sie die Wahrscheinlichkeitsverteilung für die Zufallsgröße „Gewinn" an. [T1]

Gewinn g				
P(G = g)				

Weisen Sie rechnerisch nach, dass dieses Spiel nicht fair ist. [T2]

E(G) = ______________________ = ________

Welchen Gewinn wird der Spieler im Durchschnitt erzielen?

____

Welchen Einsatz müsste der Spieler bezahlen, damit ein faires Spiel entsteht?

2 Es wird mit zwei idealen Würfeln geworfen. Bei 4 € Einsatz gilt folgender Auszahlungsplan: [T1]

Augensumme	Gerade Primzahl	Ungerade Primzahl	Gerade Nicht-Primzahl	Ungerade Nicht-Primzahl
Anzahl				
Auszahlung in €	9	5	3	0
Gewinn g in €				
P(G = g)				

Ergänzen Sie die Tabelle für die Zufallsgröße G (Gewinn) und berechnen Sie den Erwartungswert von G.

E(G) = ______________________ ≈ ______________

3 Ein Glücksrad mit den Zahlen von 1 bis 16 in gleichgroßen Sektoren wird gedreht. Mike und Anna verabreden folgendes Spiel: Mike zahlt an Anna 3 €, wenn die Sektornummer eine Primzahl ist. Anna zahlt an Mike 2 €, wenn die Sektornummer gerade ist. Erstellen Sie einen Gewinnplan für Anna und entscheiden Sie, ob das Spiel fair ist. [T2]
Füllen Sie die Lücken und tragen Sie die Werte ein.

Von 1 bis 16 gibt es ______ Primzahlen und ______ gerade Zahlen. Die Zahl ______ ist sowohl Primzahl, als auch gerade.

Gewinn g von Anna in EURO			
P(G = g)			

E(X) = ______________________ = ________

Das Spiel ist nicht fair, weil ______________________

____

4 Peter bietet Anna folgendes Spiel an: Anna soll 20 € auf den Tisch legen und zweimal ein Glücksrad drehen. Das Glücksrad trägt mit $\alpha = 180°$ die Bezeichnung 2 und im übrigen Bereich den Wert $\frac{1}{2}$.
Zeigt der Zeiger auf 2, so verdoppelt Peter den gerade auf dem Tisch liegenden Betrag. Weist er auf $\frac{1}{2}$, so halbiert er ihn. Anna erhält schließlich den Betrag, der auf dem Tisch liegt, nachdem das Rad zweimal gedreht wurde. Berechnen Sie den Erwartungswert des Gewinns von Anna.
Wie groß muss der Winkel α gewählt werden, damit das Spiel fair ist? [T2], [T3]

[T1] Gewinn = Auszahlung – Einsatz. [T2] Ein Spiel ist fair, wenn der Erwartungswert des Gewinns null ist. [T3] Fertigen Sie ein Baumdiagramm für den Gewinn von Anna an und tragen Sie die unbekannten Wahrscheinlichkeiten p und 1 – p ein.

1 Die Hypothese $H_0 : p_0 = 0{,}4$ soll gegen $H_1 : p_1 < 0{,}4$ bei einem Stichprobenumfang $n = 100$ und der Irrtumswahrscheinlichkeit 5 % getestet werden. Ermitteln Sie den Ablehnungsbereich.
Da p_1 links von p_0 liegt, lehnen wir H_0 ab, wenn die Stichprobe im Ablehnungsbereich $\{0, 1, 2, \ldots, g\}$ liegt, wobei die größte ganze Zahl g mit $P(T \le g) \le$ ___ gesucht ist.
Die Trefferanzahl ist binomialverteilt mit n = ___ und p = ___.
Aus $P(T \le$ ___ $) \approx 0{,}0398$ und $P(T \le$ ___ $) \approx 0{,}0615$ folgt g = ___.
Der Ablehnungsbereich ist {0, 1, …, ___ }.

2 Ein Nullhypothese $H_0 : p = p_0$ soll mit einem Stichprobenumfang von 200 und einer Irrtumswahrscheinlichkeit α getestet werden. Füllen Sie die folgenden Fälle zeilenweise aus:

H1:	Ablehnungsbereich	α	Ansatz
$p < p_0$	{ ___ }	0,05	P(X ___) ___
	{ ___ }		$P(X \ge g) \le 0{,}01$

3 Ein Pharmaunternehmen bringt ein neues Medikament auf den Markt und behauptet, dass 40 % der Patienten damit geheilt werden. Bei der Zulassung des Medikaments treten Zweifel auf. Es wird deshalb ein Test an 25 Patienten vorgenommen. Man glaubt der Behauptung, wenn mindestens 8 dieser Patienten geheilt werden. Berechnen Sie den Fehler 1. Art.

4 Der Vorsitzende einer kleinen Partei behauptet, seine Partei werde bei den nächsten Landtagswahlen die 5 %-Hürde nehmen. Es wird ein Meinungsforschungsinstitut beauftragt, eine repräsentative Befragung mit 2000 Wählern durchzuführen. Bestimmen Sie für die Nullhypothese $H_0 : p \ge 0{,}05$ die Entscheidungsregel für diesen Test mit einer Irrtumswahrscheinlichkeit von höchstens 1 %. [T1], [T2], [T3]

5 Eine Fabrik liefert Schachteln mit Schrauben hoher Qualität (10 % der Schrauben sind fehlerhaft) und mit Schrauben minderer Qualität (40 % der Schrauben sind fehlerhaft) an eine Baumarktkette. Während des Ausladens geht bei einigen Verpackungen das Etikett verloren, sodass man nicht mehr erkennen kann, ob es sich um eine Packung mit Schrauben hoher oder minderer Qualität handelt. Es soll ein Verfahren gefunden werden, um die Schrauben in kürzester Zeit und ohne großen Aufwand der richtigen Qualität zuzuordnen. Zu diesem Zweck wird ein Test durchgeführt und zwischen zwei Hypothesen unterschieden, der so genannten Nullhypothese (H_0) und der Alternativhypothese (H_1).

H_0: „Die Schachtel ist von hoher Qualität“. H_1: „Die Schachtel ist von minderer Qualität“.

Jeder Schachtel werden zufällig 10 Schrauben entnommen und auf Fehler untersucht. Die Zufallsvariable X sei die Anzahl der fehlerhaften Schrauben. Aufgrund dieser Stichprobe wird die Schachtel neu etikettiert.
Die Entscheidungsregel lautet: „Wenn von den 10 Schrauben in der Stichprobe mehr als 3 Schrauben fehlerhaft sind, wird die gesamte Schachtel als von minderer Qualität etikettiert“.
Wie groß ist die Wahrscheinlichkeit des Fehlers 1. Art? [T4]

6 Der Oberbürgermeister einer Stadt erhielt bei seiner letzten Wahl 60 % der Stimmen. Bei einer Befragung vor der nächsten Wahl bevorzugten von 100 zufällig ausgewählte Personen 48 den bisherigen Oberbürgermeister. Kann man daraus mit einer Irrtumswahrscheinlichkeit von 5 % schließen, dass sich sein Stimmenanteil seit der letzten Wahl verringert hat? Bei der Nullhypothese behauptet man, dass sein Wahlergebnis nicht schlechter ausfallen wird. Wie lauten Nullhypothese H_0 und Gegenhypothese H_1.
Welche Entscheidung kann man aufgrund der Stichprobe treffen? Geben Sie den Ablehnungsbereich an.

[T1] Der Ablehnungsbereich ist linksseitig, denn man lehnt ab, wenn weniger als 5 % in der Stichprobe geschafft werden. [T2] Es ist die Zahl g gesucht, für die $P(X \le g) \le 0{,}01$ ist. [T3] Erzeugen Sie mit dem GTR eine Funktion f(x) für $P(X \le x)$ mit n = 2000 und p = 0,05 und suchen Sie in der Wertetabelle nach den geeigneten x-Werten. [T4] Den Fehler 1. Art begeht man, wenn die Nullhypothese verworfen wird, obwohl sie richtig ist.

1 Ein Glücksrad wird in sechs gleich große Sektoren eingeteilt.
Die Sektoren sind mit den Zahlen 2, 3, 3, 6, 6, 6 versehen. Bei jeder Drehung wird genau ein Sektor markiert.

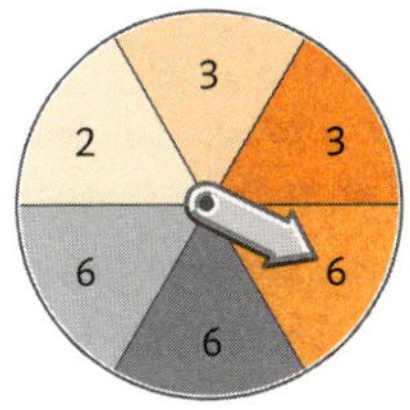

a) Das Glücksrad wird zweimal gedreht. Bestimmen Sie die Wahrscheinlichkeiten folgender Ereignisse: [T1]

A: Zwei gleiche Zahlen werden markiert.
B: Die Summe der beiden Zahlen ist kleiner als 6 oder die Zahlen sind gleich.
C: Die Zahlen sind verschieden und die Summe ist größer als 6.

b) Wie viele Sechsen kann man im Mittel erwarten, wenn man viele Serien von 20 Drehungen mit diesem Glücksrad ausführt? [T2]

2 Einer Klasse von 25 Schülerinnen und Schülern werden fünf Freikarten für ein Rockkonzert zur Verfügung gestellt. Um diese zu verteilen, werden Lose gezogen. In der Lostrommel befinden sich neben fünf Gewinnlosen auch zwanzig Nieten. Prüfen Sie, ob der Zweite, der zieht, die gleiche Chance auf eine Freikarte hat wie der Erste.

3 Bei einem Sportvergleichskampf zwischen mehreren Schulen wird das Schillergymnasium durch sechs Schülerinnen der Klassenstufe 8, acht Schülerinnen der Klassenstufe 9 und vier Schülerinnen der Klassenstufe 10 vertreten.

a) Vor dem Wettkampf werden zwei Schülerinnen ausgewählt, die bei der Einrichtung der Wettkampfstationen helfen sollen.
Bestimmen Sie die Wahrscheinlichkeiten folgender Ereignisse: [T3]

A: Beide Schülerinnen gehören nicht der Klassenstufe 8 an.
B: Beide Schülerinnen sind aus der Klassenstufe 10.
C: Beide Schülerinnen sind aus verschiedenen Klassenstufen.

b) Zur Eröffnung stellen sich alle Teilnehmer dieser Schule in einer Linie auf.
Wie viele Anordnungsmöglichkeiten gibt es, wenn nur die Zugehörigkeit zu den Klassenstufen interessiert?
Wie groß ist bei zufälliger Anordnung die Wahrscheinlichkeit, dass die vier Schülerinnen der Klassenstufe 10 nebeneinander stehen?

c) Vor dem Fußballspiel wird das Elfmeterschießen geübt. Der Torwart hält in 20 % der Fälle den Ball.
Es wird fünfmal auf das Tor geschossen.
(1) Mit welcher Wahrscheinlichkeit hält er die ersten beiden Bälle?
(2) Mit welcher Wahrscheinlichkeit hält er keinen der fünf Bälle?
(3) Mit welcher Wahrscheinlichkeit hält er genau vier der fünf Bälle? [T4]

4 Auf einem Tisch liegen gut gemischt 10 Schachfiguren. Schachfiguren sind entweder schwarz oder weiß. Zufällig werden mit einem Griff 2 Figuren entnommen. Die Wahrscheinlichkeit, dass darunter genau eine weiße und genau eine schwarze Figur sind, beträgt $\frac{16}{45}$. Wie viele weiße Figuren lagen auf dem Tisch? [T5]

5 Eine Urne enthält fünf blaue und eine gelbe Kugel. Beim Ziehen einer Kugel aus dieser Urne gilt folgende Regel: Ist die gezogenen Kugel gelb, so wird sie in die Urne zurückgelegt. Ist sie dagegen blau, wird sie beiseite gelegt und in der Urne durch eine gelbe Kugel ersetzt.
Auf einem Rummelplatz wird folgendes Spiel angeboten:
Nach einem Einsatz von 3 € darf der Spieler dreimal je eine Kugel ziehen. Er erhält bei drei gezogenen gelben Kugeln 50 €, bei zwei gezogenen gelben Kugeln 5 € und bei einer gezogenen gelben Kugel den Einsatz ausgezahlt.
Weisen Sie rechnerisch nach, dass dieses Spiel nicht fair ist. Welchen Einsatz müsste der Spieler bezahlen, damit ein faires Spiel entsteht? [T6]

[T1] Beachten Sie die Bedeutung der Schlüsselwörter „und" und „oder" für die Wahrscheinlichkeiten. [T2] Den Erwartungswert binomialverteilter Zufallsgrößen berechnet man mit $E(X) = n \cdot p$. [T3] Die Reihenfolge der ausgewählten Schülerinnen ist nicht von Bedeutung, d.h. mit dem Urnenmodell Ziehen mit einem Griff. [T4] Die Anzahl der gehaltenen Bälle ist binomialverteilt mit $n = 5$ und $p = 0{,}2$. [T5] Es befinden sich x schwarze und 10 − x weiße Figuren auf dem Tisch. [T6] Stellen Sie zunächst den Gewinnplan als Tabelle auf und verändern Sie ihn dann mit einem variablen Einsatz.

1 In einer Konzerthalle werden regelmäßig Veranstaltungen durchgeführt. Aus Sicherheitsgründen stehen genau 620 Plätze zur Verfügung.

a) Eine Tanzschule veranstaltet in dieser Halle regelmäßig öffentliche Bälle. Für den abendlichen Ball dieser Tanzschule werden genau 620 Karten angeboten. Erfahrungsgemäß wird eine Karte mit einer Wahrscheinlichkeit von 80 % verkauft. Die Zufallsgröße X beschreibt die Anzahl der tatsächlich verkauften Ballkarten.
Ermitteln Sie die Wahrscheinlichkeit dafür, dass mindestens 500 Karten verkauft werden.
Eine Karte hat einen Preis von 15 €. Für den Ball fallen Gesamtkosten von 7200 € an.
Berechnen Sie die Wahrscheinlichkeit dafür, dass mindestens die Gesamtkosten erwirtschaftet werden.

b) Für die monatlich durchgeführten Rock-Konzerte in dieser Konzerthalle ist bekannt, dass aus verschiedenen Gründen 5 % der Kartenbesitzer ihre Karten verfallen lassen.
Ermitteln Sie, wie viele Karten höchstens verkauft werden können, damit jeder Besucher des Konzertes mit 99 %iger Wahrscheinlichkeit einen Platz bekommt. **[T1]**

2 An einem Gymnasium steht es mit der Schulbesuchsmoral nicht zum Besten. Die Erfahrung zeigt, dass ein Schüler mit einer Wahrscheinlichkeit von $p = 0{,}05$ an einem Tag fehlt. Es besuchen 950 Schüler dieses Gymnasium.

a) Wie groß ist die Wahrscheinlichkeit, dass an einem bestimmten Tag weniger als 900 Schüler anwesend sind? Wie viele Schüler werden durchschnittlich täglich in der Schule sein?

b) In der Klasse von Herrn Heftig fehlen die Schüler sogar mit der Wahrscheinlichkeit von 0,1.
Wie groß ist die Wahrscheinlichkeit, dass Herr Heftig in seiner Klasse mit 26 Schülern an einem Tag weniger als 18 Schüler antrifft?
Herr Heftig hat sich vorgenommen, den Eltern jedes Schülers, der in seinem Unterricht fehlt, einen Brief zu schreiben. Wie viele Briefe muss er voraussichtlich schreiben, wenn er an 120 Schultagen in seiner Klasse unterrichtet? **[T2]**
Mit welcher Wahrscheinlichkeit sind erst an seinem 5. Unterrichtstag in der Klasse alle Schüler gleichzeitig anwesend? **[T3]**
Wie groß ist die Wahrscheinlichkeit, dass Herr Heftig höchstens 5 Tage warten muss, um seine komplette Klasse anzutreffen? **[T3]**
Wie viele Tage muss Herr Heftig warten, bis er mit einer Wahrscheinlichkeit von mindestens 90 % seine komplette Klasse antrifft? **[T4]**

3 Bei einem Wettbewerb wird von den Teilnehmern auf Basketballkörbe geworfen.
Pauls Trefferwahrscheinlichkeit liegt bei 0,4.

a) Bestimmen Sie die Wahrscheinlichkeit dafür, dass Paul bei 10 Würfen mindestens 5 Körbe wirft. Wie oft muss Paul mindestens werfen, damit er mit einer Wahrscheinlichkeit von mindestens 0,9 wenigstens einmal trifft?

b) Maria und Lina aus der Klassenstufe 11 sehen sich die zehn Würfe von Paul an. Sie verabreden folgendes Spiel: Maria gibt Lina 3 €, wenn Paul mehr als 2 und weniger als 5 Treffer erzielt. Andernfalls erhält Maria von Lina 2 €. Ist dieses Spiel fair? Begründen Sie Ihre Entscheidung durch eine Berechnung.

c) Kai prahlt mit einer Trefferwahrscheinlichkeit von 0,8. Seine Behauptung soll mit 10 Würfen getestet werden. Ermitteln Sie, bei wie viel Treffern seine Behauptung mit einer Irrtumswahrscheinlichkeit von 10 % akzeptiert werden kann.

[T1] Definieren Sie die Funktion für $P(X \leq 620)$ als Funktion mit der Variablen $x = n$ und suchen Sie in der Wertetabelle den geeigneten Wert für n heraus. **[T2]** Wie viel Briefe pro Tag zu erwarten sind, gibt der Erwartungswert an. **[T3]** Günstig ist hier ein Baumdiagramm. **[T4]** Verwenden Sie die Anwesenheitswahrscheinlichkeit für die ganze Klasse, nicht für den einzelnen Schüler.

Steigung von Funktionsgraphen

Steigung des Graphen einer Funktion f an der Stelle x_0
Gemeint ist die Steigung m der Tangente: $m = f'(x_0)$
1. Schritt: $f'(x)$ ermitteln
2. Schritt: x_0 einsetzen, also $m = f'(x_0)$ berechnen

Beispiel: $f(x) = x^2$; $x_0 = 3$

$f'(x) = 2x$
$m = f'(3) = 2 \cdot 3 = 6$

An welchen Stellen x_0 hat der Graph von f die Steigung m?
Gegeben: $m = f'(x_0)$
1. Schritt: $f'(x)$ ermitteln
2. Schritt: $m = f'(x_0)$ ansetzen und nach x_0 auflösen

Beispiel: $f(x) = -x^2 + 3x$; $m = -1$

$f'(x) = -2x + 3$
$-1 = f'(x_0) = -2x_0 + 3 \quad x_0 = 2$

Monotonie
1. Schritt: $f'(x)$ ermitteln
2. Schritt: Bedingung $f'(x_0) > 0$ nach x_0 auflösen, um das Intervall zu erhalten, in dem der Graph von f streng monoton wächst.
3. Schritt: Monotonie im gesamten Definitionsbereich von f angeben

Beispiel: $f(x) = x^2$
$f'(x) = 2x \begin{cases} > 0, \text{ wenn } x > 0 \\ < 0, \text{ wenn } x < 0 \end{cases}$
streng monoton fallend $(-\infty, 0]$
streng monoton wachsend $[0, \infty)$

Tangente und Normale

Gleichung der Tangente an den Graph von f im Punkt $P(x_0 | f(x_0))$
1. Schritt: $f'(x)$ ermitteln, x_0 für x einsetzen
$f'(x_0) = m_t$
2. Schritt: $y_0 = f(x_0)$ berechnen
3. Schritt: Tangente mit errechnetem Anstieg ansetzen

$y = m_t x + c$ geht durch $(x_0 | y_0)$

$\Rightarrow c = \dots$

4. Schritt: Tangentengleichung angeben

oder alternativ zur Schrittfolge die allgemeine Tangentengleichung $y = f'(x_0) \cdot (x - x_0) + f(x_0)$ verwenden

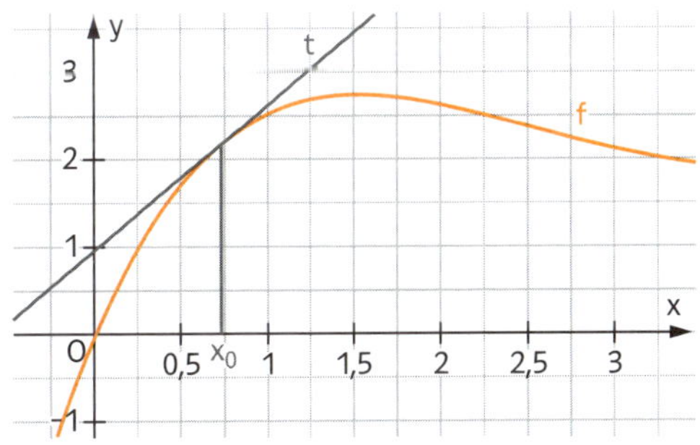

Beispiel: $f(x) = x^2$; $x_0 = 3$
$f'(x) = 2x$; $m = f'(3) = 6$
$f(3) = 9$
$y = 6x + c$ geht durch $(3 | 9)$
$9 = 6 \cdot 3 + c \qquad c = -9$
Tangente t: $y = 6x - 9$

Gleichung der Tangente von einem Punkt außerhalb des Graphen
Gegeben: $P(a | b)$, $f(x)$ Gesucht: Berührstelle x_0, Tangentengleichung
1. Schritt: m in Anhängigkeit von x_0 ermitteln
$\Rightarrow m = f'(x_0)$
2. Schritt: $x = a$ und $y = b$ in die allgemeine Tangentengleichung $y = f'(x_0) \cdot (x - x_0) + f(x_0)$ einsetzen, x_0 berechnen
3. Schritt: x_0 in die allgemeine Tangentengleichung einsetzen

Beispiel: $f(x) = \sqrt{x}$; $P(-1 | 0)$
$m = f'(x_0) = \frac{1}{2 \cdot \sqrt{x_0}}$
$0 = \frac{1}{2 \cdot \sqrt{x_0}}(-1 - x_0) + \sqrt{x_0} \qquad x_0 = 1$
$y = \frac{1}{2 \cdot \sqrt{1}}(x - 1) + \sqrt{1} = \frac{1}{2}x + \frac{1}{2}$

Gleichung der Normalen
Die Normale ist eine Gerade, die den Graphen der Funktion senkrecht schneidet.
1. Schritt: Die Steigung m_n mit $m_n = -\frac{1}{m_t}$ aus der Steigung der Tangente m_t berechnen.
2. Schritt: Die Koordinaten des Punktes $P(x_0 | f(x_0))$ in $y = m_n x + c$ mit $x = x_0$ und $y = f(x_0)$ einsetzen und nach c auflösen
3. Schritt: Normalengleichung in der Form $y = m_n x + c$ angeben.

Beispiel: $f(x) = x^2 - 3x \qquad x_0 = 1$
$f'(x) = 2x - 3$
$m = -\frac{1}{f'(1)} = -\frac{1}{-1} = 1$
$y = x + c$ geht durch $(1 | -2)$
$-2 = 1 + c \qquad c = -3$
Normale n: $y = x - 3$

Zwei Funktionen

Stelle x_0 mit gleicher Steigung der Graphen von f und g

Es muss für diesen Wert x_0 gelten, dass die Steigung der beiden Graphen an dieser Stelle gleich groß ist.

1. Schritt: $f'(x_0) = g'(x_0)$ ansetzen
2. Schritt: Gleichung nach x_0 auflösen

Beispiel: $f(x) = 4x^2$; $g(x) = \frac{1}{x}$

Ansatz: $8x_0 = -\frac{1}{x_0^2}$ mit der Lösung $x_0 = -\frac{1}{2}$

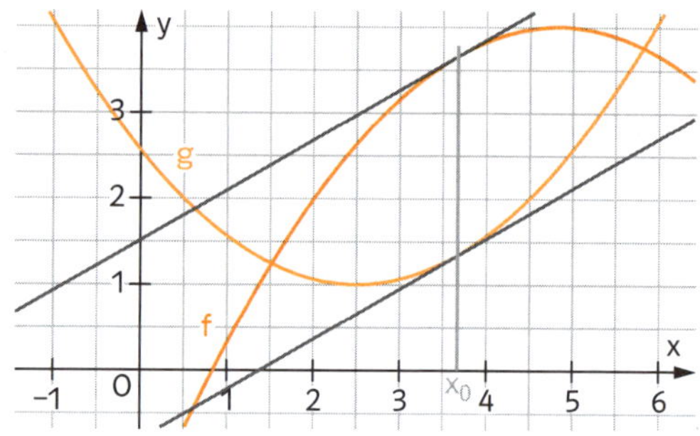

Stelle x_0 mit zueinander senkrechten Tangenten

1. Schritt: Ansatz $f'(x_0) = -\frac{1}{g'(x_0)}$
2. Schritt: Gleichung nach x_0 auflösen

Beispiel: $f(x) = 2x^2 - x + 3$; $g(x) = -x^2$

Ansatz: $4x_0 - 1 = \frac{1}{2x_0}$ mit den Lösungen $x_1 = \frac{1}{2}$ und $x_2 = -\frac{1}{4}$

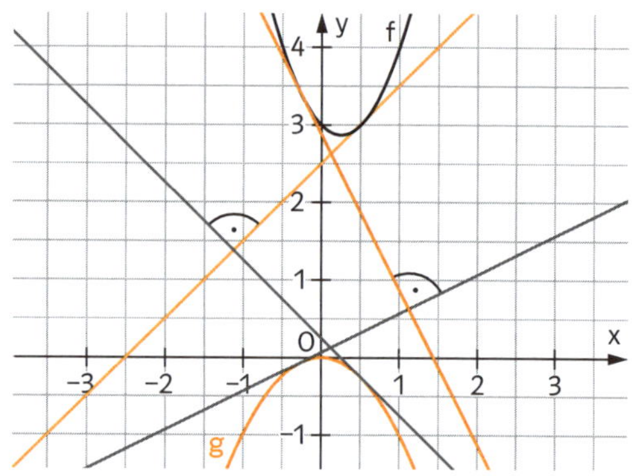

Die Graphen von f und g berühren sich bei x_0

(Es muss $f'(x_0) = g'(x_0)$ und $f(x_0) = g(x_0)$ gelten)

1. Schritt: aus $f'(x_0) = g'(x_0)$ Stellen x_0 mit gleicher Steigung ermitteln
2. Schritt: prüfen, ob an den Stellen x_0 die Gleichung $f(x_0) = g(x_0)$ für gleiche Funktionswerte erfüllt ist.

Beispiel: $f(x) = \frac{4}{x^2}$; $g(x) = 3 - \frac{9}{16}x^2$

$f'(x_0) = g'(x_0) \qquad -\frac{8}{x_0^3} = -\frac{9}{8}x_0 \qquad x_0^4 = \frac{64}{9} \qquad x_0 = \pm\sqrt{\frac{8}{3}}$

$f\left(\pm\sqrt{\frac{8}{3}}\right) = 4 \cdot \frac{3}{8} = \frac{3}{2}$; $g\left(\pm\sqrt{\frac{8}{3}}\right) = 3 - \frac{9}{16} \cdot \frac{8}{3} = \frac{3}{2}$

Die Funktionen f und g berühren sich an der Stellen $-\sqrt{\frac{8}{3}}$ und $\sqrt{\frac{8}{3}}$.

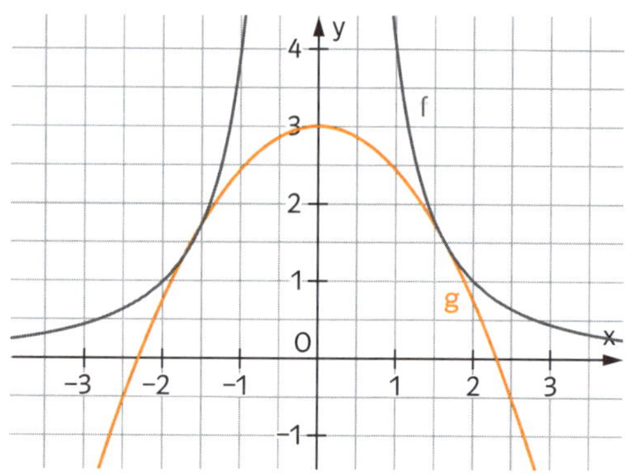

Schnittpunkt und -winkel der Graphen zweier Funktionen

1. Schritt: Schnittstelle x_S mit $f(x_S) = g(x_S)$ berechnen
2. Schritt: $y_S = f(x_S)$ berechnen und Schnittpunkt $S(x_S | y_S)$ angeben
3. Schritt: $f'(x)$ und $g'(x)$ berechnen: $m_1 = f'(x_S)$; $m_2 = g'(x_S)$
4. Schritt: mit $\tan(\delta) = \left|\frac{m_2 - m_1}{1 + m_1 \cdot m_2}\right|$ den Winkel berechnen.

Beispiel: $f(x) = x^2$; $g(x) = x^2 - 4x + 4$

Schnittstelle: $x_S = 1$; Schnittpunkt $(1|1)$

$m_1 = f'(1) = 2$; $m_2 = g'(1) = -2$

$\tan\delta = \left|\frac{-2-2}{1+2\cdot(-2)}\right| = \frac{4}{3} \qquad \delta = 53{,}13°$

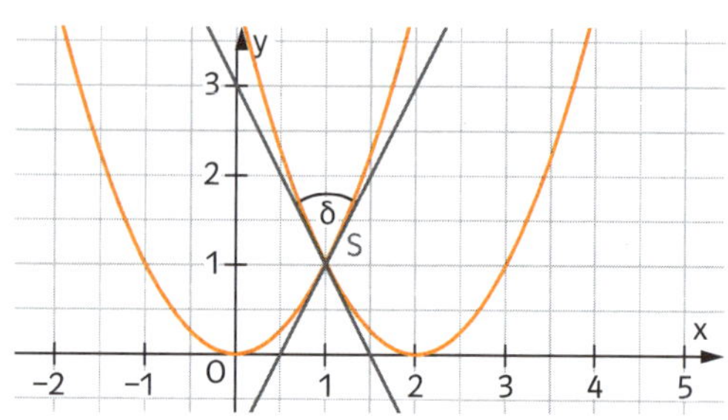

Charakteristische Stellen des Graphen einer Funktion

Nullstellen

1. Schritt: Ansatz $f(x_0) = 0$
2. Schritt: x_0 ermitteln

Methoden: Auflösen nach x_0, Lösungsformel für quadratische Gleichungen, Substitution, Polynomdivision, Darstellung als Nullprodukt, um die Faktoren einzeln zu betrachten

Beispiel: $f(x) = (x - 3) \cdot (x^2 + 2x + 1)$
Umformung:
$f(x) = (x - 3) \cdot (x + 1)^2$
$x_1 = 3;\ x_2 = -1$

Lokale Extremstellen

1. Schritt: aus $f'(x_0) = 0$ als notwendige Bedingung Stellen x_0 ermitteln
2. Schritt: $f''(x_0) \neq 0$ oder Vorzeichenwechsel der 1. Ableitung sind hinreichend für die Existenz einer lokalen Extremstelle

Beispiel: $f(x) = x^3 - 3x^2 - 24x + 3$
$f'(x) = 3x^2 - 6x - 24$
$f''(x) = 6x - 6$
mit Lösungsformel: $x_1 = -2;\ x_2 = 4$
$f''(-2) = -18 \neq 0;\ f''(4) = 18 \neq 0$

Wendestellen

1. Schritt: aus $f''(x_0) = 0$ als notwendige Bedingung Stellen x_0 ermitteln
2. Schritt: $f'''(x_0) \neq 0$ oder Vorzeichenwechsel der 2. Ableitung sind hinreichend für die Existenz einer Wendestelle

Beispiel: $f(x) = x^3 - 3x^2 - 24x + 3$
$f'(x) = 3x^2 - 6x - 24$
$f''(x) = 6x - 6 = 0;\ f'''(x) = 6 \neq 0$
$x_0 = 1$

Sattelpunkte

Spezieller Wendepunkt, bei dem f keinen Monotoniewechsel hat.

1. Schritt: Aus $f''(x_0) = 0$ mögliche Wendestellen ermitteln.
2. Schritt: Gilt bei x_0 auch $f'(x_0) = 0$ und ist x_0 Nullstelle von f' ohne Vorzeichenwechsel, so ist $(x_0 \mid f(x_0))$ Sattelpunkt.

Beispiel: $f(x) = x^4 - 2x^3 + 1$
Aus $f''(x_0) = 0$ folgt $x_1 = 0$ und $x_2 = 1$. An der Stelle $x_0 = 0$ hat f einen Sattelpunkt, weil $f'(0) = 0$; und $f'(x) = 4x^3 - 6x^2 = 2x^2 \cdot (2x - 3)$ bei 0 eine Nullstelle ohne Vorzeichenwechsel hat. (vgl. nebenstehende Grafik)

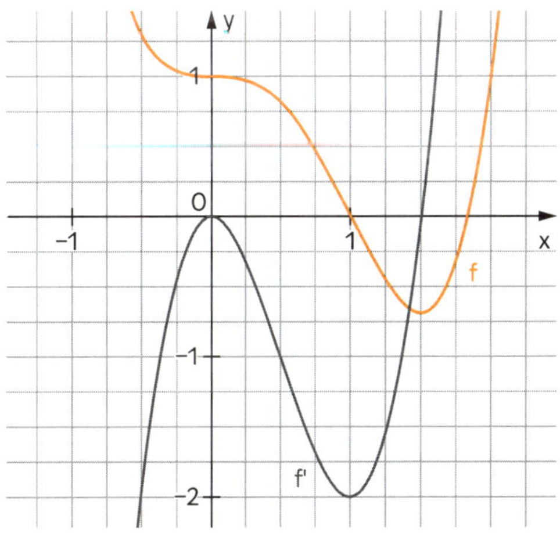

Funktionenscharen

Der Graph welcher der Funktionen f_t geht durch P?

1. Schritt: Koordinaten von P für x und $f_t(x)$ einsetzen
2. Schritt: Variable t aus dieser Gleichung berechnen

Beispiel: Für welchen Wert von t geht f_t mit $f_t(x) = t \cdot (x - x^2)$ durch $P(-1 \mid -4)$?
Aus $-4 = t \cdot (-1 - (-1)^2)$ folgt $t = 2$.

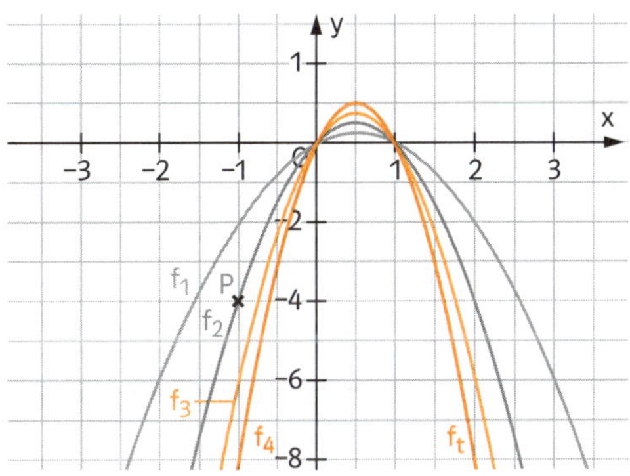

Für welche der Funktionen f_t liegt der Tiefpunkt auf der Geraden g?

1. Schritt: Koordinaten von $T(x_0 \mid y_0)$ in Abhängigkeit von t ermitteln
2. Schritt: x_0 und y_0 für x und y in die Geradengleichung einsetzen
3. Schritt: aus dieser Gleichung die einzige Variable t berechnen

Beispiel: Für welchen Wert von t liegt der Tiefpunkt $T(2t \mid t^2 + 1)$ auf der Geraden $y = x$?
$x_0 = 2t$ und $y_0 = t^2 + 1$ in die Geradengleichung einsetzen:
$t^2 + 1 = 2t$, d.h. $t^2 - 2t + 1 = 0$ hat die einzige Lösung $t = 1$.

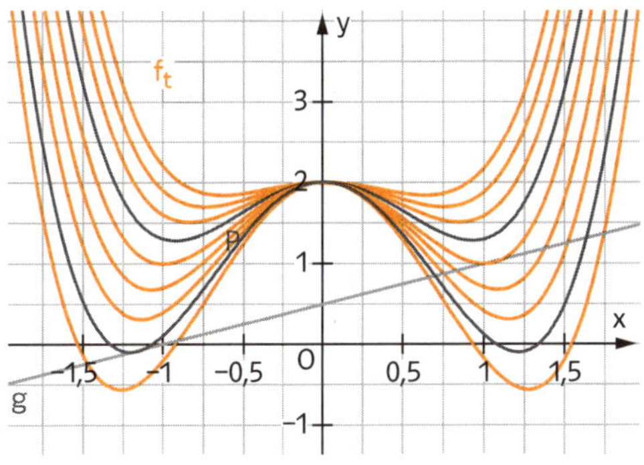

Der Graph welcher der Funktionen f_t hat an der Stelle x_0 die gleiche Steigung wie die Gerade g?

1. Schritt: Steigung m der Geraden in $m = f'(x_0)$ einsetzen
2. Schritt: aus dieser Gleichung den Parameter berechnen

Beispiel: Für welchen Wert von t ist die Tangente an den Graphen der Funktion f_t mit $f_t(x) = \frac{1}{t}x^2 - 2x + 2$ im Punkt $(4 \mid f_t(4))$ parallel zur Geraden $y = \frac{1}{2}x$?

Die Gerade hat die Steigung $\frac{1}{2}$. $f_t'(x) = \frac{2}{t}x - 2$

Also muss $f_t'(4) = \frac{1}{2}$ sein. $f_t'(4) = \frac{2}{t} \cdot 4 - 2 = \frac{1}{2}$ $t = \frac{16}{5}$

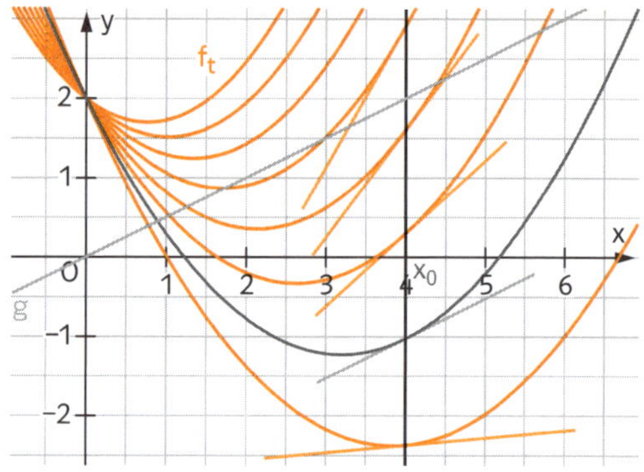

Ortskurve einer Funktionsschar

Gesucht ist die Funktion, auf deren Graph alle Extrempunkte oder Wendepunkte liegen. (vgl. nebenstehende Grafik)

1. Schritt: die Koordinaten von Extrempunkt bzw. Wendepunkt in Abhängigkeit von t berechnen $(x(t) \mid y(t))$
2. Schritt: x(t) nach t auflösen und in y(t) einsetzen

Beispiel: Ortskurve von $T(2t \mid 9 - t^2)$

$x(t) = 2t$; $y(t) = 9 - t^2$

$t = \frac{x}{2}$ in y(t) einsetzen

$y = 9 - \frac{1}{4}x^2$

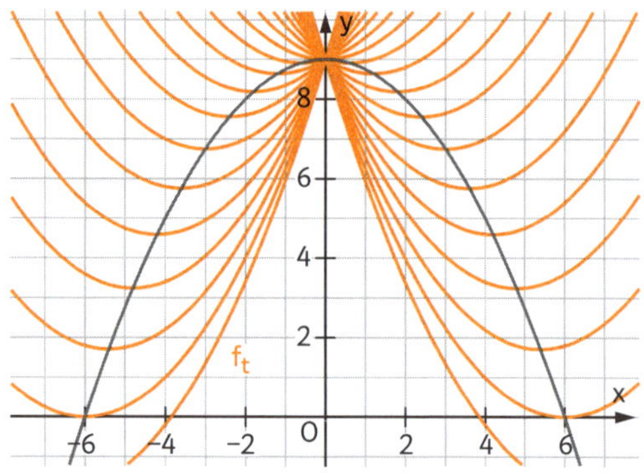

Für welchen Wert von t ist das Minimum von f_t am größten?

1. Schritt: Ortskurve des Tiefpunktes berechnen
2. Schritt: Maximumstelle der Ortskurve x_0 berechnen
3. Schritt: aus $x_0 = x(t)$ den Wert für t berechnen.

Beispiel: Der Tiefpunkt einer Funktionsschar liegt bei $(t \mid 4 - t^2)$. Für welchen Wert von t ist das Minimum am größten?

Ortskurve: $y = 4 - x^2$

$y' = -2x = 0 \rightarrow x_0 = 0 = t$

Minimum für t = 0

Für welchen Wert von t hat der Graph von f_t zwei zueinander orthogonale Wendetangenten?

1. Schritt: Berechnen der beiden Wendestellen
2. Schritt: Berechnen der Steigung an diesen Stellen.
3. Schritt: Ansatz für zueinander senkrechte Geraden: $m_1 = -\frac{1}{m_2}$

Beispiel: Für welchen Wert von t > 0 hat $f_t(x) = tx^4 - 6tx^2$ zwei zueinander orthogonale Wendetangenten?

$f_t'(x) = 4tx^3 - 12tx$; $f_t''(x) = 12tx^2 - 12t = 0$ $x_1 = -1$; $x_2 = 1$

$m_1 = f_t'(-1) = 8t$; $m_2 = -8t$ Ansatz: $8t = -\frac{1}{-8t}$ $\rightarrow$ $t = \frac{1}{8}$ $(t > 0)$

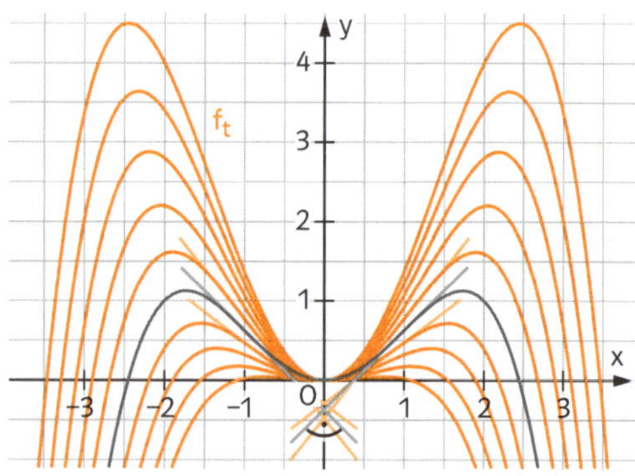

Welche Punkte haben die Graphen aller Funktionen f_t gemeinsam?

1. Schritt: für t die Parameter r und s im Ansatz $f_r(x) = f_s(x)$ verwenden.
2. Schritt: für $r \neq s$ die Schnittstellen errechnen.
3. Schritt: y-Werte errechnen und gemeinsame Punkte angeben

Beispiel: $f_t(x) = x^3 + tx^2 + (8t - 1)x$

Ansatz $f_r(x) = f_s(x)$, also $x^3 + rx^2 + (8r - 1)x = x^3 + sx^2 + (8s - 1)x$

$x_1 = 0$ Restgleichung: $rx + (8r - 1) = sx + (8s - 1)$

$(r - s) \cdot x = -8 \cdot (r - s)$ $x_2 = -8$

gemeinsame Punkte: $P_1(0 \mid 0)$ und $P_2(-8 \mid -504)$

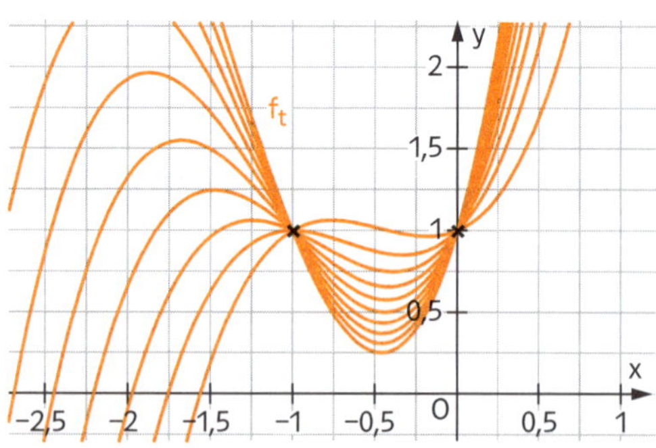

Integralrechnung

Berechnung von Integralen der Form $\int_a^b f(x)\,dx$

1. Schritt: Eine Stammfunktion F von f bestimmen
2. Schritt: Das Integral hat den Wert F(b) – F(a)

Beispiel:

$$\int_1^5 \left(1+\frac{2}{x^2}\right)dx = \left[x-\frac{2}{x}\right]_1^5 = \left(5-\frac{2}{5}\right)-\left(1-\frac{2}{1}\right) = 5{,}6$$

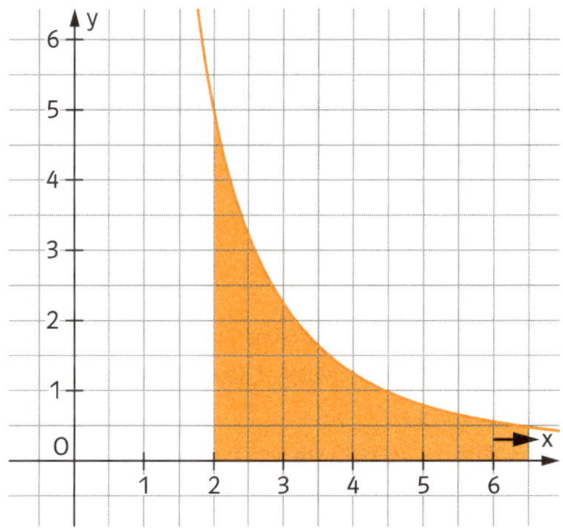

Uneigentliche Integrale berechnen

1. Schritt: Eine Grenze durch den Parameter z ersetzen
2. Schritt: Integral in Abhängigkeit von z berechnen
3. Schritt: Für z eine Grenzbetrachtung durchführen

Beispiel: $\int_2^\infty \left(\frac{20}{x^2}\right)dx$

$$\int_2^z \left(\frac{20}{x^2}\right)dx = \left[-\frac{20}{x}\right]_2^z = -\frac{20}{z}-(-10) = 10-\frac{20}{z}; \quad \int_2^z \left(\frac{20}{x^2}\right)dx \to 10 \text{ für } z \to \infty$$

Berechnung des Inhalts der vom Graphen von f und der x-Achse eingeschlossenen Fläche

1. Schritt: Schnittstellen mit der x-Achse bestimmen
2. Schritt: Zwischen benachbarten Schnittstellen integrieren. Liegt die Fläche unterhalb der x-Achse, so ist der Betrag des Integrals zu nehmen.

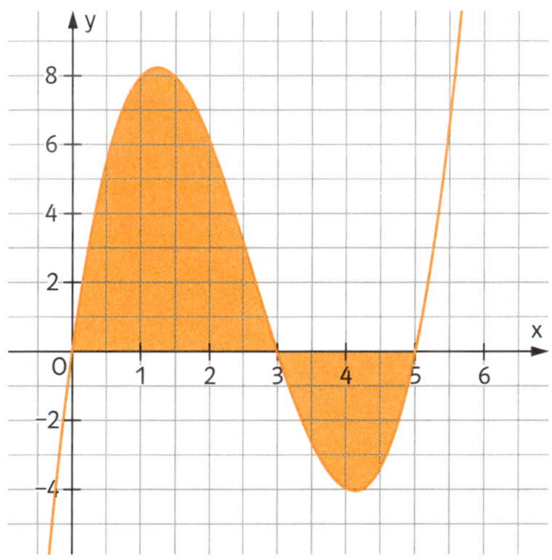

Beispiel: $f(x) = x^3 - 8x^2 + 15x$

$x^3 - 8x^2 + 15x = 0 \quad x \cdot (x^2 - 8x + 15) = 0 \quad x_1 = 0 \quad x_2 = 3 \quad x_3 = 5$

$$\int_0^3 (x^3 - 8x^2 + 15x)\,dx = \left[\frac{1}{4}x^4 - \frac{8}{3}x^3 + \frac{15}{2}x^2\right]_0^3 = \frac{81}{4} - 72 + \frac{135}{2} - 0$$
$$= \frac{81}{4} - \frac{288}{4} + \frac{270}{4} = \frac{63}{4} = 15\frac{3}{4}$$

$$\int_3^5 (x^3 - 8x_2 + 15x)\,dx = \left[\frac{1}{4}x^4 - \frac{8}{3}x^3 + \frac{15}{2}x^2\right]_3^5 = \frac{625}{4} - \frac{1000}{3} + \frac{375}{2} - \frac{63}{4}$$
$$= \frac{562}{4} - \frac{1000}{3} + \frac{750}{4} = \frac{1312}{4} - \frac{1000}{3} = 328 - 333\frac{1}{3} = -5\frac{1}{3}$$

Der Flächeninhalt beträgt $15\frac{3}{4} + 5\frac{1}{3} = 21\frac{1}{12}$.

Berechnung des Inhalts der von den Graphen von f und g eingeschlossenen Fläche

1. Schritt: Schnittstellen mit Hilfe des Ansatzes f(x) = g(x) bestimmen
2. Schritt: A ist der Betrag des Integrals der Differenzfunktion f – g zwischen den Schnittstellen. (Bei mehr als zwei Schnittstellen ist A die Summe dieser Beträge zwischen benachbarten Schnittstellen).

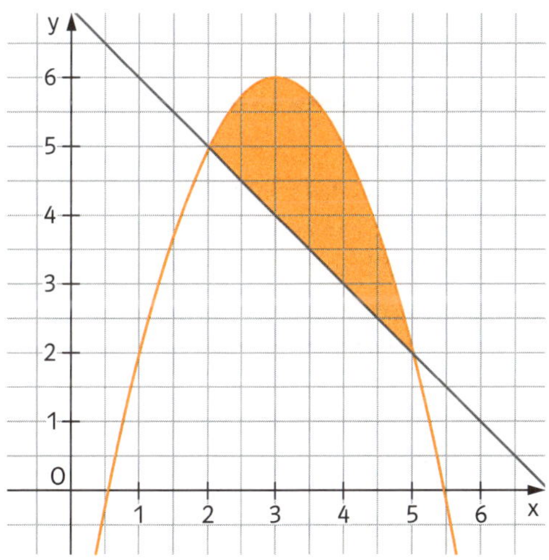

Beispiel: $f(x) = -x + 7 \quad g(x) = -x^2 + 6x - 3$

$-x + 7 = -x^2 + 6x - 3 \quad -x^2 + 7x - 10 = 0 \quad x_1 = 2 \quad x_2 = 5$

$$\int_2^5 (x^2 - 7x + 10)\,dx = \left[\frac{1}{3}x^3 - \frac{7}{2}x^2 + 10x\right]_2^5 = \frac{125}{3} - \frac{175}{2} + 50 - \left(\frac{8}{3} - \frac{28}{2} + 20\right)$$
$$= \frac{117}{3} - 87{,}5 + 50 + 14 - 20 = 39 - 37{,}5 - 6 = -4{,}5$$

Der Flächeninhalt beträgt + 4,5.

Integralfunktion I_a zur unteren Grenze a bestimmen

1. Schritt: Stammfunktion F von f bestimmen
2. Schritt: $I_a(x) = F(x) - F(a)$ berechnen

Beispiel: $f(x) = 3x^2 - 4x \quad a = 3$

Stammfunktion: $F(x) = x^3 - 2x^2$

Intergralfunktion: $I_3(x) = x^3 - 2x^2 - (27 - 18)$

$I_3(x) = x^3 - 2x^2 - 9$

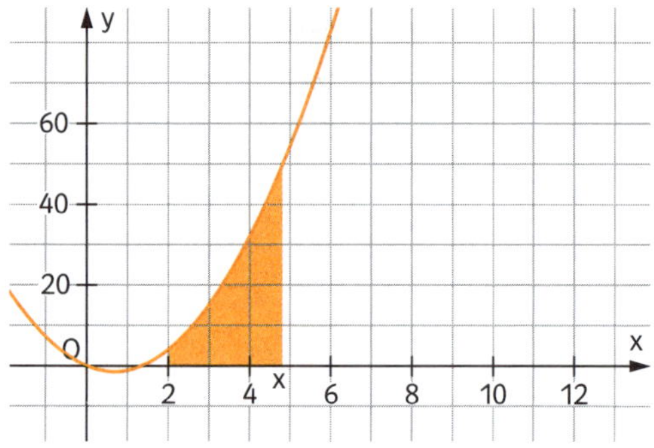

Gesamtänderung einer Größe berechnen

Ist f die Änderungsrate einer Größe, so ist $F(b) - F(a) = \int_a^b f(x)\,dx$ die Gesamtänderung der Größe F im Intervall [a; b].

Beispiel:

Geschwindigkeit eines Fahrzeugs:

$v(t) = 0{,}6t^2$ ($v(t)$ in $\frac{m}{s}$; t in s):

Zurückgelegte Strecke in m: $s(t) = \int_0^t (0{,}6x^2)\,dx = [0{,}2x^3]_0^t = 0{,}2t^3$

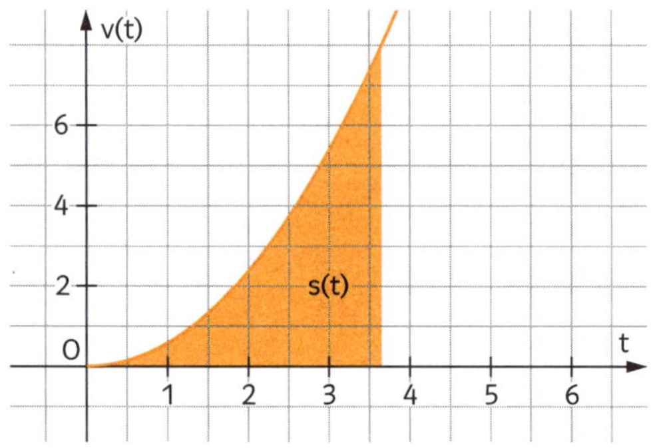

Mittelwert einer Größe berechnen

Ist f eine auf dem Intervall [a; b] definierte Funktion so gilt für den Mittelwert $\overline{m}$ der Funktionswerte von f über [a; b]:

$\overline{m} = \frac{1}{b-a}\int_a^b f(x)\,dx$

Beispiel:

Für Wasserhöhe h an einem Messpunkt während eines Hochwassers gilt: $h(t) = -\frac{1}{40}t^3 + \frac{1}{16}t^2,\ 0 \le t \le 10$ (h(t) in m; t in Tagen):

Mittlere Wasserhöhe:

$$h = \frac{1}{10}\int_0^{10}\left(-\frac{1}{40}t^3 + \frac{1}{4}t^2\right)dt = \frac{1}{10}\left[-\frac{1}{160}t^4 + \frac{1}{12}t^3\right]_0^{10}$$

$$= \frac{1}{10}\left(-\frac{10\,000}{160} + \frac{1000}{12}\right) = -\frac{100}{16} + \frac{100}{12} = -6\frac{1}{4} + 8\frac{1}{3} = 2\frac{1}{12}$$

Im betrachteten Zeitraum betrug die durchschnittliche Wasserhöhe ca. 2,08 m.

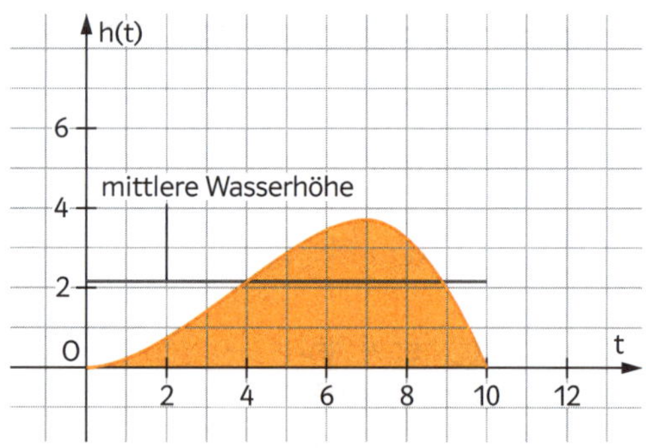

Volumen eines rotationssymmetrischen Körpers berechnen

Wenn die Fläche zwischen dem Graph von f und der x-Achse über dem Intervall [a; b] um die x-Achse rotiert, entsteht ein rotationssymmetrischer Körper mit dem Volumen $V = \pi\int_a^b (f(x))^2\,dx$

Beispiel:

Rotiert die dargestellte Fläche um die x-Achse, so entsteht ein Eierbecher. Für dessen Materialvolumen gilt (1 LE entspricht 1 cm):

$V = \pi \cdot \int_0^5 (0{,}25x + 1)^2\,dx - \pi \cdot \int_1^5 \left(0{,}3\sqrt{x^2 - 1}\right)^2 dx \approx 32{,}96$

Das Materialvolumen des Eierbechers beträgt ca. 33 cm³.

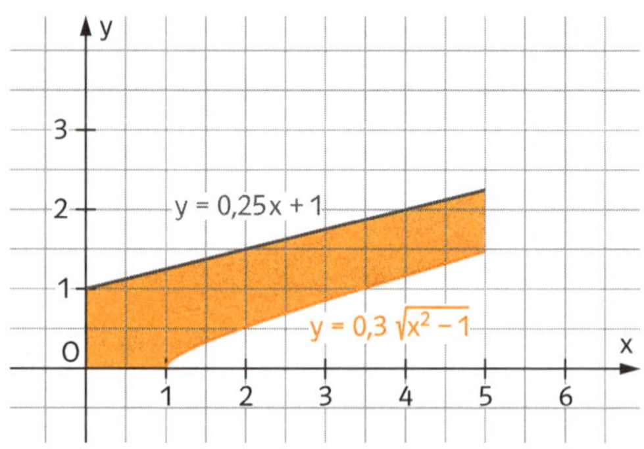

Punkte und Vektoren

Einheitsvektor

1\. Schritt: Betrag des Vektors berechnen
2\. Schritt: den Vektor durch seinen Betrag dividieren

Beispiel:

$\vec{a} = \begin{pmatrix} 1 \\ 2 \\ 2 \end{pmatrix} \quad |\vec{a}| = \sqrt{1^2 + 2^2 + 2^2} = \sqrt{9} = 3 \quad \vec{a_0} = \frac{1}{3} \cdot \begin{pmatrix} 1 \\ 2 \\ 2 \end{pmatrix}$

Mittelpunkt einer Strecke

1\. Schritt: Ortsvektoren der Randpunkte erstellen
2\. Schritt: $\overrightarrow{OM} = \frac{1}{2}\left(\overrightarrow{OB} + \overrightarrow{OA}\right)$

Beispiel: A(3 | 5 | 2); B(1 | −3 | 6)

$\overrightarrow{OM} = \frac{1}{2} \cdot \left(\begin{pmatrix} 1 \\ -3 \\ 6 \end{pmatrix} + \begin{pmatrix} 3 \\ 5 \\ 2 \end{pmatrix}\right) = \begin{pmatrix} 2 \\ 1 \\ 4 \end{pmatrix} \quad M(2 | 1 | 4)$

Teilung einer Strecke im Verhältnis n : m

1\. Schritt: Geradengleichung aufstellen
2\. Schritt: Parameter mit dem Wert n : (m + n) einsetzen
3\. Schritt: Teilpunkt berechnen

Beispiel: A(3 | 5 | 2); B(1 | −3 | 6)
Verhältnis 1 : 3

$\vec{x} = \begin{pmatrix} 3 \\ 5 \\ 2 \end{pmatrix} + t \cdot \begin{pmatrix} -2 \\ -8 \\ 4 \end{pmatrix} \quad \overrightarrow{OT} = \begin{pmatrix} 3 \\ 5 \\ 2 \end{pmatrix} + \frac{1}{4} \cdot \begin{pmatrix} -2 \\ -8 \\ 4 \end{pmatrix} = \begin{pmatrix} 2{,}5 \\ 3 \\ 3 \end{pmatrix}$

T(2,5 | 3 | 3)

Spurpunkte einer Ebene

1\. Schritt: Koordinatengleichung der Ebene angeben
2\. Schritt: Schnitt mit der x_1-Achse; $x_2 = 0$ und $x_3 = 0$
3\. Schritt: analoge Punkte auf den beiden anderen Achsen berechnen

Beispiel:

$E: \left[\vec{x} - \begin{pmatrix} 3 \\ 1 \\ 2 \end{pmatrix}\right] \cdot \begin{pmatrix} 1 \\ -2 \\ 2 \end{pmatrix} = 0 \quad x_1 - 2x_2 + 2x_3 = 5$

$x_1 = 5;\ x_2 = -\frac{5}{2};\ x_3 = \frac{5}{2}$, also $(5 | 0 | 0); \left(0 \middle| -\frac{5}{2} \middle| 0\right), \left(0 \middle| 0 \middle| \frac{5}{2}\right)$

Spurpunkte einer Geraden

1\. Schritt: $\vec{x}$ in der Geradengleichung nacheinander mit $\begin{pmatrix} x_1 \\ x_2 \\ 0 \end{pmatrix}; \begin{pmatrix} x_1 \\ 0 \\ x_3 \end{pmatrix}; \begin{pmatrix} 0 \\ x_2 \\ x_3 \end{pmatrix}$ ersetzen
2\. Schritt: jeweils den Parameterwert berechnen
3\. Schritt: Spurpunkte angeben

Beispiel:
Spurpunkt von $\vec{x} = \begin{pmatrix} 1 \\ 3 \\ -2 \end{pmatrix} + t \cdot \begin{pmatrix} 8 \\ 0 \\ 4 \end{pmatrix}$ in der x_2x_3-Ebene

$\begin{pmatrix} 0 \\ x_2 \\ x_3 \end{pmatrix} = \begin{pmatrix} 1 \\ 3 \\ -2 \end{pmatrix} + t \cdot \begin{pmatrix} 8 \\ 0 \\ 4 \end{pmatrix}$

$0 = 1 + 8t \qquad t = -\frac{1}{8}$

$x_2 = 3$

$x_3 = -2 + 4t \qquad x_3 = -2 - \frac{4}{8} = -2{,}5$

$S_{x_2x_3}(0 | 3 | -2{,}5)$

Schnittpunkt von Gerade und Ebene

1\. Schritt: allgemeinen Geradenpunkt in die Koordinatenform der Ebenengleichung einsetzen
2\. Schritt: Parameterwert berechnen
3\. Schritt: Parameterwert in den allgemeinen Geradenpunkt einsetzen

Beispiel:
$E: x_1 - 2x_2 + 2x_3 = 7 \quad g: \vec{x} = \begin{pmatrix} 3 \\ 5 \\ 2 \end{pmatrix} + t \cdot \begin{pmatrix} -2 \\ 8 \\ 4 \end{pmatrix}$

$G_t(3 - 2t | 5 + 8t | 2 + 4t)$
$(3 - 2t) - 2 \cdot (5 + 8t) + 2 \cdot (2 + 4t) = 7$
$-3 - 10t = 7$
$t = -1 \quad S(5 | -3 | -2)$

Berechnung des Lotfußpunktes von P auf der Ebene E

1\. Schritt: eine Gerade g durch P senkrecht zu E bestimmen (Richtungsvektor von g ist Normalenvektor von E)
2\. Schritt: Schnittpunkt von g mit E ist der Fußpunkt

Beispiel:
$E: 2x_1 + 3x_2 - 5x_3 = 77 \quad P(4 | 1 | 2)$

$\vec{x} = \begin{pmatrix} 4 \\ 1 \\ 2 \end{pmatrix} + t \cdot \begin{pmatrix} 2 \\ 3 \\ -5 \end{pmatrix}$

$2 \cdot (4 + 2t) + 3 \cdot (1 + 3t) - 5 \cdot (2 - 5t) = 77$
$t = 2 \quad F(8 | 7 | -8)$

Lagebeziehungen

Liegt der Punkt P auf der Geraden g?

1. Schritt: den Ortsvektor von P für $\vec{x}$ in g einsetzen
2. Schritt: prüfen, ob es genau eine Lösung für den Wert der bzw. des Parameters gibt

Beispiel: $\vec{x} = \begin{pmatrix}3\\5\\2\end{pmatrix} + t \cdot \begin{pmatrix}-2\\8\\4\end{pmatrix}$ P(1|−3|6)

$\begin{pmatrix}1\\-3\\6\end{pmatrix} = \begin{pmatrix}3\\5\\2\end{pmatrix} + t \cdot \begin{pmatrix}-2\\8\\4\end{pmatrix}$ $\begin{matrix}t = 1\\t = -1\\t = 1\end{matrix}$

P liegt nicht auf g.

Liegt der Punkt P in der Ebene E?

1. Schritt: Koordinatengleichung von E angeben
2. Schritt: die Koordinaten von P für x_1, x_2 und x_3 einsetzen und prüfen, ob eine wahre Aussage entsteht.

Beispiel: E: $3x_1 + 4x_2 + x_3 = 12$ P(2|1|2)

$3 \cdot 2 + 4 \cdot 1 + 1 \cdot 2 = 12$

Der Punkt P liegt in der Ebene E.

Spurgerade in einer Koordinatenebene ermitteln

1. Schritt: Spurpunkte in dieser Koordinatenebene ermitteln
2. Schritt: Geradengleichung aus diesen beiden Punkten aufstellen

Beispiel: Spurgerade in der x_1x_3-Ebene von E mit E: $3x_1 + 4x_2 + x_3 = 12$

Spurpunkte (4|0|0) und (0|0|12)

Spurgerade: $\vec{x} = \begin{pmatrix}4\\0\\0\end{pmatrix} + t \cdot \begin{pmatrix}4\\0\\-12\end{pmatrix}$

Schnittgerade zweier Ebenen ermitteln

1. Schritt: Normalenvektoren auf Parallelität überprüfen (Wenn $\vec{n_1} = t \cdot \vec{n_2}$, dann gibt es keine Schnittgerade.)
2. Schritt: Koordinatengleichungen der Ebenen E_1 und E_2 als Gleichungssystem behandeln und willkürlich eine Variable als Parameter verwenden
3. Schritt: Lösung des Gleichungssystems ist ein allgemeiner Geradenpunkt, der sich als Geradengleichung schreiben lässt.

Beispiel: E_1: $3x_1 - 5x_2 + 2x_3 = -5$

E_2: $x_1 + 3x_2 + 10x_3 = 17$

LGS: I $3x_1 - 5x_2 + 2x_3 = -5$

II $x_1 + 3x_2 + 10x_3 = 17$

I − 3II: $-14x_2 - 28x_3 = -56$

Setze $x_3 = t$: $-14x_2 = -56 + 28t$ $|:(-14)$

$x_2 = 4 - 2t$

in Gleichung II einsetzen:

$x_1 + 3(4 - 2t) + 10t = 17$

$x_1 = 5 - 4t$

allgemeiner Geradenpunkt:

(5 − 4t|4 − 2t|t) als Vektor $\begin{pmatrix}5-4t\\4-2t\\t\end{pmatrix}$,

also Schnittgerade: $\vec{x} = \begin{pmatrix}5\\4\\0\end{pmatrix} + t \cdot \begin{pmatrix}-4\\-2\\1\end{pmatrix}$

Winkelhalbierende Geraden zweier Geraden

1. Schritt: Schnittpunkt der Geraden ermitteln
2. Schritt: Richtungsvektoren der Geraden normieren
3. Schritt: Summe und Differenz der normierten Vektoren jeweils als Richtungsvektor und den Schnittpunkt als festen Punkt verwenden
4. Schritt: (Probe) prüfen, ob beide Winkelhalbierende senkrecht zueinander sind

Beispiel:

g_1: $\vec{x} = \begin{pmatrix}1\\0\\3\end{pmatrix} + r \cdot \begin{pmatrix}2\\1\\2\end{pmatrix}$; g_2: $\vec{x} = \begin{pmatrix}6\\0\\9\end{pmatrix} + s \cdot \begin{pmatrix}1\\-2\\2\end{pmatrix}$

Schnittpunkt: (5|2|7)

$\frac{1}{3}\begin{pmatrix}2\\1\\2\end{pmatrix} + \frac{1}{3}\begin{pmatrix}1\\-2\\2\end{pmatrix} = \frac{1}{3}\begin{pmatrix}3\\-1\\4\end{pmatrix}$ bzw. $\frac{1}{3}\begin{pmatrix}2\\1\\2\end{pmatrix} - \frac{1}{3}\begin{pmatrix}1\\-2\\2\end{pmatrix} = \frac{1}{3}\begin{pmatrix}1\\3\\0\end{pmatrix}$

Winkelhalbierende Geraden

W_1: $\vec{x} = \begin{pmatrix}5\\2\\7\end{pmatrix} + t_1 \cdot \begin{pmatrix}3\\-1\\4\end{pmatrix}$ und W_2: $\vec{x} = \begin{pmatrix}5\\2\\7\end{pmatrix} + t_2 \cdot \begin{pmatrix}1\\3\\0\end{pmatrix}$

Winkelhalbierende Ebene zweier Ebenen

1. Schritt: einen gemeinsamen Punkt der Ebenen ermitteln
2. Schritt: Normalenvektoren der Ebenen normieren
3. Schritt: Summe und Differenz der normierten Vektoren jeweils als Normalenvektor und den Schnittpunkt als festen Punkt verwenden

Tipp: Prüfen Sie, ob beide Winkelhalbierende senkrecht zueinander sind. Lassen sich die Richtungsvektoren einfacher ausdrücken?

Beispiel: E_1: $3x_1 - x_2 + 2x_3 = 6$
E_2: $x_1 + 3x_2 - 2x_3 = 2$

$x_2 = 0$ verwenden: $3x_1 + 2x_3 = 6$
$x_1 - 2x_3 = 2$

Schnittpunkt: (2 | 0 | 0)

$$\frac{1}{\sqrt{14}}\begin{pmatrix}3\\-1\\2\end{pmatrix} + \frac{1}{\sqrt{14}}\begin{pmatrix}1\\3\\-2\end{pmatrix} = \frac{1}{\sqrt{14}}\begin{pmatrix}4\\2\\0\end{pmatrix} \text{ bzw.}$$

$$\frac{1}{\sqrt{14}}\begin{pmatrix}3\\-1\\2\end{pmatrix} - \frac{1}{\sqrt{14}}\begin{pmatrix}1\\3\\-2\end{pmatrix} = \frac{1}{\sqrt{14}}\begin{pmatrix}2\\-4\\4\end{pmatrix}$$

Winkelhalbierende Ebenen
W_1: $4x_1 + 2x_2 = 8$ und W_2: $2x_1 - 4x_2 + 4x_3 = 4$

Spiegelung eines Punktes P an einem Punkt Q

1. Schritt: Berechnen des Vektors $\overrightarrow{PQ}$
2. Schritt: P' aus $\overrightarrow{OP'} = \overrightarrow{OP} + 2 \cdot \overrightarrow{PQ}$ ermitteln

Beispiel: P(2 | 6 | −4); Q(3 | 0 | 1)

$$\overrightarrow{PQ} = \begin{pmatrix}1\\-6\\5\end{pmatrix} \quad \overrightarrow{OP'} = \begin{pmatrix}2\\6\\-4\end{pmatrix} + 2 \cdot \begin{pmatrix}1\\-6\\5\end{pmatrix} = \begin{pmatrix}4\\-6\\6\end{pmatrix} \quad P'(4 | -6 | 6)$$

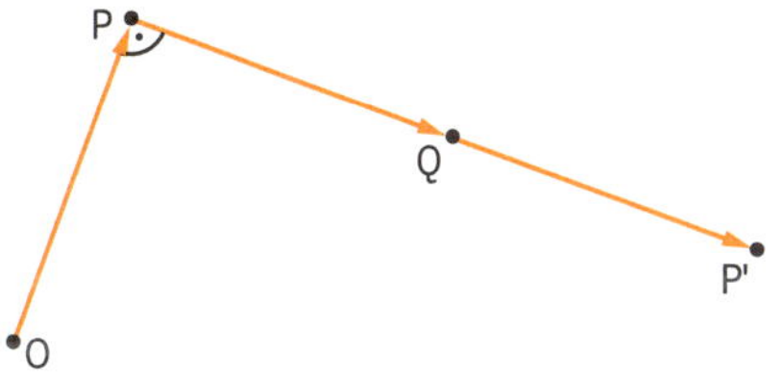

Spiegelung eines Punktes P an einer Ebene E

1. Schritt: Gerade durch P senkrecht zu E ist g
2. Schritt: Schnittpunkt von g und E ist F
3. Schritt: P' aus $\overrightarrow{OP'} = \overrightarrow{OP} + 2 \cdot \overrightarrow{PF}$ ermitteln

Beispiel: P(−5 | −8 | 3); E: $2x_1 + 3x_2 - x_3 = 5$

$$g: \vec{x} = \begin{pmatrix}-5\\-8\\3\end{pmatrix} + t \cdot \begin{pmatrix}2\\3\\-1\end{pmatrix}$$

in E: $2(-5 + 2t) + 3(-8 + 3t) - (3 - t) = 5$
$-37 + 14t = 5 \quad t = 3 \quad F(1 | 1 | 0)$

$$\overrightarrow{OP'} = \overrightarrow{OP} + 2 \cdot \overrightarrow{PF} = \begin{pmatrix}-5\\-8\\3\end{pmatrix} + 2 \cdot \begin{pmatrix}6\\9\\-3\end{pmatrix} = \begin{pmatrix}7\\10\\-3\end{pmatrix} \quad P'(7 | 10 | -3)$$

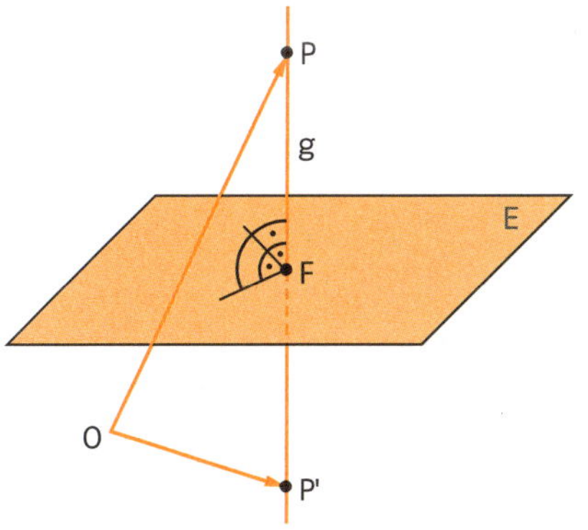

Spiegelung eines Punktes an einer Geraden

1. Schritt: Ebene E durch P senkrecht zu g bestimmen
2. Schritt: Schnittpunkt von g und E ist F
3. Schritt: P' aus $\overrightarrow{OP'} = \overrightarrow{OP} + 2 \cdot \overrightarrow{PF}$ ermitteln

Beispiel: P(−2 | 8 | 10)

$$g: \vec{x} = \begin{pmatrix}4\\1\\8\end{pmatrix} + t \cdot \begin{pmatrix}1\\0\\3\end{pmatrix}$$

Ebene E: $x_1 + 3x_3 = -2 + 3 \cdot 10 = 28$,
also $x_1 + 3x_3 = 28$

g in E einsetzen: $(4 + t) + 3 \cdot (8 + 3t) = 28 \quad t = 0$

F(4 | 1 | 8)

$$\overrightarrow{OP'} = \overrightarrow{OP} + 2 \cdot \overrightarrow{PF} = \begin{pmatrix}-2\\8\\10\end{pmatrix} + 2 \cdot \begin{pmatrix}6\\-7\\-2\end{pmatrix} = \begin{pmatrix}10\\-6\\6\end{pmatrix} \quad P'(10 | -6 | 6)$$

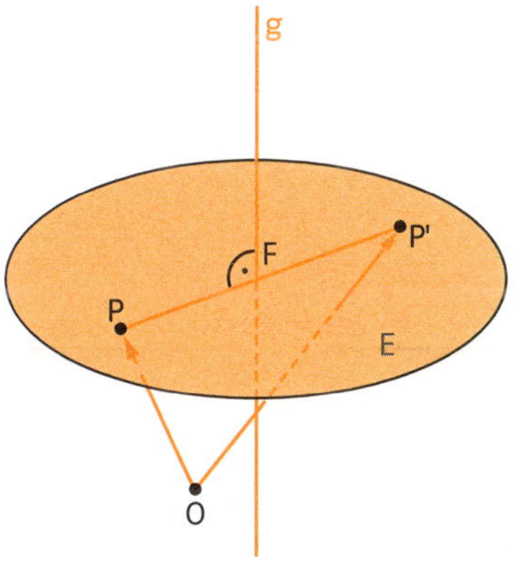

Abstände

Abstand zweier Punkte P und Q

1. Schritt: Vektor $\overrightarrow{PQ} = \overrightarrow{OQ} - \overrightarrow{OP}$ bilden
2. Schritt: Abstand als Betrag des Vektors $\overrightarrow{PQ}$ berechnen.

Beispiel: P(−1 | 2 | 3); Q(4 | −2 | 0)

$$\overrightarrow{PQ} = \begin{pmatrix} 5 \\ -4 \\ -3 \end{pmatrix} \quad |\overrightarrow{PQ}| = \sqrt{5^2 + (-4)^2 + (-3)^2} = \sqrt{50} = 5 \cdot \sqrt{2}$$

Abstand Punkt – Gerade

1. Schritt: Ebene durch P senkrecht zu g bestimmen
2. Schritt: Schnittpunkt von g und E ist F
3. Schritt: Abstand ist $|\overrightarrow{PF}|$

Beispiel: P(9 | 8 | 5) $\quad g: \vec{x} = \begin{pmatrix} 1 \\ 0 \\ 1 \end{pmatrix} + t \cdot \begin{pmatrix} 4 \\ 1 \\ 3 \end{pmatrix}$

$E: 4x_1 + x_2 + 3x_3 = 59 \quad 4(1 + 4t) + t + 3(1 + 3t) = 59$

$26t = 52 \quad t = 2 \quad F(9 | 2 | 7) \quad |\overrightarrow{PF}| = \sqrt{40}$

Abstand Punkt – Ebene

1. Schritt: Gerade durch P senkrecht zu E ist g
2. Schritt: Schnittpunkt von g und E ist F
3. Schritt: Abstand ist $|\overrightarrow{PF}|$

oder:

1. Schritt: Ebene in Hesse'scher Normalenform angeben
2. Schritt: Koordinaten von P in die Abstandsformel (aus der Formelsammlung) einsetzen

Beispiel: P(3 | −3 | 6) $\quad E: 2x_1 - 5x_2 + 3x_3 = 1$

$$g: \vec{x} = \begin{pmatrix} 3 \\ -3 \\ 6 \end{pmatrix} + t \cdot \begin{pmatrix} 2 \\ -5 \\ 3 \end{pmatrix}$$

$2(3 + 2t) - 5(-3 - 5t) + 3(6 + 3t) = 1$

$38t = -38 \quad t = -1 \quad F(1 | 2 | 3) \quad |\overrightarrow{PF}| = \sqrt{38}$

oder:

$$E: \frac{1}{\sqrt{38}} \left[\vec{x} - \begin{pmatrix} -1 \\ 0 \\ 1 \end{pmatrix} \right] \cdot \begin{pmatrix} 2 \\ -5 \\ 3 \end{pmatrix} = 0$$

$$d = \frac{1}{\sqrt{38}} \left[\begin{pmatrix} 3 \\ -3 \\ 6 \end{pmatrix} - \begin{pmatrix} -1 \\ 0 \\ 1 \end{pmatrix} \right] \cdot \begin{pmatrix} 2 \\ -5 \\ 3 \end{pmatrix} = \frac{1}{\sqrt{38}} \begin{pmatrix} 4 \\ -3 \\ 5 \end{pmatrix} \cdot \begin{pmatrix} 2 \\ -5 \\ 3 \end{pmatrix} = \frac{38}{\sqrt{38}} = \sqrt{38}$$

Abstand windschiefer Geraden

1. Schritt: einen zu den beiden Richtungsvektoren senkrechten Vektor als Normalenvektor der Hilfsebene E ermitteln
2. Schritt: festen Punkt von g_1 als festen Punkt von E verwenden
3. Schritt: Abstand des festen Punktes von g_2 und der Ebene E ermitteln (Formel aus der Formelsammlung)

Beispiel: $g_1: \vec{x} = \begin{pmatrix} 4 \\ 1 \\ 2 \end{pmatrix} + t \cdot \begin{pmatrix} 1 \\ 1 \\ 0 \end{pmatrix} \quad g_2: \vec{x} = \begin{pmatrix} 1 \\ 0 \\ 2 \end{pmatrix} + s \cdot \begin{pmatrix} 0 \\ 1 \\ 1 \end{pmatrix}$

$$\begin{pmatrix} 1 \\ 1 \\ 0 \end{pmatrix} \times \begin{pmatrix} 0 \\ 1 \\ 1 \end{pmatrix} = \begin{pmatrix} 1 \\ -1 \\ 1 \end{pmatrix} \quad E: \frac{1}{\sqrt{3}} \left[\vec{x} - \begin{pmatrix} 4 \\ 1 \\ 2 \end{pmatrix} \right] \cdot \begin{pmatrix} 1 \\ -1 \\ 1 \end{pmatrix} = 0$$

$$d = \left| \frac{1}{\sqrt{3}} \left[\begin{pmatrix} 1 \\ 0 \\ 2 \end{pmatrix} - \begin{pmatrix} 4 \\ 1 \\ 2 \end{pmatrix} \right] \cdot \begin{pmatrix} 1 \\ -1 \\ 1 \end{pmatrix} \right| = \left| \frac{1}{\sqrt{3}} \begin{pmatrix} -3 \\ -1 \\ 0 \end{pmatrix} \cdot \begin{pmatrix} 1 \\ -1 \\ 1 \end{pmatrix} \right| = \frac{2}{\sqrt{3}}$$

Abstand paralleler Geraden

1. Schritt: Ebene E senkrecht zu den Geraden durch den festen Punktes P der Geraden g_2
2. Schritt: Durchstoßpunkt F der Geraden g_1 mit der Ebene ermitteln
3. Schritt: Abstand $|\overrightarrow{PF}|$ berechnen

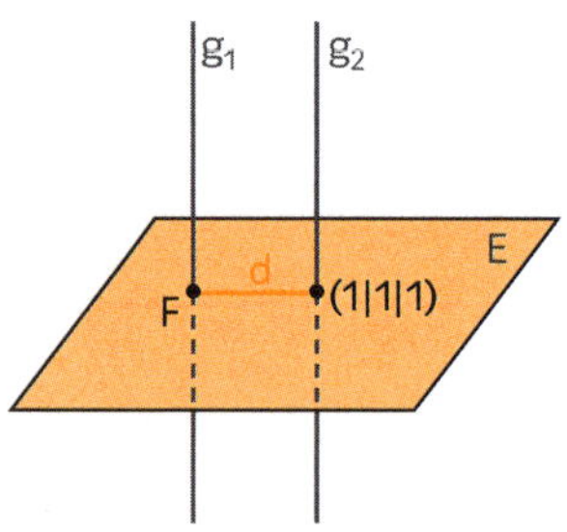

Beispiel: $g_1: \vec{x} = \begin{pmatrix} 5 \\ 11 \\ 1 \end{pmatrix} + t_1 \cdot \begin{pmatrix} 4 \\ 1 \\ 3 \end{pmatrix} \quad g_2: \vec{x} = \begin{pmatrix} 1 \\ 1 \\ 1 \end{pmatrix} + t_2 \cdot \begin{pmatrix} 8 \\ 2 \\ 6 \end{pmatrix}$

Ebene durch (1 | 1 | 1) senkrecht zu g_1:

$4x_1 + x_2 + 3x_3 = 8$

$4(5 + 4t_1) + (11 + t_1) + 3(1 + 3t_1) = 8$

$26\,t_1 = -26 \quad t_1 = -1 \quad F(1 | 10 | -2)$

$d = |\overrightarrow{PF}| = \sqrt{90}$

Analysieren gegebener Aufgaben

Schlüsselbegriffe erkennen	Beispiel	Lösungsansätze
Aussagenverknüpfung mit „und“	… beim 1. Wurf eine 6 und beim 2. Wurf eine 1 …	A und B $P(A) \cdot P(B)$ (wenn sich A und B nicht gegenseitig beeinflussen)
Aussagenverknüpfung mit „oder“	… beim Würfeln eine 6 oder eine ungerade Zahl …	A oder B $P(A) + P(B)$ (wenn kein Ergebnis für A und für B gilt)
Anzahl der Möglichkeiten	… dreimal nacheinander eine 6	Urnenmodell, Baumdiagramm
Anzahl als Zufallsgröße mit „genau“, „mindestens“, „höchstens“, „weniger als…“	… genau zwei Teile sind defekt … … von 10 Teilen der Stichprobe sind mindestens 6 brauchbar …	Binomialverteilung
„… wird durchschnittlich erwartet“ „Erwartungswert“	Wie viele gerade Ergebnisse sind bei 100 mal Würfeln zu erwarten?	Wahrscheinlichkeitsverteilung, für Binomialverteilung $E(X) = n \cdot p$
„Faires Spiel“	Wie hoch muss der Einsatz sein, damit das Spiel fair ist?	Wahrscheinlichkeitsverteilung mit $E(X) = 0$
„getestet“, „Ablehnungsbereich“, „Irrtumswahrscheinlichkeit“, „Hypothese“, „Entscheidungsregel“	… ab welchem Ergebnis der Stichprobe muss man die Hypothese ablehnen?	Hypothesentest

Systematisierung der Fälle zum Urnenmodell und Ermittlung der Anzahl aller Möglichkeiten

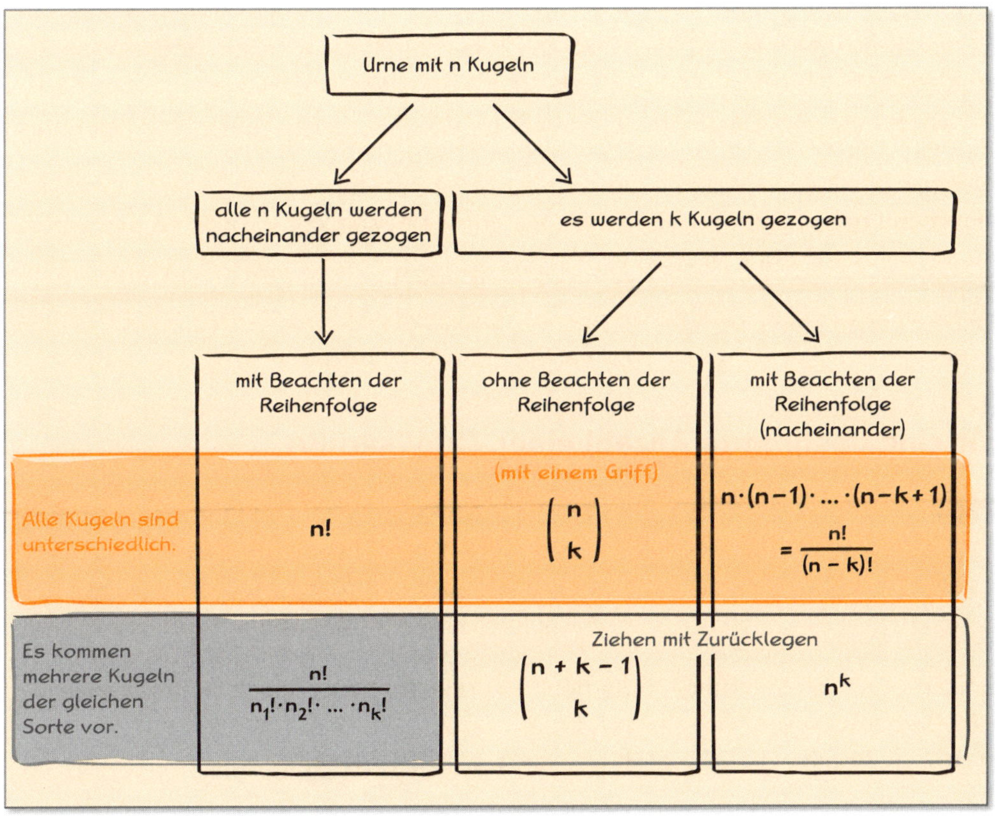

Entscheidung für ein Modell
Anzahl der Möglichkeiten:
Urnenmodell

Zu klären: Wofür stehen die Kugeln in der Urne?
Sind die Kugeln in der Urne alle unterschiedlich?
Zieht man mit einem Griff (also ohne Beachtung der Reihenfolge) oder zieht man nacheinander, mit oder ohne Zurücklegen?

Mehrstufiges Experiment

Baumdiagramm, wenn der Baum noch sinnvoll zu zeichnen ist.
Urnenmodell, wenn es nur um die Anzahl der Erfolge geht.
Bernoullikette (Binomialverteilung), wenn nur die Anzahl von Erfolgen gezählt wird und jede Stufe die gleiche Wahrscheinlichkeit hat.

Berechnung von Wahrscheinlichkeiten in Laplace-Experimenten

Wahrscheinlichkeiten für Ereignisse ohne Beachtung der Reihenfolge

1. Schritt: prüfen, ob jedes Ereignis die gleiche Wahrscheinlichkeit besitzt
2. Schritt: prüfen, ob die gezogene Kugel zurückgelegt werden muss.
3. Schritt: Berechnung der Anzahl aller Möglichkeiten, von n unterschiedlichen Kugeln genau k Kugeln zu ziehen
4. Schritt: Berechnung der Anzahl der günstigen Möglichkeiten, k Kugeln zu ziehen
5. Schritt: Quotient aus dem Ergebnissen des 4. Schritts und des 3. Schritts bilden

Beispiel:
Ein Skatspieler erhält nacheinander drei Karten.
Mit welcher Wahrscheinlichkeit sind es nur Herzkarten?
Urnenmodell ohne Zurücklegen, weil alle Karten unterschiedlich sind.
Alle Möglichkeiten: Ziehen mit einem Griff von drei Kugeln aus einer Urne mit 32 Kugeln.
$\binom{32}{3} = \frac{32 \cdot 31 \cdot 30}{1 \cdot 2 \cdot 3} = 4960$
Günstige Möglichkeiten: Ziehen mit einem Griff von drei Kugeln aus einer Urne mit 8 Kugeln.
$\binom{8}{3} = \frac{8 \cdot 7 \cdot 6}{1 \cdot 2 \cdot 3} = 56 \quad P(A) = \frac{56}{4960} \approx 0{,}0113$

Wahrscheinlichkeiten für Ereignisse mit Beachtung der Reihenfolge

1. Schritt: prüfen, ob jedes Ereignis die gleiche Wahrscheinlichkeit besitzt
2. Schritt: prüfen, ob die gezogene Kugel zurückgelegt werden muss.
3. Schritt: Berechnung der Anzahl aller Möglichkeiten, von n unterschiedlichen Kugeln nacheinander genau k Kugeln mit Beachtung der Reihenfolge zu ziehen
4. Schritt: Wahrscheinlichkeit für genau eine günstige Anordnung angeben

Beispiel:
Aus einer Urne mit einer roten und einer schwarzen Kugel sollen nacheinander 4 Kugeln gezogen werden. Mit welcher Wahrscheinlichkeit sind nur die ersten drei Kugeln rot? (Die Aufgabenstellung macht ein Zurücklegen erforderlich!)
Anzahl der Möglichkeiten: $2^4 = 16$
Günstig ist nur eine Möglichkeit $P(A) = \frac{1}{16}$
Alternative: Betrachtet man gleich die Wahrscheinlichkeiten, so ist $P(A) = \left(\frac{1}{2}\right)^4 = \frac{1}{16}$

Wahrscheinlichkeit für eine bestimmte Anzahl einer Zufallsgröße

Binomialverteilte Zufallsgrößen – Einzelwahrscheinlichkeit

1. Schritt: prüfen, ob Binomialverteilung vorliegt
2. Schritt: „Treffer“ geeignet definieren, Parameter n und p der Binomialverteilung festlegen
3. Schritt: die gesuchte Wahrscheinlichkeit in mathematischer Schreibweise ausdrücken
4. Schritt: Einzelwahrscheinlichkeit angeben (GTR)

Beispiel: Ein idealer Würfel wird fünfmal geworfen. Gesucht ist die Wahrscheinlichkeit, dass genau dreimal eine Zahl größer 4 fällt.
X: Anzahl der geworfenen 5 oder 6
X ist binomialverteilt, weil jedes Ergebnis der n = 5 Bernoulli-Experimente die gleiche Wahrscheinlichkeit $p = \frac{1}{3}$ gilt.
$P(X = 3) = B_{5;\,1/3}(3) \approx 0{,}1646$

Binomialverteilte Zufallsgrößen – Intervallwahrscheinlichkeit

1. Schritt: prüfen, ob Binomialverteilung vorliegt
2. Schritt: „Treffer" geeignet definieren, Parameter n und p der Binomialverteilung festlegen
3. Schritt: die gesuchte Wahrscheinlichkeit in mathematischer Schreibweise ausdrücken
3. Schritt: Intervallwahrscheinlichkeit angeben (GTR)

Beispiel: Ein idealer Würfel wird zehnmal geworfen. Gesucht ist die Wahrscheinlichkeit, dass mindestens drei Sechsen geworfen werden.
X: Anzahl der geworfenen Sechsen
X ist binomialverteilt, weil für jedes Ergebnis der n = 10 Bernoulli-Experimente die gleiche Wahrscheinlichkeit $p = \frac{1}{6}$ gilt.
$P(X \geq 3) = 1 - P(X \leq 2) = 1 - F_{10;\,1/6}(2) \approx 0{,}2248$

Wahrscheinlichkeiten mit Baumdiagramm und Urnenmodell

1. Schritt: Wahrscheinlichkeiten für Erfolg und Misserfolg in den einzelnen Stufen des Baumdiagramms festlegen
2. Schritt: Anzahl der Pfade mit der gewünschten Anzahl von Erfolgen mit dem Urnenmodell berechnen
3. Schritt: Wahrscheinlichkeit längs eines Pfades als Multiplikation der Einzelwahrscheinlichkeiten mit der Anzahl der Pfade multiplizieren

Beispiel: In einer Urne sind 4 weiße und 3 rote Kugeln. Berechnen Sie die Wahrscheinlichkeit, bei fünfmaligem Ziehen mit Zurücklegen genau 2 rote Kugeln zu ziehen.
P(Ziehen einer roten Kugel) = $\frac{3}{7}$
P(Ziehen einer weißen Kugel) = $\frac{4}{7}$
Anzahl der Pfade mit genau 2 roten Kugeln: $\binom{5}{2} = 10$
P(genau 2 rote Kugeln) = $10 \cdot \left(\frac{3}{7}\right)^2 \cdot \left(\frac{4}{7}\right)^3 = \frac{5760}{16\,807}$
$\approx 0{,}3427$

Wahrscheinlichkeitsverteilung und Erwartungswert

1. Schritt: alle möglichen Ergebnisse in eine Tabelle schreiben
2. Schritt: jedem Ergebnis seine Wahrscheinlichkeit zuordnen
3. Schritt: prüfen, ob die Summe dieser Wahrscheinlichkeiten den Wert 1 hat
4. Schritt: der Erwartungswert E(X) ist die Summe der Produkte aus den Ergebnissen und ihren Wahrscheinlichkeiten

Beispiel: Wie viel Einsen erhält man durchschnittlich, wenn man einen idealen Würfel fünfmal wirft?
Wahrscheinlichkeitsverteilung:

x_i	0	1	2	3	4	5
$P(X = x_i)$	0,132	0,329	0,329	0,165	0,041	0,004

Erwartungswert:
$E(X) = 0 \cdot 0{,}132 + 1 \cdot 0{,}329 + 2 \cdot 0{,}329 + 3 \cdot 0{,}165 + 4 \cdot 0{,}041 + 5 \cdot 0{,}004 = 1{,}798 \approx 1{,}8$
Es sind also durchschnittlich 1,8 Einsen zu erwarten.

Faires Spiel

1. Schritt: Wahrscheinlichkeitsverteilung für den Gewinn des betrachteten Spielers und die jeweiligen Wahrscheinlichkeiten aufstellen
2. Schritt: Erwartungswert dieses Gewinns berechnen und dieses Ergebnis interpretieren
3. Schritt: die Spielbedingungen so festlegen, dass das Spiel fair ist, also E(G) = 0 ist oder das gewünschte Ergebnis zeigt

Beispiel: e = 2… Spieleinsatz
Betrachten des Gewinns von Spieler A

Auszahlung an A	0 €	1€	2 €	3 €	4 €
Gewinn g_i	−2 €	−1 €	0 €	1 €	2 €
$P(G = g_i)$	0,2	0,2	0,4	0,1	0,1

E(X) = −0,3, d.h. Spieler A verliert pro Spiel im Durchschnitt 30 ct.
Damit das Spiel fair ist, wird der Einsatz verändert:

Gewinn g_i	−e €	(1 − e) €	(2 − e) €	(3 − e) €	(4 − e) €
$P(G = g_i)$	0,2	0,2	0,4	0,1	0,1

$E(X) = 0$
$= -0{,}2e + 0{,}2(1 - e) + 0{,}4(2 - e) + 0{,}1(3 - e) + 0{,}1(4 - e)$
$= -e + 1{,}7 = 0$ fairer Einsatz 1,70 €

Testen von Wahrscheinlichkeiten

Ablehnungsbereich ermitteln

Gegeben ist eine Hypothese H_0 mit der Wahrscheinlichkeit p_0 und gegebenenfalls eine Gegenhypothese H_1 mit p_1 und die Irrtumswahrscheinlichkeit α.

1. Schritt: prüfen, ob ein linksseitiger oder ein rechtsseitiger Ablehnungsbereich vorliegt.
   Für $p_0 > p_1$: Ablehnungsbereich 0, 1, 2, …, g
   Für $p_0 < p_1$: Ablehnungsbereich g, g + 1, …, n
2. Schritt: den Wert g suchen, für den beide Ungleichungen mit n und p_0 erfüllt sind:
   Linksseitiger Ablehnungsbereich:
   $P(X \leqq g) \leqq \alpha$ und $P(X \leqq g + 1) > \alpha$
   Rechtsseitiger Ablehnungsbereich:
   $P(X \geqq g) \leqq \alpha$ und $P(X \geqq g - 1) > \alpha$

Tipp: Definieren Sie mit Ihrem GTR eine Funktion, indem Sie g als x bezeichnen und suchen Sie unter TABLE den entsprechenden Wert für g.

am Beispiel: 1

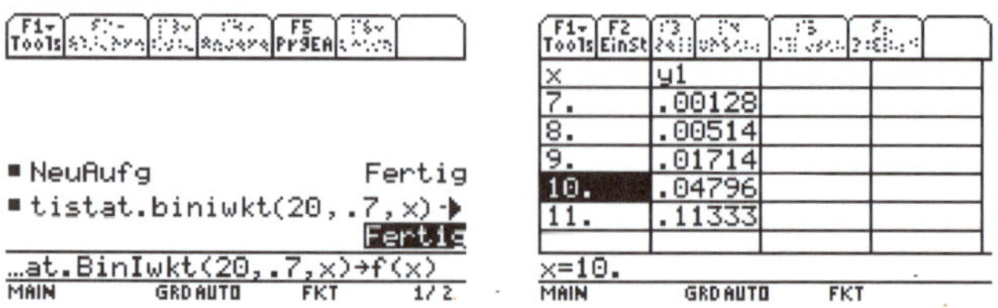

Fig. 1

am Beispiel 2:

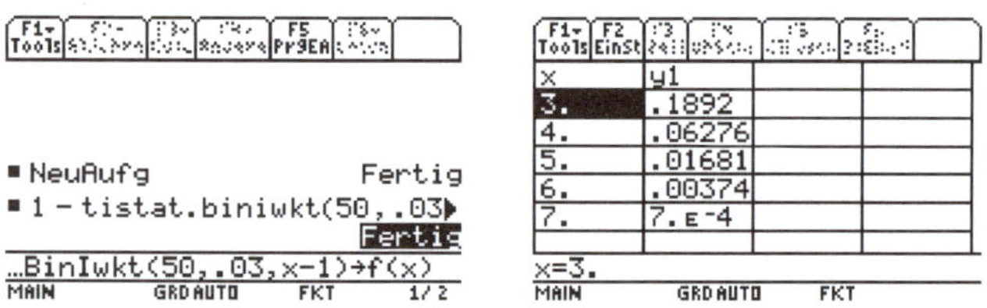

Fig. 2

Beispiel 1:
Ein Losbudenbesitzer wirbt damit, dass 70 % seiner Lose gewinnen. Ein Besucher kauft 20 Lose. Bei welcher Anzahl von Gewinnlosen kann er den Losbudenbesitzer beschuldigen, eine falsche Behauptung verbreitet zu haben, wenn er sich höchsten mit einer Wahrscheinlichkeit von 5 % irren will?
Die Behauptung wird abgelehnt, wenn 0, 1, …, g Gewinnlose in der Stichprobe sind.
$P(X \leqq g) \leqq 0{,}05$ und $P(X \leqq g + 1) > 0{,}05$ gilt für g = 10, weil $P(X \leqq 10) = 0{,}04796$ und $P(X \leqq 11) = 0{,}1133$ ist.
(siehe Fig. 1)
Ablehnungsbereich: {0, 1, …, 10}

Beispiel 2:
Ein Händler behauptet von seiner Ware, dass höchstens 3 % fehlerhaft sind. Es soll der Verdacht überprüft werden, dass diese Angabe zu niedrig ist und setzt dabei eine Irrtumswahrscheinlichkeit von 5 % bei einem Stichprobenumfang von 50 an.
Ermitteln Sie den Ablehnungsbereich.
Die Behauptung des Händlers wird abgelehnt, wenn man g, g + 1, …, 50 fehlerhafte Waren in der Stichprobe findet.
$P(X \geqq g) \leqq 0{,}05$ und $P(X \geqq g - 1) > 0{,}05$ gilt für g = 5, weil $P(X \geqq 5) = 0{,}0168$ und $P(X \geqq 4) = 0{,}0628$ ist.
(siehe Fig. 2)
Ablehnungsbereich: {5, 6, …, 50}

Irrtumswahrscheinlichkeit berechnen

Gegeben ist eine Hypothese mit p_0 und das Ergebnis einer Stichprobe. Es ist die Irrtumswahrscheinlichkeit dafür zu ermitteln, dass man diese Hypothese ablehnt, obwohl sie richtig ist. (Fehler 1. Art)

1. Schritt: entscheiden, ob ein links- oder rechtsseitiger Ablehnungsbereich zutrifft
2. Schritt: die Wahrscheinlichkeit berechnen, dass die Hypothese abgelehnt wird, obwohl sie wahr ist.
   Verwenden der Binomialverteilung als Intervallwahrscheinlichkeit mit n, p_0 und dem Ergebnis der Stichprobe.

Beispiel: Ein Schütze behauptet eine Trefferwahrscheinlichkeit von mindestens 95 %. Mit einer Serie von 200 Schüssen wurde das getestet. Dabei erreichte der Schütze nur 184 Treffer. Wegen dieses Resultats wird seine Behauptung als falsch eingeschätzt.
Wie groß ist die Wahrscheinlichkeit, dass man sich dabei irrt?
Der Ablehnungsbereich ist linksseitig mit {0, 1, 2, …, g} anzusetzen.
X: Anzahl der Treffer ist binomialverteilt mit $p_0 = 0{,}95$ und n = 200.
$P(X \leqq 184) = F_{200;\,0{,}95}(184) = 0{,}044$
Die Irrtumswahrscheinlichkeit liegt unter 5 %.

1 Bilden Sie die Ableitung der Funktion f mit $f(x) = 4x \cdot e^{x^2+1}$ und vereinfachen Sie soweit wie möglich. [T1] **(2 VP)**

2 Berechnen Sie das Integral $\int_0^{\pi}\left(2 - \sin\left(\frac{1}{2} \cdot x\right)\right)dx$. [T2] **(2 VP)**

3 Lösen Sie die Gleichung $1 = \frac{1}{e^x} + \frac{2}{e^{2x}}$. [T3] **(3 VP)**

4 Der Graph der Funktion f mit $f(x) = -x^3 + 6x^2 - 8x + 4$ besitzt einen Wendepunkt.
Bestimmen Sie die Gleichung der Tangente in dem Wendepunkt. [T4] **(3 VP)**

5 Die Abbildung zeigt den Graphen einer Stammfunktion F der Funktion f. [T5] **(5 VP)**

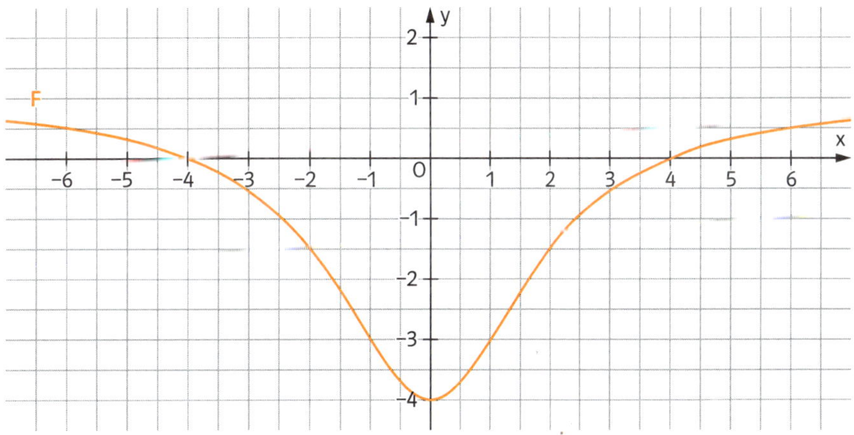

a) Geben Sie einen Näherungswert für f(4) an.

b) Bestimmen Sie das Integral $\int_1^4 f(x)\,dx$.

Untersuchen Sie folgende Aussagen auf ihre Richtigkeit und begründen Sie Ihre Antworten.

c) $f(x) < 0$ für $-6 < x < 0$.

d) f hat im Bereich $0 < x < 4$ eine Extremstelle. Geben Sie auch die Art der Extremstelle an.

6 Gegeben sind die Gerade g und die Ebene E durch g: $\vec{x} = \begin{pmatrix} 0 \\ 2 \\ 1 \end{pmatrix} + t \cdot \begin{pmatrix} -4 \\ 4 \\ 2 \end{pmatrix}$ $(t \in \mathbb{R})$ und E: $2x_1 - 2x_2 - 1x_3 = 31$. **(4 VP)**

a) Prüfen Sie, ob der Punkt P(−2 | 4 | 2) auf der Geraden g liegt.

b) Zeigen Sie, dass die Gerade g orthogonal zur Ebene E ist. [T6]

c) Bestimmen Sie den Punkt Q in der Ebene E, der vom Punkt P(−2 | 4 | 2) den kleinsten Abstand hat. [T7]

[T1] Verwenden Sie die Produktregel sowie die Kettenregel. [T2] Beachten Sie die Regel für lineare Substitution: „äußere Stammfunktion geteilt durch innere Ableitung". [T3] Multiplizieren Sie beide Seiten der Gleichung mit e^{2x} und substituieren Sie dann $u = e^x$. [T4] Berechnen Sie zunächst die Koordinaten des Wendepunktes $W(x_0 | f(x_0))$ sowie die Steigung des Graphen an dieser Stelle, also $f'(x_0)$, und anschließend die Gleichung der Tangente t: $y = f'(x_0) \cdot (x - x_0) + f(x_0)$. [T5] Es ist $F'(x) = f(x)$. [T6] Vergleichen Sie den Richtungsvektor der Geraden g mit dem Normalenvektor der Ebene E. [T7] Berechnen Sie den Schnittpunkt des Lotes vom Punkt P auf die Ebene E. Der Lotfußpunkt ist der gesuchte Punkt Q.

7 Gegeben sind die Punkte P(1|0|1) und Q(7|−2|5) sowie die Ebene E: $4x_1 - 3x_3 = 7$. **(4VP)**

a) Berechnen Sie den Abstand des Punktes P zur Ebene E. [T8]

b) Die Gerade durch die Punkte P und Q schneidet die Ebene E in einem Punkt S.
Berechnen Sie die Koordinaten von S. Begründen Sie, dass S zwischen P und Q liegt. [T9]

8 Ein Kind spielt mit 3 roten, 5 blauen und 2 gelben würfelförmigen Bausteinen. Die Bausteine unterscheiden sich nur in der Farbe. **(4VP)**

a) Das Kind baut einen Turm durch Aufeinanderstapeln aller zehn Bausteine. Wie viele verschiedene Farbmuster sind bei diesem Turm möglich, wenn der oberste und der unterste Baustein gelb sind? [T10]

b) Das Kind nimmt zufällig drei Bausteine (ohne auf die Farbe zu achten). Wie groß ist die Wahrscheinlichkeit, dass mindestens ein Stein blau ist? [T11]

9 Gegeben sind eine Gerade g und eine Ebene E. g ist nicht parallel zu E. Die Gerade g wird an der Ebene E gespiegelt. Beschreiben Sie ein Verfahren zur Bestimmung der Bildgeraden g'. [T12] **(3VP)**

[T8] Berechnen Sie den Abstand mithilfe der Hesse'schen Normalenform. [T9] Stellen Sie eine Gleichung der Geraden g durch die Punkte P und Q auf. Vergleichen Sie die Werte des Parameters für die Punkte Q und S miteinander. [T10] Bestimmen Sie den Binomialkoeffizienten für die Anzahl der Kombinationsmöglichkeiten. [T11] Dies entspricht einem Zufallsexperiment „Ziehen aus einer Urne ohne Zurücklegen". [T12] Um die Bildgerade g' zu bestimmen benötigen Sie zwei Bildpunkte.

1 Bilden Sie die Ableitung der Funktion f mit $f(x) = x \cdot \sqrt{2x^2 + 2}$. [T1] **(2 VP)**

2 Berechnen Sie das Integral $\int_1^e \left(\frac{1}{x} + x\right)dx$. [T2] **(2 VP)**

3 Bestimmen Sie die Lösungsmenge der Gleichung $(\cos(x))^2 - \cos(x) = 0$ für $0 \le x < 2\pi$. [T3] **(3 VP)**

4 Berechnen Sie den Inhalt der Fläche, die von den Graphen der Funktionen f und g mit $f(x) = -x^2 + 2$ und $g(x) = x$ eingeschlossen wird. [T4] **(4 VP)**

5 Die Abbildung zeigt den Graphen der Ableitungsfunktion f′ einer Funktion f.
Sind folgende Aussagen über die Funktion f wahr, falsch oder nicht entscheidbar?
Begründen Sie jeweils Ihre Antwort. [T5] **(5 VP)**

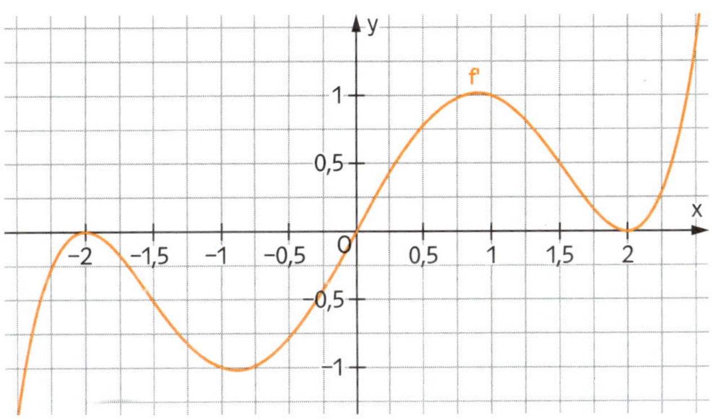

a) An der Stelle x = 0 hat der Graph von f einen Tiefpunkt.

b) Für $0 \le x \le 2$ ist $f(x) \ge 0$.

c) Der Graph von f ist punktsymmetrisch zum Koordinatenursprung.

d) An der Stelle x = 2 hat der Graph von f einen Wendepunkt.

e) Es ist $f(2) - f(0) < 2$.

6 Lösen Sie das lineare Gleichungssystem: [T6] **(3 VP)**

$$\begin{aligned} x_1 - x_2 + 2x_3 &= 3 \\ 3x_1 + x_2 + 3x_3 &= 4 \\ x_1 - 2x_2 + x_3 &= -1 \end{aligned}$$

Interpretieren Sie das Gleichungssystem und seine Lösungsmenge geometrisch. [T7]

7 Gegeben sind die Ebene E: $2x_1 + x_2 + 2x_3 = 6$ und die Gerade g: $\vec{x} = \begin{pmatrix} 6 \\ 0 \\ 0 \end{pmatrix} + r \cdot \begin{pmatrix} 3 \\ -2 \\ -2 \end{pmatrix}$; $r \in \mathbb{R}$. **(4 VP)**

a) Veranschaulichen Sie die Ebene E in einem Koordinatensystem.

b) Untersuchen Sie die gegenseitige Lage von g und E.

c) Bestimmen Sie den Abstand des Koordinatenursprungs von der Ebene E. [T8]

[T1] Verwenden Sie die Produktregel sowie die Kettenregel. [T2] Die Stammfunktion von $\frac{1}{x}$ ist $\ln(|x|)$. [T3] Klammern Sie den Term cos(x) aus. Sie erhalten ein Produkt, dieses ist dann 0, wenn einer der Faktoren 0 ist. [T4] Bestimmen Sie die gemeinsamen Punkte der beiden Graphen, dies sind die Integrationsgrenzen. [T5] Überlegen Sie, welche Bedeutung Nullstellen, Extremstellen, usw. der Ableitungsfunktion f′ für die Funktion f haben. [T6] Lösen Sie das lineare Gleichungssystem mithilfe des Gauß-Verfahrens. [T7] Überlegen Sie, welches die geometrischen Entsprechungen einer Gleichung bzw. der Lösungsmenge sind. [T8] Den Abstand von einem Punkt $R(r_1|r_2|r_3)$ zu einer Ebene E: $n_1x_1 + n_2x_2 + n_3x_3 = b$ berechnet man am einfachsten mithilfe der Hesse'schen Normalenform: $d = \left|\frac{n_1r_1 + n_2r_2 + n_3r_3 - b}{\sqrt{n_1^2 + n_2^2 + n_3^2}}\right|$.

8 Die Zufallsvariable X ist binomialverteilt mit $n = 10$ und $p = 0{,}4$. **(4 VP)**

(1)

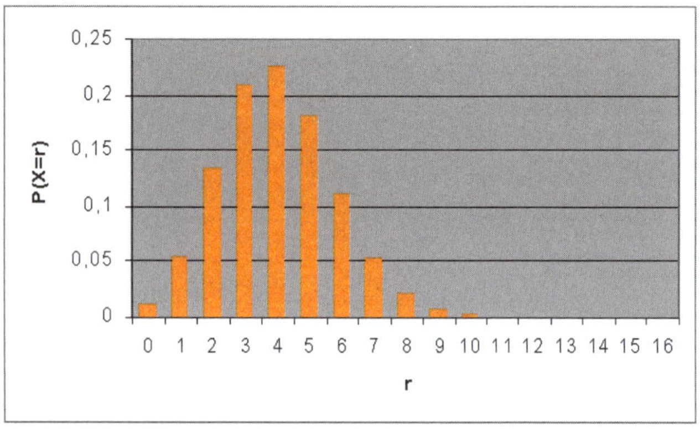

(2)

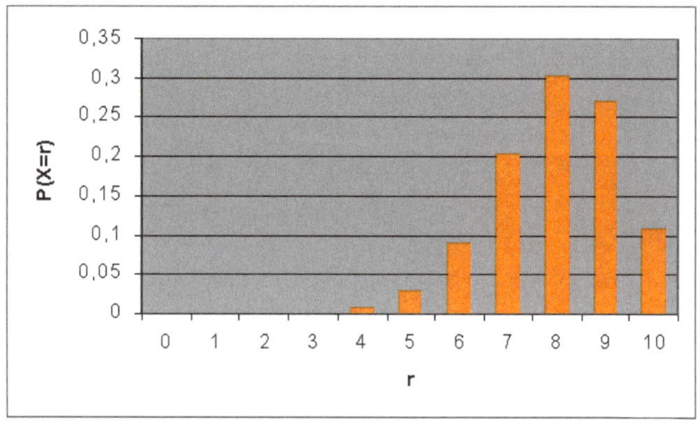

(3)

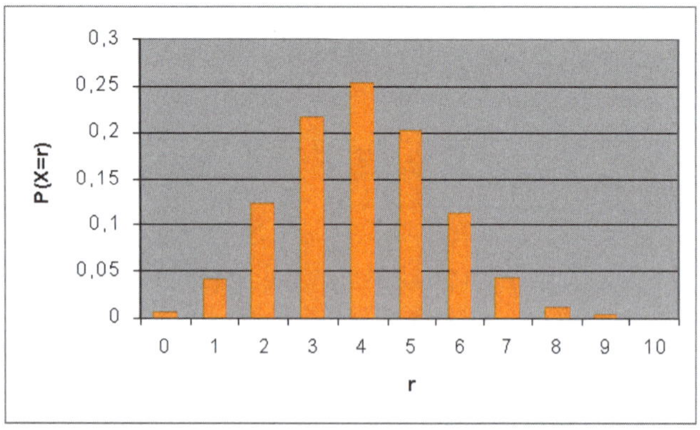

(4)

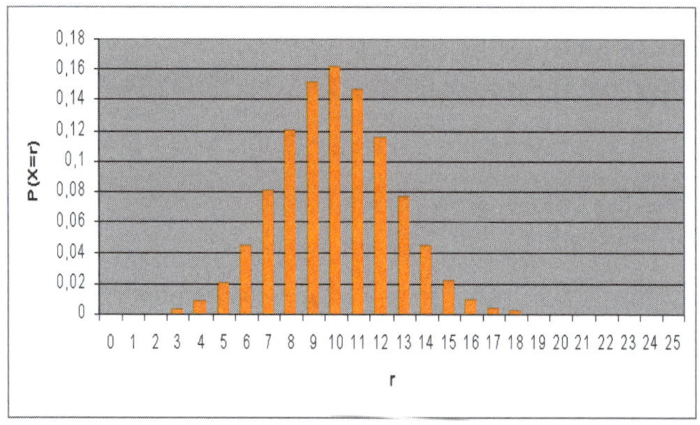

a) Welche der Abbildungen zeigt die Verteilung von X? Begründen Sie Ihre Antwort. [T9]

b) Bestimmen Sie mithilfe der Abbildung näherungsweise $P(4 \le X < 6)$ und $P(X \neq 5)$.

9 Es soll eine Gleichung einer ganzrationalen Funktion f dritten Grades ermittelt werden, welche die Extremstellen $x_1 = -3$ und $x_2 = 3$ besitzt. **(4 VP)**

Folgende Lösungsschritte werden vorgeschlagen:

(1) Ableitungsfunktion von f: $f'(x) = (x + 3) \cdot (x - 3)$

$f'(x) = x^2 - 9$

(2) Gleichung einer Stammfunktion von f': $f(x) = \frac{1}{3}x^3 - 9x$

a) Begründen Sie die Richtigkeit dieses Lösungsansatzes. [T10]

b) Geben Sie die Funktionsgleichung einer weiteren ganzrationalen Funktion h dritten Grades an, welche die Extremstellen $x_1 = -3$ und $x_2 = 3$ besitzt.

[T9] Überlegen Sie, welche Werte die Zufallsvariable X annehmen kann und welcher Wert die größte Eintrittswahrscheinlichkeit hat. [T10] Prüfen Sie, ob die Gleichung der Ableitungsfunktion die notwendige und die hinreichende Bedingung für die angegebenen Extremstellen erfüllt.

Abiturähnliche Aufgaben – Pflichtteil 3

1 Bilden Sie die Funktionsgleichung der ersten Ableitung der Funktion f mit $f(x) = (3x + 1) \cdot e^{-3x}$ und vereinfachen Sie soweit wie möglich. [T1] **(2 VP)**

2 G ist eine Stammfunktion der Funktion g mit $g(x) = 4 - 3 \cdot \cos(2x)$. Der Punkt $P(0\,|\,2)$ liegt auf dem Graphen von G. Bestimmen Sie den Funktionsterm von G. [T2] **(2 VP)**

3 Lösen Sie die Gleichung $e^{3x} - 3e^{2x} - 4e^{x} = 0$. [T3] **(3 VP)**

4 Gegeben sind die Funktionen f mit $f(x) = x^3 + \frac{1}{2}x$ und g mit $g(x) = x^2 - 2x$. Zeigen Sie, dass sich die beiden Graphen orthogonal schneiden. [T4] **(4 VP)**

5 Gegeben sind die Graphen von vier Funktionen, jeweils mit sämtlichen Asymptoten.

(1)

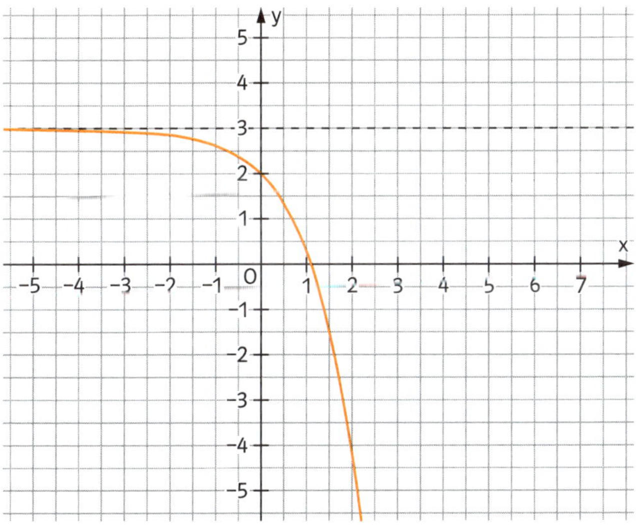

(2)

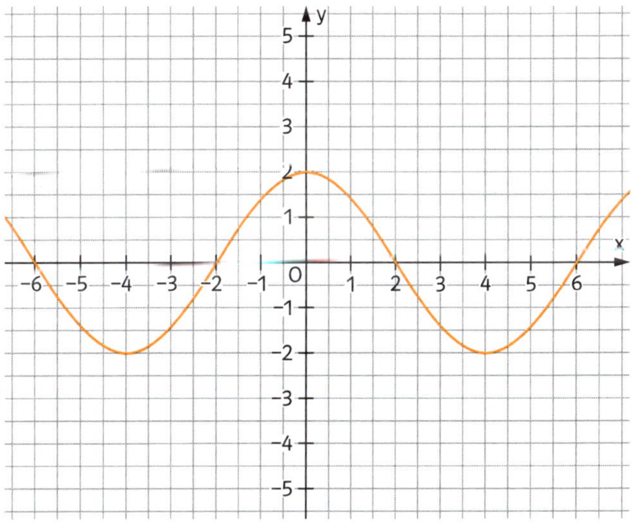

(3)

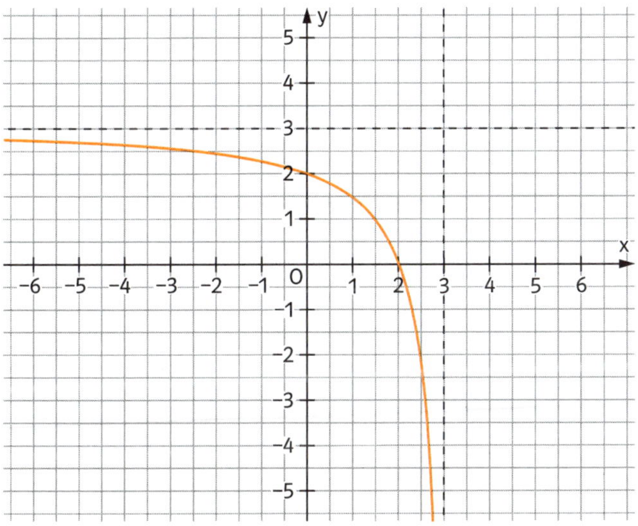

(4)

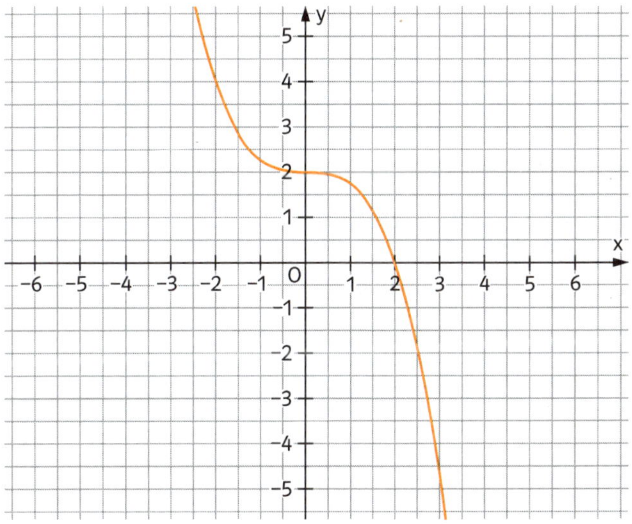

Drei der vier Graphen werden durch die Funktionen f, g und h mit $f(x) = 3 + \frac{3}{x - a}$, $g(x) = cx^3 + 2$ und $h(x) = 3 + b \cdot e^x$ beschrieben. **(5 VP)**

a) Ordnen Sie den Funktionen f, g und h jeweils den passenden Funktionsgraphen zu. Begründen Sie Ihre Zuordnung. [T5]

b) Bestimmen Sie die Werte für a und b. [T6]

6 Gegeben sind die Punkte A(1 | 3 | 2), B(5 | 5 | −2) und C(6 | 2 | 2). Berechnen Sie den Flächeninhalt des Dreiecks ABC. [T7] **(4 VP)**

7 Ermitteln Sie eine Koordinatengleichung der dargestellten Ebene. [T8] **(3 VP)**

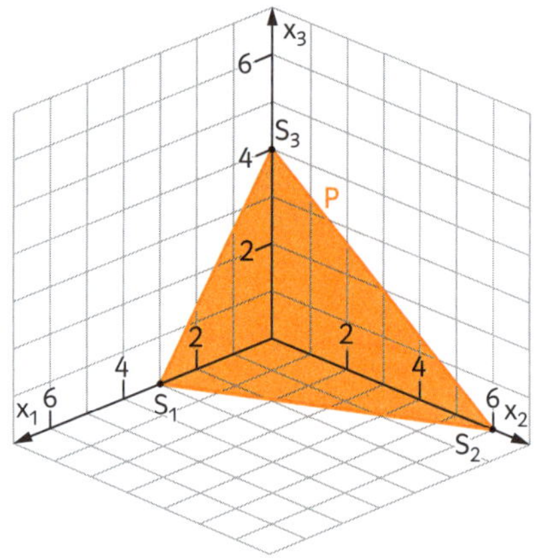

8 Ein Basketballspieler trainiert Freiwürfe. Erfahrungsgemäß trifft er bei 90 % seiner Würfe den Korb. [T9] **(3 VP)**

a) Mit welcher Wahrscheinlichkeit trifft er mit den ersten beiden Würfen den Korb zweimal?

b) Geben Sie ein Ereignis A und ein Ereignis B an, so dass gilt:

$P(A) = 0{,}9^{10}$ $\qquad$ $P(B) = \binom{20}{18} \cdot 0{,}9^{18} \cdot 0{,}1^{2}$

9 Die Abbildung zeigt die Graphen zweier linearer Funktionen. Die beiden Graphen sollen durch den Graphen einer ganzrationalen Funktion f knickfrei verbunden werden.

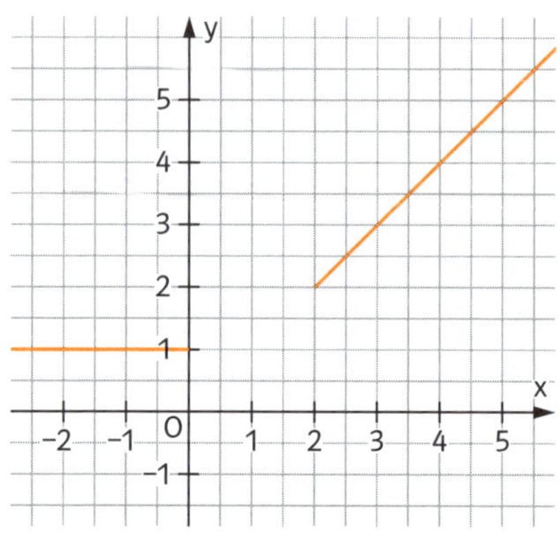

Folgende Lösungsschritte werden vorgeschlagen:

$f(0) = 1$ und $f'(0) = 0$

$f(2) = 2$ und $f'(2) = 1$

Es müssen vier Bedingungen erfüllt werden, also muss die Funktion f eine ganzrationale Funktion vom Grad 3 sein.

$f(x) = ax^3 + bx^2 + cx + d$

$f'(x) = 3ax^2 + 2bx + c$

$f(0) = 1$	$d = 1$
$f(2) = 2$	$8a + 4b + 2c + d = 2$
$f'(0) = 0$	$c = 0$
$f'(2) = 1$	$12a + 4b + c = 1$

(4 VP)

a) Begründen Sie die Richtigkeit des Lösungsansatzes. [T10]

b) Bestimmen Sie die Funktionsgleichung von f. [T11]

[T1] Verwenden Sie die Produktregel sowie die Kettenregel. [T2] Bestimmen Sie eine allgemeine Stammfunktion von g und setzen Sie die Koordinaten des Punktes P in deren Funktionsgleichung ein. [T3] Klammern Sie den Faktor e^x aus. Sie erhalten somit ein Produkt. Dieses Produkt ist dann 0, wenn einer der beiden Faktoren 0 ist. [T4] Damit sich die beiden Graphen in einem Punkt orthogonal schneiden, muss $f(x_0) = g(x_0)$ und $f'(x_0) \cdot g'(x_0) = -1$ gelten. [T5] Überlegen Sie, welche Asymptoten der Graph der Funktion f bzw. der Graph der Funktion h hat und welche Form der Graph von g hat. [T6] Überlegen Sie, wie die Polstelle von f im Schaubild von f dargestellt wird. Wählen Sie einen geeigneten Punkt auf dem Graphen der Funktion h aus und bestimmen mithilfe der Koordinaten den Wert für b. [T7] Berechnen Sie den Betrag des Vektors $\overrightarrow{AB}$, dies ist die Länge der Dreiecksgrundseite. Für die Bestimmung der Dreieckshöhe berechnen Sie den Abstand von Punkt C zur Geraden durch AB. [T8] Die Spurpunkte können aus der Abbildung abgelesen werden. Diese legen die Ebene eindeutig fest. [T9] Die Zufallsvariable „Anzahl der Treffer" ist binomialverteilt mit p = 0,9. [T10] Die Zahl der zu bestimmenden Parameter in der Funktionsgleichung muss größer oder gleich der Zahl der zu erfüllenden Bedingungen sein. [T11] Setzen Sie für c und d die ermittelten Werte in die Gleichungen ein und lösen dann das Gleichungssystem.

Abiturähnliche Aufgaben – Pflichtteil 4

1 Bilden Sie die erste Ableitung der Funktion f mit $f(x) = \frac{e^{-4x+1}}{x}$. [T1] **(2 VP)**

2 Berechnen Sie das Integral $\int_0^{\ln(3)} e^{3x}dx$. [T2] **(2 VP)**

3 Bestimmen Sie die Lösungsmenge der Gleichung $(x^2 - 9) \cdot (e^{2x} - 9) = 0$. [T3] **(3 VP)**

4 Geben Sie jeweils einen Funktionsterm der Funktionen f und g mit folgenden Eigenschaften an und begründen Sie Ihre Aussage. **(4 VP)**

a) Der Graph der Funktion f ist periodisch mit der Periode 4 und hat den Wertebereich [0; 2]. [T4]

b) Der Graph der Funktion g ist streng monoton fallend und nähert sich für $x \to \infty$ der Geraden mit der Gleichung y = 1 an. [T5]

5 Die vier Abbildungen zeigen die Graphen von Funktionen. Einer dieser Funktionsgraphen gehört zur Funktion f mit $f(x) = (3x - a) \cdot e^x$, $a > 0$. **(5 VP)**

(1)

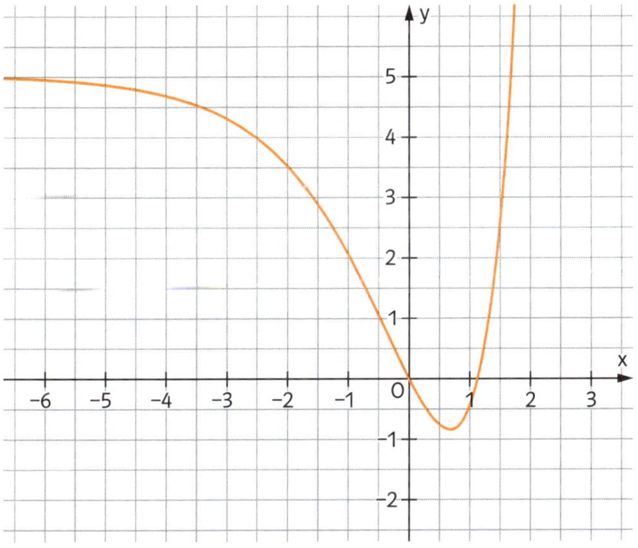

(2)

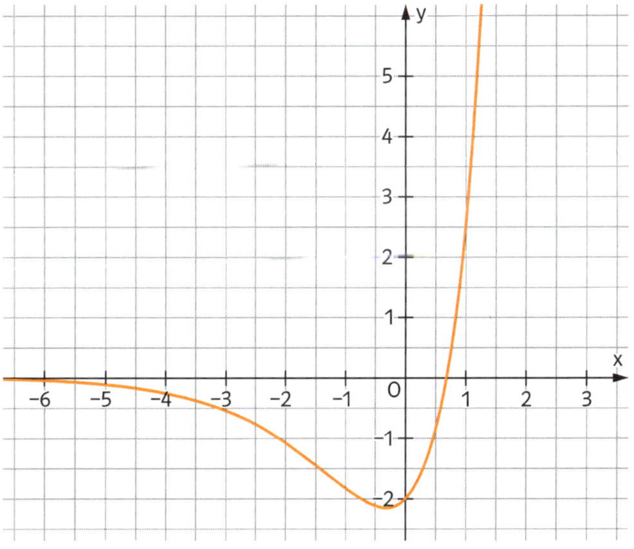

(3)

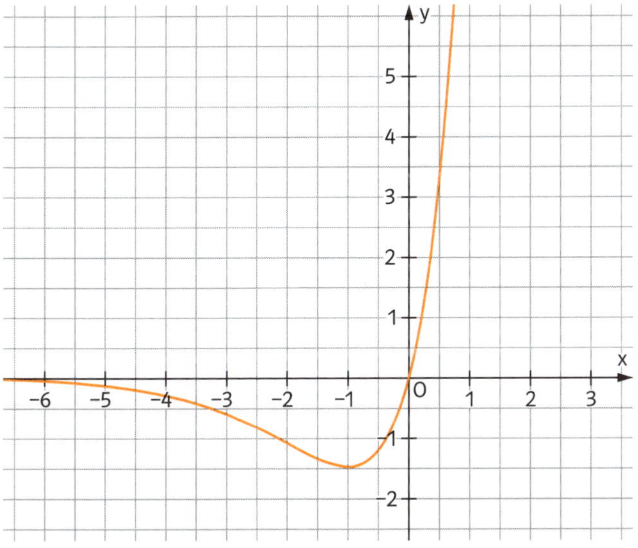

(4)

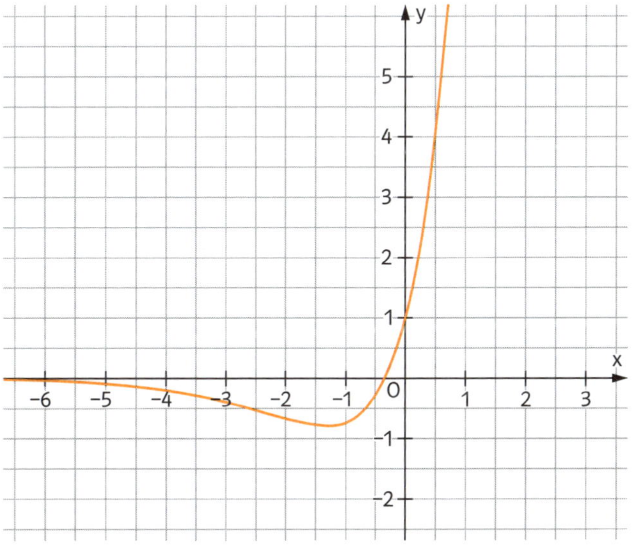

a) Begründen Sie, dass Abbildung (2) zur Funktion f gehört. [T6] Bestimmen Sie den Wert von a. [T7]

b) Von den drei anderen Abbildungen gehört eine zur Ableitungsfunktion f′ und eine zur Integralfunktion J mit $J(x) = \int_0^x f(t)\,dt$. Ordnen Sie diesen beiden Funktionen die zugehörigen Abbildungen zu und begründen Sie jeweils Ihre Entscheidung. [T8]

6 Gegeben sind die zwei Ebenen E und F mit E: $6x_1 + 3x_2 + 4x_3 = 18$ und F: $x_1 + x_2 = 4$. **(4VP)**
Stellen Sie die zwei Ebenen in einem gemeinsamen Koordinatensystem dar. [T9]
Bestimmen Sie eine Gleichung der Schnittgeraden und zeichnen Sie diese in das Koordinatensystem mit ein. [T10]

7 Gegeben sind die zwei parallelen Geraden g und h mit g: $\vec{x} = \begin{pmatrix} -1 \\ 1 \\ 7 \end{pmatrix} + r \cdot \begin{pmatrix} -5 \\ 4 \\ -3 \end{pmatrix}$ und h: $\vec{x} = \begin{pmatrix} -2 \\ 7 \\ 0 \end{pmatrix} + s \cdot \begin{pmatrix} 5 \\ -4 \\ 3 \end{pmatrix}$. Bestimmen Sie den Abstand der beiden Geraden. [T11] **(4VP)**

8 Beim Schießen mit einem Fußball auf eine Torwand trifft der Spieler das untere Loch mit einer Wahrscheinlichkeit von 40 % und das obere Loch mit einer Wahrscheinlichkeit von 20 %. **(3VP)**

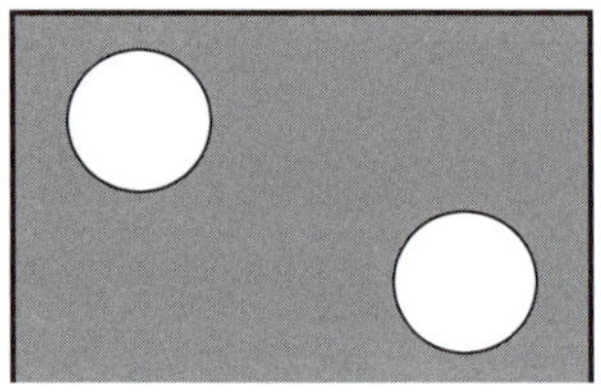

a) Der Spieler zielt beim ersten Schuss auf das untere und beim zweiten Schuss auf das obere Loch. Berechnen Sie die Wahrscheinlichkeiten des Ereignisses „Genau ein Schuss trifft sein Ziel". [T12]

b) Der Spieler spielt solange auf das untere Loch, bis er es trifft.
Wie groß ist die Wahrscheinlichkeit, dass er höchstens drei Versuche benötigt? [T13]

9 Gegeben ist eine Ebene E. Gesucht ist eine Ebene F, die parallel zu E ist und von dieser den Abstand 4 hat. Beschreiben Sie ein Verfahren, wie man eine Gleichung der Ebene F bestimmen kann. [T14] **(3VP)**

[T1] Verwenden Sie die Quotientenregel sowie die Kettenregel. Alternativer Lösungsweg: Schreiben Sie diesen Quotienten als Produkt und verwenden Sie dann die Produktregel sowie die Kettenregel. [T2] Beachten Sie die Regel für lineare Substitution: „äußere Stammfunktion geteilt durch innere Ableitung". [T3] Bestimmen Sie die Lösungsmenge der Gleichung, in dem Sie jeden Faktor gleich 0 setzen. Lösen Sie die entstehenden Gleichungen nach x auf. [T4] Periodische Funktionen sind Sinus-Funktionen (bzw. Kosinus-Funktionen). Bestimmen Sie die Koeffizienten der Funktion $f(x) = a \cdot \sin(b(x - c)) + d$ geeignet. [T5] Eine Zerfallsfunktion ist streng monoton fallend. Lösungsansatz: $g(x) = e^{kx} + c$ mit $k < 0$. [T6] Überlegen Sie, in welchem Bereich der Graph von f die y-Achse schneidet. [T7] Zur Bestimmung von a lesen Sie die Koordinaten eines charakteristischen Punktes des Graphen von f ab und setzen diese in die Funktionsgleichung ein. [T8] Der Graph von f hat bei $x \approx -0{,}3$ einen Tiefpunkt. Überlegen Sie, was dies für den Graphen von f' bedeutet. Überlegen Sie, an welchen Stellen die Integralfunktion J eine Nullstelle bzw. eine Extremstelle hat. [T9] Bestimmen Sie die Spurpunkte der Ebenen E und F. Beachten Sie, dass die Ebene F zu einer Koordinatenachse parallel ist. [T10] Bestimmen Sie in Ihrem Koordinatensystem die Schnittpunkte der Spurgeraden von E und F. Diese zwei Punkte liegen auf der gesuchten Geraden. Alternativer Lösungsweg: Die beiden Ebenengleichungen bilden ein lineares Gleichungssystem mit zwei Gleichungen und drei Variablen. Setzen Sie für eine Variable t ein und bestimmen Sie die anderen Variablen in Abhängigkeit von t. [T11] Um den Abstand der beiden Geraden zu bestimmen, stellen Sie die Gleichung einer Hilfsebenen H orthogonal zur Geraden h durch den Stützpunkt $P_g(-2|7|0)$ der Geraden g auf und bestimmen den Schnittpunkt S von H mit h. Der Abstand der Geraden g und h entspricht dem Abstand des Schnittpunktes S vom Stützpunkt P_g. [T12] Beachten Sie, dass es zwei Möglichkeiten für genau einen Treffer gibt. [T13] Berechnen Sie die Wahrscheinlichkeit des Gegenereignisses: „kein Treffer bei drei Schüssen auf die Torwand". [T14] Bestimmen Sie den Einheitsnormalenvektor der Ebene E und dann einen Punkt Q, der von der Ebene E den Abstand 4 hat.

1 Für jede reelle Zahl t ($t > 0$) ist eine Funktion f_t durch $f_t(x) = \frac{1}{3}x^3 - 2t \cdot x^2 + 3t^2 \cdot x$ ($x \in \mathbb{R}$) gegeben.

a) Berechnen Sie alle Nullstellen und lokalen Extrempunkte der Graphen dieser Funktionenschar f_t.
Die lokalen Hochpunkte aller Graphen der Funktionen f_t liegen auf dem Graphen der Funktion g, die lokalen Tiefpunkte aller Graphen der Funktionen f_t liegen auf dem Graphen der Funktion h.
Ermitteln Sie je eine Gleichung der Funktionen g und h. [T1] **(5 VP)**

b) Der Graph der Funktion f_2 schließt mit der x-Achse eine Fläche ein. Durch den Hochpunkt des Graphen der Funktion f_2 verläuft eine Gerade, die diese Fläche halbiert.
Berechnen Sie den Schnittpunkt dieser Geraden mit der x-Achse. [T2] **(2 VP)**

c) Auf der vom Graphen der Funktion f_2 und der x-Achse eingeschlossenen Fläche soll ein Rechteck so festgelegt werden, dass eine Seite auf der x-Achse liegt, einer der Eckpunkte des Rechtecks der Wendepunkt des Graphen von f_2 ist und ein weiterer Eckpunkt auf dem Graphen von f_2 liegt.
Berechnen Sie Länge und Breite dieses Rechtecks. [T3] **(2 VP)**

2 Wegen einer Brückensanierung an einer geradlinig verlaufenden Straße muss eine vorläufige Umgehungsstraße gebaut werden. Bei der Planung wird der Brückenmittelpunkt so in den Koordinatenursprung gelegt, dass die ursprüngliche Straße mit der x-Achse übereinstimmt. (siehe Skizze)
Die Umgehungsstraße soll nun symmetrisch zur y-Achse vom Punkt $(-4|0)$ knickfrei beginnen und durch den Punkt $(0|2)$ gehen und in $(4|0)$ wieder knickfrei in die urspüngliche Straße einmünden.
(1 LE ≙ 10 m)

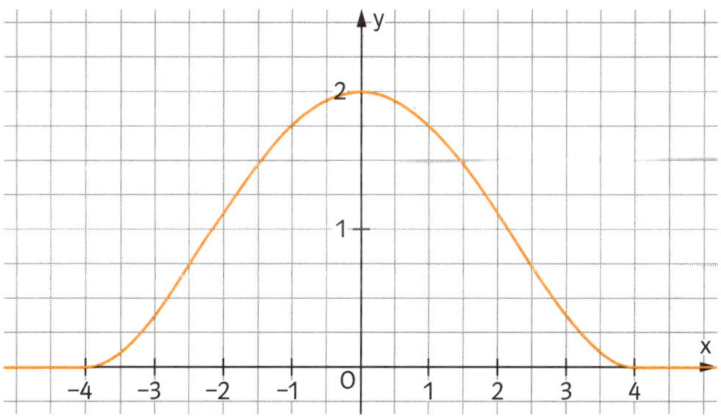

a) Ermitteln Sie die Gleichung einer ganzrationalen Funktion niedrigsten Grades, die die Mittellinie der geplanten Umgehungsstraße beschreibt. [T4] **(3 VP)**

b) Der Mindestabstand der Mitte der Umgehungsstraße vom Brückenmittelpunkt soll 18 m betragen.
Beschreiben Sie ein Verfahren, mit dem man rechnerisch nachweisen kann, dass die Forderung erfüllt ist.
[T5] **(3 VP)**

[T1] Gesucht sind die Ortskurven. Man erhält sie, indem man die Gleichung für x nach t auflöst und dieses t in die Gleichung für y einsetzt. Nun hat man für die y-Koordinate die Abhängigkeit von x, d.h. eine Funktion, deren Graph die Ortskurve ist. [T2] Fertigen Sie die Skizze an und lesen Sie die Integrationsgrenzen für die eingeschlossene Fläche ab. Zeichnen Sie eine Gerade durch den Hochpunkt so ein, dass die Fläche etwa halbiert wird. Die Fläche von 0 bis 2 und eine Dreiecksfläche zusammen müssen halb so groß, wie die Gesamtfläche sein. Aus zwei Punkten kann man nun die Geradengleichung aufstellen. [T3] Der y-Wert des Wendepunktes stellt die eine Rechteckseite dar. Die zweite Seite wird aus der Differenz der Werte gebildet, die den gleichen Funktionswert $f_2(4)$ besitzen. [T4] Eine zur y-Achse symmetrische Funktion hat nur gerade Exponenten. Es kann nur eine Funktion 4. Grades sein. Betrachten Sie die charakteristischen Stellen mit dem Ansatz $f(x) = ax^4 + bx^2 + c$. [T5] Stellen Sie eine Funktion auf, die den Abstand eines Kurvenpunkte P vom Koordinatenursprung beschreibt. Ermitteln Sie nun das Minimum dieses Abstandes und vergleichen Sie es mit der Forderung.

1 An einer Baustelle an einer Bundesstraße kommt es jeden Tag aufgrund des Verkehrsaufkommens zu einer Stauentwicklung. Ab 6.00 Uhr morgens beginnen sich die Fahrzeuge zu stauen. Die momentane Änderungsrate der Staulänge kann näherungsweise durch die Funktionenschar f_a mit $f_a(t) = 0{,}5t^3 - 1{,}5at^2 + a^2t$, $0 \le t \le 2a$ (t in Stunden nach 6.00 Uhr; $f_a(t)$ in Kilometern je Stunde) beschrieben werden, wobei $a > 0$ ein vom Verkehrsaufkommen abhängiger Wert ist.

a) Skizzieren Sie den Graphen von f_2. Erklären Sie die Bedeutung positiver und negativer Funktionswerte von f_2 für die Stauentwicklung. Bestimmen Sie für $a = 2$, zu welcher Uhrzeit die Staulänge am schnellsten zunimmt und wann der Stau die maximale Länge erreicht. [T1]
Geben Sie für $a = 2$ die maximale Staulänge an. [T2] **(5 VP)**

b) Bestimmen Sie einen Term für die Staulänge zum Zeitpunkt t in Abhängigkeit von a. [T3]
Für welche Werte von a beträgt um 8.00 Uhr die Staulänge 3,0 km? [T4] **(3 VP)**

An einer anderen Baustelle beginnt der Verkehrsstau um 16.00 Uhr ($t = 0$) und endet um 19.00 Uhr ($t = 3$).

c) Begründen Sie, warum es nicht möglich ist, die momentane Änderungsrate der Staulänge an dieser Baustelle durch die ganzrationale Funktion g zu beschreiben, deren Graph dargestellt ist. [T5] **(2 VP)**

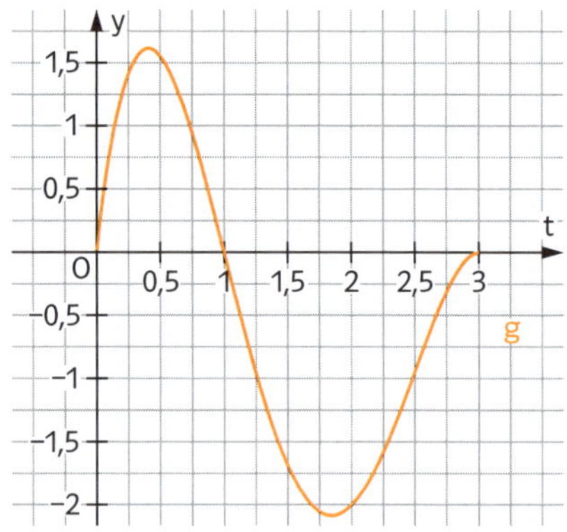

2 Der Graph der Funktion f mit $f(x) = \cos\left(\frac{1}{2}x\right)$ schließt im Bereich $-\pi \le x \le \pi$ mit der x-Achse eine Fläche ein. Die Parallele zur x-Achse durch den Kurvenpunkt $P(z\,|\,f(z))$ mit $0 < z < \pi$ halbiert diese Fläche. Bestimmen Sie z. [T6] **(5 VP)**

[T1] Bestimmen Sie die Zeitpunkte, an denen die Stauänderungsrate das Maximum erreicht bzw. an dem die Staulänge nicht mehr weiter zunimmt. [T2] Ermitteln Sie die Staulänge als Integral der Stauänderungsrate. [T3] Die Staulänge wird durch eine Stammfunktion $F_a(t)$ von $f_a(t)$ angegeben. Bestimmen Sie die Stammfunktion $F_a(t)$, so dass bei $t = 0$ die Staulänge 0 km beträgt.
[T4] Lösen Sie die Gleichung näherungsweise mithilfe des GTRs. [T5] Untersuchen Sie die Staulänge in Abhängigkeit von der Zeit.
[T6] Skizzieren Sie den Graphen der Funktion f im Intervall $[-\pi; \pi]$ sowie die Parallele zur x-Achse. Berechnen Sie den Inhalt der Fläche, den der Graph von f mit der x-Achse einschließt. Stellen Sie eine geeignete Integralgleichung auf und lösen Sie diese mit dem GTR.

1 Ein Medikament wird in unterschiedlichen Wirkstoffdosierungen hergestellt.
Durch die Funktion f_a mit $f_a(t) = a \cdot t \cdot e^{-0{,}25t}$ wird die Konzentration dieses Medikamentenwirkstoffs im Blut eines Patienten beschrieben. Der Parameter $a > 0$ berücksichtigt die Höhe der Wirkstoffdosierung.
Dabei wird die Zeit t in Stunden seit der Einnahme und die Wirkstoffkonzentration $f_a(t)$ im Blut in Milligramm pro Liter (mg/l) gemessen.

a) Die Wirkstoffkonzentration im Blut des Patienten beträgt vier Stunden nach der Einnahme 8,83 mg/l.
Berechnen Sie den Parameter a. [T1]
Skizzieren Sie den Graphen der Funktion f_6 für die ersten 24 Stunden nach der Einnahme. [T2]
Wie hoch ist für a = 6 die mittlere Wirkstoffkonzentration des Medikaments in den ersten 24 Stunden? [T3]
Damit das Medikament wirksam ist, sollte die Wirkstoffkonzentration im Blut mindestens 3 mg/l betragen.
Wie lange ist dies bei dieser Dosierung der Fall? [T4]
Zu welchem Zeitpunkt wird das Medikament für a = 6 am stärksten abgebaut? [T5] **(5 VP)**

b) Zeigen Sie, dass die Wirkstoffkonzentration im Blut unabhängig vom Parameter a vier Stunden nach der Einnahme maximal ist. [T6]
Um eine Gefährdung des Patienten auszuschließen sollte eine Wirkstoffkonzentration von mehr als 15 mg/l vermieden werden. Ermitteln Sie die Dosierung a, die nicht überschritten werden sollte. [T7] **(3 VP)**

c) Weisen Sie nach, dass die Funktion F_a mit $F_a(t) = -4a \cdot (t + 4) \cdot e^{-0{,}25t}$ eine Stammfunktion von f_a ist. [T8]
Bestimmen Sie in Abhängigkeit von s die mittlere Wirkstoffkonzentration $m_a(s)$ in den ersten s Stunden nach der Einnahme des Medikaments. [T3] [T9] **(4 VP)**

2 Die Länge L des von einer Funktion g beschriebenen Kurvenstücks im Intervall [a; b] berechnet sich nach der Formel $L = \int_a^b \sqrt{1 + (g'(x))^2}\,dx$.
Berechnen Sie die Kurvenlänge des Graphen der Funktion g mit $g(x) = 1 - \cos(x)$ zwischen zwei benachbarten Schnittpunkten mit der x-Achse. [T10] **(3 VP)**

[T1] Setzen Sie die Werte in die Funktionsgleichung ein und lösen Sie diese. [T2] Skizzieren Sie den Funktionsgraphen zuerst mit dem GTR. Achten Sie dabei auf den richtigen Darstellungsbereich. [T3] Für die Bestimmung eines Mittelwerts m gilt: $m = \frac{1}{b-a} \cdot \int_a^b f(t)\,dt$. [T4] Bestimmen Sie die Schnittpunkte des Graphen von f_6 und der Geraden y = 3. Die Zeitspanne ergibt sich aus der Differenz der ermittelten Zeiten. [T5] Zur Bestimmung des Zeitpunktes, an dem der Wirkstoff am stärksten abgebaut wird, bestimmen Sie das Minimum der Ableitungsfunktion f_a' mithilfe des GTR. [T6] Zeigen Sie, dass die Ableitungsfunktion f_a' unabhängig vom Parameter a für t = 4 den Wert 0 annimmt und an dieser Stelle einen Vorzeichenwechsel von + nach – aufweist. [T7] Bestimmen Sie den Parameter a, so dass der maximale Funktionswert 15 ist. [T8] Leiten Sie F_a mithilfe der Produkt- und Kettenregel ab und zeigen Sie die Übereinstimmung mit f_a. [T9] Bestimmen Sie einen Term für den Mittelwert mithilfe der Stammfunktion F_a. [T10] Bestimmen Sie zuerst zwei benachbarte Schnittpunkte mit der x-Achse. Dies sind die Grenzen des Integrals. Berechnen Sie dann das Integral mithilfe des GTR.

1 Gegeben sind die Ebene E: $4x_1 + 2x_2 + 5x_3 = 20$ und die Punkte $A(2|6|0)$ und $B(0|5|2)$.

a) Geben Sie eine Gleichung der Geraden g durch A und B an und zeigen Sie, dass g in E liegt. Bestimmen Sie die Länge der Strecke $\overline{AB}$ und die Koordinaten des Mittelpunktes von $\overline{AB}$. **(2VP)**

b) Zeichnen Sie die Ebene E mit ihren Spurpunkten in ein Koordinatensystem (1 LE = 1 cm). Bestimmen Sie die Koordinaten des Punktes C auf E, der mit A und B ein gleichschenkliges Dreieck mit der Basis AB und dem Flächeninhalt $3\sqrt{5}\,\text{cm}^2$ bildet und dessen x_1-Koordinate positiv ist. [T1]
Zeichnen Sie das Dreieck in das Koordinatensystem ein. **(4VP)**

c) Gegeben ist die Gerade h: $\vec{x} = \begin{pmatrix} 3 \\ 1{,}5 \\ 1 \end{pmatrix} + t\begin{pmatrix} 1 \\ 0 \\ 1 \end{pmatrix}$; $t \in \mathbb{R}$. Bestimmen Sie den Schnittpunkt T von h mit E.
Die Spitze S des Dreiecks ABS bewege sich auf der Geraden h. Zeigen Sie, dass das Dreieck ABS für jede Lage von S gleichschenklig ist. Für welchen Punkt S ist der Flächeninhalt des Dreiecks ABS minimal? [T2] **(3VP)**

d) Das Dreieck ABC bildet zusammen mit dem Punkt $D(2|1{,}5|0)$ eine Pyramide. Bestimmen Sie den Rauminhalt der Pyramide. [T3] **(2VP)**

2 Bei der Produktion einer speziellen Fliesenart treten bei 5 % der Fliesen feine Haarrisse auf.

a) Berechnen Sie die Wahrscheinlichkeit, dass sich unter 300 gekauften Fliesen weniger als 20 mangelhafte Fliesen befinden. [T4] **(1VP)**

b) Für eine Wandfläche werden 230 Fliesen benötigt. Mit welcher Wahrscheinlichkeit reichen 240 gekaufte Fliesen aus, wenn man nur einwandfreie Fliesen verarbeiten will. [T5] **(1VP)**

c) Das Werk lässt die betreffende Maschine von einem Handwerksbetrieb technisch überholen. Danach soll getestet werden, ob der Mangelanteil noch 5 % beträgt oder auf 1 % gesunken ist, wie der Handwerksbetrieb versprochen hat. Er will die Hypothese $p = 0{,}01$ genau dann verwerfen, wenn sich in seiner Stichprobe vom Umfang $n = 200$ mindestens sechs mangelhafte Fliesen befinden.
Wie groß ist die Wahrscheinlichkeit, dass er diese Hypothese verwirft, obwohl sie wahr ist. [T6] **(2VP)**

[T1] Ein gleichschenkliges Dreieck ist symmetrisch zur Mittelsenkrechten der Strecke $\overline{AB}$. Stellen Sie eine Gerade durch M auf, deren Richtungsvektor orthogonal zu $\overrightarrow{AB}$ und in E liegt. Gesucht ist nun ein Punkt C auf g, sodass $\overrightarrow{MC}$ die passende Länge hat. [T2] Stellen Sie den Punkt S in Abhängigkeit des Parameters t dar. Bestimmen Sie nun den Flächeninhalt F des Dreiecks in Abhängigkeit von t und geben Sie die Funktion F(t) in Ihren GTR ein. Lesen Sie das Minimum der Funktion ab. [T3] Bestimmen Sie den Abstand des Punktes D von E und wenden Sie die Volumenformel für die Pyramide an. [T4] Bezeichnen Sie die Anzahl der Fliesen mit Haarrissen als X. Dann ist X binomialverteilt. Stellen Sie die geforderte Wahrscheinlichkeit mithilfe von X dar. [T5] Beachten Sie, dass dazu höchstens 10 Fliesen defekt sein dürfen. [T6] Es ist die Wahrscheinlichkeit $P(X > 6)$ gesucht, obwohl $p = 0{,}01$ gilt.

1 Gegeben sind die Ebene E_1: $3x_1 + 4x_3 = 9$ und ein Quader mit zu den Koordinatenachsen parallelen Kanten durch die Eckpunkte A(0 | 0 | 0), B(3 | 0 | 0), C(3 | 5 | 0), E(0 | 0 | 6).

a) Stellen Sie den Quader in einem Koordinatensystem dar und geben Sie die Koordinaten der fehlenden Eckpunkte an. Überprüfen Sie, ob E_1 die Kante BC des Quaders enthält.
Bestimmen Sie die Gleichung der Ebene E_2, die die Kante BC enthält und aus dem Quader ein Quadrat ausschneidet. [T1]
Welchen Winkel bilden die Ebenen E_1 und die x_1x_2-Ebene? **(5VP)**

b) Geben Sie eine Gleichung der zu E_3: $4x_1 + 3x_3 = 12$ parallelen Ebenenschar F_t an.
Geben Sie den Bereich des Parameters t an, für den die Ebenen aus dem Quader ein Quadrat ausschneiden.
Wie groß ist der maximale Abstand zweier Ebenen der Schar, die aus dem Quader jeweils ein Quadrat ausschneiden? **(3VP)** [T2]

2 Ein regionaler Rundfunksender veranstaltet das Spiel „Heiteres Kandidatenraten", wobei man einen Begriff erraten soll. Ein Hörer ist sich sicher, das Lösungswort zu kennen und ruft beim Sender an.
Dabei dringt man mit einer Wahrscheinlichkeit von 0,05 bis zu einer Warteschleife vor. Die Wahrscheinlichkeit, dass der Zufallsgenerator den einen Anrufer aus der Warteschleife auswählt, beträgt $\frac{1}{60}$.

a) Wie groß ist die Wahrscheinlichkeit, beim ersten Anruf ausgewählt zu werden? [T3] **(1VP)**

b) Mit welcher Wahrscheinlichkeit schafft es der Hörer erst beim 5. Anruf bis zur Warteschleife? [T4] **(1VP)**

c) Berechnen Sie die Wahrscheinlichkeit, höchstens 2 Anrufe, höchstens 3 Anrufe bzw. höchstens n Anrufe für die Mitteilung der richtigen Lösung zu benötigen. [T5] **(3VP)**

d) Wie viel Versuche sind erforderlich, um mit einer Wahrscheinlichkeit von mindestens 90 % dem Sender das Lösungswort mitteilen zu können? [T6] **(2VP)**

[T1] Bestimmen Sie einen weiteren Punkt der Ebene E_2 auf einer Kante des Quaders. [T2] Parallele Ebenen können mit dem gleichen Normalenvektor dargestellt werden. Zeichnen Sie die extremen Lagen in die Zeichnung ein und bestimmen Sie so den Parameterbereich. [T3] Beachten Sie, dass der Hörer zur Warteschleife gelangen und auch noch ausgewählt werden muss. Das Verbindungswort „und" verlangt die Multiplikation der Wahrscheinlichkeiten. [T4] Erst beim 5. Anruf bedeutet, es gelingt viermal nicht und dann gelangt er zur Warteschleife. [T5] Höchstens drei Anrufe heißt: Der 1. Anruf oder der 2. Anruf oder der 3. Anruf ist erfolgreich. „oder" bedeutet Addition der Wahrscheinlichkeiten. [T6] Versuchen Sie, einen Term für die Wahrscheinlichkeit von höchstens n Anrufe zu erstellen. Dieser Term soll größer als 0,9 sein.

1 Die geradlinigen Flugbahnen zweier mit konstanter Geschwindigkeit fliegende Flugzeuge F_1 und F_2 können mithilfe eines Koordinatensystems angegeben werden. F_1 befindet sich zu Beobachtungsbeginn in $P(3|5|2)$, Flugzeug F_2 in $R(-1|3|3)$ (Angaben in km; die x_3-Koordinate gibt die Flughöhe über dem ebenen Gelände an). F_1 befindet sich nach einer Minute im Punkt $Q(-1|9|3)$, F_2 bewegt sich in Richtung $\begin{pmatrix} 2 \\ -2 \\ 1 \end{pmatrix}$ mit einer Geschwindigkeit von $300\,\frac{\text{km}}{\text{h}}$.

a) In welchem Punkt befindet sich Flugzeug F_1 nach 3 Minuten?
Wann hat F_1 eine Höhe von 6 km?

Bestimmen Sie die Geschwindigkeit von F_1 in $\frac{\text{km}}{\text{h}}$.
Wo befindet sich F_2 nach einer Minute? **(4 VP)**

b) Zeigen Sie, dass sich die Flugbahnen von F_1 und F_2 nicht kreuzen. Bestimmen Sie den minimalen Abstand der beiden Flugbahnen. [T1]
Wie weit sind F_1 und F_2 nach drei Minuten voneinander entfernt? Berechnen Sie den minimalen Abstand der beiden Flugzeuge. [T2] **(4 VP)**

Ein quadratisches Messegelände liegt in der x_1x_2-Ebene und hat den Mittelpunkt $(3|3|0)$. Die Quadratseiten sind parallel zu den Koordinatenachsen und haben die Länge 2 km. Bei einer Flugschau haben die Zuschauer auf dem Messegelände die Möglichkeit Flugzeuge zu beobachten.

c) Unter welchem maximalen und unter welchem minimalen Winkel zur Horizontalen kann von diesem Messegelände aus ein Flugzeug betrachtet werden, das sich gerade im Punkt $F(6|6|1)$ befindet? [T3] **(3 VP)**

2 a) Eine Lichterkette mit 18 Glühlampen ist so konstruiert, dass sie erst dann komplett ausfällt, wenn mindestens 3 Glühlampen defekt sind. Es ist bekannt, dass die Ausfallwahrscheinlichkeit einer Glühlampe dieser Kette innerhalb eines Jahres 5 % beträgt.
Wie groß ist die Wahrscheinlichkeit, dass die Lichterkette das ganze Jahr ohne Glühlampenwechsel betrieben werden kann? [T4] **(2 VP)**

b) Eine Firma besteht aus genau 2 Betriebsteilen B_1 und B_2. In jedem der beiden Betriebsteile wird unabhängig voneinander eine bestimmte Sorte Glühlampen hergestellt. Untersuchungen haben ergeben, dass 4 % der Glühlampen aus Betriebsteil B_1 und 6 % der Glühlampen aus Betriebsteil B_2 nicht normgerecht sind.
Drei Viertel aller Glühlampen werden im Betriebsteil B_1 produziert. Ermitteln Sie für Betriebsteil B_1 den prozentualen Anteil der nicht normgerechten Glühlampen dieser Firma. [T5] **(2 VP)**

[T1] Den Abstand windschiefer Geraden g und h können Sie bestimmen, indem Sie z. B. ein LGS aufstellen, wobei die Gleichungen aus dem Skalarprodukt des Richtungsvektors der Geraden und dem Verbindungsvektor eines allgemeinen Punktes G auf g und H auf h besteht, das 0 gesetzt wird. [T2] Achten Sie darauf, dass in den Geradengleichungen der Flugbahnen ein gemeinsamer Parameter für die Zeit nach Beobachtungsbeginn gewählt wird. Bestimmen Sie anschließend das Minimum des zeitabhängigen Abstands mit dem GTR. [T3] Bestimmen Sie zunächst die Eckpunkte des Messegeländes mit dem maximalen und minimalen Abstand zu F. [T4] Die Anzahl der ausfallenden Glühlampen ist binomialverteilt. [T5] Zeichnen Sie ein zweistufiges Baumdiagramm, das in der 1. Stufe die prozentualen Anteile an der Produktion und in der 2. Stufe die Wahrscheinlichkeiten normgerechter bzw. nicht normgerechter Glühlampen aufweist.

Lambacher Schweizer

Mathematik für Gymnasien

Klausur- und Abiturtraining Baden-Württemberg

Lösungen zum Arbeitsheft

I Schlüsselkonzept: Ableitung

I Steigung von Funktionsgraphen, Seite 5

1 Die 1. Ableitung von f ist $f'(x) = 9x^2 - 1$. Die Steigung m von f ist $m = f'(-2) = 35$

2 Steigung der Geraden: $m = \frac{1}{3}$ $f'(x) = 4x$ $\frac{1}{3} = 4x$ $P_0\left(\frac{1}{12}\middle|\frac{1}{72}\right)$

3 a) Wahr, weil der Graph der Ableitungsfunktion eine Gerade ist
b) Falsch, weil sie dort nicht den gleichen Funktionswert besitzen müssen
c) Wahr, weil die Ableitung einer linearen Funktion konstant ist
d) Wahr, z. B. f mit $f(x) = 2x + 3$
e) Falsch, Gegenbeispiel: $f(x) = x^3$
f) Wahr, der Differenzenquotient ist negativ, also ist für $x_1 < x_2$ $f(x_2) < f(x_1)$.
g) Falsch, weil z. B. $f(x) = x^3$ keine negative Steigung hat

4 a) Der Ansatz $f'(x) = 1$ führt auf die Gleichung $x^2 - 6x + 10 = 0$, die keine Lösung besitzt.
b) Die Ableitungsfunktion ist $f'(x) = x^2 - 6x + 11 = (x - 3)^2 + 2$. Der Scheitelpunkt des Graphen ist $S(3\,|\,2)$.
Der Wertebereich von f' ist $y \geq 2$. Damit sind nur Steigungen möglich, die mindestens den Wert 2 haben.
c) Aus $f'(x) = 3$ folgt $x^2 - 6x + 11 = 3$ mit den Lösungen $x_1 = 2$ und $x_2 = 4$.

5 Aus $f'(x) = 10$ folgt $x^4 - 3x^2 - 10 = 0$. Lösung der biquadratischen Gleichung als $u^2 - 3u - 10 = 0$ über $u_1 = x_1^2 = 5$ und $u_2 = x_2^2 = -2$ (entfällt) mit den Lösungen $x_1 = \sqrt{5}$ und $x_2 = -\sqrt{5}$.
Aus $f'(x) = -100$ folgt $x^4 - 3x^2 + 10 = 0$. Diese biquadratische Gleichung hat keine Lösung, weil die Diskriminante aus der Lösungsformel negativ ist.

6 $x_1 = 0$ und $x_2 = 2$
$f(x_1) = -\frac{4}{3}$; $g(x_1) = 0$ Schlussfolgerung: f und g berühren sich nicht an der Stelle $x_1 = 0$. $f(x_2) = \frac{2}{3}$; $g(x_2) = \frac{2}{3}$
Schlussfolgerung: f und g berühren sich an der Stelle $x_2 = 2$.

I Tangente und Normale, Seite 6

1 $f'(x) = 4x - 3$; $m = f'(1) = 1$; $f(1) = -1$; $-1 = 1 \cdot 1 + c$
$c = -2$; $t: y = x - 2$

2 $f'(x) = 2x - 4$; $4 = f'(u) \cdot (0 - u) + f(u)$
$4 = (2u - 4) \cdot (0 - u) + u^2 - 4u + 5$
$u^2 = 1$ hat die Lösungen $u_1 = 1$ $B_1(1|2)$ $t_1: y = -2x + 4$
und $u_2 = -1$ $B_2(-1|10)$ $t_2: y = -6x + 4$

3 $4x - 1 = -2x$

4 Der Ansatz $4x - 1 = -\frac{1}{-2x}$ führt auf $x_1 = -0{,}25$ und $x_2 = 0{,}5$.

5 a) Tangente: $t: y = 6x - 3$
Normale: $n: y = -\frac{1}{6}x + \frac{19}{6}$

b) Tangente: $t: y = -3x + 4$
Normale: $n: y = \frac{1}{3}x - \frac{8}{3}$

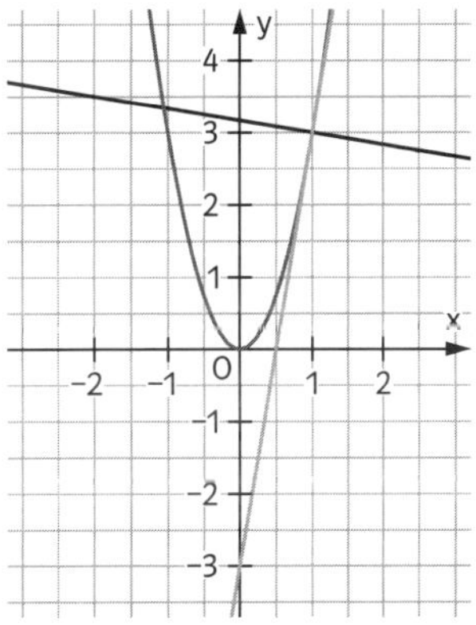

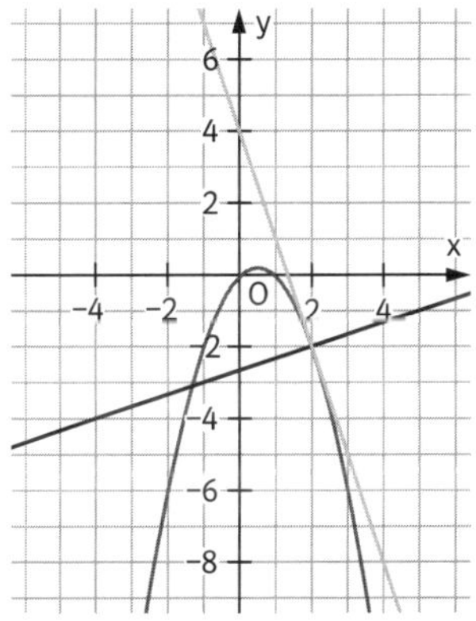

6 a) Parallele Tangenten bedeutet gleiche Steigung an der Stelle x_0. $3x^2 - 6x - 1 = -4$, daraus folgt $x_0 = 1$
b) Zum Graphen g senkrechte Geraden haben wegen $m_1 = -\frac{1}{m_2}$ die Steigung $\frac{1}{4}$. Aus $f'(x_0) = \frac{1}{4}$ folgt $3x_0^2 - 6x_0 - 1 = \frac{1}{4}$ mit den Lösungen $x_1 = -0{,}1902$ und $x_2 = 2{,}1902$. Es sind also die Punkte $P_1(-0{,}19\,|\,4{,}07)$ und $P_2(2{,}19\,|\,-2{,}07)$.

7 $m_1 = 5$; $m_2 = 3$ $\tan\delta = \left|\frac{m_2 - m_1}{1 + m_1 \cdot m_2}\right|$ $\delta = 7{,}1°$

8 Die Steigung der Geraden ist 0,5, also muss die Steigung der gesuchten Tangenten −2 sein. Aus $f'(x_0) = -2$ folgt $-\frac{18}{x^2} = -2$ mit den Lösungen $x_1 = -3$ und $x_2 = 3$.
Die Tangenten sind $t_1: y = -2x - 12$ und $t_2: y = -2x + 12$.

9 Die Parabeln sind achsensymmetrisch zur y-Achse, also schneiden sich die Tangenten auf der y-Achse. Ihr Steigungswinkel muss 45° bzw. 135° sein, d. h. es muss gelten: $f'(2) = 1$ bzw. -1.
Wegen $f'(x) = 2ax$ folgt $4a = \pm 1$, daraus folgt der Wert $a = \pm\frac{1}{4}$.

I Eigenschaften von Graphen, Seite 7

1 a) Wahr	z. B. $f(x) = x^2 + 1$
b) Wahr	z. B. $f(x) = (x - 1)^2 \cdot (x + 2)$
c) Falsch	Gegenbeispiel: $f(x) = x^3$
d) Wahr	Die 2. Ableitung einer Funktion dritten Grades ist stets linear. Ihr Graph ist eine Gerade, die stets eine Nullstelle hat.
e) Falsch	Gegenbeispiel: $f(x) = \sqrt{x}$

2 a) … eine Rechtskurve hat, so ist die Ableitung von f streng monoton fallend. $f''(x) < 0$.
b) … eine positive Steigung, so ist die Ableitung von f positiv. $f'(x) > 0$.
c) … seine stärkste Steigung, wo f' ein Maximum besitzt.
d) … nennt man Wendestelle.
e) … dann hat f dort eine Extremstelle oder einen Sattelpunkt.

3 a) …, weil nach Ausklammern von x der Klammerausdruck stets positiv ist.
b) …, weil f' nur positive Summanden hat und somit nicht null sein kann.
c) …, weil f nur ungerade Exponenten von x hat.

4 a) Da sich x ausklammern lässt, hat die Funktion mindestens eine Nullstelle ($x = 0$), aber höchstens 4 Nullstellen, da es eine ganzrationale Funktion 4. Grades ist.
b) An der Stelle 3 hat die Funktion einen Extremwert, an der Stelle −2 kann ein Extremwert oder ein Sattelpunkt sein. Man muss untersuchen, ob die Ableitungsfunktion dort die x-Achse berührt, also keinen Vorzeichenwechsel hat. In diesem Fall ist $f'(x) = a \cdot (x + 2)^2 \cdot (x - 3)$, was tatsächlich für $a = 1$ zutrifft.
An der Stelle −2 hat f einen Sattelpunkt. Zuordnung:
Stelle $x_1 = -2$: B, C, E Stelle $x_2 = 3$: A, D

5
a) $f(x) = g(x + 3) - 2 = -0{,}5(x + 3)^3 + 4{,}5(x + 3)^2 - 12(x + 3) + 11 - 2$
$= -0{,}5(x^3 + 9x^2 + 27x + 27) + 4{,}5(x^2 + 6x + 9) - 12x - 27$
$= -0{,}5x^3 + 1{,}5x$
b) $f(x) = -0{,}5x^3 + 1{,}5x$
$f(-x) = -0{,}5(-x)^3 + 1{,}5(-x) = 0{,}5x^3 - 1{,}5x = -(-0{,}5x^3 + 1{,}5x) = -f(x)$
g(x) ist damit auch punktsymmetrisch mit dem Symmetriepunkt (3 | 2).

I Graphen von Funktionen und ihre Ableitungen (1), Seite 8

1 An der Stelle, wo der Graph (1) **ein Maximum** hat, besitzt der Graph (2) **eine Nullstelle** und Graph (3) ist dort negativ. An der Stelle, wo der Graph (1) einen Wendepunkt hat, besitzt der Graph (2) **ein Maximum** und Graph (3) **eine Nullstelle**.
Zuordnung: f: **(1)** f': **(2)** f'': **(3)**

2 B, E, G, H

3 2 ist Nullstelle und Maximumstelle. Der Graph der Funktion f berührt die x-Achse an der Stelle 2 von unten.

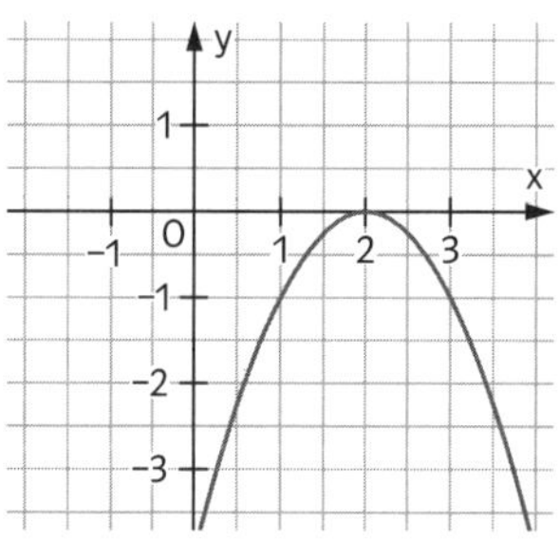

4 einen Sattelpunkt

5

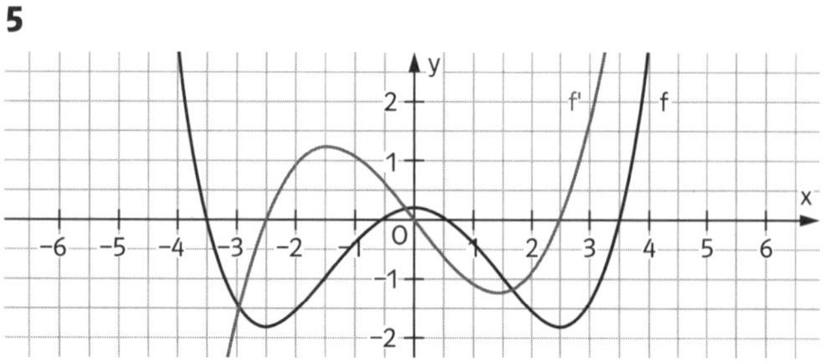

I Graphen von Funktionen und ihre Ableitungen (2), Seite 9

1 a) … an der Stelle $x = 2$ ist negativ.
… im Intervall $0{,}5 < x < 1{,}5$ streng monoton fallend.
b) Aussage 1: f' hat bei $x = 0$ ein Minimum, d.h. die Steigung von f wird bis $x = 0$ kleiner und dann wieder größer. Bei $x = 0$ liegt also ein Wendepunkt von Rechtskurve in Linkskurve des Graphen der Funktion f vor.
Aussage 2: f' hat bei $x = -1$ eine Nullstelle mit Vorzeichenwechsel von + nach −, also hat f dort ein Maximum und damit eine zur x-Achse parallele Tangente.
c)

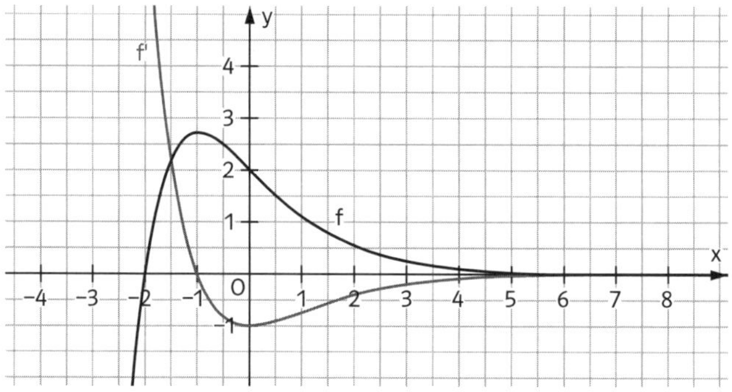

2 a) f hat an der Stelle 3 einen Hochpunkt; f' hat an der Stelle 3 eine Nullstelle; f'' ist an der Stelle 3 negativ.
b) $f'(x) = (9 - x) \cdot \sqrt{x} = 9 \cdot \sqrt{x} - x \cdot \sqrt{x} = 9x^{\frac{1}{2}} - x^{\frac{3}{2}}$
$f'(x) = \frac{9}{2\sqrt{x}} - \frac{3}{2}\sqrt{x}$
Die zweite Ableitung ist im gesamten Definitionsbereich negativ.

3

Funktion f(x)	1. Ableitungsfunktion f'(x)	2. Ableitungsfunktion f''(x)
quadratische Funktion	lineare Funktion	konstante Funktion
Wendepunkt	Extrempunkt	Nullstelle
streng monoton wachsend	> 0	
Hochpunkt	Nullstelle mit Vorzeichenwechsel	< 0
Sattelpunkt	Nullstelle ohne Vorzeichenwechsel	Nullstelle
Extrempunkt	Nullstelle mit Vorzeichenwechsel	Nullstelle ohne Vorzeichenwechsel
Extrempunkt auf der x-Achse	Nullstelle mit Vorzeichenwechsel	≠ 0

I Innermathematische Extremwertaufgaben, Seite 10

1 Zuordnung: A: (6); B: (2); C: (5); D: (3); E: (1); F: (4)

2 a) $A(a) = \frac{1}{2}a \cdot f(a) = \frac{1}{2}a \cdot (a^2 - 6a + 10) = \frac{1}{2}a^3 - 3a^2 + 5a$
$a^2 - 4a + \frac{10}{3} = 0$
$A'(a) = \frac{3}{2}a^2 - 6a + 5 = 0$ $A''(a) = 3a - 6$
$a_1 = 1{,}1835$ $A''(a_1) < 0$ Maximumstelle für den Flächeninhalt mit $A(1{,}1835) = 2{,}5443$ FE
$a_2 = 2{,}8165$ $A''(a_2) > 0$ Minimumstelle für den Flächeninhalt mit $A(2{,}8165) = 1{,}4557$ FE

(Beide Stellen sind nur lokale Extremstellen. Globale Extremstelle ist das Minimum bei 0, eine globale Maximumstelle gibt es nicht)

b) $d(a) = \sqrt{a^2 + [f(a)]^2} = \sqrt{a^2 + [a^2 - 6a + 10]^2}$

Nutzung einer Ersatzfunktion $D(a) = [d(a)]^2 = a^2 + [a^2 - 6a + 10]^2$

$D'(a) = 2a + 2(a^2 - 6a + 10)(2a - 6) = 0$

$a + (a^2 - 6a + 10)(2a - 6) = 0$

$a + 2a^3 - 12a^2 + 20a - 6a^2 + 36a - 60 = 0$

$2a^3 - 18a^2 + 57a - 60 = 0$

Näherungslösung: $a \approx 2{,}2649$

$D''(a) = 4a^3 - 36a^2 + 114a - 120 \rightarrow D''(2{,}2649) > 0$

Minimum bei (2,2649 | 1,5404) mit einem Abstand zum Ursprung von $d \approx 2{,}7391$ LE

3 $d(x) = f(x) - g(x) = -\frac{4}{9}x^2 + \frac{32}{9}x - \frac{28}{9} - \left(\frac{2}{9}x^2 - \frac{4}{3}x + 3\right)$

$d(x) = -\frac{2}{3}x^2 + \frac{44}{9}x - \frac{55}{9}$

$d'(x) = -\frac{4}{3}x + \frac{44}{9} = 0 \quad x_0 = \frac{11}{3} \quad d''(x_0) = -\frac{4}{3} < 0$

Maximum von d(x) bei $\left(\frac{11}{3} \middle| \frac{77}{27}\right)$

An der Stelle $x_0 = \frac{11}{3}$ ist der senkrechte Abstand mit $\frac{77}{27}$ am größten.

4 $A(x) = -x \cdot f(x) = -\frac{1}{9}x^3 \cdot (x^2 - 9) = -\frac{1}{9}x^5 + x^3$

$A'(x) = -\frac{5}{9}x^4 + 3x^2 = 0 \quad x_1 = 0;\ x_2 = \pm\sqrt{\frac{27}{5}}$

Der Wert 0 entfällt, weil dort kein Dreieck entsteht.

$A''(x) = -\frac{20}{9}x^3 + 6x \qquad A''\left(\sqrt{\frac{27}{5}}\right) = -\frac{20}{9} \cdot \frac{27}{5} \cdot \sqrt{\frac{27}{5}} + 6 \cdot \sqrt{\frac{27}{5}} > 0$

Maximum bei $P\left(\sqrt{\frac{27}{5}} \middle| -\frac{54}{25}\right)$ mit einem Flächeninhalt von

$A\left(\sqrt{\frac{27}{5}}\right) = 5{,}02$ FE

5 $Z(a) = \frac{1}{2} \cdot a \cdot [f(a) - g(a)] = \frac{1}{2} \cdot a \cdot \left[\frac{a}{2} + \frac{1}{a} - \frac{a}{2}\right] = \frac{1}{2}$

Der Flächeninhalt des beschrieben Dreiecks ist für jeden Wert von a gleich.

I Klausurtraining ohne Hilfsmittel, Seite 11

1 $f(x) = x^2 + \frac{6}{x^2} - 5 = 0 \quad x^4 - 5x^2 + 6 = 0$ Substitution $u = x^2$:

$u^2 - 5u + 6 = 0$ mit den Lösungen $u_1 = x_1{}^2 = 2$ und $u_2 = x_2{}^2 = 3$, also $x_{1/2} = \pm\sqrt{2}$ und $x_{3/4} = \pm\sqrt{3}$.

2 $a < 0$, weil der Hochpunkt rechts von Tiefpunkt liegt.
$b = d = 0$, weil die Funktion punktsymmetrisch zum Koordinatenursprung ist und damit keine geraden Exponenten von x haben kann. $c \neq 0$, sonst ist $f(x) = ax^3$, die aber keine Extremwerte besitzt.

3

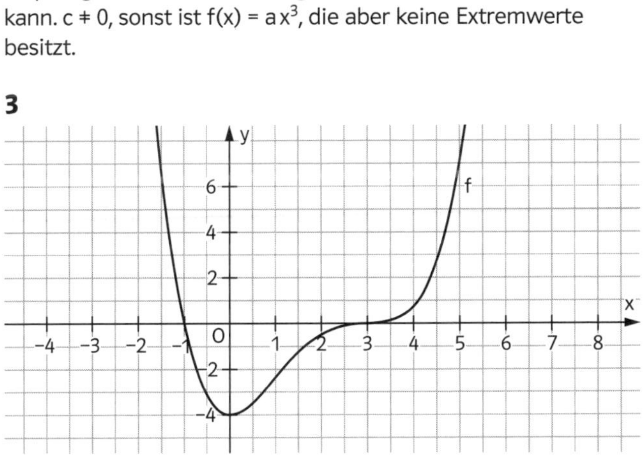

4

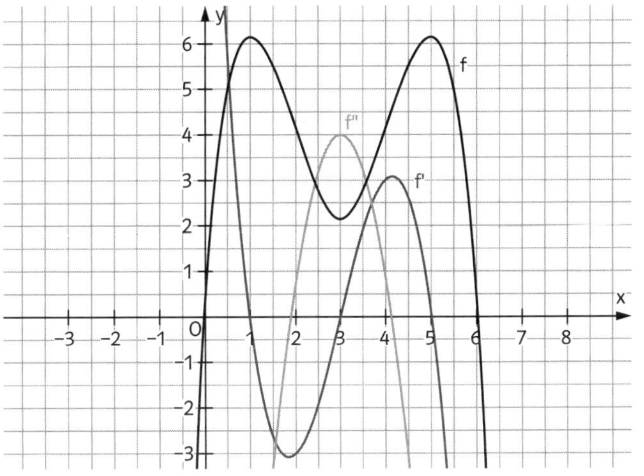

5 oranger Graph: f' mit $f'(x) = -3\sin(x)$
schwarzer Graph: f'' mit $f''(x) = -3\cos(x)$
grauer Graph: f mit $f(x) = 3\cos(x) - 3$

6

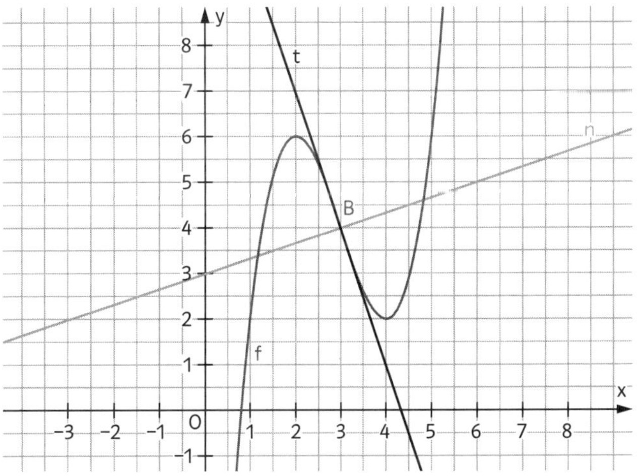

a) gleiche Steigung: $m = -3$, also $f'(x_0) = -3$
$3x^2 - 18x + 24 = -3$ führt auf $x^2 - 6x + 9 = 0$, also $(x - 3)^2 = 0$ mit der Lösung $x_0 = 3$. Wegen $t(3) = 4$ und $f(3) = 4$ haben beide Funktionen auch den gleichen Funktionswert. Der Berührpunkt ist (3 | 4).

b) Normale: $n(x) = \frac{1}{3}x + 3$ mit der Nullstelle $x_1 = -9$

Nullstelle der Tangente: $-3x + 13 = 0 \quad x_2 = \frac{13}{3}$

Flächeninhalt: $A = \frac{1}{2} \cdot 4 \cdot \left(\frac{13}{3} + 9\right) = \frac{80}{3} \approx 26{,}67$ FE

c) $f''(x) = 6x - 18 \quad f''(3) = 0$ als notwendige Bedingung und $f'''(x) = 6$ begründen den Wendepunkt

d) Für die Verschiebung des Wendepunktes ist $a = 3$ und $b = -5$.
Es ist $g(x) = f(x + 3) - 5 = (x + 3)^3 - 9(x + 3)^2 + 24(x + 3) - 13 - 4$
$= x^3 + 9x^2 + 27x + 27 - 9x^2 - 54x - 81 + 24x + 72 - 18$
$g(x) = x^3 - 3x$

I Klausurtraining mit Hilfsmitteln, Seite 12

1 Der Gewinn G für den Verkauf von x Behältern ist
$G(x) = U(x) - K(x) = -x^3 + 23x^2 + 109x - 1115$.
a) Für 15 Behälter entsteht ein Gewinn von G(15) € = 2320 €.
b) Gesucht ist die Extremstelle des Hochpunktes der Funktion G.
Notwendige Bedingung: $G'(x) = 0$:
$G'(x) = -3x^2 + 46x + 109 = 0$ hat die Lösungen $x_1 = -2{,}08$ und $x_2 = 17{,}4$. Es ist $G''(x) = -6x + 46$. Damit ist $G''(17{,}4) < 0$.

Es liegt also ein Maximum bei x = 17,4 vor. Da eine Anzahl gefordert ist, berechnet man G(17) = 2472 und G(18) = 2467. Der größte Gewinn wird also bei der Produktion von 17 derartigen Behältern erreicht.
c) Gewinn wird nur erzielt, wenn der Umsatz höher ist als die Kosten. Das ist im Intervall zwischen den beiden Schnittstellen der Fall. Berechnung der Schnittstellen mit U(x) = K(x) bzw. U(x) − K(x) = 0; $-x^3 + 23x^2 + 109x - 1115 = 0$ hat die Lösungen −8,007; 5,449 und 25,558. Das gesuchte Intervall ist also {6; 25}.

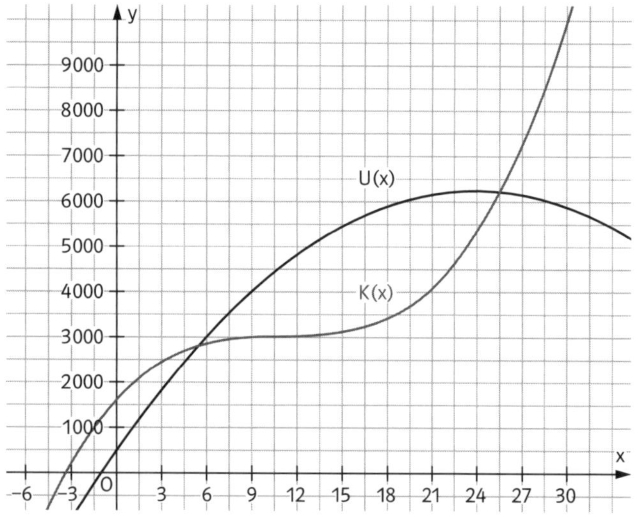

2 a) Nullstellen: $x_1 = 0$; $x_2 = 0{,}75$

Lokale Extrempunkte: Hochpunkt bei $\left(\frac{1}{4}\middle|\frac{1}{24}\right)$ Tiefpunkt bei $\left(\frac{3}{4}\middle|0\right)$

Wendepunkt: $f''(x) = 4x - 2$ ist linear, damit gibt es genau einen Wendepunkt $W\left(\frac{1}{2}\middle|\frac{1}{48}\right)$.

b) Tangente in $P\left(\frac{1}{2}\middle|\frac{1}{48}\right)$: $y = -\frac{1}{8}x + \frac{1}{12}$ mit der Nullstelle $x_{0T} = \frac{2}{3}$

Dreiecksfläche $A = \frac{1}{2} \cdot \frac{2}{3} \cdot \frac{1}{12}\,\text{FE} = \frac{1}{36}\,\text{FE}$

c) Gerade g durch A(0 | 1) und B(4 | 2,5):

$y = mx + 1 \quad 2{,}5 = 4m + 1 \quad m = \frac{3}{8}$

f soll die Steigung m haben: $f'(x_g) = \frac{3}{8} \quad 2x_g^2 - 2x_g + \frac{3}{8} = \frac{3}{8}$

$x_3 = 1$; $x_4 = 0$

3 a) Der K-Punkt entspricht dem Wendepunkt der Funktion f.
Ableitungen: $f'(x) = \frac{9}{100\,000}x^2 - \frac{18}{1000}x + \frac{1}{5}$; $f''(x) = \frac{18}{100\,000}x - \frac{18}{1000}$;

$f'''(x) = \frac{18}{100\,000} \neq 0$

Aus $f''(x_W) = 0$ folgt $x_W = 100$. Der K-Punkt hat die Koordinaten (100 | 40).
Das Gefälle ist die Steigung im Wendepunkt, also f′(100) = −0,7, also 70 %.
b) Aus m = tan 148° ≈ −0,625 und dem Ansatz f′(x) = m ergeben sich die Werte $x_1 \approx 71{,}11$ (entfällt laut Aufgabe) und $x_2 \approx 128{,}89$. Mit $f(x_2) \approx 20{,}50$ ergibt sich der „Hillsize" als Abstand der Punkte A(0 | 86) und P(128,89 | 20,50) mit $\sqrt{128{,}89^2 + (86 - 20{,}5)^2} \approx 144{,}58$. Der „Hillsize" beträgt also rund 145 m.

4

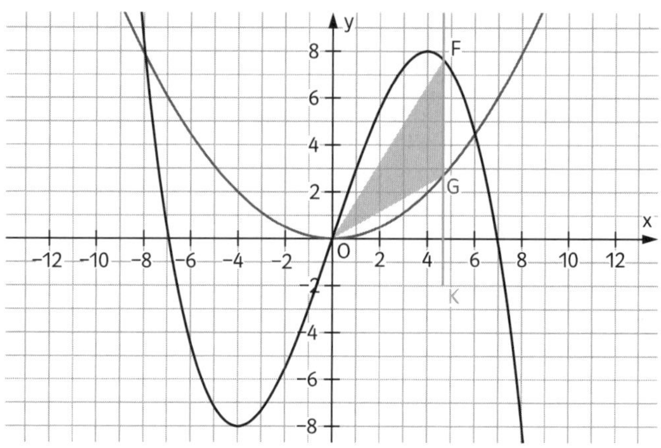

a) Nullstellen: $x_1 = 0$; $x_2 = -4\sqrt{3} \approx -6{,}93$; $x_3 = 4\sqrt{3} \approx 6{,}93$
Hochpunkt (4 | 8) Tiefpunkt (−4 | −8) Wendepunkt (0 | 0)

b) gleiche Steigung: $f'(x_a) = g'(x_a)$ $-\frac{3}{16}x_a^2 + 3 = \frac{1}{4}x_a$ führt auf

$x_a^2 + \frac{4}{3}x_a - 16 = 0$ mit den Lösungen $x_1 = -4{,}722$ und $x_2 = 3{,}389$

c) Aus $f'(a) = -\frac{1}{g'(a)}$ folgt die Gleichung $\frac{3}{16}a^3 - 3a - 4 = 0$.

Eine ganzrationale Funktion dritten Grades hat immer mindestens eine Nullstelle. Also existiert ein Wert für a.

d) $-8 = \frac{1}{4}x_0(0 - x_0) + \frac{1}{8}x_0^2$ Berührstellen: $x_1 = 8$; $x_2 = -8$

Tangenten t_1: $y = 2x - 8$; t_2: $y = -2x - 8$

e) $A(k) = \frac{1}{2}k \cdot (f(k) - g(k)) = \frac{1}{2}k \cdot \left(-\frac{1}{16}k^3 + 3k - \frac{1}{8}k^2\right)$

$A(k) = -\frac{1}{32}k^4 + \frac{3}{2}k^2 - \frac{1}{16}k^3$

$A'(k) = -\frac{1}{8}k^3 - \frac{3}{16}k^2 + 3k = k \cdot \left(-\frac{1}{8}k^2 - \frac{3}{16}k + 3\right) = 0$

$k_1 = 0$ entfällt wegen $0 < k < 6$
$k_2 = -5{,}7$ entfällt wegen $0 < k < 6$
$k_3 = 4{,}206$ ist die einzige Lösung dieses Problems.

II Alte und neue Funktionen und ihre Ableitungen

II Produkt, Quotient und Verkettung von Funktionen, Seite 13

1 Dabei bezeichnet man die Funktion v als die innere Funktion und u als die äußere Funktion.
Bei der Verkettung wendet man auf die Variable x zuerst die Zuordnungsvorschrift v und danach auf dieses Zwischenergebnis v(x) die zweite Zuordnungsvorschrift u an.

2 $f(x) + g(x) = x^2 + x + 2$; Graph B $\quad \frac{f(x)}{g(x)} = \frac{1}{x} + \frac{2}{x^2}$; Graph F
$f(x) \cdot g(x) = x^3 + 2x^2$; Graph D $\quad f(g(x)) = x^2 + 2$; Graph C
$f(x) - g(x) = -x^2 + x + 2$; Graph E $\quad g(f(x)) = (x + 2)^2$; Graph A

3
a) f(g(2)) = 7 b) f(g(−3)) = 17 c) g(f(2)) = 9
d) g(f(−1)) = 9 e) $f\left(g\left(-\frac{1}{2}\right)\right) = -0{,}5$ f) $g\left(f\left(\frac{1}{3}\right)\right) = \frac{1}{9}$

4

	u(x)	v(x)	f(x)
a)	$x^3 + 1$	$4x - 3$	$(4x - 3)^3 + 1$
b)	$\sqrt{x}$	$x^2 - 9$	$\sqrt{x^2 - 9}$
c)	sin(3x)	0,5x + 2	sin(1,5x + 6)
d)	$\frac{5}{x^2}$	$(3x - 2)^2$	$\frac{5}{(3x - 2)^4}$

5

	a) $f(x) = (5x-6)^3$	b) $f(x) = \frac{3}{x^2+4}$	c) $f(x) = (\sin(x))^2$
als Produkt $u(x) \cdot v(x)$	$u(x) = (5x-6)^2$ $v(x) = 5x-6$	$u(x) = 3$ $v(x) = \frac{1}{x^2+4}$	$u(x) = \sin(x)$ $v(x) = \sin(x)$
als Verkettung $u(v(x))$	$u(x) = x^3$ $v(x) = 5x-6$	$u(x) = \frac{3}{x}$ $v(x) = x^2+4$	$u(x) = x^2$ $v(x) = \sin(x)$

II Kettenregel, Seite 14

1 Die Ableitung der Funktion f an der Stelle x_0 ist gleich der Ableitung der äußeren Funktion u an der Stelle $v(x_0)$ multipliziert mit der Ableitung der inneren Funktion v an der Stelle x_0, d.h. $f'(x_0) = u'(v(x_0)) \cdot v'(x_0)$.

$f(x) = \frac{1}{(2x-3)^2}$ $\quad u(x) = \frac{1}{x^2}$ $\quad v(x) = 2x - 3$

$u'(x) = -\frac{2}{x^3}$ $\quad v'(x) = 2$

$f'(x) = u'(v(x_0)) \cdot v'(x) = -\frac{2}{(2x-3)^3} \cdot 2$

2 siehe Tabelle 1

3

a) $f(x) = (x-3)^4$
$f'(x) = 4 \cdot (x-3)^3$

b) $f(x) = (5-4x)^{-2}$
$f'(x) = -2 \cdot (5-4x)^{-3} \cdot (-4)$

c) $f(x) = -3 \cdot \sin(4x+1)$
$f'(x) = -3 \cdot \cos(4x+1) \cdot 4$

d) $f(x) = (3x^2-6)^4$
$f'(x) = 4 \cdot (3x^2-6)^3 \cdot 6x$

4 (1) $f(x) = \frac{1}{6} \cdot (x-2)^3$ Graph B

Der Graph der Funktion f ist monoton wachsend und hat bei $x = 2$ einen Wendepunkt.
Graph B zeigt eine Ableitungsfunktion, deren Werte größer gleich 0 sind und Graph B hat bei $x = 2$ einen Tiefpunkt.

(2) $f(x) = \left(\frac{1}{2}x - \frac{3}{2}\right)^4$ Graph C

Die Funktion f ist eine ganzrationale Funktion vom Grad 4, somit hat die Ableitungsfunktion f' den Grad 3. Dies zeigt Graph C.

(3) $f(x) = \frac{1}{2} \cdot (x-3)^2$ Graph A

Die Funktion f ist eine ganzrationale Funktion vom Grad 2, somit hat die Ableitungsfunktion f' den Grad 1, d.h. der Graph ist eine Gerade. Graph A zeigt die erforderlichen Eigenschaften.

(4) $f(x) = \left(\frac{1}{4} \cdot x - 1\right)^3$ Graph D

Der Graph der Funktion f ist monoton wachsend und hat bei $x = 4$ einen Wendepunkt.
Graph D zeigt eine Ableitungsfunktion, deren Werte größer gleich 0 sind und Graph D hat bei $x = 4$ einen Tiefpunkt.

II Produktregel und Quotientenregel, Seite 15

1 a) $f'(x) = 3 \cdot \sin(x) + (3x-2) \cdot \cos(x)$

b) $g'(x) = 2 \cdot \sqrt{x} + (5+2x) \cdot \frac{1}{2\sqrt{x}}$

c) $h'(x) = \sin(x) \cdot (5x^2 - 3) + (-\cos(x)) \cdot 10x$

d) $i'(x) = \frac{1}{2\sqrt{x}} \cdot \cos(x) + \sqrt{x} \cdot (-\sin(x))$

e) $k'(x) = -\frac{12x}{(x^2-2)^2}$

f) $l'(x) = \frac{3}{2}\sqrt{x}\left(\frac{1}{2}x + 4\right)^2 + \sqrt{x} \cdot x \cdot \left(\frac{1}{2}x + 4\right)$

2 a) $f'(x) = 3 \cdot (5-3x)^2 \cdot (-3) \cdot x^{-2} + (5-3x)^3 \cdot (-2 \cdot x^{-3})$

b) $g'(x) = -4x \cdot \cos(x) - 2x^2 \cdot (-\sin(x))$

c) $f'(x) = \frac{1}{2}x \cdot \sqrt{4-x} + \frac{1}{4}x^2 \cdot \frac{1}{2 \cdot \sqrt{4-x}} \cdot (-1)$

3

a) $f'(x) = 2 \cdot \cos(3x) + (2x+1) \cdot (-\sin(3x) \cdot 3)$
$= 2 \cdot \cos(3x) - (6x+3) \cdot \sin(3x)$

b) $f'(x) = 3 \cdot (2-5x)^2 \cdot (-5) \cdot (1+2x) + (2-5x)^3 \cdot 2$
$= -15 \cdot (2-5x)^2 \cdot (1+2x) + 2 \cdot (2-5x)^3$

c) $f'(x) = \frac{1}{2\sqrt{4x-6}} \cdot 4 \cdot 3x^2 + \sqrt{4x-6} \cdot 6x$
$= \frac{6x^2}{\sqrt{4x-6}} + \sqrt{4x-6} \cdot 6x$

d) $f'(x) = -\frac{2}{x^2} \cdot (x^2 + 3x + 2) + \frac{2}{x} \cdot (2x+3)$
$= -2 - \frac{6}{x} - \frac{4}{x^2} + \frac{6}{x}$
$= -\frac{4}{x^2} + 2$

e) $f'(x) = \frac{15}{(4-3x)^2}$

f) Lösungsweg 1: ableiten mithilfe der Quotientenregel und dann vereinfachen

$f'(x) = \frac{(4x+4) \cdot 2x - (2x^2+4x-3) \cdot 2}{4x^2}$
$= \frac{8x^2 + 8x - 4x^2 - 8x + 6}{4x^2}$
$= \frac{4x^2+6}{4x^2} = 1 + \frac{3}{2x^2}$

Lösungsweg 2: erst vereinfachen, dann ableiten

$f(x) = x + 2 - \frac{3}{2x}$

$f'(x) = 1 + \frac{3}{2x^2}$

4 a) $f'(x) = 3 \cdot \sqrt{x} + (3x-2) \cdot \frac{1}{2\sqrt{x}}$

$f'(4) = 8{,}5 = m$
$f(4) = 20$ $\quad P(4|20)$
$y = m \cdot (x - x_0) + f(x_0)$ allgemeine Tangentengleichung
$y = 8{,}5 \cdot (x-4) + 20$
$y = 8{,}5x - 14$

Tabelle 1

	f(x)	u(x)	u'(x)	v(x)	v'(x)	$f'(x) = u'(v(x)) \cdot v'(x)$
a)	$(7-4x)^6$	x^6	$6x^5$	$7-4x$	-4	$6 \cdot (7-4x)^5 \cdot (-4)$
b)	$\sqrt{3x^2+5}$	$\sqrt{x}$	$\frac{1}{2\sqrt{x}}$	$3x^2+5$	$6x$	$\frac{1}{2 \cdot \sqrt{3x^2+5}} \cdot 6x$
c)	$\frac{4}{3x^3+2}$	$\frac{4}{x}$	$\frac{-4}{x^2}$	$3x^3+2$	$9x^2$	$-\frac{4}{(3x^3+2)^2} \cdot 9x^2$
d)	$-3\cos(2x^2)$	$-3\cos(x)$	$3\sin(x)$	$2x^2$	$4x$	$3\sin(2x^2) \cdot 4x$

b) $f'(x) = 2x \cdot \sin(x) + x^2 \cdot \cos(x)$
$f'(\pi) = 2\pi \cdot 0 + \pi^2 \cdot (-1) = -\pi^2 = m$
$f(\pi) = \pi^2 \cdot 0 = 0 \quad P(\pi \mid 0)$
$y = -\pi^2(x - \pi) = -\pi^2 x + \pi^3$

c) $f'(x) = \frac{1}{2\sqrt{x}}(2x^2 - 4) + \sqrt{x} \cdot 4x$
$f'(2) = \frac{1}{2\sqrt{2}} \cdot 4 + \sqrt{2} \cdot 8 = \sqrt{2} + 8 \cdot \sqrt{2} = 9 \cdot \sqrt{2} = m$
$f(2) = \sqrt{2} \cdot (8 - 4) = 4 \cdot \sqrt{2} \quad P(2 \mid 4 \cdot \sqrt{2})$
$y = 9 \cdot \sqrt{2}(x - 2) + 4\sqrt{2} = 9\sqrt{2} \cdot x - 14 \cdot \sqrt{2}$

5 a) $f(x) = 0$
Nullproduktsatz: $\sqrt{x} = 0 \quad x_1 = 0 \quad N_1(0 \mid 0)$
$2x - 3 = 0 \quad x_2 = \frac{3}{2} \quad N_2\left(\frac{3}{2} \mid 0\right)$

b) $f'(x) = 2\sqrt{x} + (2x - 3) \cdot \frac{1}{2\sqrt{x}}$
$f'(2) = 2\sqrt{2} + 1 \cdot \frac{1}{2\sqrt{2}} = 2\sqrt{2} + \frac{\sqrt{2}}{4} = \frac{9}{4} \cdot \sqrt{2}$
$f(2) = \sqrt{2} \quad P(2 \mid \sqrt{2})$
$y = \frac{9}{4} \cdot \sqrt{2}(x - 2) + \sqrt{2}$
Tangentengleichung: $y = \frac{9}{4}\sqrt{2} \cdot x - \frac{7}{4} \cdot \sqrt{2}$

c) waagerechte Tangente: Steigung/Ableitung ist 0
$f'(x) = 0 \qquad 2 \cdot \sqrt{x} + (2x - 3) \cdot \frac{1}{2\sqrt{x}} = 0 \qquad | \cdot \sqrt{x}$
$2x + (2x - 3) \cdot \frac{1}{2} = 0$
$3x - \frac{3}{2} = 0$
$x_1 = \frac{1}{2}$
$f\left(\frac{1}{2}\right) = -\sqrt{2} \qquad Q\left(\frac{1}{2} \mid -\sqrt{2}\right)$

d)
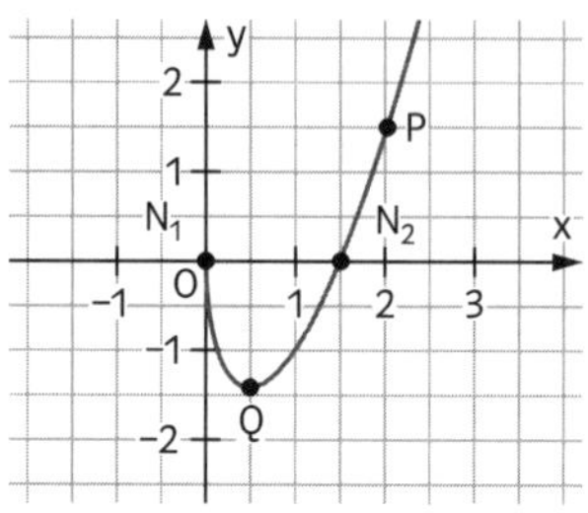

6 a) $f'(x) = \frac{0 - 1 \cdot 1}{(x - 2)^2} = \frac{-1}{(x - 2)^2}$
$f'(x) = -1$
$-\frac{1}{(x - 2)^2} = -1$
$-1 = -(x - 2)^2 = -x^2 + 4x - 4$
$0 = -x^2 + 4x - 3$
$x_1 = 1 \quad x_2 = 3$

b) $f(4) = \frac{1}{2} \quad P\left(4 \mid \frac{1}{2}\right)$
Steigung an der Stelle $x = 4$: $f'(4) = -\frac{1}{4}$
Tangentengleichung: $m_t = -\frac{1}{4}$
t: $y = -\frac{1}{4}(x - 4) + \frac{1}{2} = -\frac{1}{4}x + \frac{3}{2}$
Normalengleichung: $m_n = -\frac{1}{m_t} = 4$
n: $y = 4 \cdot (x - 4) + \frac{1}{2} = 4x - 15{,}5$

II Natürliche Exponentialfunktion, Seite 16

1 a)
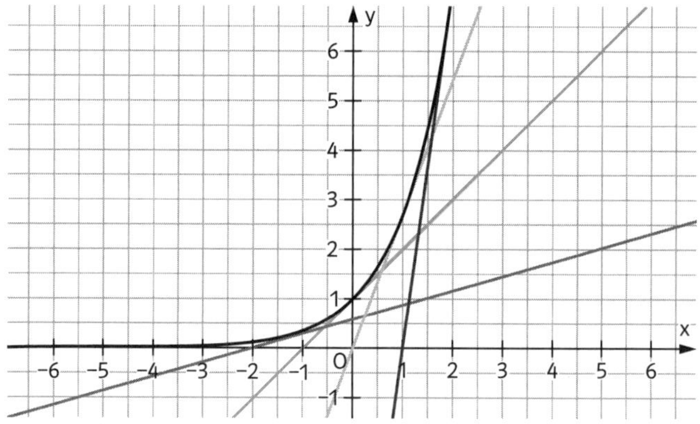

$f'(-1) = \frac{1}{e} \approx 0{,}4 \qquad f'(0) = 1$
$f'(1) = e \approx 2{,}7 \qquad f'(2) = e^2 \approx 7{,}4$

b) Bei der natürlichen Exponentialfunktion e^x ist der Graph der Ableitungsfunktion identisch mit dem Graphen der Funktion.
c) $y = e^a \cdot (x - a) + e^a = e^a \cdot x + (1 - a) \cdot e^a$

2 a) f_1: Graph C; f_2: Graph A;
f_3: Graph B; f_4: siehe Schaubild;
f_5: Graph D; f_6: Graph E
b) … um 2 Einheiten in positive x-Richtung …
… um 2 Einheiten in positive y-Richtung …
… an der y-Achse …

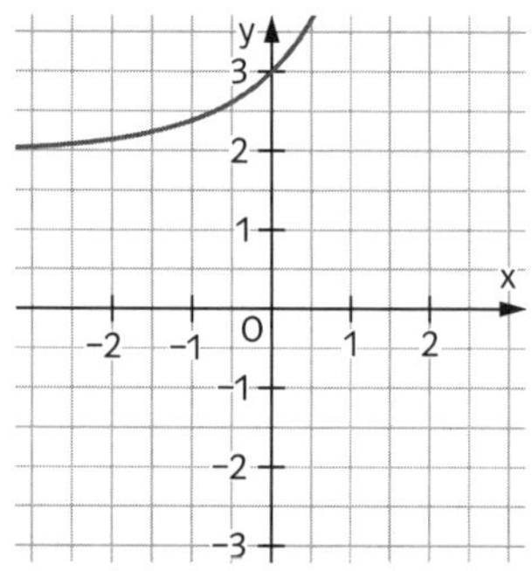

3 a) Den Graphen der Funktion g erhält man aus dem Graphen der natürlichen Exponentialfunktion e^x, indem man den Graphen um 3 Einheiten in positive x-Richtung verschiebt, um den Faktor 2 in y-Richtung streckt und um 4 Einheiten in positive y-Richtung verschiebt.
b) $g(x) = 3 \cdot e^{x + 5} - 4$

4
a) $f'(x) = 5 \cdot e^x \qquad f''(x) = 5 \cdot e^x$
b) $f'(x) = 2 \cdot e^{3x} \qquad f''(x) = 6 \cdot e^{3x}$
c) $f'(x) = e^{-x} - x \cdot e^{-x} \qquad f''(x) = -2e^{-x} + x \cdot e^{-x}$
d) $f'(x) = 2x \cdot e^{x^2} \qquad f''(x) = 2e^{x^2} + 4x^2 \cdot e^{x^2}$

5 a) $f'(x) = -0{,}5e^{-0{,}5x} \quad f(-2) = e \quad f'(-2) = -0{,}5e$
Tangente: $m_t = f'(-2) = -0{,}5e \quad$ t: $y = -0{,}5e \cdot (x + 2) + e = -0{,}5e \cdot x$
Normale: $m_n = -\frac{1}{f'(-2)} = \frac{2}{e} \qquad$ n: $y = \frac{2}{e} \cdot (x + 2) + e = \frac{2}{e} \cdot x + \frac{4}{e} + e$
b) t: $y = \frac{1 \cdot e^2}{2} \cdot x - \frac{3 \cdot e^2}{2} \qquad$ n: $y = \frac{-2}{e^2} \cdot x + \frac{8}{e^2} + \frac{e^2}{2}$

II Exponentialgleichung und natürlicher Logarithmus, Seite 17

1 a) e^x: B $\ln(x)$: D.
b) $e^0 = 1$; $\ln(1) = 0$; $e^{\ln(x)} = x$; $\ln(e^x) = x$
c) $e^{\ln(4)} = 4$; $\ln(e^4) = 4$; $e^{2x} = (e^x)^2$; $\ln(x^2) = 2 \cdot \ln(x)$

2 $e^{a+b} = e^a \cdot e^b \qquad e^{a-b} = \frac{e^a}{e^b}$
$(e^a)^k = e^{a \cdot k} \qquad e^a + e^b = e^a + e^b$
keine Vereinfachung möglich

$\ln(a \cdot b) = \ln(a) + \ln(b) \qquad \ln\left(\frac{a}{b}\right) = \ln(a) - \ln(b)$
$\ln(a^k) = k \cdot \ln(a) \qquad \ln(a + b) = \ln(a + b)$
keine Vereinfachung möglich

3 a) $\ln(e^{-1}) = -1$
b) $\ln(3 \cdot e^2) = \ln(3) + \ln(e^2) = \ln(3) + 2$
c) $e^{\frac{1}{2}\ln(4)} = e^{\ln(4^{\frac{1}{2}})} = e^{\ln(2)} = 2$

4 a) $(e^{\ln(9)})^{\frac{1}{2}} = e^{\frac{1}{2} \cdot \ln(9)} = e^{\ln(\sqrt{9})} = e^{\ln(3)} = 3$
b) $\ln(2) - \ln(x) + \ln\left(\frac{2}{x}\right) = \ln(2) - \left[\ln(x) - \ln\left(\frac{2}{x}\right)\right] = \ln(2) - \ln\left(\frac{x^2}{2}\right) = \ln\left(\frac{4}{x^2}\right)$
c) $e^x + \frac{6}{e^x} = 7$
$e^{2x} + 6 = 7e^x$
$e^{2x} - 7e^x + 6 = 0$
Substitution: $u = e^x$
$u^2 - 7u + 6 = 0$
$u_1 = 1 \qquad u_2 = 6$
Resubstitution: $x = \ln(u)$
$x_1 = \ln(1) = 0$
$x_2 = \ln(6)$

5 a) $2e^{2x} - 14e^x - 20 = 0$
Substitution: $u = e^x$
$2u^2 - 14u + 20 = 0$
$u_{1,2} = \frac{14 \pm \sqrt{196 - 4 \cdot 2 \cdot 20}}{4} = \frac{14 \pm \sqrt{36}}{4} = \frac{14 \pm 6}{4}$
$u_1 = 5 \qquad u_2 = 2$
Resubstitution $x = \ln(u)$
$x_1 = \ln(5) \qquad x_2 = \ln(2)$
b) $(2x^2 - 18) \cdot (e^{2x} - 4) = 0$
$2x^2 - 18 = 0;\ x^2 = 9$
$x_1 = 3 \qquad x_2 = -3$
oder $e^{2x} - 4 = 0 \quad e^{2x} = 4 \quad 2x = \ln(4) \quad x_3 = \frac{1}{2}\ln(4) = \ln(2)$
c) $e^x - 3 = \frac{18}{e^x}$
Substitution $u = e^x$
$u - 3 = \frac{18}{u}$
$u^2 - 3u = 18$
$u^2 - 3u - 18 = 0$
$u_{1,2} = \frac{3 \pm \sqrt{9 + 4 \cdot 18}}{2} = \frac{3 \pm \sqrt{81}}{2}$
$u_1 = 6 \qquad u_2 = -3$
Resubstitution $x = \ln(u)$
$x_1 = \ln(6) \qquad x_2 = \ln(-3)$ ↯ geht nicht!
d) $e^{3x} - 9e^x = 0$
$e^x \cdot (e^{2x} - 9) = 0$
$e^x \cdot (e^x + 3) \cdot (e^x - 3) = 0$
es ist $e^x > 0$ und $e^x + 3 > 0$
$e^x - 3 = 0 \quad e^x = 3$ für $x = \ln(3)$

6 a) $\mathbb{D} = \mathbb{R}$
$\mathbb{W} = \{y \in \mathbb{R} \mid y > -2{,}5\}$
b) x-Achse: $f(x) = 0;\ \frac{1}{10}e^{2x} - \frac{5}{2} = 0$
$e^{2x} = 25;\ x = \ln(5)$
$N(\ln(5) \mid 0)$
y-Achse: $f(0) = \frac{1}{10} \cdot 1 - \frac{5}{2} = -2{,}4$
$Q(0 \mid -2{,}4)$
c) $f'(x) = \frac{1}{10} \cdot 2 \cdot e^{2x} = \frac{1}{5} \cdot e^{2x}$
$f'(x) = 1 \qquad 1 = \frac{1}{5}e^{2x} \qquad 5 = e^{2x}$
$\ln(5) = 2x \qquad x = \frac{1}{2}\ln(5)$
$f\left(\frac{1}{2}\ln(5)\right) = \frac{1}{10} \cdot e^{2 \cdot \frac{1}{2}\ln(5)} - \frac{5}{2} = \frac{1}{10} \cdot 5 - \frac{5}{2} = -2$
$P\left(\frac{1}{2}\ln(5) \mid -2\right)$

7 a) $b(3) = 1000 \cdot (100 - 100e^{-k3}) = 25000$
$100 - 100e^{-k \cdot 3} = 25$
$75 = 100e^{-k \cdot 3}$
$\frac{3}{4} = e^{-k \cdot 3}$
$\ln\left(\frac{3}{4}\right) = -k \cdot 3$
$k = -\frac{1}{3} \cdot \ln\left(\frac{3}{4}\right) = \frac{1}{3} \cdot \ln\left(\frac{4}{3}\right) \approx 0{,}096$
b) 100 000 verkaufte Bücher
c) mit GTR: $b(t) = 50000$ für $t \approx 7{,}2$
Zu Beginn der achten Verkaufswoche wird die Startauflage verkauft sein.
d) mit GTR: $b'(t) = 2000$ für $t \approx 16{,}3$
In der 17. Verkaufswoche werden erstmals weniger als 2000 Bücher pro Woche verkauft.

II Funktionenscharen (1), Seite 18

1

$f(x) = x^3$	$t > 0$	$t < 0$
$f_t(x) = x^3 + t$	D	E
$f_t(x) = (x - t)^3$	C	B
$f_t(x) = t \cdot x^3$	A	F
$f_t(x) = t \cdot (x - t)^3 + t$	C, A, D	B, F, E

2 a) $f_t(x) = (x - t)^2$ b) $f_t(x) = e^{tx}$ c) $f_t(x) = t \cdot \sin(x) + t$

3 a) $t = 2$ b) $t = 4$ c) $t = -3$

4 a) $f_t'(x) = -\frac{t}{3} \qquad f_t'(-3) = -\frac{t}{3}$
b) $f_t'(x) = \frac{3}{4}tx^2 - 2tx + t \qquad f_t'(1) = -\frac{1}{4}t$
c) $f_t'(x) = t^2 \cdot e^{tx} \qquad f_t'(0) = t^2$

5 a) Parameter r und s mit $r \neq s$ anstelle von t einsetzen
$f_r(x) = f_s(x) \qquad rx^3 - 4rx = sx^3 - 4sx$
$(rx^3 - 4rx) - (sx^3 - 4sx) = 0$
$x \cdot (x^2 - 4) \cdot r - x \cdot (x^2 - 4) \cdot s = 0$
$x \cdot (x^2 - 4) \cdot (r - s) = 0$
$x_1 = 0 \qquad x_2 = -2$
$x_3 = +2$
$f_t(0) = 0 \qquad f_t(-2) = 0 \qquad f_t(2) = 0$
gemeinsame Punkte aller Graphen: $P_1(0 \mid 0)$; $P_2(-2 \mid 0)$; $P_3(2 \mid 0)$
b) $A(1 \mid 6) \qquad f_t(1) = 6$
$t \cdot 1^3 - 4t \cdot 1 = 6$
$-3t = 6$
$t = -2$
Für $t = -2$ verläuft der Graph von f_t durch $A(1 \mid 6)$
c) $f_t'(x) = 3tx^2 - 4t$
$f_t'(2) = 3t \cdot 2^2 - 4t = 12t - 4t = 8t$
Der Graph von f_t verläuft an der Stelle 2 parallel zur Geraden $y = 4x$, wenn $f_t'(2) = 4$ gilt: $8t = 4$
$t = \frac{1}{2}$
d) Alle Graphen von f_t verlaufen durch den Koordinatenursprung $(0 \mid 0)$ (vgl. Lösung zu a))
$f_t'(x) = 3tx^2 - 4t$
$f_t'(0) = -4t$
$f_4'(0) = -16$
$f_t'(0) \cdot f_4'(0) = (-4t) \cdot (-16) = -1$
$64t = -1$
$t = -\frac{1}{64}$

II Funktionenscharen (2), Seite 19

1 a) Berechnung der Extrempunkte der Kurvenschar f_t:

$f'_t(x) = x^3 - tx$

$f''_t(x) = 3x^2 - t$

$f'_t(x) = 0 \quad x^3 - tx = 0$

$\qquad x \cdot (x^2 - t) = 0$

für $x_1 = 0$; $x_2 = -\sqrt{t}$ und $x_3 = +\sqrt{t}$

$f''_t(x_1) < 0$ und $f_t(x_1) = 2$; $H(0|2)$

$f''_t(x_2) > 0$ und $f_t(x_2) = 2 - \frac{1}{4}t^2 \cdot 2$; $T\left(-\sqrt{t}\,\middle|\,2 - \frac{1}{4}t^2\right)$

$f''_t(x_3) > 0$ und $f_t(x_3) = 2 - \frac{1}{4}t^2$; $T\left(+\sqrt{t}\,\middle|\,2 - \frac{1}{4}t^2\right)$

b)

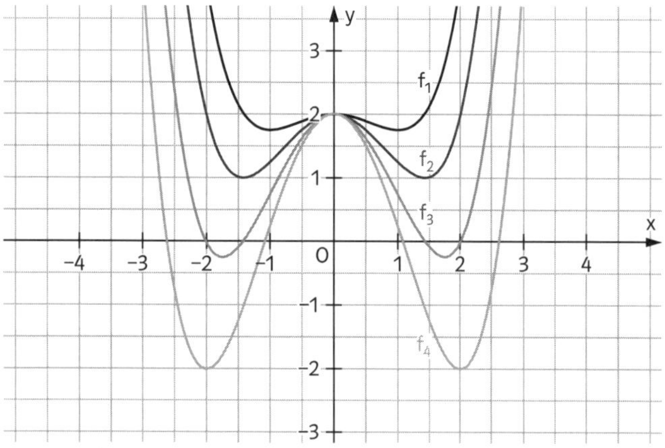

2 a) $f_{t_1}(x) = f_{t_2}(x) \qquad t_1 \neq t_2$

$x^3 + t_1(x^2 - x) = x^3 + t_2(x^2 - x)$

$t_1 x(x-1) = t_2 x(x-1)$

$x_1 = 0$ oder $x_2 = 1$

$f_t(0) = 0 \quad f_t(1) = 1$ für alle $t \in \mathbb{R}$

b) mit GTR: $H(-2{,}41|10{,}66) \quad T(0{,}41|-0{,}66)$

c) $f_t'(x) = 3x^2 + 2tx - t$

$f_t''(x) = 6x + 2t$

$f_t'(x) = 0 \iff 3x^2 + 2tx - t = 0$

$x_{1,2} = \frac{-t \pm \sqrt{t^2 + 3t}}{3}$

Für $-3 < t < 0$ ist der Radikant negativ, d.h. der Graph von f_t hat keine Extrempunkte.

Für $t = 0$ bzw. $t = -3$ hat der Graph von f_t einen Wendepunkt mit der Steigung 0, aber keine Extrempunkte.

Für $-3 \leq t \leq 0$ hat der Graph von f_t keine Extrempunkte.

d) $f_t''(x) = 0 \iff 6x + 2t = 0$

$x = -\frac{1}{3}t$

$f_t'''(x) = 6$

Alle Graphen der Funktionenschar haben bei $x = -\frac{1}{3}t$ einen Wendepunkt.

3 a) $f'_t(x) = -x^3 + t^2x$

$f''_t(x) = -3x^2 + t^2$

$f'_t(x) = 0 \quad -x^3 + t^2x = -x \cdot (x^2 - t^2) = 0 \quad x_1 = 0 \quad x_2 = -t \quad x_3 = t$

$f''_t(0) > 0 \qquad f_t(0) = 1 \qquad T(0|1)$

$f''_t(-t) < 0 \qquad f_t(-t) = 1 + \frac{1}{4}t^4 \qquad H_1\left(-t\,\middle|\,1 + \frac{1}{4}t^4\right)$

$f''_t(t) < 0 \qquad f_t(t) = 1 + \frac{1}{4}t^4 \qquad H_2\left(t\,\middle|\,1 + \frac{1}{4}t^4\right)$

b) $H_1\left(-t\,\middle|\,1 + \frac{1}{4}t^4\right)$ in die Geradengleichung einsetzen:

$1 + \frac{1}{4}t^4 = -\frac{5}{4} \cdot (-t) + \frac{5}{2}$ und mit GTR lösen: $t_1 = -1$

$H_2\left(t\,\middle|\,1 + \frac{1}{4}t^4\right)$ in die Geradengleichung einsetzen:

$1 + \frac{1}{4}t^4 = -\frac{5}{4} \cdot t + \frac{5}{2}$ und mit GTR lösen: $t_2 = 1$

Für die Parameterwerte −1 und +1 liegt ein Hochpunkt des Graphen von f_t auf der Geraden g.

c) $f''_t(x) = 0 \quad -3x^2 + t^2 = 0 \quad x^2 = \frac{1}{3}t^2 \quad x_1 = -\frac{1}{\sqrt{3}}t \quad x_2 = \frac{1}{\sqrt{3}}t$

f''_t hat bei x_1 und x_2 jeweils einen Vorzeichenwechsel, d.h. x_1 und x_2 sind Wendestellen.

$f'_t\left(-\frac{1}{\sqrt{3}}t\right) = -\left(-\frac{1}{\sqrt{3}}t\right)^3 + t^2 \cdot \left(-\frac{1}{\sqrt{3}}t\right) = \left(-\frac{1}{\sqrt{3}}t\right) \cdot \left(-\frac{1}{3}t^2 + t^2\right) = -\frac{1}{\sqrt{3}} \cdot \frac{2}{3}t^3$

$f'_t\left(\frac{1}{\sqrt{3}}t\right) = -\left(\frac{1}{\sqrt{3}}t\right)^3 + t^2 \cdot \left(\frac{1}{\sqrt{3}}t\right) = \left(\frac{1}{\sqrt{3}}t\right) \cdot \left(-\frac{1}{3}t^2 + t^2\right) = \frac{1}{\sqrt{3}} \cdot \frac{2}{3}t^3$

Die Wendetangenten sind orthogonal zueinander, wenn gilt:

$f'_t(x_1) \cdot f'_t(x_2) = -1.$

$\left(-\frac{1}{\sqrt{3}} \cdot \frac{2}{3}t^3\right) \cdot \left(\frac{1}{\sqrt{3}} \cdot \frac{2}{3}t^3\right) = -1 \qquad -\frac{4}{27}t^6 = -1 \qquad t = \pm\sqrt[6]{\frac{27}{4}} \approx \pm 1{,}37$

4 a) Winkel: $\alpha \approx 26{,}6°$ Höhe: 3,5 m

b) Die Wurfweite des Wasserstrahls entspricht der x-Koordinate des Schnittpunkts der Graphen von w_v mit der x-Achse:

$\frac{1}{2}x + \frac{7}{2} - \frac{5}{v^2} \cdot x^2 = 0 \qquad -\frac{5}{v^2} \cdot x^2 + \frac{1}{2}x + \frac{7}{2} = 0$

$x_{1,2} = \frac{-\frac{1}{2} \pm \sqrt{\frac{1}{4} - 4 \cdot \left(-\frac{5}{v^2}\right) \cdot \frac{7}{2}}}{-\frac{10}{v^2}} = \frac{-\frac{1}{2} \pm \sqrt{\frac{1}{4} + \frac{70}{v^2}}}{-\frac{10}{v^2}} = \frac{v^2}{10} \cdot \left(\frac{1}{2} \pm \sqrt{\frac{1}{4} + \frac{70}{v^2}}\right)$

Die Wurfweite beträgt $x_2 = \frac{v^2}{10} \cdot \left(\frac{1}{2} + \sqrt{\frac{1}{4} + \frac{70}{v^2}}\right)$.

c) Die maximale Höhe des Wasserstrahls entspricht der y-Koordinate des Hochpunkts der Graphen von w_v.

$w'_v(x) = \frac{1}{2} - \frac{10}{v^2} \cdot x$

$w'_v(x) = 0 \qquad \frac{1}{2} - \frac{10}{v^2} \cdot x = 0 \qquad \frac{10}{v^2} \cdot x = \frac{1}{2} \qquad x = \frac{v^2}{20}$

w'_v hat bei $x = \frac{v^2}{20}$ einen Vorzeichenwechsel von + nach −, d.h. der Graph von w_v hat bei $x = \frac{v^2}{20}$ einen Hochpunkt.

$w_v\left(\frac{v^2}{20}\right) = \frac{7}{2} + \frac{v^2}{80}$

Die maximale Höhe des Wasserstrahls beträgt $\frac{7}{2} + \frac{v^2}{80}$ Meter.

d) Für $v \approx 15{,}6\,\frac{m}{s}$ beträgt die Wurfweite 30 m.

e)

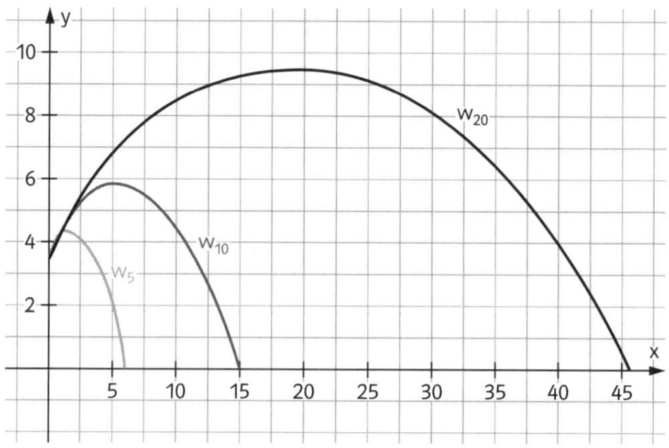

II Klausurtraining, Seite 20

1 a) $f'(x) = 2x \cdot \cos(4x^2)$

b) $f'(x) = 4x^3 \cdot e^{2x} + 2x^4 \cdot e^{2x}$

c) $f'(x) = \frac{-2 \cdot x \cdot e^{-2x+2} - e^{-2x+2}}{x^2}$

2 a) $f(g(2)) = 50$ b) $g(f(1)) = -5$ c) $f \circ g(0{,}5) = 0{,}5$

3 a) $e^x \cdot (x^3 - 3x^2 - 4x) = 0$
$e^x \cdot x \cdot (x^2 - 3x - 4) = 0$
$e^x > 0$
$x_1 = 0$
$x_{2,3} = \frac{3 \pm \sqrt{9 - 4 \cdot 1 \cdot (-4)}}{2} = \frac{3 \pm \sqrt{25}}{2}$
$x_2 = 4 \qquad x_3 = -1$
b) $e^{2x} - 9e^x + 14 = 0$
$u = e^x$
$u^2 - 9u + 14 = 0$
$u_{1,2} = \frac{9 \pm \sqrt{81 - 4 \cdot 1 \cdot 14}}{2} = \frac{9 \pm \sqrt{25}}{2}$
$u_1 = 7 \qquad u_2 = 2$
$x_1 = \ln(7) \qquad x_2 = \ln(2)$
c) $(2x^2 - 18) \cdot (e^{2x} - 9) = 0$
$2 \cdot (x + 3) \cdot (x - 3) \cdot (e^x + 3) \cdot (e^x - 3) = 0$
$x_1 = -3 \qquad x_2 = 3 \qquad x_3 = \ln(3)$

4 a) $f'(x) = \frac{1}{2\sqrt{x^2 + 9}} \cdot 2x = \frac{x}{\sqrt{x^2 + 9}}$
$f'(-4) = -\frac{4}{5}$
$f(-4) = 5$
Tangentengleichung $t: y = -\frac{4}{5}(x + 4) + 5 = -\frac{4}{5}x + \frac{9}{5}$
Normalengleichung $n: y = \frac{5}{4}(x + 4) + 5 = \frac{5}{4}x + 10$
b) $f'(x) = \frac{18}{x^3}$
$f'(3) = \frac{2}{3}$
$f(3) = 2$
Tangentengleichung $t: y = \frac{2}{3}(x - 3) + 2 = \frac{2}{3}x$
Normalengleichung $n: y = -\frac{3}{2}(x - 3) + 2 = -\frac{3}{2}x + \frac{13}{2}$

5 a) $f_a'(x) = 2a \cdot (x - 2) = 2ax - 4a$
$f_a'(3) = -2$ wenn $2a \cdot 3 - 4a = -2$
$2a = -2$ für $a = -1$
b) Die Normalparabel wird um 2 Einheiten in x-Richtung verschoben, um der Faktor a in y-Richtung gestreckt und um $-2 \cdot a$ Einheiten in y-Richtung verschoben.
Für $a > 0$ ist die Parabel nach oben geöffnet und der Scheitel liegt unter der x-Achse.
Für $a = 0$ ist der Graph identisch mit der x-Achse.
Für $a < 0$ ist die Parabel nach unten geöffnet und der Scheitel liegt über der x-Achse.

6 a) $f_t(x) = x \cdot (x^2 - tx - t^2)$
$x_1 = 0$
$x_{2,3} = \frac{t \pm \sqrt{t^2 - 4 \cdot 1 \cdot (-t^2)}}{2} = \frac{t \pm \sqrt{5t^2}}{2} = \frac{1}{2}t \cdot (1 \pm \sqrt{5})$
$N_1(0\,|\,0) \qquad N_2\left(\frac{1}{2}t \cdot (1 - \sqrt{5})\,|\,0\right) \qquad N_3\left(\frac{1}{2}t \cdot (1 + \sqrt{5})\,|\,0\right)$
b) $f_t'(x) = 3x^2 - 2tx - t^2$
$f_t''(x) = 6x - 2t$
$f_t'''(x) = 6$
$f_t''(x) = 0 \qquad 6x - 2t = 0$ für $x = \frac{t}{3}$
$f_t'''\left(\frac{t}{3}\right) > 0$
$f_t\left(\frac{t}{3}\right) = \frac{t^3}{27} - \frac{t^3}{9} - \frac{t^3}{3} = -\frac{11}{27}t^3$
$W\left(\frac{t}{3}\,\middle|\,-\frac{11}{27}t^3\right)$
c) Wendetangente für t = 3
$W(1\,|\,-11)$
$f_3'(1) = -12$
$t: y = -12 \cdot (x - 1) - 11 = -12x + 1$

7 a) mögliche Kurvenschar

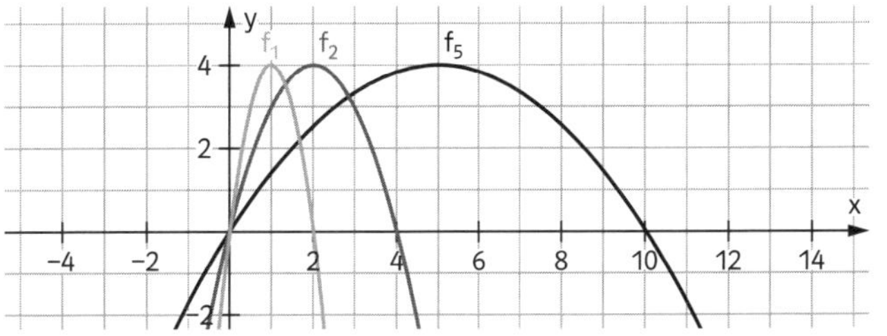

Alle Graphen der Funktionsschar sind nach unten geöffnete Parabeln, die durch den Koordinatenursprung verlaufen. Der Parameter a beeinflusst die Dehnung der Parabeln in x-Richtung.
b) Schnittpunkte mit der x-Achse: $N_1(0\,|\,0) \quad N_2(2a\,|\,0)$
Hochpunkt $H(a\,|\,4)$

8 a) $f_k(0) = 90$
Das Essen wird mit 90 °C in die Warmhaltebehälter gefüllt.
b) $f_k(15) = 30 + 60 \cdot e^{-\frac{k}{100} \cdot 15}$
$30 + 60 \cdot e^{-\frac{k}{100} \cdot 15} = 80$ Gleichung mit GTR lösen: $k \approx 1{,}22$
$30 + 60 \cdot e^{-\frac{k}{100} \cdot 15} = 75$ Gleichung mit GTR lösen: $k \approx 1{,}92$
Für $1{,}22 < k < 1{,}92$ beträgt die Temperatur nach 15 Minuten zwischen 75 °C und 80 °C

alternativer Lösungsweg:
$30 + 60 \cdot e^{-\frac{k}{100} \cdot 15} = 80$
$e^{-\frac{k}{100} \cdot 15} = \frac{5}{6}$
$-\frac{k}{100} \cdot 15 - \ln\left(\frac{5}{6}\right)$
$k = -\frac{100}{15} \cdot \ln\left(\frac{5}{6}\right) \approx 1{,}22$
entsprechend $k = -\frac{100}{15} \cdot \ln\left(\frac{3}{4}\right) \approx 1{,}92$

c) Etwas 36 Minuten lang wird diese Vorschrift eingehalten.
d) $f(t_0 + 5) = f(t_0) - 2$
$30 + 60 \cdot e^{-0{,}015 \cdot (t_0 + 5)} = 30 + 60 \cdot e^{-0{,}015 \cdot t_0} - 2$
Gleichung mit GTR lösen: $t_0 \approx 51{,}6$
Zwischen der 52. und 57. Minute sinkt die Temperatur um 2 °C.
e) $f'(t) = 60 \cdot e^{-0{,}015t} \cdot (-0{,}015)$
$= -0{,}9 \cdot e^{-0{,}015t}$
Da $f'(t) < 0$ für alle $t \geq 0$ gilt, ist die Temperaturänderung immer negativ, d.h. die Temperatur nimmt ab.

III Schlüsselkonzept: Integral

III Rekonstruieren einer Größe mit Hilfe des Integrals, Seite 21

1 a) Der Stau beginnt um 7 Uhr, da nach 7 Uhr die Ankunftsrate über 30 Autos/min liegt.
b) Die maximale Staulänge ist um 8.40 Uhr erreicht.
c) Maximal stehen 700 Autos im Stau. Dies entspricht dem Inhalt der unten dargestellten Fläche A_1.
d) Der Stau löst sich um 9.35 Uhr auf. Ansatz: $A_1 = A_2$
c), d)

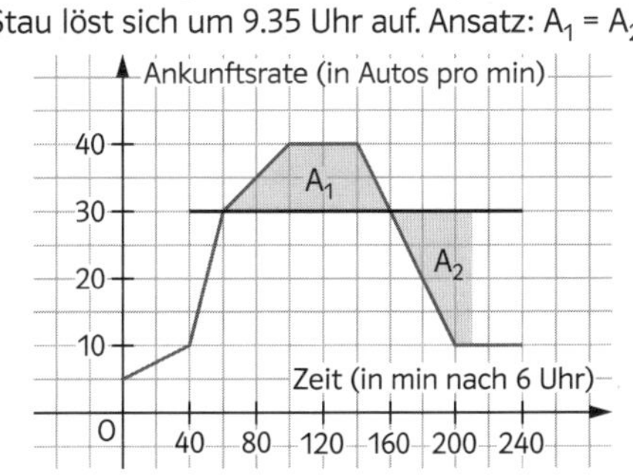

e)

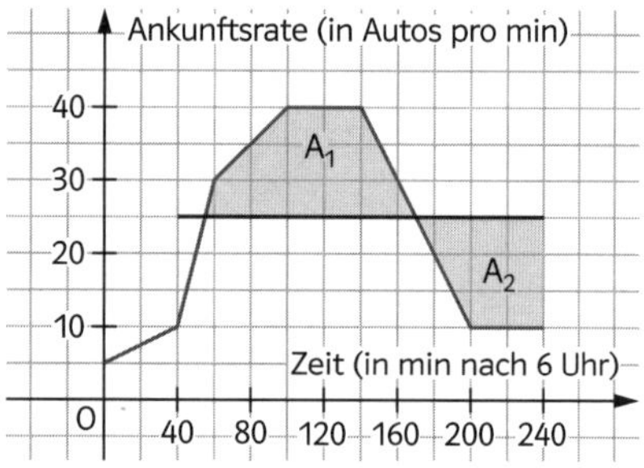

Nein, denn dann gilt: $A_1 > A_2$

2 a) Der maximale Vorsprung von Schnik beträgt 1,5 mm. Die Fläche unter dem Graphen entspricht dem zurückgelegten Weg. Daher beträgt der maximale Vorsprung von Schnik dem Inhalt der von beiden Graphen eingeschlossenen Fläche.
b) Nach 5 Sekunden wird Schnik eingeholt. Beide Schnecken sind dann 12 mm gekrochen.
c) Nach 8 Sekunden hat Schnik 3 mm Vorsprung.

3 a) $\int_{-2}^{7}(-0{,}5x+2)\,dx = \frac{1}{2}\cdot 3\cdot 6 - \frac{1}{2}\cdot 1{,}5\cdot 3 = 9 - 2{,}25 = 6{,}75$

$\int_{-4}^{0}(-0{,}5x+2)\,dx = 4\cdot 2 + \frac{1}{2}\cdot 4\cdot 2 = 8 + 4 = 12$

b) $\int_{-2}^{2}(-0{,}5x+2)\,dx = 8$ $\quad\int_{-4}^{10}(-0{,}5x+2)\,dx = 7$

$\int_{-1}^{9}(-0{,}5x+2)\,dx = 0$

4 a) $A = \int_{0}^{50}\left(\frac{500x}{x^2+50}\right)dx \approx 982{,}96$

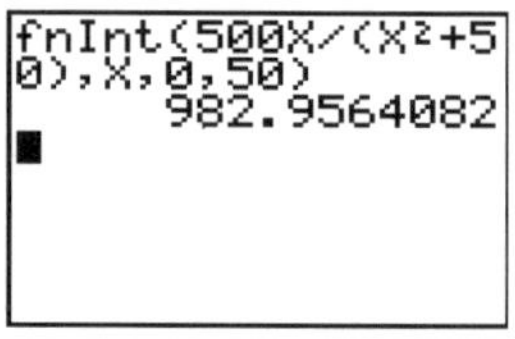

b) Nullstellen:

$2 - \frac{5}{x^2+1} = 0;$ $\quad 2 = \frac{5}{x^2+1}$

$x^2 + 1 = 2{,}5$ $\quad x_{1,2} = \pm\sqrt{1{,}5}$

$A = \left|\int_{-\sqrt{1{,}5}}^{\sqrt{1{,}5}}\left(2 - \frac{5}{x^2+1}\right)dx\right| \approx 3{,}96$

5 $\int_{0}^{20}\left(\frac{1200x}{x^2+10}\right)dx \approx 2228$

In den ersten 20 s nach der Impfung werden 2228 Antikörper gebildet.

III Hauptsatz der Differential- und Integralrechnung, Seite 22

1 a) $\int_{1}^{3}(6x^2-5)\,dx = \left[2x^3 - 5x\right]_1^3 = 2\cdot 27 - 15 - (2-5) = 54 - 15 + 3 = 42$

b) $\int_{-2}^{-1}(-x^2 - x)\,dx = \left[-\frac{1}{3}x^3 - \frac{1}{2}x^2\right]_{-2}^{-1} = +\frac{1}{3} - \frac{1}{2} + \left(\frac{8}{3} - 2\right) = -\frac{1}{6} - \frac{2}{3} = -\frac{5}{6}$

c) $\int_{0}^{\ln 6}\left(\frac{1}{2}\cdot e^{2x+4\cdot\ln 2}\right)dx = \left[\frac{1}{4}\cdot e^{2x+4\cdot\ln 2}\right]_0^{\ln 6} = \frac{1}{4}\cdot e^{2\cdot\ln 6 + 4\cdot\ln 2}$

$-\frac{1}{4}\cdot e^{4\cdot\ln 2} = \frac{1}{4}\cdot e^{\ln 36}\cdot e^{\ln 16} - \frac{1}{4}\cdot e^{\ln 16} = \frac{1}{4}\cdot 36\cdot 16 - \frac{1}{4}\cdot 16 = 140$

2

$f(x) = 2a$	$F(x) = 2ax + a$
$f(a) = 2x + 1$	$F(a) = 2ax + a$
$f(x) = 4a^2x$	$F(x) = 2a^2x^2 + a$
$f(x) = 4ax$	$F(x) = 2ax^2 + a$
$f(x) = 2a^2$	$F(x) = 2a^2x + a$
$f(a) = 4ax + 1$	$F(a) = 2a^2x + a$

3 a) $F(x) = x^3 + \frac{1}{2}x^2 + c$

$F(2) = 4$ $\quad 2^3 + \frac{1}{2}2^2 + c = 4$ $\quad 8 + 2 + c = 4$

$c = -6$ $\quad$ Ergebnis: $F(x) = x^3 + \frac{1}{2}x^2 - 6$

b) $f(x) = 2x^{-2} + 1$ $\quad F(x) = -2x^{-1} + x + c$

$F(1) = 0$ $\quad -2\cdot 1 + 1 + c = 0$ $\quad c = 1$

Ergebnis: $F(x) = -\frac{2}{x} + x + 1$

4 Die Graphen von F gehören von links nach rechts zu:
C; D; A; B

5 a) Wahr. Denn man kann zu einer Stammfunktion jede beliebige Konstante addieren und erhält so eine weitere Stammfunktion.
b) Falsch. F hat den Grad n + 1. Bsp.: $f(x) = x$; $F(x) = 0{,}5x^2$
c) Wahr. $F'(x) = f(x)$ und jede ganzrationale Funktion F hat genau eine Ableitungsfunktion.
d) Wahr. Es ist die Funktion f mit $f(x) = 0$.
e) Falsch. Gegenbeispiel: $F(x) = x^3$, $f(x) = 3x^2$. 0 ist Nullstelle von f, aber nicht Extremstelle von F.
f) Wahr. Notwendige Bedingung für eine Extremstelle x_0 von F ist $F'(x_0) = 0$. Wegen $F'(x_0) = f(x_0)$ ist die Aussage wahr.
g) Wahr. Bsp.: $f(x) = 3x^2$, $F(x) = x^3$.

III Bestimmung von Stammfunktionen, Seite 23

1 a) $F(x) = x^2 + 3x$ $\quad$ b) $F(x) = -2\cos(2x)$

c) $F(x) = -\frac{3}{4}x^{-4}$ $\quad$ d) $f(x) = e^{2x}$

e) $F(x) = -3x^{-1} - \frac{5}{2}x^{-2}$ $\quad$ f) $f(x) = 51\cos\left(17x - 4\frac{1}{2}\right)$

d) $F(x) = \frac{3}{7}\cdot\ln|7x - 1|$ $\quad$ h) $F(x) = \frac{1}{\ln 3}3^x$

2 a)

E: F hat bei $x \approx 0$ ein Maximum. wahr ☒ falsch ☐

S: F hat bei $x \approx 2{,}5$ ein Minimum. wahr ☐ falsch ☒

U: F(4) ist positiv. wahr ☐ falsch ☒

L: F hat zwischen 2 und 3 eine Nullstelle. wahr ☒ falsch ☐

G: F hat im Intervall [−2; 2] nur positive Funktionswerte. wahr ☒ falsch ☐

A: F hat bei $x \approx 2{,}5$ eine Wendestelle. wahr ☒ falsch ☐

N: $F(-1) > 5$. wahr ☒ falsch ☐

H: F hat bei $x \approx -2$ eine Wendestelle. wahr ☐ falsch ☒

I: F ist im Intervall [−4; 0] monoton steigend. wahr ☒ falsch ☐

Lösungswort: Genial

b)

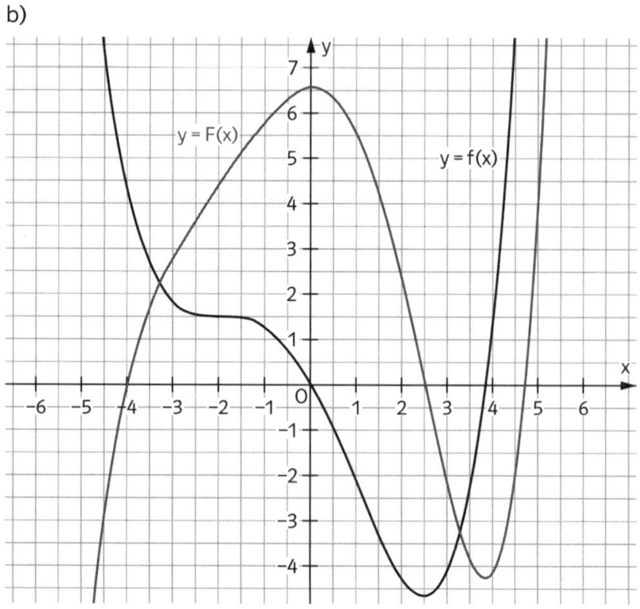

3 a) $\int_b^c f(x)\,dx = 11 - 5 = 6$ b) $\int_b^a g(x)\,dx = -(-2) = 2$

c) $\int_a^c g(x)\,dx = -2 + 1 = -1$ d) $\int_b^c (f(x)^2)\,dx$ = nicht lösbar

e) $\int_b^c (2 \cdot f(x))\,dx = 6 + 6 = 12$ f) $\int_b^c f(2x)\,dx$ = nicht lösbar

g) $\int_a^b (f(x) - g(x))\,dx = 5 - (-2) = 7$ h) $-\int_c^a f(x)\,dx = -(-11) = 11$

i) $\int_b^c (f(x) \cdot g(x))\,dx$ = nicht lösbar

4 a) $\int_1^2 \frac{2x^3-5}{x^2}\,dx = \int_1^2 (2x - 5x^{-2})\,dx = [x^2 + 5x^{-1}]_1^2 = \left[x^2 + \frac{5}{x}\right]_1^2$
$= 4 + 2{,}5 - (1 + 5) = 0{,}5$

b) $\int_0^\pi \sin(3x)\,dx = \left[-\frac{1}{3}\cos(3x)\right]_0^\pi = -\frac{1}{3} \cdot (-1) - (-\frac{1}{3} \cdot 1) = \frac{2}{3}$

c) $\int_0^1 \frac{3}{4x+1}\,dx = 3 \cdot \int_0^1 \frac{1}{4x+1}\,dx = 3 \cdot \left[\frac{1}{4} \cdot \ln|4x+1|\right]_0^1 = \frac{3}{4}\ln 5 - \frac{3}{4}\ln 1$
$= \frac{3}{4}\ln 5$

d) $\int_1^9 \frac{2}{\sqrt{4x}}\,dx = \int_1^9 \frac{2}{2\sqrt{x}}\,dx = \int_1^9 x^{-\frac{1}{2}}\,dx = \left[\frac{1}{\frac{1}{2}} \cdot x^{\frac{1}{2}}\right]_1^9 = [2\sqrt{x}]_1^9 = 2 \cdot \sqrt{9} - 2 \cdot \sqrt{1}$
$= 6 - 2 = 4$

e) $\int_{-0{,}25}^0 e^{4x+1}\,dx = \left[\frac{1}{4}e^{4x+1}\right]_{-0{,}25}^0 = \frac{1}{4}e^1 - \frac{1}{4}e^0 = \frac{1}{4}e - \frac{1}{4}$

5 $F(x) = \frac{4}{3}x^3 - \frac{1}{2}x^2 + c$

$F'(x) = 4x^2 - x$
$F''(x) = 8x - 1$
$F'(x) = 0$ $4x^2 - x = 0$ $x(4x-1) = 0$ $x_1 = 0$ $x_2 = \frac{1}{4}$
$F''(0) = -1 < 0$ 0 ist eine Maximumstelle von F
$F''\left(\frac{1}{4}\right) = 1 > 0$ $\frac{1}{4}$ ist eine Minimumstelle von F

Der Tiefpunkt liegt auf der x-Achse, falls gilt: $F\left(\frac{1}{4}\right) = 0$

$\frac{4}{3} \cdot \left(\frac{1}{4}\right)^3 - \frac{1}{2} \cdot \left(\frac{1}{4}\right)^2 + c = 0$ $\frac{4}{3} \cdot \frac{1}{64} - \frac{1}{2} \cdot \frac{1}{16} + c = 0$ $\frac{1}{48} - \frac{1}{32} + c = 0$

$c = \frac{1}{32} - \frac{1}{48} = \frac{3}{96} - \frac{2}{96} = \frac{1}{96}$

Ergebnis: $F(x) = \frac{4}{3}x^3 - \frac{1}{2}x^2 + \frac{1}{96}$

6 $\int_1^b (2x - 1)\,dx = [x^2 - x]_1^b = b^2 - b - (1 - 1) = b^2 - b$

$b^2 - b = 20$ $b^2 - b - 20 = 0$

$b_{1,2} = \frac{1 \pm \sqrt{1 - 4 \cdot 1 \cdot (-20)}}{2} = \frac{1 \pm 9}{2}$ $b_1 = 5$ $b_2 = -4$

III Integralfunktion, Seite 24

1 a) $J_0(x) = \int_0^x f(t)\,dt = \int_0^x (t^3 + 1)\,dt = \left[\frac{1}{4}t^4 + t\right]_0^x = \frac{1}{4}x^4 + x$

b) $J_2(x) = \int_2^x (t^3 + 1)\,dt = \left[\frac{1}{4}t^4 + t\right]_2^x = \frac{1}{4}x^4 + x - \left(\frac{1}{4} \cdot 16 + 2\right)$
$= \frac{1}{4}x^4 + x - 6$

c) $J_{\ln 3}(x) = \int_{\ln 3}^x e^{3t}\,dt = \left[\frac{1}{3}e^{3t}\right]_{\ln 3}^x = \frac{1}{3}e^{3x} - \frac{1}{3}e^{3\ln 3} = \frac{1}{3}e^{3x} - 9$

d) $J_{\frac{\pi}{4}}(x) = \int_{\frac{\pi}{4}}^x \left(\sin\left(2t + \frac{1}{2}\pi\right)\right)dt = \left[-\frac{1}{2}\cos\left(2t + \frac{1}{2}\pi\right)\right]_{\frac{\pi}{4}}^x$
$= -\frac{1}{2}\cos\left(2x + \frac{1}{2}\pi\right) + \frac{1}{2}\cos(\pi) = -\frac{1}{2}\cos\left(2x + \frac{1}{2}\pi\right) - \frac{1}{2}$

2 a) $J_2(5) = \int_2^5 f(t)\,dt \approx -4$ b) $J_2(1) = -J_2(3)$

c) $J_{-1}(-1) = J_{-1}(5) = 0$ d) $J_{-1}(3) \approx 3$

e) $J_0(5) = -J_5(0) \approx -1{,}2$ f) $J_{-2}(0) < 0$

3 a) $J_0(5) \approx 171$ bedeutet, dass in den ersten 5 Minuten nach Ausbruch des Gewitters 171 ml Regenwasser pro m^2 fällt.
b) $J_0(2) \approx 63$
c) $J_5(10) = \int_5^{10} (60\,t \cdot e^{-0{,}5t})\,dt \approx 59$
d) Max. Wasserhöhe: nach 4,95 min. Max. Wassermenge: 162 ml.
Max. Wasserhöhe: 0,16 mm.
e) $J_0(x) = 100$; $x \approx 2{,}85$; Nach 2,85 min.

4 $J_0(x) = \int_0^x f(t)\,dt$. Da $f(t) \geq 0$ für alle t gilt:
$J_0(x) < 0$ für $x < 0$
und
$J_0(x) > 0$ für $x > 0$.
Somit wechselt $J_0(x)$ nur an der Stelle 0 das Vorzeichen.

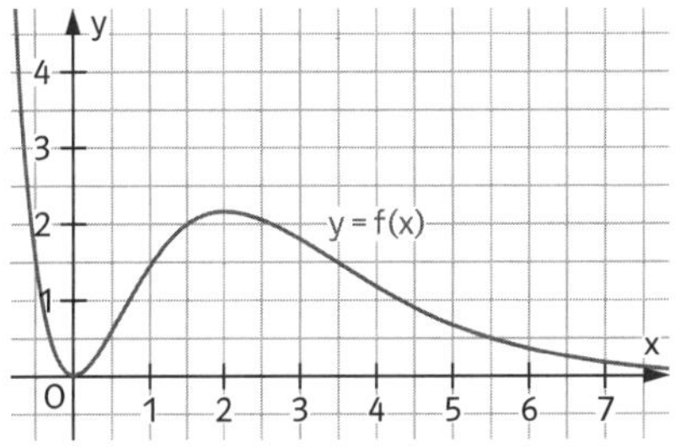

b) Wegen $J_0'(x) = f(x)$ hat die Ableitung der Funktion J_0 an der Stelle 0 eine Nullstelle ohne Vorzeichenwechsel und somit eine Sattelstelle.
c) Wegen $J_3'(x) = f(x)$ hat die Ableitung von J_3 in I keine Nullstelle mit Vorzeichenwechsel und somit J_3 in I keine Extremstelle.
d) $J_0(1) = \int_0^1 f(t)\,dt > 0$ und $J_1(0) = \int_1^0 f(t)\,dt = -\int_0^1 f(t)\,dt < 0$.

III Integral und Flächeninhalt, Seite 25

1 $f(x) = x^2 - 4$, $g(x) = 2x - 1$ $x^2 - 4 = 2x - 1$ $x^2 - 2x - 3 = 0$

$x_{1,2} = \frac{2 \pm \sqrt{4 + 4 \cdot 3}}{2} = 1 \pm 2$ $x_1 = 3$ $x_2 = -1$

$\int_{-1}^3 (2x - 1 - (x^2 - 4))\,dx = \int_{-1}^3 (-x^2 + 2x + 3)\,dx = \left[-\frac{1}{3}x^3 + x^2 + 3x\right]_{-1}^3$
$= -9 + 9 + 9 - \left(\frac{1}{3} + 1 - 3\right) = 9 + 1\frac{2}{3} = 10\frac{2}{3}$

2 a) $A_1 + A_2 = -\int_{-4}^b f(x)\,dx$ $A_6 + A_7 + A_8 = \int_c^e (g(x) - f(x))\,dx$

$A_3 = -\int_a^{-2} g(x)\,dx + \int_a^b f(x)\,dx$ $A_4 = \int_b^c f(x)\,dx - \int_{-2}^c g(x)\,dx$

b) Die von den Graphen von f und g eingeschlossene Fläche: $A_3 + A_4 + A_6 + A_7 + A_8$
Die von den Graphen von f und g und der x-Achse eingeschlossenen Flächen: A_3 und A_5
Die von den Graphen von f und g, der x-Achse und der Geraden $x = -4$ eingeschlossene Fläche: A_2

3 $x^2 - tx = 0$ $x(x - t) = 0$ $x_1 = 0$ $x_2 = t$
$A(t) = \int_0^t (0 - x^2 + tx)\,dx = \left[-\frac{1}{3}x^3 + \frac{t}{2}x^2\right]_0^t = -\frac{1}{3}t^3 + \frac{1}{2}t^3 = \frac{1}{6}t^3$

$\frac{1}{6}t^3 = 4{,}5$ $t^3 = 27$ $t = 3$

4 Berechnen Sie den Inhalt der gefärbten Fläche.
a) $A = \int_{-\sqrt{3}}^{\sqrt{3}} (-x^2 + 4 - 1)\,dx \approx 6{,}93$

b) $A = 4 \cdot 6{,}4 - \int_0^4 (0{,}1x^3)\,dx = 25{,}4 - 6{,}4 = 19$

c) Tangentengleichung: $y = -0{,}5x + 2{,}5$
$A = \int_0^3 \left(\frac{16}{(1+x)^2} - (-0{,}5x + 2{,}5)\right)dx = 6{,}75$

5
Tangentengleichung:
$y = m_t x + c_t$ mit
$m_t = f_t'(1) = 2t \cdot 1$
Koordinaten von
$P(1\,|\,t)$ in $y = 2tx + c_t$
einsetzen:
$t = 2t \cdot 1 + c_t \quad c_t = -t$,
also: $y = 2tx - t$
Schnittpunkte der
Tangente mit der x-Achse:

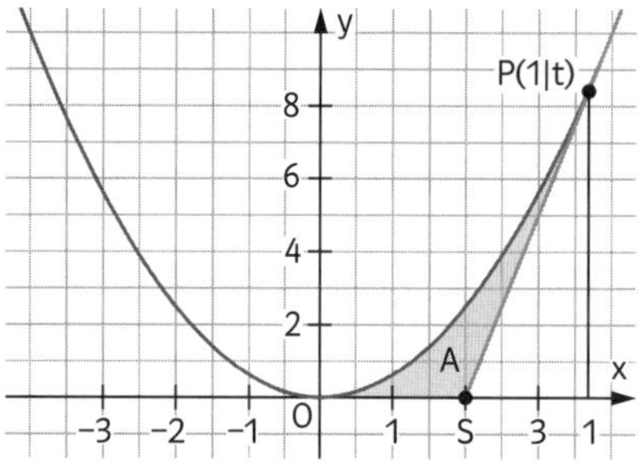

$2tx - t = 0 \qquad 2tx = t \qquad x = \frac{t}{2t} \qquad x = \frac{1}{2} \qquad S\left(\frac{1}{2}\,|\,0\right)$

$A = \int_0^1 (tx^2)\,dx - \frac{1}{2} \cdot \frac{1}{2} \cdot t = \left[\frac{1}{3}tx^3\right]_0^1 - \frac{1}{4}t = \frac{1}{3}t - \frac{1}{4}t = \frac{1}{12}t$

$\frac{1}{12}t = 100 \qquad t = 1200$

III Unbegrenzte Flächen, Mittelwerte und Rauminhalte, Seite 26

1 $A_1(z) = \int_2^z \frac{3}{x^2}\,dx = \left[-\frac{3}{x}\right]_2^z = -\frac{3}{z} + \frac{3}{2} = 1{,}5 - \frac{3}{z}$

Für $z \to \infty$ gilt: $A_1(z) \to 1{,}5$

$A_2(z) = \int_z^1 \frac{3}{x^2}\,dx = \left[-\frac{3}{x}\right]_z^1 = -3 + \frac{3}{z}$ Für $z \to 0$ gilt: $A_2(z) \to \infty$

Ergebnis: A_1 hat einen endlichen Flächeninhalt, A_2 nicht.

2 Schätzwert: individuell

Rechnung: $\overline{v} = \frac{1}{100}\int_0^{100} (t^2 \cdot e^{-0{,}1 \cdot t})\,dt \approx 19{,}94$

3 a) $\pi \int_1^6 \left(\frac{1}{4}\sqrt{x-1}\right)^2 dx = \frac{\pi}{16}\int_1^6 (x-1)\,dx \approx 2{,}45$

Es passen ca. 2,5 l Flüssigkeit in den Pokal.

b) $\pi \int_0^6 \left(\frac{1}{50}(x-2)^2 + 0{,}4\right)^2 dx - 2{,}45 \approx 4{,}49 - 2{,}45 \approx 2{,}04$

$2{,}04\,dm^3 = 2040\,cm^3 \qquad 2040\,cm^3 \cdot 3{,}4\,\frac{g}{cm^3} \approx 6{,}94\,kg$

4 a) $p = \frac{1}{10-0}\int_0^{10} \left(-\frac{1}{2}t^3 + 5t^2\right)dt = 41{,}67$

Die mittlere Leistung beträgt $41{,}67\,\frac{J}{s}$

b) $\frac{1}{5-4}\int_4^5 \left(-\frac{1}{2}t^3 + 5t^2\right)dt \approx 55{,}54$

$55{,}54\,\frac{J}{s} \cdot 3600\,s = 199\,950\,J$
In der 5. Stunde werden ca. 200 kJ Energie produziert.

c) $\overline{p} = \frac{180\,000\,J}{7200\,s} = 25\,\frac{J}{s}$

$\frac{1}{2}\int_x^{x+2} \left(-\frac{1}{2}t^3 + 5t^2\right)dt = 25$

$\int_x^{x+2} \left(-\frac{1}{2}t^3 + 5t^2\right)dt = 50$

$x_1 \approx 1{,}58 \qquad x_2 \approx 8{,}36$
Der gesuchte 2-Stunden-Zeitraum beginnt nach ca. 1,58 Stunden.

5 a) $V = \pi \cdot \int_0^2 (3\sqrt{x})^2\,dx + \pi \cdot 1^2 \cdot 3 \approx 65{,}97$

Gleichung der Parabel: $y = -(x-4)^2 + 5$
Gleichung der Geraden: $y = -x + 7$

$V = \pi\int_3^6 (-(x-4)^2 + 5)^2\,dx - \pi\int_3^6 (-x+7)^2\,dx \approx 96{,}13$

b) $A(z) = \int_{0,5}^z \frac{2}{x}\,dx = [2 \cdot \ln(x)]_{0,5}^z = 2\ln z - 2\ln 0{,}5$

Für $z \to \infty$ gilt: $A(z) \to \infty$

$A(z) = \int_{0,5}^z (6 \cdot e^{-2x+1})\,dx = [-3e^{-2x+1}]_{0,5}^z$
$= -3e^{-2z+1} + 3e^0 = -3e^{-2z+1} + 3$

Für $z \to \infty$ gilt: $A(z) \to 3$

6 a) $\overline{v} = \frac{1}{8}\int_0^8 (4t - 0{,}2t^2)\,dt \approx 11{,}7$

Die Durchschnittsgeschwindigkeit beträgt ca. $11{,}7\,\frac{m}{s}$ bzw. $42{,}2\,\frac{km}{h}$.

b) $\int_t^{t+1} (4t - 0{,}2t^2)\,dt = 15 \qquad t \approx 4{,}5$

Die S-Bahn legt zwischen t = 4,5 s und t = 5,5 s eine Strecke von 15 m zurück.

III Klausurtraining ohne Hilfsmittel, Seite 27

1 a) $F(x) = \frac{3}{4}x^8 + \frac{1}{x^7}$

b) $F(x) = \frac{2}{9}(3x+4)^{\frac{3}{2}}$

c) $F(x) = -\frac{1}{3}e^{-3x+7} - \frac{\pi}{\sqrt{2}}\cos(\sqrt{2} \cdot x)$

2 a) $\int_1^z (4 - 2x^{-2})\,dx = \left[4x + \frac{2}{x}\right]_1^z = 4z + \frac{2}{z} - 6$

$4z + \frac{2}{z} - 6 = 3 \qquad 4z^2 - 9z + 2 = 0 \qquad z_1 = 2 \quad z_2 = \frac{1}{4}$

b) $\int_0^{\frac{\pi}{2}} \left(z \cdot \cos\left(2x + \frac{\pi}{2}\right)\right)dx = z \cdot \int_0^{\frac{\pi}{2}} \cos\left(2x + \frac{\pi}{2}\right)dx = z\left[\frac{1}{2}\sin\left(2x + \frac{\pi}{2}\right)\right]_0^{\frac{\pi}{2}}$

$= z \cdot \frac{1}{2} \cdot \left[\sin\left(\frac{3}{2}\pi\right) - \sin\left(\frac{\pi}{2}\right)\right] = z \cdot \frac{1}{2} \cdot [-1-1] = -z \qquad$ Also: $z = -17$

c) $\int_z^e \left(\frac{2}{x+e}\right)dx = 2 \cdot \int_z^e \frac{1}{x+e}\,dx = 2 \cdot [\ln|x+e|]_z^e$
$= 2 \cdot \ln|2e| - 2 \cdot \ln|z+e|$
$= 2 \cdot (\ln 2 + \ln e) - 2 \cdot \ln|z+e|$

$2\ln 2 + 2\ln e - 2\ln|z+e| = 2\ln 2$
$2\ln e - 2\ln|z+e| = 0$
$\ln e = \ln|z+e| \qquad z = 0$

3 a) An den Nullstellen von f hat der Graph von F waagrechte Tangenten, d.h. F hat dort Extremstellen oder Sattelstellen.
An den Extremstellen von f hat F Wendestellen.
Zwei beliebige Stammfunktionen von f unterscheiden sich lediglich durch eine Konstante. Die Intergralfunktion $J_a(x)$ von f zur unteren Grenze a ist die Stammfunktion F von f mit F(a) = 0.
b)

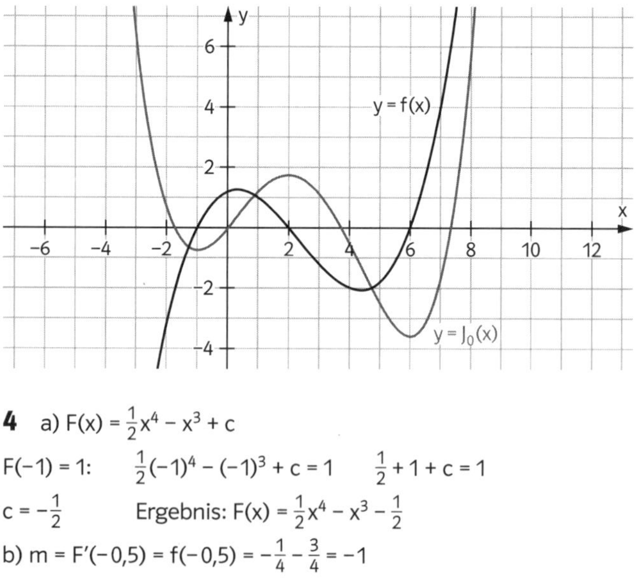

4 a) $F(x) = \frac{1}{2}x^4 - x^3 + c$

$F(-1) = 1$: $\quad \frac{1}{2}(-1)^4 - (-1)^3 + c = 1 \qquad \frac{1}{2} + 1 + c = 1$

$c = -\frac{1}{2} \qquad$ Ergebnis: $F(x) = \frac{1}{2}x^4 - x^3 - \frac{1}{2}$

b) $m = F'(-0{,}5) = f(-0{,}5) = -\frac{1}{4} - \frac{3}{4} = -1$

5 $\int_1^3 x^2 - 2x\,dx = \left[\frac{1}{3}x^3 - x^2\right]_1^3$

$= 9 - 9 - \frac{1}{3} - 1 = \frac{2}{3}$

$\int_1^3 x^2 - 2x\,dx = A_1 - A_2$

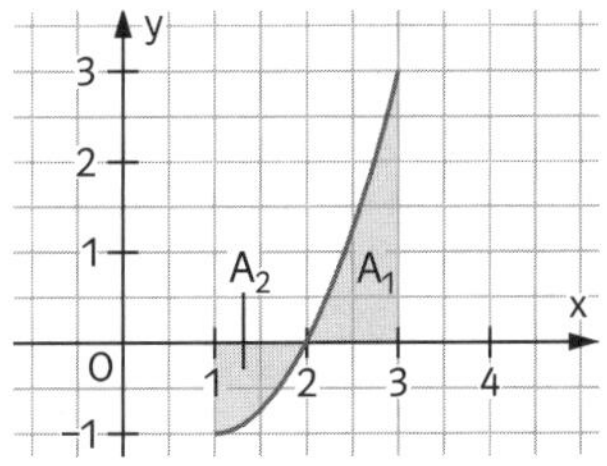

6 a) Normalengleichung:

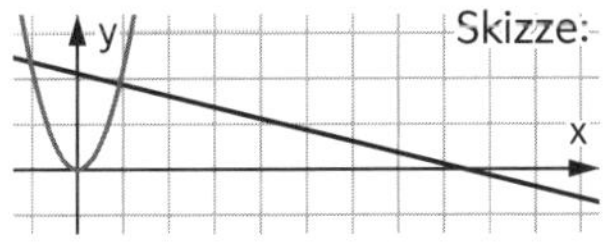

$y = mx + c$ mit $m = -\frac{1}{f'(2)} = -\frac{1}{12}$

Koordinaten von P(2 | 12)

in $y = -\frac{1}{12}x + c$ einsetzen:

$12 = -\frac{1}{12} \cdot 2 + c \qquad c = 12\frac{1}{6}$

Gleichung der Normalen: $y = -\frac{1}{12}x + 12\frac{1}{6}$

Schnittpunkt S der Normalen mit der x-Achse: $-\frac{1}{12}x + 12\frac{1}{6} = 0$

$12\frac{1}{6} = \frac{1}{12}x \qquad x = 12 \cdot 12\frac{1}{6} = 146 \qquad S(146 \mid 0)$

$A = \int_0^2 (3x^2)\,dx + \frac{1}{2} \cdot 12 \cdot (146 - 2)$

$= [x^3]_0^2 + 6 \cdot 144 = 8 + 864 = 872$

b) $A = 2 \cdot 12 - 8 + \frac{1}{2} \cdot 2 \cdot \frac{1}{6} = 16 + \frac{1}{6} = 16\frac{1}{6}$

7 a) $f(1) = F'(1) \approx -1{,}5$

b) $\int_0^2 f(x)\,dx = F(2) - F(0) \approx 3 \qquad \int_0^2 F(x)\,dx \approx 5{,}5.$

c) F hat in [0; 2] eine Wendestelle. Dort hat F″ bzw. f′ eine Nullstelle (notwendige Bedingung für Wendestellen).

d) Der Graph von F ist in [1; 3] eine Rechtskurve. Demnach hat F″ bzw. f′ dort negative Funktionswerte.

e)

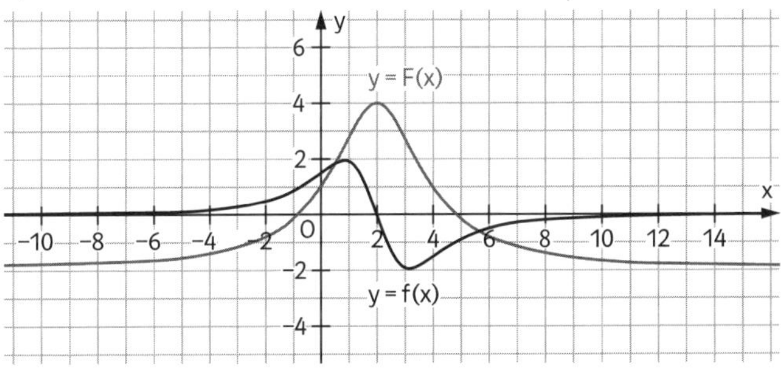

8 Schnittstellen von f_u mit der x-Achse:

$-x^3 + kx^2 = 0 \quad x^2(-x + k) = 0 \qquad x_1 = 0 \quad x_2 = k$

$A = \int_0^k (-x^3 + kx^2)\,dx = \left[-\frac{1}{4}x^4 + \frac{k}{3}x^3\right]_0^k = -\frac{1}{4}k^4 + \frac{1}{3}k^4 = \frac{1}{12}k^4$

$\frac{1}{12}k^4 = 21\frac{1}{3} \qquad k^4 = 12 \cdot 21\frac{1}{3} = 256 \qquad k = \sqrt[4]{256} = 4$

III Klausurtraining mit Hilfsmitteln, Seite 28

1 a)

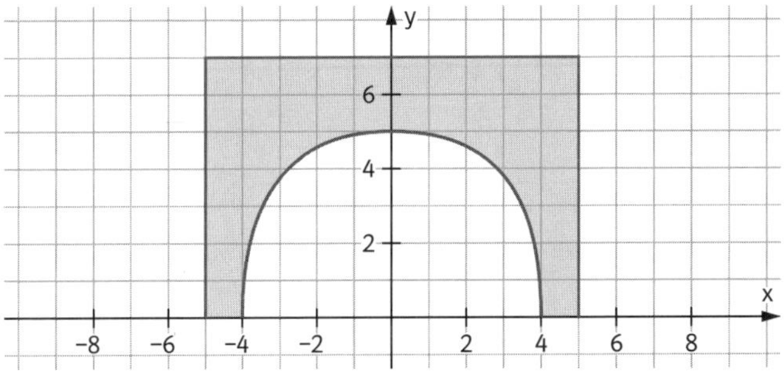

b) $10 \cdot 7 - \int_{-4}^{4}\left(8 + \frac{72}{x^2 - 25}\right)dx \approx 37{,}64 \qquad 37{,}64 \cdot 3 = 112{,}92$

Es werden rund 113 m³ Stein verbaut.

c) Die äußere Kante des Wagens ist bei P(2,5 | 3).

Abstand des Punktes P vom Graph von f:

$(d(x))^2 = (x - 2{,}5)^2 + (f(x) - 3)^2$

$d(x) = \sqrt{(x - 2{,}5)^2 + \left(5 + \frac{72}{x^2 - 25}\right)^2}$

Tiefpunkt des Graphen von d: T(≈ 3,10 | ≈ 0,68)

Der Abstand zwischen Wagen und Torbogen beträgt 68 cm.

2 a) f beschreibt die Änderung der Schneehöhe und es ist $f(t) > 0$ für alle t.

Beweis: $t^2 - 7t + 21 = t^2 - 7t + \frac{49}{4} - \frac{49}{4} + 21 = \left(t - \frac{7}{2}\right)^2 + 8{,}75 > 0$

b) Um 21.00 Uhr beträgt die Schneehöhe 17,8 cm.

c) Schnittstelle von $y_1 = \int_0^x f(t)\,dt$ und $y_2 = 20$ ist $x \approx 3{,}26$

Um ca. 21.16 Uhr ist die Schneehöhe 20 cm.

d) Schnittstellen von $y_1 = f(t)$ und $y_2 = 5$ sind $x_1 = 1$ und $x_2 = 6$.

Um 19.00 Uhr bleibt erstmals Schnee auf dem Dach liegen.

e) $\int_1^6 (f(t) - 5)\,dt \approx 10{,}6$

Die maximale Schneehöhe von 10,6 cm ist um 24.00 Uhr erreicht.

f) Schnittstelle von $y_1 = \int_x^{x+1} (f(t) - 5)\,dt$ und $y_2 = 2$ ist $x \approx 7{,}04$

Die Schneehöhe nimmt zwischen 1 Uhr und 2 Uhr um 2 cm ab.

g) $\int_1^x (f(t) - 5)\,dt = 0$ hat die Lösung $x \approx 10{,}5$

Um 4.30 Uhr ist der Schnee komplett geschmolzen.

3 a) $\int_a^z \frac{100}{x^2}\,dx = 100\int_a^z \frac{1}{x^2}\,dx = 100\left[-\frac{1}{x}\right]_a^z = -\frac{100}{z} + \frac{100}{a}$

Für $z \to \infty$ gilt: $\int_a^z \frac{100}{x^2}\,dx \to \frac{100}{a}$

$\frac{100}{a} = 20 \qquad a = 5$

b) $\int_a^z \left(\frac{1}{x^2} + \frac{1}{100}\right)dx = \left[-\frac{1}{x} + \frac{1}{100}x\right]_a^z = -\frac{1}{z} + \frac{1}{100}z + \frac{1}{a} - \frac{1}{100}a$

Für $z \to \infty$ gilt: $\int_a^z \left(\frac{1}{x^2} + \frac{1}{100}\right)dx \to \infty$. Es gibt keinen Wert für a,

der die Gleichung $\int_a^\infty \left(\frac{1}{x^2} + \frac{1}{100}\right)dx = 100$ erfüllt.

c) $\int_0^a \frac{1}{\sqrt{x}}\,dx = \int_0^a x^{-\frac{1}{2}}\,dx = [2\sqrt{x}]_0^a = 2\sqrt{a} - 2\sqrt{0} = 2\sqrt{a}$

$2\sqrt{a} = 4{,}5 \qquad \sqrt{a} = 2{,}25 \qquad a = 1{,}5$

d) $\pi\int_0^5 (ax^2)^2\,dx = \pi \cdot a^2 \int_0^5 x^4\,dx = \pi \cdot a^2 \cdot \left[\frac{1}{5}x^5\right]_0^5 = \pi \cdot a^2 \cdot 625$

$\pi \cdot a^2 \cdot 625 = 491 \qquad a = \sqrt{\frac{491}{\pi \cdot 625}} \approx 0{,}5$

4 a) $\int_0^2 60 \cdot f(t)\,dt \approx 6032$ Bis 12 Uhr werden 6032 Karten bestellt.

b) Die Schnittstelle von $y_1 = \int_0^t (60 \cdot f(x))\,dt$ und $y_2 = 15\,500$ ist bei

$t \approx 5{,}2$ Um ca. 15.12 Uhr ist die Schleyerhalle ausverkauft.

c) $\frac{1}{10} \cdot \int_0^{10} f(t)\,dt \approx 41{,}33$

d) Bei beiden Schnittstellen gibt es gleich viele Bestellungen und Abbestellungen.

$t_1 \approx 5{,}01$: Die Anzahl der verkauften Karten hat einen Maximalwert.

$t_2 \approx 7{,}86$: Die Anzahl der verkauften Karten hat einen Minimalwert.

e) $60\int_0^4 f(t)\,dt + 60\int_4^8 (f(t) - g(t))\,dt \approx 12\,644 - 417 = 12\,227$

f) $60\int_0^4 f(x)\,dx + 60 \cdot \int_4^t (f(x) - g(x))\,dx = 15\,500$

$60 \cdot \int_4^t (f(x) - g(x))\,dx \approx 2856$

Schnittstelle von $y_1 = 60\int_4^x (f(x) - g(x))\,dx$ und $y_2 = 2856$ ist $t \approx 11{,}3$

Um etwa 21.18 Uhr ist das Konzert ausverkauft.

IV Graphen und Funktionen analysieren

IV Gebrochenrationale Funktionen, Seite 29

1 siehe Tabelle 1.

2 a) z. B. $h(x) = x^5 + 3x^3 - 12x$ p.s.
b) k.M. da gerade und ungerade Exponenten vorhanden sind
c) z. B. $f(x) = \sin(x + \pi)$ p.s.
d) $g(x) = e^{(x^2)}$ a.s.

3 a)

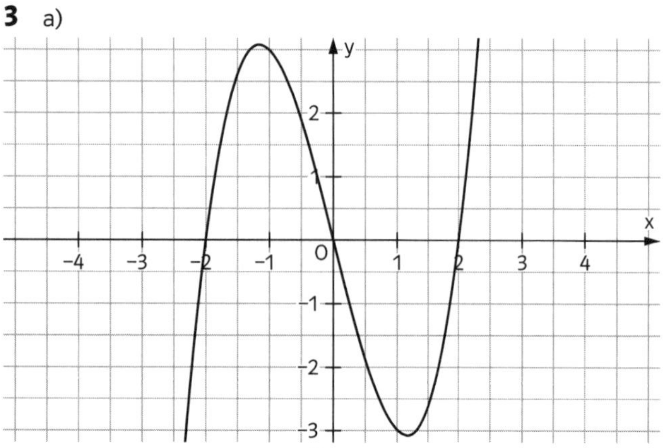

b) $g(x) = x \cdot (x - 2) \cdot (x + 2) = x^3 - 4x$

Nachweis Hochpunkt: $g'(x) = 3x^2 - 4 \quad x_1 = \sqrt{\frac{4}{3}} = \frac{2}{\sqrt{3}} \quad x_2 = -\frac{2}{\sqrt{3}}$

$g''(x) = 6x \quad g''(x_2) < 0$, daher Hochpunkt

4 a) 1. Fehler in der Skizze: der Schüler hat $-f(x) = -\frac{1}{(2x-5)^3}$ skizziert (spiegelt man den Graph an der x-Achse, erhält man den korrekten Verlauf).
2. Fehler in der Stammfunktion (innere Ableitung vergessen), es muss $-\frac{1}{4}(\ldots)$ statt $-\frac{1}{2}(\ldots)$ heißen.
3. Fehler bei der Interpretation des Bruchverhaltens, der erste Bruch wird im Nenner beliebig klein, d.h. dieser Bruch wächst über alle Grenzen.
Damit ist das Ergebnis auch falsch, die Fläche ist unendlich groß.

b) $A(z) = \int_3^z \frac{1}{(2x-5)^3}\,dx = \left[-\frac{1}{4}(2x-5)^{-2}\right]_3^z$

$= \left(-\frac{1}{4} \cdot (2z-5)^{-2}\right) - \left(-\frac{1}{4} \cdot (6-5)^{-2}\right)$

$= \underbrace{\frac{1}{4 \cdot (2z-5)^2}}_{\to\, \infty \text{ für } z \to \infty} + \frac{1}{4}$

$\lim\limits_{z \to \infty} A(z) = \frac{1}{4}$

IV Nullstellen, Extremstellen und Wendestellen, Seite 30

1 a) Eine Definitionslücke x_0 ist dann eine Polstelle, wenn für die Funktion $f(x) = \frac{g(x)}{h(x)}$ gilt: $g(x_0) \neq 0$ und $h(x_0) = 0$.
b) siehe Tabelle 2
c) 1. y = 1 2. y = 0 3. y = 1 4. – 5. y = 0,5
d)

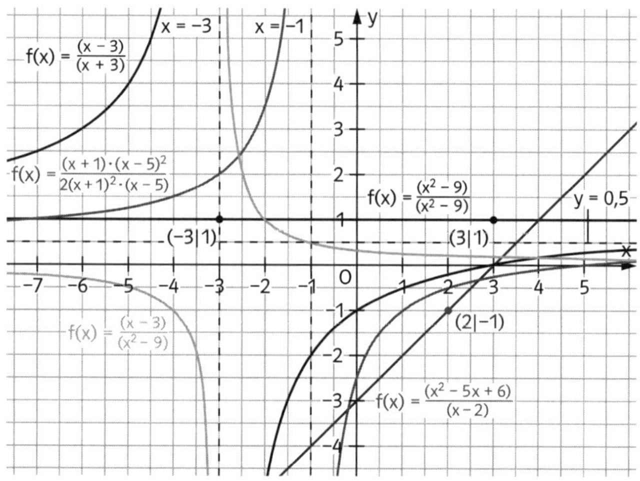

Tabelle 1

A	$f(x) = \frac{2x}{(x-2)(x+2)} + 1$	$f(x) = \frac{2x}{(x-3)(x+2)} + 4$	$f(x) = \frac{2x}{(x-2)(x+3)} + 1$
B	$f(x) = 0{,}3x^4 - 2x^2$	$f(x) = -0{,}3x^4 - 2x^2$	$f(x) = 0{,}3x^3 - 2x^2$
C	$f(x) = e^x - 2x - 1$	$f(x) = e^x + x^2$	$f(x) = e^x - 2x + 1$
D	$f(x) = 2{,}5\sin(2x + \pi) - 1{,}5$	$f(x) = -2{,}5\sin\left(x + \frac{\pi}{2}\right) - 1{,}5$	$f(x) = 5\sin(2x + \pi) - 1{,}5$

Tabelle 2

$f(x) = \frac{g(x)}{h(x)}$	Nullstelle(n) g(x)	Nullstelle(n) h(x)	Nullstelle(n) f(x)	Polstelle(n) f(x)	f ist definiert für	senkrechte Asymptoten
1. $f(x) = \frac{x-3}{x+3}$	x = 3	x = −3	x = 3	x = −3	$x \in \mathbb{R}\setminus\{-3\}$	x = −3
2. $f(x) = \frac{x-3}{x^2-9}$	x = 3	$x_1 = 3 \quad x_2 = -3$	—	x = −3	$x \in \mathbb{R}\setminus\{3; -3\}$	x = −3
3. $f(x) = \frac{x^2-9}{x^2-9}$	$x_1 = 3 \quad x_2 = -3$	$x_1 = 3 \quad x_2 = -3$	—	—	$x \in \mathbb{R}\setminus\{3; -3\}$	—
4. $f(x) = \frac{x^2-5x+6}{x-2}$	$x_1 = 2 \quad x_2 = 3$	x = 2	x = 3	—	$x \in \mathbb{R}\setminus\{2\}$	—
5. $f(x) = \frac{(x+1)\cdot(x-5)^2}{2(x+1)^2\cdot(x-5)}$	$x_1 = -1 \quad x_2 = 5$	$x_1 = -1 \quad x_2 = 5$	x = 5	x = −1	$x \in \mathbb{R}\setminus\{-1; 5\}$	x = −1

2 a) S2: $f(x) = x^2 - x \cdot \pi = x \cdot (x - \pi)$ S3: $f(x) = x^4 - 2\pi^2 x^2 + \pi^4$
Substitution $x^2 = u$: $u^2 - 2\pi^2 u + \pi^4 = (u - \pi^2)^2$ $u_1 = \pi^2$
Rücksubstitution: $x^2 = \pi^2$ $x_1 = \pi$, $x_2 = -\pi$
b) f(x): Strategie: 3 Gleichung: $4u^2 - 4u - 15 = 0$

$u_{1/2} = \frac{1}{2} \pm \sqrt{\frac{1}{4} + \frac{15}{4}} = \frac{1}{2} \pm 2$ $u_1 = 2{,}5$ $u_2 = -1{,}5$

Rücksubstitution nur für u_1 möglich, da $u_2 < 0$:
$x^2 = u$ $x^2 = 2{,}5$
Nullstellen: $x_{1/2} = \pm\sqrt{2{,}5}$

g(x): Strategie: 1 Gleichung: $2x^2 - 4x - 16 = 0$
$x^2 - 2x - 8 = 0$ $x_{1/2} = 1 \pm \sqrt{1 + 8} = 1 \pm 3$ $x_1 = 4$ $x_2 = -2$
Da x_1 auch Nullstelle von n(x) ist, ist nur $x_2 = -2$ Nullstelle von g(x).

h(x): Strategie: 2 Gleichung: $15x^3 \cdot (x^2 + 3x - 4) = 0$

$x_1 = 0$ $x_{2/3} = -\frac{3}{2} \pm \sqrt{\frac{9}{4} + \frac{16}{4}} = -\frac{3}{2} \pm \frac{5}{2}$ $x_2 = 1$ $x_3 = -4$

i(x): Strategie: 1 dann 2 Gleichung: $u = e^x$

$u^2 - \frac{1}{2}u - 5 = 0$

$u_{1/2} = \frac{1}{4} \pm \sqrt{\frac{1}{16} + \frac{80}{16}} = \frac{1}{4} \pm \frac{9}{4}$ $u_1 = \frac{5}{2}$ $u_2 = -2$

Rücksubstitution nur für u_1 möglich, da $e^x > 0$.

$e^x = \frac{5}{2}$ $x = \ln\frac{5}{2}$ (Nullstelle von i(x), da $e^{\ln 2{,}5} + 3 = 5{,}5 \neq 0$ ist)

k(x): Strategie: 2 dann 3 Gleichung: $e^x \cdot \underbrace{\left(e^{2x} - e^x + \frac{1}{4}\right)}_{\text{Subst. } u = e^x} = 0$

$u^2 - u + \frac{1}{4} = 0$ $u_{1/2} = +\frac{1}{2} \pm \sqrt{\frac{1}{4} - \frac{1}{4}}$ $u_1 = \frac{1}{2}$ $x = \ln\frac{1}{2}$

3 a) $x^3 - 1{,}5x^2 - 13{,}5x = 0$
$x \cdot (x^2 - 1{,}5x - 13{,}5) = 0$
$x_1 = 0$

$x_{2/3} = \frac{3}{4} \pm \sqrt{\frac{9}{16} + 13{,}5}$

$x_2 = 4{,}5$ $x_3 = -3$

b) $g'(x) = -4e^x + 5$ $g''(x) = -4e^x < 0$

$-4e^x + 5 = 0 \Rightarrow e^x = \frac{5}{4}$

$\Rightarrow x = \ln\frac{5}{4}$

Hochpunkt $H\left(\ln\frac{5}{4} \middle| -5 + 5\ln\frac{5}{4}\right)$

c) $h'(x) = -\frac{2}{11}x^3 - \frac{3}{11}x^2 + \frac{12}{11}x + \frac{35}{22}$

$h''(x) = -\frac{6}{11}x^2 - \frac{6}{11}x + \frac{12}{11}$

$h'''(x) = -\frac{12}{11}x - \frac{6}{11}$

$h''(x) = 0$ $-\frac{6}{11}x^2 - \frac{6}{11}x + \frac{12}{11} = 0$ $\quad | : \left(-\frac{6}{11}\right)$

$x^2 + x - 2 = 0$ $x_{1/2} = -\frac{1}{2} \pm \sqrt{\frac{1}{4} + 2}$

$x_1 = 1$ $x_2 = -2$ $h'''(x_1) \neq 0$ und $h'''(x_2) \neq 0$
Wendestellen sind $x_1 = 1$ und $x_2 = -2$
d) $D = \mathbb{R}\setminus\{0\}$ $i'(x) = -e^{\frac{1}{x}} \cdot (-1) \cdot x^{-2} = \underbrace{e^{\frac{1}{x}}}_{>0} \cdot \underbrace{\frac{1}{x^2}}_{>0 \text{ für } x \neq 0}$ (Kettenregel)
Die Funktion i(x) hat keine Tiefpunkte, da $i'(x) \neq 0$.

4 a) $f(x) = g(x) \Rightarrow e^x \cdot (4x - 2) = e^x \cdot (x^2 + 0{,}5x - 0{,}5)$ $| : e^x$

$\Rightarrow 4x - 2 = x^2 + \frac{1}{2}x - \frac{1}{2}$ $| -4x + 2$

$\Rightarrow 0 = x^2 - \frac{7}{2}x + \frac{3}{2}$ $x_1 = 3$ $x_2 = \frac{1}{2}$

$S_1(3 | 10 \cdot e^3)$ $S_2\left(\frac{1}{2} \middle| 0\right)$

b) Mit dem GTR: A = 7,41 LE² (beachte: es gilt nur ein Schnittpunkt am Ende des Intervalls).
c) Plan: 1. Wendepunkte bestimmen für f(x) und g(x)
2. Skizze, Seitenlängen des Dreiecks berechnen
3. Eine Höhe des Dreiecks bestimmen.
4. Fläche bestimmen

1. $f(x) = e^x \cdot (4x - 2)$
$f'(x) = e^x \cdot (4x - 2) + e^x \cdot 4 = e^x \cdot (4x + 2)$
$f''(x) = e^x \cdot (4x + 2) + e^x \cdot 4 = e^x \cdot (4x + 6)$
$f'''(x) = e^x \cdot (4x + 6) + e^x \cdot 4 = e^x \cdot (4x + 10)$
$g(x) = e^x \cdot (x^2 + 0{,}5x - 0{,}5)$
$g'(x) = e^x \cdot (x^2 + 0{,}5x - 0{,}5) + e^x \cdot (2x + 0{,}5) = e^x \cdot (x^2 + 2{,}5x)$
$g''(x) = e^x \cdot (x^2 + 2{,}5x) + e^x \cdot (2x + 2{,}5) = e^x \cdot (x^2 + 4{,}5x + 2{,}5)$
$g'''(x) = e^x \cdot (x^2 + 4{,}5x + 2{,}5) + e^x \cdot (2x + 4{,}5) = e^x \cdot (x^2 + 6{,}5x + 7)$

Wendepunkt f: $f''(x) = 0 \Rightarrow 4x + 6 = 0 \Rightarrow x = -\frac{6}{4} = -\frac{3}{2}$

$f'''\left(-\frac{3}{2}\right) = 4 \cdot e^x \neq 0$

$W_f\left(-\frac{3}{2} \middle| -8 \cdot e^{-\frac{3}{2}}\right) \approx \left(-\frac{3}{2} \middle| -1{,}79\right)$

Wendepunkte g: $g''(x) = 0 \Rightarrow x^2 + 4{,}5x + 2{,}5 = 0$
$x_{1/2} = -2{,}25 \pm \sqrt{2{,}25^2 - 2{,}5}$
$x_{1/2} \approx -2{,}25 \pm 1{,}60$
$x_1 \approx -0{,}65$ $g'''(x_1) \neq 0$ $W_{g1}(-0{,}65 | -0{,}21)$
$x_2 \approx -3{,}85$ $g'''(x_2) \neq 0$ $W_{g2}(-3{,}85 | 0{,}26)$
2. Skizze

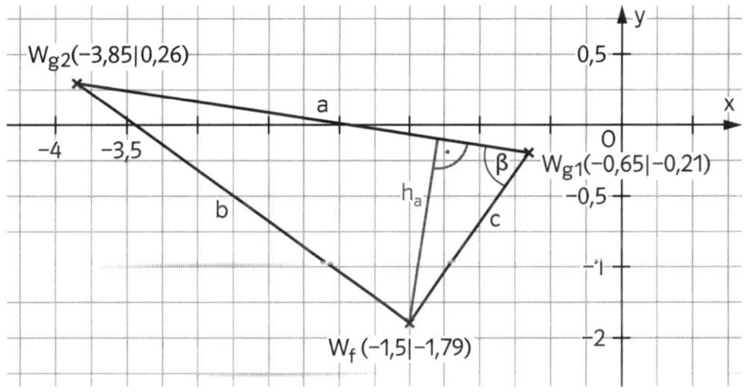

Seitenlängen
$a = \sqrt{3{,}2^2 + 0{,}47^2} \approx 3{,}23$
$b = \sqrt{2{,}35^2 + 2{,}05^2} \approx 3{,}12$
$c = \sqrt{0{,}85^2 + 1{,}58^2} \approx 1{,}79$

3. Es gilt: $\sin\beta = \frac{h_a}{c}$ (β zuerst noch bestimmen)
β über Kosinussatz: $b^2 = a^2 + c^2 - 2ac \cdot \cos\beta$

$\Rightarrow \cos\beta = \frac{a^2 + c^2 - b^2}{2ac} \approx 0{,}3375$

$\Rightarrow \beta \approx 70{,}28°$

$h_a = \sin\beta \cdot c \approx 1{,}69$ $\Rightarrow A = \frac{a \cdot h_a}{2} = 2{,}73$
Die Dreiecksfläche beträgt ca. 2,73 LE².

IV Funktionsanalyse: Nachweis von Eigenschaften (1), Seite 31

1

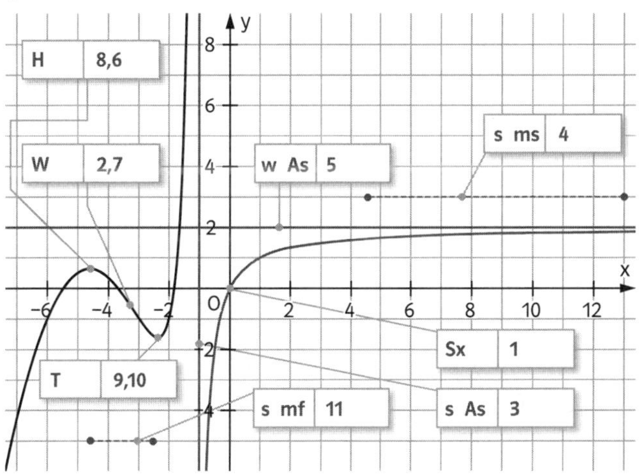

2 a) Hier liegt ein Sattelpunkt vor, es ist jedoch nicht klar, ob der Funktionsgraph in diesem Bereich monoton steigt bzw. monoton fällt (siehe die zwei möglichen Verläufe in der Grafik).
b) Die beiden Graphen verlaufen in verschiedenen Quadranten des Koordinatensystems: Der Graph von f_1' im vierten Quadranten, der Graph von f_2' im ersten Quadranten.

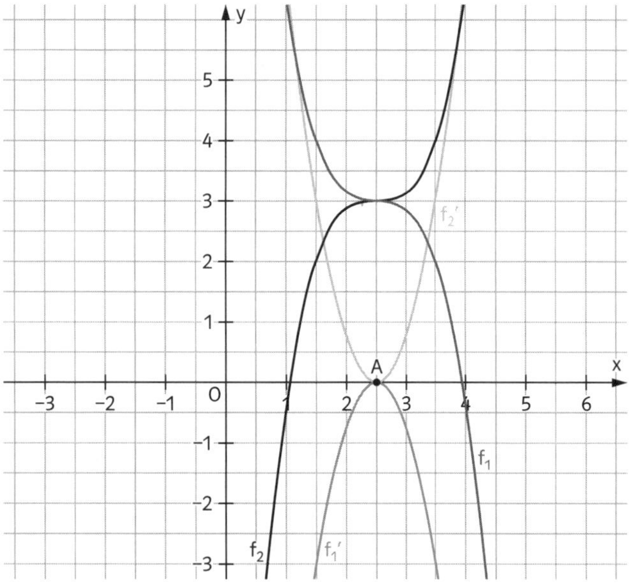

3 a(x): weder achsensymmetrisch zur y-Achse, noch punktsymmetrisch zum Ursprung (keine Symmetrie, kS)
b(x): achsensymmetrisch zur y-Achse (as)
c(x): kS
d(x): $d(x) = d(-x)$ also as
e(x): kS, senkrechte Asymptote bei $x = 5$
f(x): punktsymmetrisch zum Ursprung (ps), da nur ungerade Exponenten, d.h. $f(-x) = -f(x)$
g(x): as, da nur gerade Exponenten, d.h. $g(x) = g(-x)$
h(x): kS, da gerade und ungerade Exponenten (bei Ausmultiplikation des Funktionsterms).

4 a) Jedes Jahr im Sommer nimmt die Eismenge ab. Diese Abnahme hat über die letzten Jahre immer zugenommen, d.h. jedes Jahr war am Ende des Sommers weniger Eis vorhanden als noch im gleichen Vorjahreszeitraum und dieser Unterschied ist schrittweise größer geworden.
Die Grafik zeigt einen möglichen Verlauf. Wichtig ist hierbei, dass y-Abstände zwischen den aufeinander folgenden Punkten immer größer werden, d.h. es kommt ein immer größerer neuer Anteil wegschmelzenden Meereises hinzu. Analog aber fallend sieht der Verlauf aus, wenn die Resteismenge auf der y-Achse abgetragen wird.

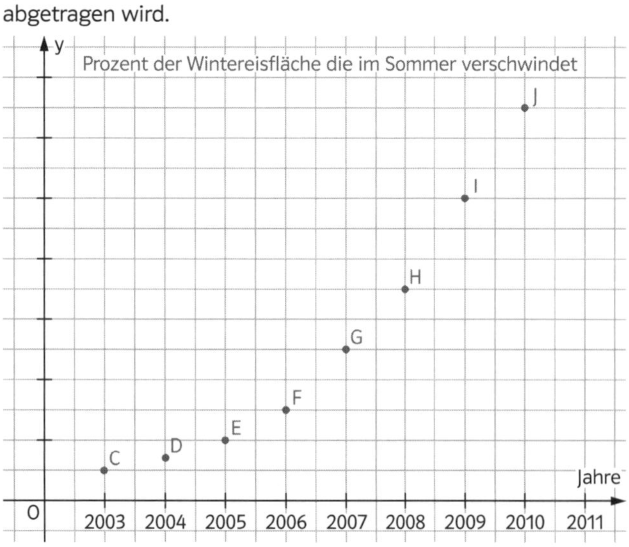

b) Irgendwann ist der Rückgang des Eises bei 100 %, d.h. alles vorhandene Wintereis ist im Sommer geschmolzen. Dann ist eine weitere Zunahme des Rückgangs nicht mehr möglich, da mehr als 100 % nicht schmelzen können.

5 a) Damit keine Ecken entstehen, muss der Graph von f in A und B die gleiche Steigung haben wie die Funktionen g bzw. h ($m_h = -1$).
$f'(1) = 2$ und $f'(5) = -1$
Modellierung mit $f(x) = ax^2 + bx + c$, da eine Gerade zu Ecken führen würde.
$f'(x) = 2ax + b$

$$\left.\begin{array}{lll} f(1) = 3 & \Rightarrow & 3 = a + b + c \\ f(5) = 5 & \Rightarrow & 5 = 25a + 5b + c \\ f'(1) = 2 & \Rightarrow & 2 = 2a + b \\ f'(5) = -1 & \Rightarrow & -1 = 10a + b \end{array}\right\} \begin{array}{l} a = -\frac{3}{8} \quad b = \frac{11}{4} \quad c = \frac{5}{8} \\ f(x) = -\frac{3}{8}x^2 + \frac{11}{4}x + \frac{5}{8} \\ \text{im Intervall I}[1; 5] \end{array}$$

b) Bei einer Gerade von A nach B wäre die Höhe 5 (y-Wert von A).
Der Hochpunkt von f(x) ist $H\left(\frac{11}{3} \middle| \frac{17}{3}\right)$. H liegt also $\frac{2}{3}$ mm höher, das sind $\frac{2}{3} : 5 = 0{,}1\overline{3} \approx 13{,}3\,\%$ mehr.

c) Damit die Flächen unter den Teilabschnitten bestimmt werden können, muss die Funktion g aufgestellt werden.
Da g einen Tiefpunkt und einen Wendepunkt hat, ist der Modellierungsansatz $g(x) = ax^3 + bx^2 + cx + d$ sinnvoll.
$g'(x) = 3ax^2 + 2bx + c$

$$\left.\begin{array}{lll} g(0) = 0 & \Rightarrow & 0 = d \\ g(1) = 3 & \Rightarrow & 3 = a + b + c \\ g'(0) = 0 & \Rightarrow & 0 = c \\ g'(1) = 2 & \Rightarrow & 2 = 3a + 2b \end{array}\right\} \begin{array}{l} a = -4 \quad b = 7 \quad c = d = 0 \\ g(x) = -4x^3 + 7x^2 \end{array}$$

$h(x) = -x + 10$

$\int_0^1 g(x)\,dx \approx 1{,}33 \quad \int_1^5 f(x)\,dx = 20 \quad \int_5^7 h(x)\,dx = 8$

Die Seitenfläche ist also $29{,}33\,\text{mm}^2$ groß.
$V = 29{,}33\,\text{mm}^2 \cdot 30\,\text{mm} = 879{,}9\,\text{mm}^3 \approx 0{,}88\,\text{cm}^3$.

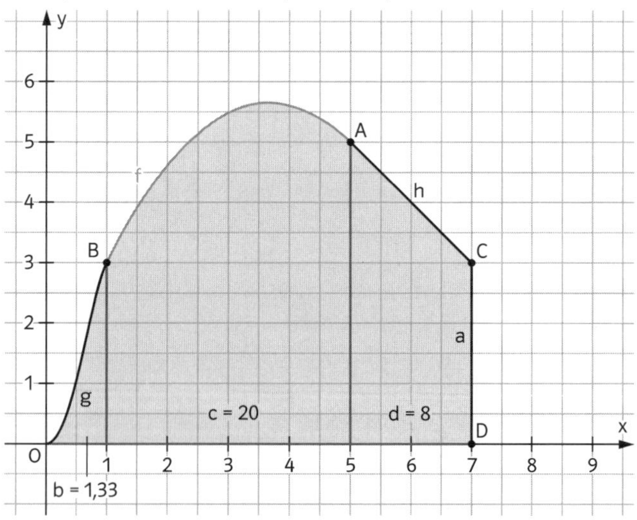

IV Funktionsanalyse: Nachweis von Eigenschaften (2), Seite 32

1 $f(x) = \frac{1}{x-5} + 2$ IV $\quad g(x) = \frac{-2}{(x-5)^2}$ III $\quad h(x) = 2 - \frac{1}{x + (-5)}$ I
$i(x) = \frac{1}{e^x(3x-15)^2} + 1$ II $\quad k(x) = \frac{x^2 - 25}{(2x-10)^2}$ IV $\quad l(x) = 1 - \frac{1}{e^x(4x-20)^2}$ III
$m(x) = \frac{1}{(x + (-5))^2} - 2$ II $\quad n(x) = \frac{25 - x^2}{(0{,}5x - 2{,}5)^2} + 2$ I

2

	Definitionsbereich	$f(x) < 0$	$f(x) = 0$	$f(x) > 0$
$f(x) = \frac{x \cdot (x^2 + 1)}{x^2}$	$D = \mathbb{R}\setminus\{0\}$	$x < 0$	—	$x > 0$
$g(x) = \frac{(e^x - 1) \cdot x}{x - 1}$	$D = \mathbb{R}\setminus\{1\}$	$x < 1$ und $x \neq 0$	$x = 0$	$x > 1$

Anmerkung zu f(x): x entscheidend, da für $x \neq 0$ $(x^2 + 1) > 0$ und $x^2 > 0$

Anmerkung zu g(x): Der Zähler ist für $x \neq 0$ immer größer 0 (für $x < 0$ sind beide Faktoren jeweils negativ, für $x > 0$ sind beide Faktoren positiv), d.h. es reicht den Nenner zu betrachten.

3 Erste Spalte jeweils die Funktion, zweite Spalte deren Ableitung, daneben dann die zweite Ableitung. Gestrichelte Linien kennzeichnen charakteristische Stellen (Extremstellen, Wendestellen), nicht alle möglichen Stellen wurden bei allen Funktionen markiert.

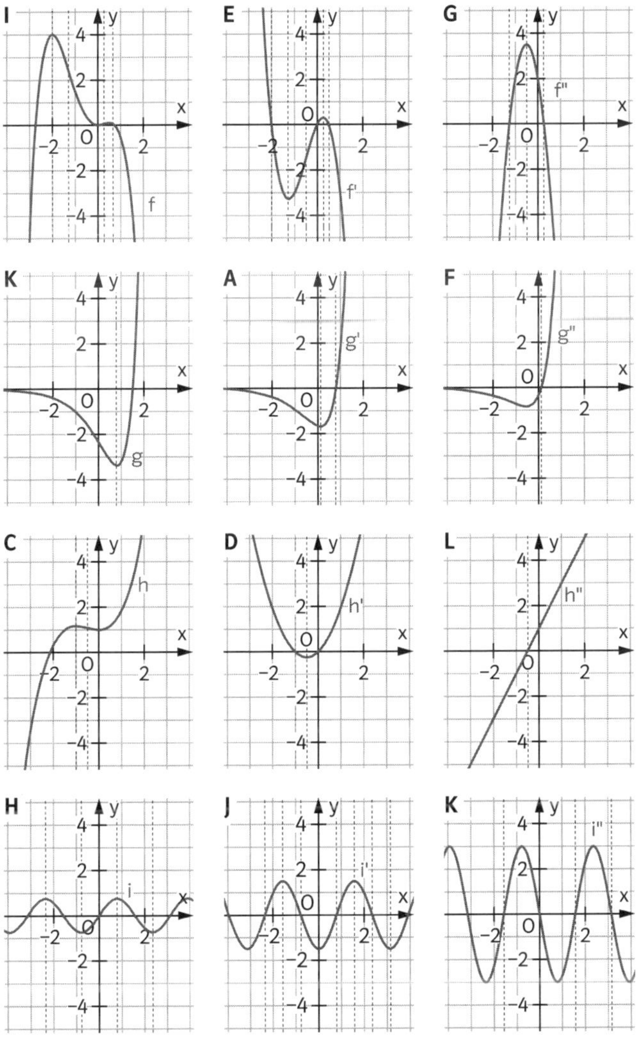

4 a) Eine solche Funktion gibt es nicht, da Funktionen dritten Grades für große positive bzw. negative x immer verschiedene Vorzeichen haben.

b) Die Aussage ist falsch, da die Steigung immer positiv ist ($f'(x) = t \cdot e^{tx} > 0$ für $t > 0$), eine Ausnahme gibt es nicht.

c) Beginnt man z.B. mit der Funktion e^x, deren Graph immer im positiven Bereich verläuft, muss man dazu eine quadratische Funktion haben, deren Graph nach unten geöffnet ist und deren Scheitel einen positiven y-Wert besitzt. Aus den beiden Nullstellen der quadratischen Funktion erhält man die des Produktes. Die Extremstellen ergeben sich aus dem Verhalten zwischen den Nullstellen und dem Verhalten von e^x für große x. Ein Beispiel ist: $f(x) = e^x \cdot (-x^2 + x) = e^x \cdot (x \cdot (-x + 1))$ (siehe Grafik).

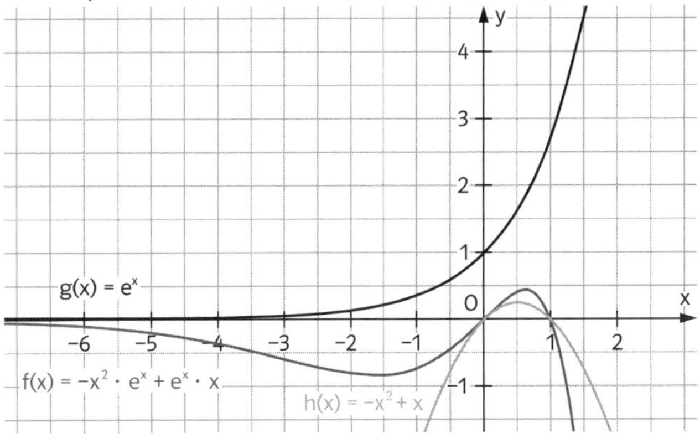

d) Es gibt nur eine solche Funktion: $f(x) = 0$.

5 a) $f'(x) = 4e^x \cdot 1 + 4e^x \cdot (x + 0{,}5) = 4e^x \cdot (x + 1{,}5)$

$f''(x) = 4e^x \cdot 1 + 4e^x \cdot (x + 1{,}5) = 4e^x \cdot (x + 2{,}5)$

$f'''(x) = 4e^x \cdot 1 + 4e^x \cdot (x + 2{,}5) = 4e^x \cdot (x + 3{,}5)$

$f'(x) = 0 \Rightarrow \underbrace{4e^x}_{>0} \cdot (x + 1{,}5) = 0 \Rightarrow x_0 = -1{,}5$

$f''(x_0) = 4e^x > 0 \Rightarrow$ Tiefpunkt bei $T(-1{,}5 \mid -4e^{-1{,}5})$ $\approx T(-1{,}5 \mid -0{,}89)$

$f''(x) = 0 \Rightarrow \underbrace{4e^x}_{>0} \cdot (x + 2{,}5) = 0 \Rightarrow x_0 = -2{,}5$

$f'''(x_0) = 4e^x > 0 \Rightarrow$ Wendepunkt bei $W(-2{,}5 \mid -8e^{-2{,}5})$ $\approx W(-2{,}5 \mid -0{,}66)$

b) Schnittpunkt mit der x-Achse: $N(-0{,}5 \mid 0)$

$f'(-0{,}5) = 4e^{-0{,}5} \approx 2{,}4261$

Die Tangente ist nicht parallel zur Geraden g(x), da $2{,}4261 \neq 2{,}43$.

c) Die Normale ($x = -1{,}5$) an f im Tiefpunkt T ist keine Funktion, da für einen x-Wert unendlich viele y-Werte existieren.

IV Funktionen mit Parametern, Seite 33

1 (…), dass für t verschiedene Zahlen eingesetzt werden.

a) $f_{-1} = i \quad f_0 = h \quad f_2 = g$

b) $f_t(x) = x \cdot \left(\frac{1}{5}x^2 - 0{,}5tx + \frac{4}{15}t^2\right) \quad f_t(0) = 0$ hängt nicht von t ab.

c) Für $t = 0$: punktsymmetrisch. Für $t \neq 0$ keine Punkt- bzw. Achsensymmetrie, da gerade und ungerade Potenzen gemischt vorkommen.

d) (…) Paramter t (…), abgeleitet wird nur nach x.

$f_t'(x) = \frac{3}{5}x^2 - tx + \frac{4}{15}t^2 \quad f_t''(x) = \frac{6}{5}x - t \quad f_t'''(x) = \frac{6}{5}$

e) Extrema:

1. $f_t'(x) = 0$ (notwendige Bedingung)
2. $f_t''(x) > 0$ bzw. < 0 (hinreichende Bedingung) oder: Vorzeichenwechsel von f″ an der Stelle x_E (hinr. Bed.)
3. $y = f(x)$ Hoch- bzw. Tiefpunkt

Wendepunkt(e):

1. $f_t''(x) = 0$ (notwendige Bedingung)
2. $f_t'''(x) \neq 0$ (hinreichende Bedingung) oder: f_t'' hat Vorzeichenwechsel an der Stelle x.
3. $y = f(x) \quad W(x \mid f(x))$

Bemerkung:

Hier wird nicht verlangt, diese Berechnungen auszuführen.

f) $f_t'(x_E) = 0$:

$\frac{3}{5}x^2 - tx + \frac{4}{15}t^2 = 0 \quad \mid \cdot \frac{5}{3}$

$x^2 - \frac{5}{3}tx + \frac{4}{9}t^2 = 0 \Rightarrow x_{1,2} = +\frac{5}{6}t \pm \sqrt{\frac{25}{36}t^2 - \frac{16}{36}t^2}$

$x_{1,2} = +\frac{5}{6}t \pm \frac{3}{6}t$

$x_1 = +\frac{1}{3}t \quad x_2 = +\frac{4}{3}t$

$f_t''\left(\frac{1}{3}t\right) = \frac{\cancel{6}^2}{5} \cdot \frac{1}{\cancel{3}^1}t - t = -\frac{3}{5}t < 0$ (da $t > 0$)

$H\left(\frac{1}{3}t \,\middle|\, \frac{11}{270}t^3\right)$

Ortskurve:

$x = \frac{1}{3}t \Rightarrow t = 3x \Rightarrow y = \frac{11}{270} \cdot (3x)^3 = \frac{11}{270} \cdot 27x^3 = \frac{11}{10}x^3 = 1{,}1x^3$

Alle Hochpunkte liegen auf: $y = 1{,}1x^3$

g) 1. Nullstellen: $f_t(x) = \frac{1}{5}x\left(x^2 - \frac{5}{2}tx + \frac{4}{3}t^2\right) \Rightarrow x_{1,2} = \frac{5}{4}t \pm \sqrt{\frac{11}{48}t^2}$

$x_1 \approx 1{,}73t \quad x_2 \approx 0{,}77t$

2. Skizze:

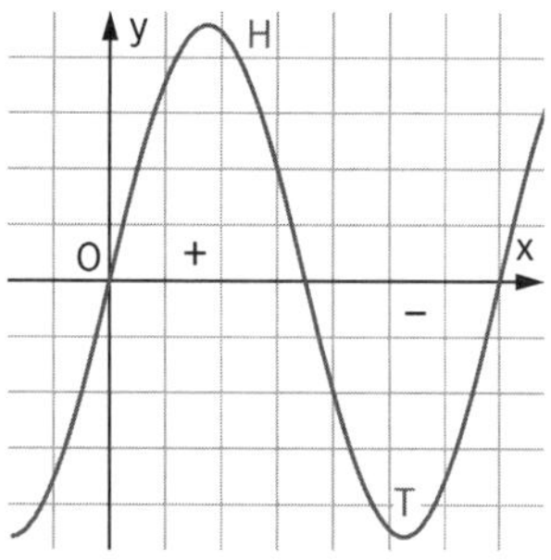

3. Orientierten Flächeninhalt beachten
4. A(t) mit Integral berechnen: $A(t) = \int_0^{0{,}77t} f(x)\,dx - \int_{0{,}77t}^{1{,}73t} f(x)\,dx$
5. Stammfunktion F(x):

$$A(t) = \left[\frac{1}{20}x^4 - \frac{1}{6}tx^3 + \frac{2}{15}t^2x^2\right]_0^{0{,}77t} - \left[\frac{1}{20}x^4 - \frac{1}{6}tx^3 + \frac{2}{15}t^2x^2\right]_{0{,}77t}^{1{,}73t}$$
$$= \left(\frac{1}{20} \cdot (0{,}77t)^4 - \frac{1}{6} \cdot 0{,}77^3 \cdot t^4 + \frac{2}{15} \cdot 0{,}77^2 \cdot t^4\right) \cdot 2$$
$$- \left(\frac{1}{20} \cdot 1{,}73^4 t^4 - \frac{1}{6} \cdot 1{,}73^3 \cdot t^4 + \frac{2}{15} \cdot 1{,}73^2 \cdot t^4\right)$$
$$= 0{,}041t^4 - (-0{,}016)t^4 = 0{,}057t^4$$

6. $A(t) = 35{,}7$ nach t auflösen: $0{,}057t^4 = 35{,}7 \Rightarrow t \approx 5$

Für $t = 5$ beträgt die Fläche etwa 35,7.

„Wendestellen berechnen“ ist ein unnötiger Schritt.

2 a) $f_t(x) = t \cdot (2x - 3) + 2 = 2t \cdot \left(x - \frac{3}{2}\right) + 2$

Für $x = \frac{3}{2}$ ergibt sich immer $y = 2$, d.h. alle Scharkurven verlaufen durch $P\left(\frac{3}{2}\middle|2\right)$

b) $g_u(x) = u \cdot (x - 4) - 1 = \underbrace{u}_{\text{Steigung}} \cdot x - \underbrace{(4u + 1)}_{\text{y-Achsenabschnitt}}$

u gibt die Steigung der Geraden an.

c) Ursprungsgerade aus f_t:

$Q(0|0) \Rightarrow 2t \cdot \left(0 - \frac{3}{2}\right) + 2 = 0$

$\Rightarrow -3t + 2 = 0 \Rightarrow t = \frac{2}{3}$

$\Rightarrow y = \frac{4}{3}x$

u so bestimmen, dass $g_u \perp f_{\frac{2}{3}}$:

$\frac{4}{3} \cdot u = -1 \Rightarrow u = -\frac{3}{4}$

$g_{-\frac{3}{4}}(x) = -\frac{3}{4}x + 2$ steht senkrecht zu $y = \frac{4}{3}x = f_{\frac{2}{3}}(x)$

3 a) $4 \cdot 3^4 - 8t \cdot 3^2 - 45t^2 = 114{,}75$

$45t^2 + 72t - 209{,}25 = 0 \quad | : 45$

$t^2 + 1{,}6t - 4{,}65 = 0$

$t_{1,2} = -0{,}8 \pm \sqrt{0{,}64 + 4{,}65} = -0{,}8 \pm 2{,}3 \quad t_1 = 1{,}5 \quad t_2 = -3{,}1$

Da $t > 0$ vorausgesetzt wird, liegt P auf $i_{1,5}(x)$.

b) Plan:
1. Nullstellen bestimmen
2. Skizze, Integral aufstellen
3. Integral abhängig von t bestimmen
4. t aus gegebenem Flächenwert berechnen

Durchführung:
1. Nullstellen:

$4x^4 - 8tx^2 - 45t^2 = 0 \quad | : 4$

$x^4 - 2tx^2 - \frac{45}{4}t^2 = 0$

Substitution: $z = x^2$

$z^2 - 2tz - \frac{45}{4}t^2 = 0$

$z_{1,2} = t \pm \sqrt{t^2 + \frac{45}{4}t^2} = t \pm \frac{7}{2}t$

$z_1 = \frac{9}{2}t \quad z_2 = -\frac{5}{2}t$

Da $t > 0$, ist Rücksubstitution nur für z_1 sinnvoll.

Rücksubstitution: $x^2 = \frac{9}{2}t$

$x_1 = 3 \cdot \sqrt{\frac{t}{2}} \quad x_2 = -3 \cdot \sqrt{\frac{t}{2}}$

2. Skizze:

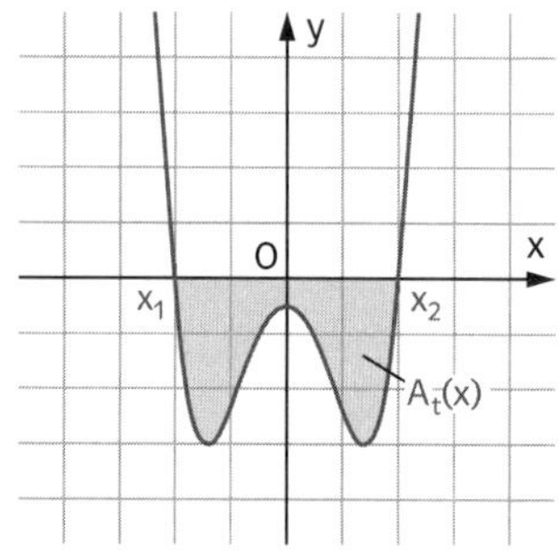

$i_t(x)$ ist achsensymmetrisch.

$$A_t(x) = -2 \cdot \int_0^{3 \cdot \sqrt{\frac{t}{2}}} (4x^4 - 8tx^2 - 45t^2)\,dx$$

3. Integral bestimmen:

$$A_t(x) = -2 \cdot \left[\frac{4}{5}x^5 - \frac{8}{3}tx^3 - 45t^2x\right]_0^{3 \cdot \sqrt{\frac{t}{2}}}$$
$$= -2 \cdot \left(\left(3 \cdot \sqrt{\frac{t}{2}} \cdot \left(\frac{4}{5} \cdot \left(3 \cdot \sqrt{\frac{t}{2}}\right)^4 - \frac{8}{3}t \cdot \left(3 \cdot \sqrt{\frac{t}{2}}\right)^2 - 45t^2\right)\right)\right)$$
$$= -6 \cdot \sqrt{\frac{t}{2}} \cdot \left(\frac{\cancel{4}^1}{5} \cdot 81 \cdot \frac{t^2}{\cancel{4}^1} - \frac{\cancel{8}^4}{\cancel{3}^1}t \cdot \cancel{9}^3 \cdot \frac{t}{\cancel{2}^1} - 45t^2\right)$$
$$= -6 \cdot \sqrt{\frac{t}{2}} \cdot \left(\frac{81}{5}t^2 - 12t^2 - 45t^2\right) \approx 244{,}8t^2\sqrt{\frac{t}{2}} \approx 173{,}1t^{2{,}5}$$

4. t berechnen:

$173{,}1t^{2{,}5} = 5540 \Rightarrow t^{2{,}5} \approx 32 \Rightarrow t = 4$

Für $t = 4$ ist die Fläche $A_4(x) = 5540$ FE.

4 a) $f(x) = \frac{-4x^5 \cdot \left(\frac{1}{2x^2} + 1\right)}{x^5 \cdot \left(1 + \frac{20}{x}\right)} \quad \lim\limits_{x \to \infty} f(x) = -4$ und $\lim\limits_{x \to -\infty} f(x) = -4$

b) Da für große positive x gilt $e^x > x^6$ existiert kein Grenzwert für $x \to \infty$. Da $\lim\limits_{x \to -\infty} e^x = 0$ gilt $\lim\limits_{x \to -\infty} g(x) = 2$

c) Für große positive x gilt $e^{0{,}1x} > 3x^4$ und $\lim\limits_{x \to \infty} e^{-2x} = 0$, somit ist $\lim\limits_{x \to \infty} h(x) = 0$. Für $x \to -\infty$ wächst $4e^{-2x}$ über alle Grenzen, ein Grenzwert existiert also nicht.

d) $i(x) = \frac{(x-3)^2}{4 \cdot (x-3) \cdot (x-3)} = \frac{1}{4} \quad \lim\limits_{x \to \infty} i(x) = \lim\limits_{x \to -\infty} i(x) = \frac{1}{4}$

IV Eigenschaften von trigonometrischen Funktionen, Seite 34

1 a) Die Funktion muss mindesten den Grad 4 haben, da sie zwei Stellen mit der Steigung 0 hat (daher kann es nicht Grad 2 sein) und für $x \to +\infty$ und $x \to -\infty$ der Funktionswert negativ ist (daher kann es nicht Grad 3 oder 5 sein).

b) Vor dem höchsten Exponent steht ein negativer Faktor.

c) siehe Grafik

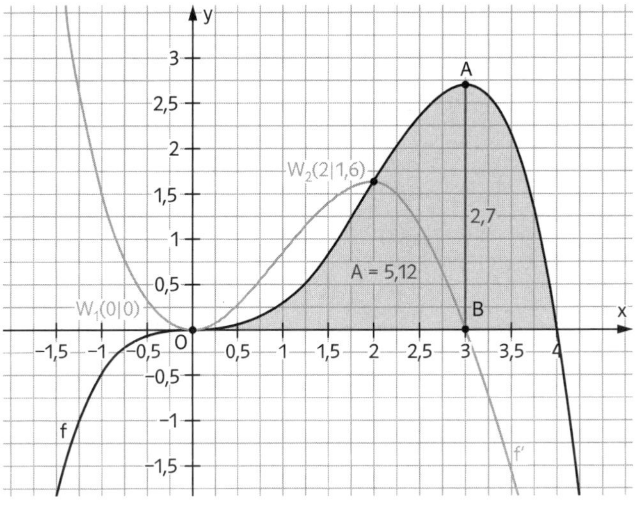

d) $f(x) = a \cdot x^4 + b \cdot x^3 + c \cdot x^2 + d \cdot x + e$
$f'(x) = 4a \cdot x^3 + 3b \cdot x^2 + 2c \cdot x + d$
$f''(x) = 12a \cdot x^2 + 6b \cdot x + 2c$
$f(0) = 0$: $e = 0$ $f'(0) = 0$: $d = 0$
$f'(3) = 0$: $108a + 27b = 0$
$f(3) = 2{,}7$: $a \cdot 3^4 + b \cdot 3^3 + c \cdot 3^2 + d \cdot 3 + e = 2{,}7$
$f''(0) = 0$: $2c = 0$ $f(4) = 0$: $256a + 64b = 0$
$\Rightarrow f(x) = -0{,}1 \cdot x^4 + 0{,}4 \cdot x^3 = -0{,}1 \cdot x^3(x - 4)$.
e) Die größte Steigung für $x > 0$ ist an der Stelle $x = 2$ (Wendestelle, siehe Verlauf der Ableitungsfunktion f'). Der Inhalt der Fläche zwischen dem Graphen und der x-Achse beträgt A = 5,12 FE.

2 a) Die beiden weiteren Funktionen können durch das Hintereinanderausführen der Grundfunktionen erhalten werden (siehe Grafik).

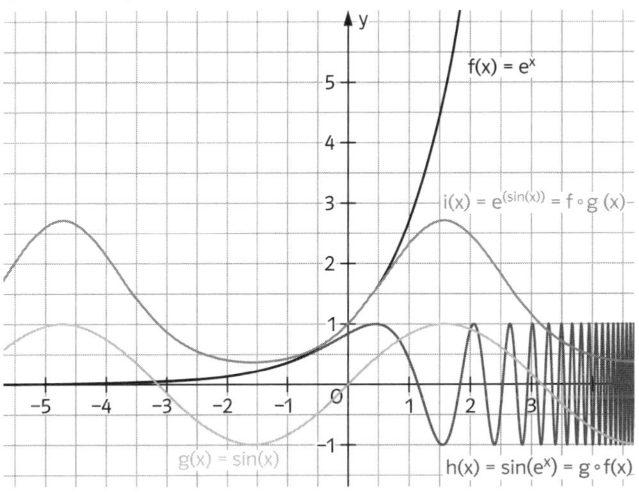

b) Die Funktion $f(x) = e^{\sin(x)}$ hat die Periode 2π und eine Amplitude von $(e^1 - e^{-1}) : 2 \approx 1{,}175$.

c) $A = \int_{-2\pi}^{\pi} (e^{\sin(x)} - \sin(x))\,dx$. Mit GTR ergibt sich:

$A \approx 12{,}16$ FE

3 Die korrekten Funktionsgleichungen zu den Graphen von links nach rechts sind (korrigierte Stellen in orange):
$f(x) = 2\sin(0{,}5(x - \pi))$
$g(x) = 0{,}5\cos(2(x - 3\pi)) - 1{,}5$

4 a) Die Erwerbstätigenzahlen zeigen im Verlauf eines Kalenderjahres immer die gleiche Entwicklung. Im Januar ist der Tiefststand erreicht, einem Anstieg im Frühjahr folgt ein leichter Rückgang im Frühsommer, ab Juli folgt dann ein kräftiger Anstieg bis in den Herbst (etwa Oktober), darauf folgt ein starker Rückgang der Beschäftigtenzahl bis zum Jahresende. Mögliche Begründung: Ferien und Bauferien im Sommer führen zu einem Rückgang in der Industrieproduktion, sobald es im Herbst kälter wird, gehen die Aktivitäten im Bausektor stark zurück und führen zu saisonbedingten Entlassungen. Von 2006 bis 2009 ist zusätzlich eine Zunahme der Erwerbstätigen um etwa eine Million zu erkennen.
b) Der größte Anstieg befindet sich jeweils im August, der größte Rückgang im Oktober. Bei gleichbleibender Anzahl der arbeitsfähigen und arbeitssuchenden Bevölkerung bedeutet der Anstieg der Erwerbstätigen ein Rückgang der Arbeitslosenzahl und umgekehrt ein Rückgang der Erwerbstätigenzahl ein Anstieg der Arbeitslosenzahl. Andere Folgerungen ergeben sich, wenn z. B. viele neue Schulabgänger und Studienabgänger auf den Arbeitsmarkt drängen und deren Zahl die der Erwerbstätigen übersteigt, die in Rente gehen. Damit würde die Gesamtzahl der arbeitsfähigen und arbeitssuchenden Menschen steigen. So könnte der Fall eintreten, dass trotz einer gestiegenen Erwerbstätigenzahl zugleich auch die Zahl der Arbeitslosen ansteigt.
c) Nein. Es sind viele Gegenargumente möglich, beispielsweise: Da die Hochpunkte unterschiedliche y-Werte haben, ist eine solche Modellierung nicht möglich. Oder: Der Zwischenanstieg zwischen Tief- und Hochpunkt ist auch mit diesem Modell nicht genau nachzuzeichnen.

IV Klausurtraining ohne Hilfsmittel, Seite 35

1 f Geschwindigkeit, f' Beschleunigung, F Wegstrecke
f momentane Zuflussmenge, f' Änderung der Z., F gesamte Z.
f momentaner V., f' Verbrauchsänderung, F Gesamtverbrauch

2 a) $f'(x) = 2ax + b \Rightarrow f'(x) = 0$ für $x = -\frac{b}{2a}$
$f''(x) = 2a > 0 \Rightarrow T\left(-\frac{b}{2a} \middle| f\left(-\frac{b}{2a}\right)\right)$ ist Tiefpunkt.
⇒ Die Behauptung ist also falsch.
b) Behauptung ist richtig, Beispiel: $f(x) = x^3$ mit W(0 | 0)
c) Sind zwei Extremstellen gegeben, so gilt für die beiden Stellen x_{E1} und x_{E2}: $f'(x_{E1}) = f'(x_{E2}) = 0$ und $f''(x_{E1}) < 0$ und $f''(x_{E2}) > 0$.
Skizze:

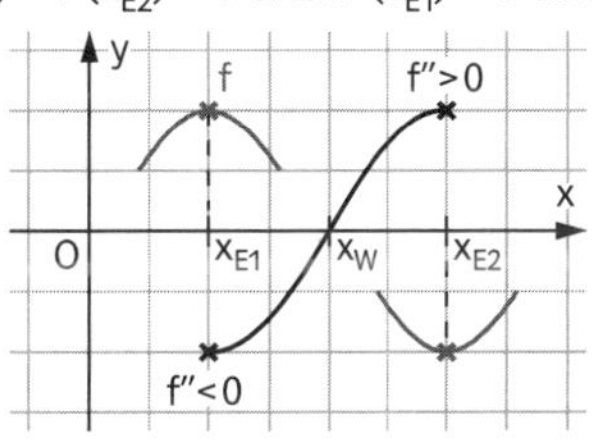

Da f ganzrational ist, gilt dies auch für f' und f''. f'' ist somit stetig und es muss daher zwischen x_{E1} und x_{E2} ein x_W geben mit $f''(x_W) = 0$ (notwendige Bedingung) und f'' hat bei x_W einen Vorzeichenwechsel (hinreichende Bedingung), d. h. x_W ist Wendestelle (siehe Skizze). Somit ist die Behauptung richtig.

3 a)

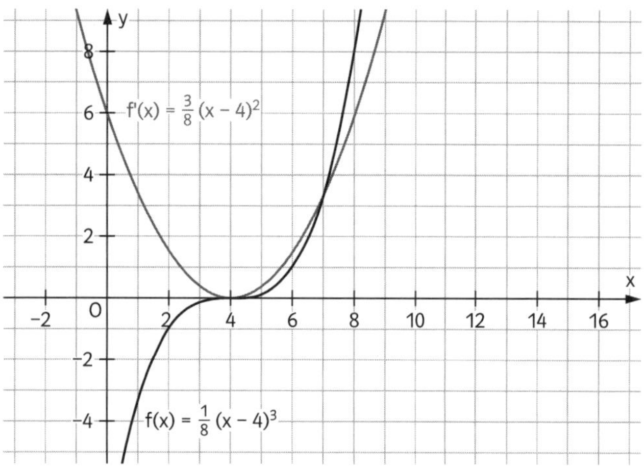

b) Die Funktion hat die Form von $y = x^3$, wäre dann aber um 4 verschoben, d.h. $f(x) = a \cdot (x-4)^3$. Aus dem Punkt $(2|-1)$ auf dem Graphen ergibt sich die Gleichung: $-1 = a \cdot (2-4)^3$ und daraus $a = 0{,}125$. Damit könnte gelten: $f(x) = 0{,}125 \cdot (x-4)^3$.

c) $I_1(x) = \int_1^x f(t)\,dt = \left[\frac{1}{32}(t-4)^4\right]_1^x = \frac{1}{32}(x-4)^4 - \frac{1}{32} \cdot 81$

$\approx \frac{1}{32}(x-4)^4 - 2{,}53$

Berechnung und Fläche A waren nicht verlangt, sie dienen hier der Veranschaulichung. Eine Skizze, die etwa den Verlauf entspricht, reicht als Lösung.

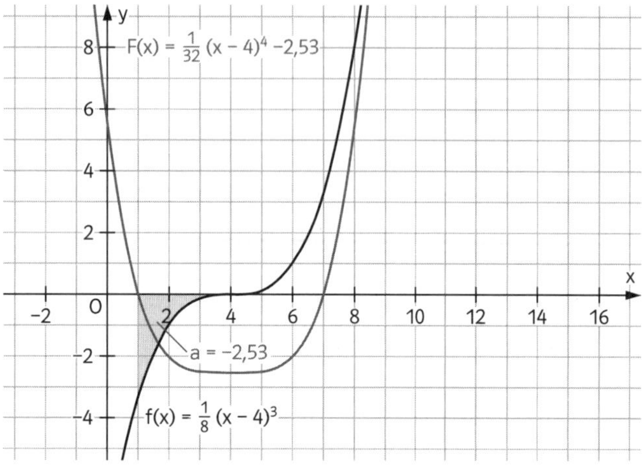

4 Plan:
1. Nullstellen bestimmen (Integrationsgrenzen)
2. Integral berechnen (abhängig von k)
3. k als Vorgabe und Integral bestimmen

Plandurchführung:

1. $k - \frac{4}{k} \cdot x^2 = 0 \Rightarrow x^2 = \frac{k^2}{4} \Rightarrow x_1 = \frac{k}{2}, \quad x_2 = -\frac{k}{2}$
2. $\int_{-\frac{k}{2}}^{\frac{k}{2}} (k - \frac{4}{k}x^2)\,dx = \left[kx - \frac{4}{3k}x^3\right]_{-\frac{k}{2}}^{\frac{k}{2}} = \left(\frac{k^2}{2} - \frac{4}{3k} \cdot \frac{k^3}{8}\right) - \left(-\frac{k^2}{2} + \frac{4}{3k} \cdot \frac{k^3}{8}\right)$
   $= k^2 - \frac{2}{6}k^2 = \frac{4}{6}k^2$
3. $\frac{4}{6}k^2 = \frac{25}{6} \Rightarrow k^2 = \frac{25}{4} \Rightarrow k_1 = \frac{5}{2} \quad k_2 = -\frac{5}{2}$

Für k_1 und k_2 beträgt die Fläche jeweils $A = \frac{25}{4}$.

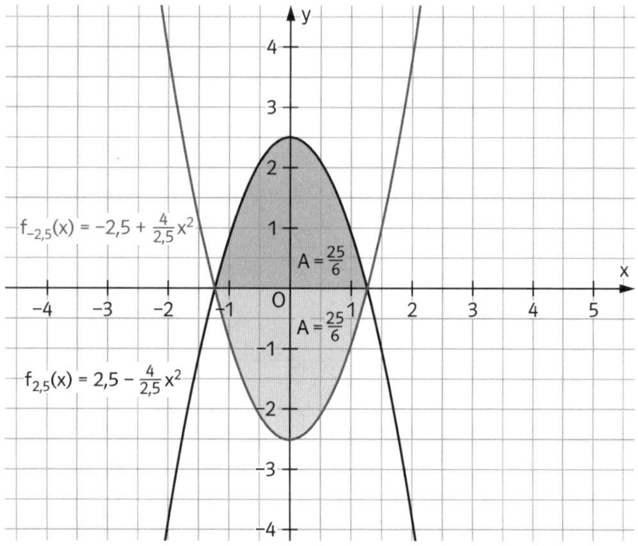

5 a) $f(x) = 3\sin\left(\frac{2}{3}(x-3)\right)$

Amplitude — Verschiebung in x-Richtung

$\frac{2\pi}{b} = p = 3\pi \Rightarrow b = \frac{2}{3}$

b) Skizze:

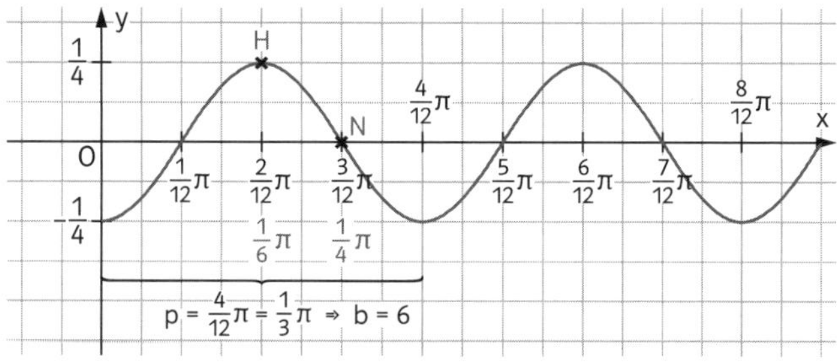

Aufgrund möglicher Verschiebungen gibt es verschiedene Lösungen: $f(x) = \frac{1}{4}\sin\left(6 \cdot \left(x - \frac{1}{12}\pi\right)\right)$

oder $g(x) = \frac{1}{4}\cos\left(6 \cdot \left(x - \frac{1}{6}\pi\right)\right)$ usw.

c) Periode $p = \frac{2}{5}\pi = \frac{4}{10}\pi$ (Unterteilung in 4 Abschnitte bei periodischen Funktionen sinnvoll, da dann die Lage von Nullstellen und Extrema leicht bestimmt werden kann.)
Skizze:

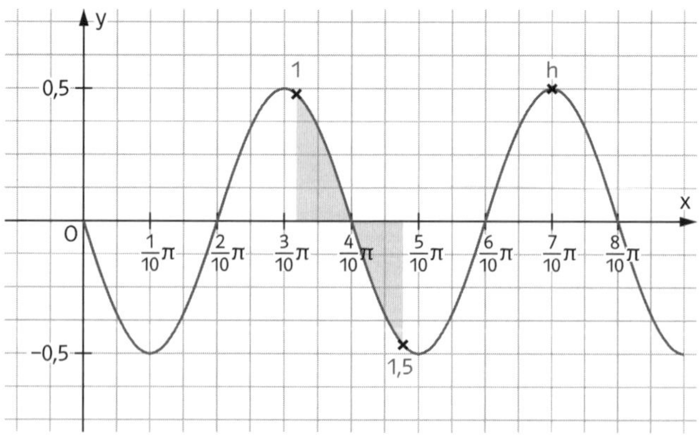

$A = \int_1^{0{,}4\pi} f(x)\,dx - \int_{0{,}4\pi}^{1{,}5} f(x)\,dx = \int_1^{1{,}5} |f(x)|\,dx$

Beide Terme lösen die Aufgabe, beim ersten wird der orientierte Flächeninhalt beachtet (zweites Integral ergibt negativen Wert).

6 $f(x) = \frac{(x+1)\cdot(x-1)}{(2x+3)^2} = \frac{x^2-1}{4x^2+12x+9}$ Nullstellen Zähler: 1; −1
Nullstellen Nenner: −1,5

$N_1(-1\,|\,0)$, $N_2(1\,|\,0)$, senkrechte Asymptote $x = -1{,}5$

$\lim\limits_{x\to\infty} f(x) = \lim\limits_{x\to-\infty} f(x) = \frac{1}{4}$

(höchste Potenz in Zähler und Nenner betrachten)

Verhalten des Graphen in der Nähe der Asymptoten $x = -1{,}5$:

$$f(x) = \frac{\overbrace{(x-1)}^{<0}\cdot\overbrace{(x+1)}^{<0}}{\underbrace{(2x-3)^2}_{>0}} > 0$$

$x = -1{,}5$

Skizze:

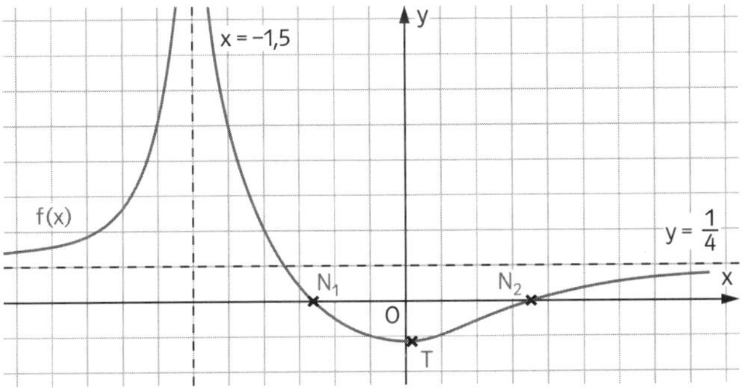

Der Graph hat einen Tiefpunkt, da die Funktion für $x < x_{N1}$ und für $x > x_{N2}$ positiv ist und zwischen den Nullstellen keine weitere Asymptote liegt.

IV Klausurtraining mit Hilfsmitteln, Seite 36

1 a) Asymptoten:

$x = -1$ (da $x = -1$ Nullstelle des Nenners aber nicht des Zählers ist)

$y = 0$ (da Nennergrad > Zählergrad gilt für $x \to \pm\infty$ $f(x) \to 0$).

b) Für $-1 < x < 0$ ist $f(x)$ negativ (Zähler negativ, Nenner positiv), für $x > 0$ ist $f(x)$ positiv. Da z. B. $f(1) = 2$ und für $x \to \infty$ gilt: $f(x) \to 0$, muss es für $x > 0$ mindestens einen Hochpunkt geben.

c) Schnittpunkte von f und $y = 1{,}5$ mit GTR:

$x_1 = 0{,}4$ und $x_2 = 1{,}4$.

$A = \int_{0,4}^{1,4} (f(x) - g(x))\,dx = 0{,}38$. Die Fläche beträgt 0,38 FE.

d) mit GTR: t: $y \approx -0{,}74x + 2{,}37$; $N(3{,}2\,|\,0)$

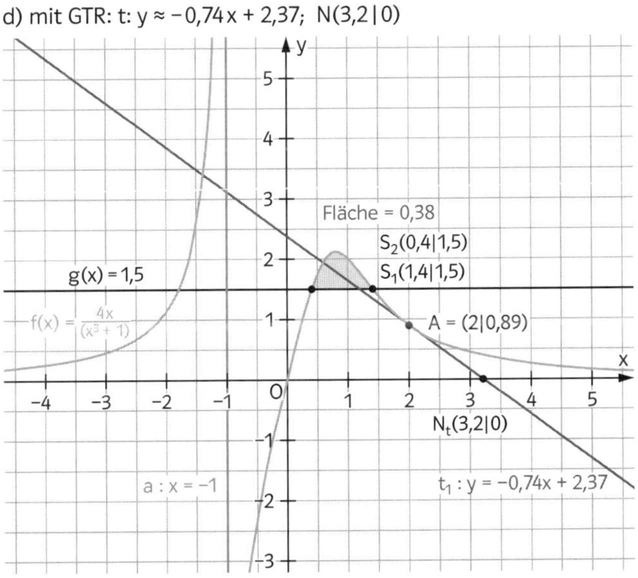

2 a)

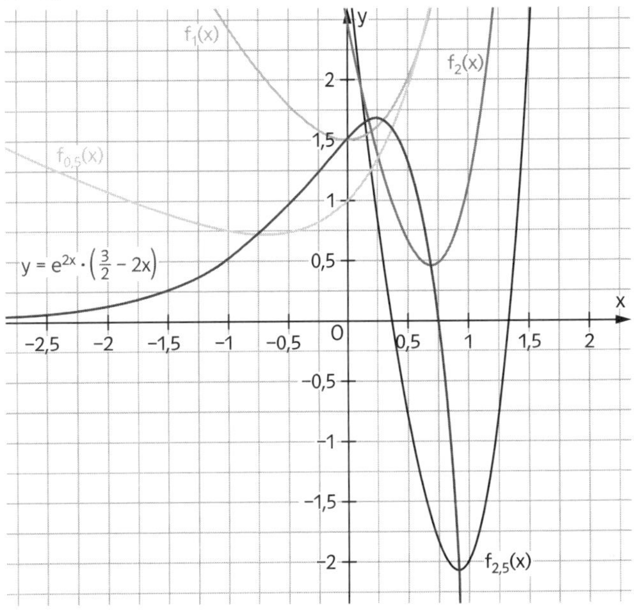

b) $f_t'(x) = e^{2x} + t\cdot e^x - 2t^2$

$f_t''(x) = 2e^{2x} + t\cdot e^x$, $f_t''(x) > 0$ da $t > 0$

Tiefpunkt:

Notwendige Bedingung: $f'_t(x) = 0$ (Substitution: $e^x = a$)

$a^2 + t\cdot a - 2t^2 = 0$

$a_{1,2} = -\frac{t}{2} \pm \sqrt{\frac{t^2}{4} + 2t^2} = -\frac{t}{2} \pm \frac{3}{2}t$ $a_1 = -2t$ $a_2 = t$

a_1 ergibt keine Lösung für x, da $e^x = -2t$ nicht lösbar ist.

$a_2 = t$ $e^x = t$ $x = \ln(t)$

$y = f_t(\ln(t)) = \frac{1}{2}t^2 + t^2 - 2t^2\ln(t)$

$= t^2\cdot\left(\frac{3}{2} - 2\ln(t)\right)$

$f''_t(x) > 0$ (hinreichende Bedingung), also Tiefpunkt

$T_t\left(\ln(t)\,\middle|\,t^2\cdot\left(\frac{3}{2} - 2\ln(t)\right)\right)$

Ortskurve:

aus $x = \ln(t)$ $t = e^x$

t in y einsetzen $y = e^{2x}\cdot\left(\frac{3}{2} - 2x\right)$

Die Ortskurve q aller Tiefpunkte ist $y = e^{2x}\cdot\left(\frac{3}{2} - 2x\right)$.

3 a) $t_1 \neq t_2$ setzen und $f_{t_1}(x)$ mit $f_{t_2}(x)$ schneiden

$-\frac{3}{2}\cdot e^{-x} + t_1x = -\frac{3}{2}\cdot e^{-x} + t_2x \quad | + \frac{3}{2}\cdot e^{-x}$

$t_1x = t_2x \quad | - t_2x$

$x\cdot(t_1 - t_2) = 0$

Das Produkt links ist nur 0 für $x = 0$, da $t_1 \neq t_2$

Alle Funktionen der Schar verlaufen folglich durch $P\left(0\,\middle|\,-\frac{3}{2}\right)$

b) $f_t(x) = -\frac{3}{2}\cdot e^{-x} + tx$ $f_t'(x) = \frac{3}{2}e^{-x} + t$

$f''_t(x) = -\frac{3}{2}e^{-x}$, $f''_t(x) < 0$

Extrema (notwendige Bedingung):

$\frac{3}{2}e^{-x} + t = 0$ $e^{-x} = -\frac{2}{3}t$

Diese Gleichung hat wegen $e^{-x} > 0$ nur für $t < 0$ eine Lösung.

Für $t < 0$ gilt: $-x = \ln\left(-\frac{2}{3}t\right) \Rightarrow x = -\ln\left(-\frac{2}{3}t\right)$

Da $f_t''(x) < 0$, handelt es sich um einen Hochpunkt.

$H\left(-\ln\left(-\frac{2}{3}t\right)\,\middle|\,-t - \ln\left(-\frac{2}{3}t\right)\right)$

c) aus x_H folgt: $t = -\frac{3}{2}e^{-x}$

t in y_H einsetzen: $y = -\frac{3}{2}e^{-x} + \left(-\frac{3}{2}e^{-x}\right)\cdot x = -\frac{3}{2}e^{-x}\cdot(1 + x)$

d) $F_t(x) = \frac{3}{2} \cdot e^{-x} + \frac{t}{2}x^2 \quad F_{-\frac{3}{4}e^{-2}}(x) = \frac{3}{2}e^{-x} - \frac{3}{8}e^{-2}x^2$

$A = \left[\frac{3}{2}e^{-x} - \frac{3}{8}e^{-2}x^2\right]_0^2 = \left(\frac{3}{2}e^{-2} - \frac{3}{8}e^{-2} \cdot 4\right) - \frac{3}{2} = -\frac{3}{2}$

Da $-\frac{3}{2}$ den orientierten Flächeninhalt angibt, ist die Behauptung gezeigt.

4 a) $f(200) = \frac{380}{240} = \frac{19}{12} \approx 1{,}583$

Die 200. Tonne kostet etwa 1583 €.

b) Zu zeigen ist, dass die Ableitung immer negativ ist.

$f(x) = (x + 180) \cdot (40 + x)^{-1}$ mit Produktregel ableiten

$f'(x) = (40 + x)^{-1} + (x + 180) \cdot (40 + x)^{-2} \cdot (-1)$

$= \frac{1}{40 + x} - \frac{x + 180}{(40 + x)^2} = \frac{40 + x - x - 180}{(40 + x)^2} = \frac{-140}{(40 + x)^2} < 0$

c) $\frac{x + 180}{40 + x} < 3 \qquad | \cdot (40 + x)$ beachten Sie: $(40 + x) > 0$ da $x \geq 0$

$x + 180 < 120 + 3x \quad | -x - 120$

$60 < 2x \quad 30 < x$

Ab der 31. Tonne sind die Kosten kleiner als 3000 €/t.

Langfristig, d.h. für große x gilt:

$$\lim_{x \to \infty} \frac{x + 180}{40 + x} = \lim_{x \to \infty} \frac{\frac{1}{x} \cdot \left(1 + \frac{180}{x}\right)}{\frac{1}{x} \cdot \left(\frac{40}{x} + 1\right)} = \lim_{x \to \infty} \frac{1 + \overbrace{\frac{180}{x}}^{\to 0}}{1 + \underbrace{\frac{40}{x}}_{\to 0}} = 1$$

Langfristig wird der Preis etwa 1000 € pro Tonne betragen.

d) Mit dem GTR: $\int_0^{5000} f(x)\,dx \approx 5677{,}079$

Die Herstellungskosten betragen 5 677 079 €.

e) GTR: $\frac{1}{300}\int_0^{300} f(x)\,dx \approx 1{,}999$

Im Schnitt kostet die Tonne etwa 2000 €.

5 a)

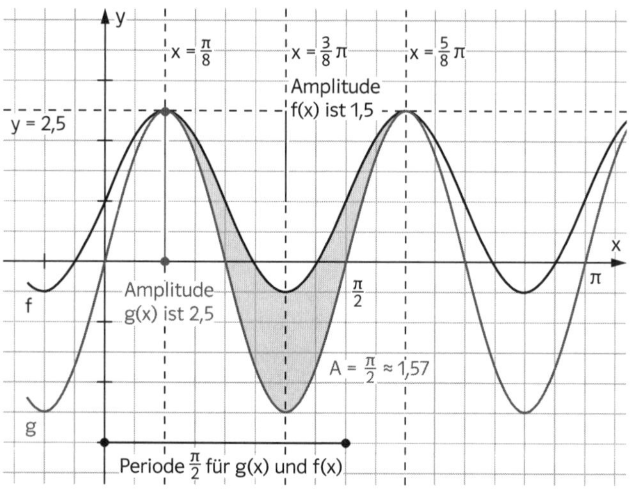

b) Es reicht zu zeigen, dass beide Graphen identische Hochpunkte haben (dann $f'(x) = g'(x) = 0$ und $f(x) = g(x)$). Da beide eine Periode von $\frac{\pi}{2}$ haben, reicht der Nachweis an einem Hochpunkt.

Extremstelle von g: $g'(x) = 10\cos(4x)$

$g''(x) = -40\sin(4x)$

$g'(x) = 0 \Rightarrow 4x_E = \frac{\pi}{2}$

($\frac{\pi}{2}$ ist die erste Nullstelle der cos-Funktion, hier führen andere mögliche Stellen analog weiter).

$\Rightarrow x_0 = \frac{\pi}{8} \quad g''\left(\frac{\pi}{8}\right) = -40\sin\left(\frac{\pi}{2}\right) = -40 < 0 \Rightarrow$ Hochpunkt

$f'(x) = 6\cos(4 \cdot (x - \pi)) \quad f''(x) = -24\sin(4 \cdot (x - \pi))$

Da $f'\left(\frac{\pi}{8}\right) = 0$ und $f''\left(\frac{\pi}{8}\right) = -24$ liegt der gemeinsame Hochpunkt bei $H\left(\frac{\pi}{8} \middle| 2{,}5\right)$. Weitere Hochpunkte bei $x_H = \frac{\pi}{8} + n \cdot \frac{\pi}{2}, n \in \mathbb{N}$.

c) Fläche eines Blattes:

$A = \int_{\frac{\pi}{8}}^{\frac{5}{8}\pi} (f(x) - g(x))\,dx \approx 1{,}57\,\text{cm}^2$

Volumen eines Blattes: $V = 1{,}57 \cdot 0{,}2\,\text{cm}^3 = 0{,}314\,\text{cm}^3$

12 Blätter: $3{,}768\,\text{cm}^3$, mit Kette: $3{,}768 \cdot (1 + 0{,}35) \approx 5{,}087\,\text{cm}^3$

Gewicht: $g = 19{,}3 \cdot 5{,}087\,g \approx 98{,}18\,g$

In 98,18 g 999er-Gold sind 99,9 % reines Gold, das sind 98,08 g.

V Wachstum

V Exponentielles Wachstum modellieren, Seite 37

1 Hierbei ist a der Wachstumsfaktor für eine Zeiteinheit, k die Wachstumskonstante, T_V die Verdopplungszeit, T_H die Halbwertszeit, B(n) die diskrete und f(x) die kontinuierliche Darstellung. Die Variablen n bzw. x werden in der passenden Zeiteinheit angegeben.

A	$B(n) = 2 \cdot 2^n$	$a = 2$	$k \approx 0{,}69$	$T_V \approx 1$
B	$B(n) = \frac{3}{4}e^{-0{,}5n}$	$a \approx 0{,}6$	$k = -0{,}5$	$T_H \approx 1{,}39$
C	$f(x) = 3e^{0{,}75x}$	$a \approx 2{,}1$	$k = \frac{3}{4}$	$T_V \approx 0{,}92$
D	$f(x) = 2e^{-\frac{9}{10}x}$	$a \approx 0{,}4$	$k = -0{,}9$	$T_H \approx 0{,}77$

2 a) Der GTR liefert: ExpReg

$y = a \cdot b_1^x \qquad B(n) = 3 \cdot 1{,}5^n$

$a = 2{,}99080202$

$b = 1{,}499851208$

b) $B(0) = 2$. Einsetzen von $B(2) = 196$ in den Ansatz

$B(n) = B(0) \cdot a^n$ ergibt: $196 = 2 \cdot a^2$, also $a = \sqrt{98} = 7 \cdot \sqrt{2} \approx 10$.

Insgesamt $B(n) = 2 \cdot 10^n$

c) Ansatz: $B(n) = B(0) \cdot a^n$.

$B(1) = 5 \Rightarrow 5 = B(0) \cdot a \Rightarrow B(0) = \frac{5}{a}$

$B(5) = 1 \Rightarrow 1 = B(0) \cdot a^5$

Die Lösung dieses Gleichungssystems liefert:

$1 = \frac{5}{a} \cdot a^5 = 5 \cdot a^4 \Rightarrow a = \sqrt[4]{\frac{1}{5}} \approx 0{,}669$ und $B(0) = 5 \cdot \sqrt[4]{5} = 7{,}477$

Insgesamt $B(n) = 7{,}477 \cdot 0{,}669^n$

3 a) Es ergeben sich Werte für T_V zwischen 30 und 35 Jahren.

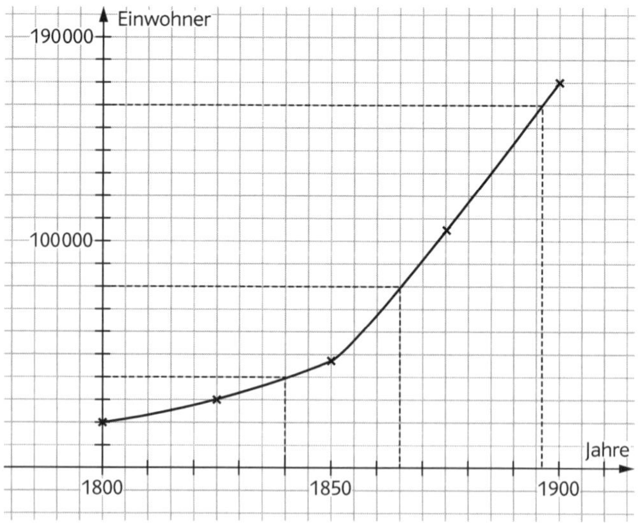

b) $a_{25} = \frac{(1{,}5 + 1{,}6 + 2{,}2 + 1{,}6)}{4} \approx 1{,}7;$

$a = \sqrt[25]{a_{25}} \approx 1{,}022; \; k = \ln(a) \approx 0{,}022$

c) $T_V = \frac{\ln(2)}{k} = 31{,}8$ Jahre

Es ergibt sich eine gute Übereinstimmung mit dem graphisch bestimmten Wert.

d) $f(x) = 20\,000 \cdot 1{,}022^x$ (x in Jahren ab 1800)
$f(210) = 20\,000 \cdot 1{,}022^{210} \approx 1\,930\,000$.
Der mit der Modellfunktion errechnete Wert ist mehr als dreimal so groß wie die tatsächliche Bevölkerungszahl Stuttgarts im Jahre 2010.

e) Der Ansatz eines exponentiellen Wachstums für die Bevölkerungszahl Stuttgarts ist nur für einen begrenzten Zeitraum brauchbar und liefert für größere Zeitspannen keine realistischen Ergebnisse.

V Beschränktes Wachstum, Seite 38

1

I	$f(x) = 100 - 80 \cdot e^{-0{,}2x}$	1) S = 100	i)	f(0) = 20	B
II	$f(x) = 80 - 100 \cdot e^{-0{,}2x}$	3) S = 80	iv)	f(0) = −20	C
III	$f(x) = 20 + 80 \cdot 2^{-x}$	2) S = 20	iii)	f(0) = 100	D
IV	$f(x) = -20 + 20 \cdot e^{-0{,}2x}$	4) S = −20	ii)	f(0) = 0	A

2 a) $f(x) = 130 - c \cdot a^x$ $f(0) = 87 \Rightarrow 87 = 130 - c \cdot 1 \Rightarrow c = 43$
$f(6) = 120 \Rightarrow 120 = 130 - 43 \cdot a^6 \Rightarrow a^6 = \frac{10}{43} \Rightarrow a \approx 0{,}784$
Ergebnis $f(x) = 130 - 43 \cdot 0{,}784^x$

b)

Jahr	2004	2005	2006	2007	2008	2009	2010
Anschlüsse je 100 Einwohner	87	96	104	109	114	117	120
Sättigungsmanko	43	34	26	21	16	13	10

L1	L2
0	43
1	34
2	26
3	21
4	16
5	13
6	10

ExpReg L1, L2, Y_1 liefert:
$y = a + b_1^x$
a = 42,9388
b = 0,78482

also $y = 42{,}9 \cdot 0{,}785^x$
Ergebnis: $f(x) = 130 - 42{,}9 \cdot 0{,}785^x$

c) Die beiden Ergebnisse für f(x) stimmen sehr gut überein.

d) $f(x) = 130 - 42{,}9 \cdot 0{,}785^x$
1999 entspricht x = −5. $f(-5) = 130 - 42{,}9 \cdot 0{,}785^{-5} = -13{,}9$
Die Modellierung liefert für das Jahr 1999 einen negativen Wert. Dies stimmt mit der Realität nicht überein (negative Werte sind nicht möglich). Daher ist die Modellierung für die Vergangenheit nicht brauchbar.

3 a) Ansatz für beschränktes Wachstum mit der Schranke S = 160
$f(x) = 160 - c \cdot a^x$ (x in Jahren seit 1991)
1991: f(0) = 85 $\quad 85 = 160 - c \cdot 1 \quad c = 75$
1997: f(6) = 108 $\quad 108 = 160 - 75 \cdot a^6 \quad a^6 = \frac{52}{75} \quad a \approx 0{,}941$
Ergebnis: $f(x) = 160 - 75 \cdot 0{,}941^x$

b) 2010 (x = 19): $f(19) = 160 - 75 \cdot 0{,}941^{19} \approx 136{,}5$
Der Wert liegt etwas oberhalb der offiziellen Angabe.
Die Übereinstimmung ist noch zufriedenstellend.

c) 1997 ernährte jeder der 928 000 in der Landwirtschaft Tätigen 108 Menschen, das sind insgesamt $928\,000 \cdot 108 \approx 100$ Millionen Menschen. Geht man weiterhin von 100 Millionen Menschen aus, so liefert der mit der Modellfunktion ermittelte Wert für 2010 von 136,5, dass 734 000 in der Landwirtschaft erwerbstätig sind. Der offizielle Wert von 133 Menschen ergibt 752 000 Erwerbstätige in der Landwirtschaft.

d) Aufgrund der Wiedervereinigung gibt das Diagramm ab 1991 die Werte für das vereinigte Deutschland wieder, vorher nur die Werte der alten Bundesrepublik.

e)

Jahr	1950	1960	1970	1980
Anzahl von einem Landwirt ernährten Menschen	10	17	27	47

L1	L2
0	10
10	17
20	27
30	47

exponentielle Regression liefert
$f(x) = 10 \cdot 1{,}052^x$ (x in Jahren ab 1950)

f) Für 1900 ist x = −50: $f(-50) = 10 \cdot 1{,}052^{-50} \approx 0{,}8$.
Nach diesem Modell konnte im Jahr 1900 ein Landwirt nur 0,8 Menschen ernähren, also nicht einmal sich selbst. In der Realität hat in Deutschland ein Landwirt im Jahre 1900 etwa 4 Menschen ernährt. Das Modell ist für weit zurückliegende Jahre also nicht geeignet.

V Differenzialgleichungen bei Wachstum, Seite 39

1 Die momentane Zuwachsrate beträgt 2 %; $f'(x) = 0{,}02 \cdot f(x)$;
$f(x) = 200 \cdot e^{0{,}02x}$; $f(0) = 200$
Der Bestand nimmt täglich um 2 % ab.; $f'(x) = -0{,}02 \cdot f(x)$;
$f(x) = 100 \cdot e^{-0{,}02x}$; $f(0) = 100$
Jede Minute laufen 2 Liter hinzu und 2 % der vorhandenen Flüssigkeit werden abgepumpt; $f(x) = 2 - 0{,}02 \cdot f(x)$;
$f(x) = 100 - e^{-0{,}02 \cdot x}$; $f(0) = 99$
Jede Stunde laufen 2 Liter ab und 2 % der vorhandenen Flüssigkeit werden zugefügt.; $f'(x) = -2 + \frac{2}{100} \cdot f(x)$;
$f(x) = 100 - 50e^{0{,}02x}$; $f(0) = 50$
Anmerkung: Hierbei handelt es sich nicht um beschränktes Wachstum. Die anfangs vorhandene Flüssigkeit ist nach etwa 35 Stunden abgelaufen.

2 a) $f(x) = e^{0{,}5 \cdot x}$ b) $f(x) = 2 \cdot e^{-2x}$
c) $f(x) = 1 + 3e^{-2x}$ d) $f(x) = 10 - 6e^{-0{,}3x}$

3 a) $B(0) = 6$; $B(n) = B(n-1) - 0{,}05 \cdot B(n-1) + 6$; n in Minuten
$B(1) = 11{,}7$; $B(2) = 17{,}115$; $B(10) = 51{,}744$; $B(60) = 114{,}75$

b) Stellt man die rekursive Darstellung der Folge B(n) aus Aufgabenteil a) um, so erhält man $B(n) - B(n-1) = -0{,}05 \cdot B(n-1) + 6$.
Die linke Seite beschreibt die Änderung pro Minute und kann näherungsweise als die Ableitung der zugehörigen kontinuierlichen Funktion f angesehen werden, die denselben Vorgang beschreibt. Hiermit erhält man für die Funktion f die Differenzialgleichung für ein beschränktes Wachstum:
$f'(x) = 6 - 0{,}05 \cdot f(x) = 0{,}05 \cdot (120 - f(x))$. Aus der letzten Darstellung kann man direkt die obere Schranke S = 120 ablesen und erhält als Lösung $f(x) = 120 - c \cdot e^{-0{,}05 \cdot x}$. Den Wert für c bestimmt man mithilfe des Anfangswerts f(0) = 6 zu c = 114, also $f(x) = 120 - 114 \cdot e^{-0{,}05 \cdot x}$

c) $f'(x) = 5{,}7 \cdot e^{-0{,}05 \cdot x} = 0{,}1$
$e^{-0{,}05 \cdot x} = \frac{1}{57}$
$-0{,}05x = \ln\left(\frac{1}{57}\right)$
$x = 80{,}9$ (Minuten)

d) $f(x) = 0{,}9 \cdot 120 = 108$
$120 - 114 \cdot e^{-0{,}05x} = 108$
$e^{-0{,}05x} = \frac{2}{19}$
$-0{,}05x = \ln\left(\frac{2}{19}\right)$
$x = 45$ (Minuten)

e) Berechnet man die im Blut befindliche Wirkstoffmenge nach einer Stunde mithilfe der Funktion f(x) so ergibt sich $f(60) = 114{,}3$. Vergleicht man diesen Wert mit dem in Aufgabenteil a) berechneten Wert B(60), so ergibt sich eine gute Übereinstimmung.

V Klausurtraining, Seite 40

1

n	0	1	2	3	4
B(n)	1000	1200	1360	1488	1590,4
M(n) = 2000 − B(n)	1000	800	640	512	409,6
$\frac{M(n)}{M(n-1)}$		0,8	0,8	0,8	0,8

Schranke S = 2000

(Manko)

a = 0,8

explizite Darstellung von B(n): $B(n) = 2000 - c \cdot a^n$
$B(n) = 2000 - 1000 \cdot 0{,}8^n$

2 a) $f(x) = 3 \cdot e^{-kx}$; $f'(x) = -3ke^{-kx}$
$0{,}5 \cdot f(x) = 1{,}5 \cdot e^{-kx} \Rightarrow -3k = 1{,}5 \Rightarrow k = -0{,}5$
b) $f(x) = 50 - e^{-kx}$; $f'(x) = k \cdot e^{-kx}$
$50 - f(x) = e^{-kx} \Rightarrow k = 1$
c) $f(x) = S - 50e^{-kx}$; $f'(x) = 50ke^{-kx}$
$50 - 0{,}5 \cdot f(x) = \underbrace{50 - 0{,}5 \cdot S}_{=0} + 25e^{-kx} \Rightarrow S = 100$
$\longrightarrow 25 = 50 \cdot k$
$k = 0{,}5$
d) $f(x) = 500 + 5 \cdot e^{-kx}$; $f'(x) = -5k \cdot e^{-kx}$
$50 - 0{,}1 \cdot f(x) = 50 - 50 - 0{,}5e^{-kx} \Rightarrow -5k = -0{,}5 \Rightarrow k = 0{,}1$

3 a) $f'(x) = -0{,}5 \cdot f(x)$; $f(0) = 2$
b) $f'(x) = -2 \cdot f(x)$; $f(0) = -0{,}5$
c) $f(x) = 90 - 50e^{-0{,}2x}$ S= 90 k = 0,2
$f'(x) = 0{,}2 \cdot (90 - f(x))$; $f(0) = 40$
d) $f(x) = 50 - 90e^{-0{,}3x}$ S = 50 k = +0,3
$f'(x) = 0{,}3 \cdot (50 - f(x))$; $f(0) = -40$

4 $f'(x) = 0{,}01 \cdot f(x)$
$k = 0{,}01 \Rightarrow f(x) = c \cdot e^{0{,}01 \cdot x} \Rightarrow f(x) = 2 \cdot e^{0{,}01 \cdot x}$
$c = f(0) = 2$

5 a)

Jahr	0	1	2	3	4	5
Einwohner in Mio.	80	79,96	79,92	79,88	79,84	79,8

b) $B(n) = B(n-1) - 0{,}002 \cdot B(n-1) + 0{,}12$;
B(0) = 80 n in Jahren
c) $f'(x) = 0{,}12 - 0{,}002 \cdot f(x) = 0{,}002 \cdot (60 - f(x))$
d) $f(x) = 60 + 20e^{-0{,}002 \cdot x}$ x in Jahren
Langfristig ist mit 60 Mio. Einwohnern zu rechnen
e) $70 = 60 + 20 \cdot e^{-0{,}002 \cdot x} \Rightarrow 0{,}5 = e^{-0{,}002 \cdot x}$
x = 346,6. Nach etwa 347 Jahren leben 70 Millionen Einwohner in dem Land.

6 a) $f'(x) = 12 - 0{,}02 \cdot f(x)$ a = 12; b = 0,02
b) $f'(x) = 0{,}02 \cdot (600 - f(x)) \Rightarrow f(x) = 600 - c \cdot e^{-0{,}02 \cdot x}$
oder:
$f(x) = 600 - 300 \cdot e^{-0{,}02x}$ $f'(x) = 6 \cdot e^{-0{,}02x}$
$12 - 0{,}02 \cdot f(x) = 12 - 0{,}02 \cdot (600 - 300e^{-0{,}02x})$
$= 12 - 12 + 6 \cdot e^{-0{,}02x} = f'(x)$
c) $g'(x) = 10 - 0{,}04 \cdot f(x) = 0{,}04 \cdot (250 - f(x))$
Lösung der Dgl.: $g(x) = 250 - c \cdot e^{-0{,}04 \cdot x}$
$g(0) = 300 \Rightarrow c = -50$: $g(x) = 250 + 50 \cdot e^{-0{,}04 \cdot x}$
d) $f(1440) = 600 - 300 \cdot e^{-0{,}02 \cdot 1440} = 600$
$g(1440) = 250 + 50 \cdot e^{-0{,}04 \cdot 1440} = 250$
In beiden Behältern ist die Sättigungsgrenze erreicht worden.

Aus den ersten Behältern fließen $\int_0^{1440} 0{,}02 \cdot f(x)\,dx$ Liter:
$\int_0^{1440} 0{,}02\, f(x)\,dx = \int_0^{1440} (12 - 6e^{-0{,}02x})\,dx = [12x + 300e^{-0{,}02x}]_0^{1440}$
$\approx 12 \cdot 1440 - 300 = 16\,980\,l$

$\int_0^{1440} 0{,}04 \cdot f(x)\,dx = \int_0^{1440} (10 + 2e^{-0{,}04x})\,dx = [10x + 50e^{-0{,}04x}]_0^{1440}$
$\approx 10 \cdot 1440 + 50 = 14\,450\,l$ sind aus dem 2. Behälter geflossen.

7 $f(x) = 3 - 2e^{-0{,}01x}$;
Anfangsbestand: $f(0) = 3 - 2 = 1$
Bestand nach 3 Stunden = 180 Min.:
$f(180) = 3 - 2e^{-0{,}01 \cdot 180} \approx 2{,}67$
b) S = 3, hiervon 90 %: $0{,}9 \cdot 3 = 2{,}7$
$2{,}7 = 3 - 2e^{-0{,}01x} \Leftrightarrow 0{,}15 = e^{-0{,}01x} \Leftrightarrow \ln(0{,}15) = -0{,}01x$
$\Leftrightarrow x = 189{,}7$
Nach etwa 3 Stunden und 10 Minuten ist 90 % der Sättigungsgrenze vorhanden.
c) S = 3, k = 0,01
$f'(x) = 0{,}01 \cdot (3 - f(x)) = 0{,}03 - 0{,}01 \cdot f(x)$; $f(0) = 1$
d) Bedingung: $f'(x) = 0{,}01 \Leftrightarrow 0{,}02e^{-0{,}01x} = 0{,}01 \Leftrightarrow e^{-0{,}01x} = 0{,}5$
$\Leftrightarrow -0{,}01x = \ln(0{,}5) \Leftrightarrow x \approx 69{,}3$
Nach etwa 70 Minuten beträgt die Wachstumsgeschwindigkeit 0,01.
e) $f(x+1) - f(x) = 0{,}02 \cdot f(x)$
$f(x+1) = 1{,}02 \cdot f(x)$
$3 - 2e^{-0{,}01(x+1)} = 1{,}02 \cdot (3 - 2e^{-0{,}01x})$
$3 - 2e^{-0{,}01x} \cdot e^{-0{,}01} = 3{,}06 - 2{,}04e^{-0{,}01x}$
$e^{-0{,}01x} \cdot (2{,}04 - 2 \cdot e^{-0{,}01}) = 0{,}06$
$e^{-0{,}01x} \approx 1{,}00166$
$x \approx -0{,}166$
Innerhalb der ersten Minute beträgt der Intervall etwa 2 %
($f'(0) = 0{,}02$)

8 a)

x	4	9	15	50	500
30 − f(x)	24	23	21,5	15	0,2

$30 - f(x) = 24{,}8 \cdot 0{,}99^x \Rightarrow f(x) = 30 - 24{,}8 \cdot 0{,}99^x$
$= 30 - 24{,}8 \cdot e^{-0{,}0096x}$
Differenzialgleichung: $f'(x) = 0{,}0096 \cdot (30 - f(x))$; $f(0) = 5{,}2$
b)

x	5	14	144	200	300
f(x) − 20	+9	+7,5	+0,5	+0,2	+0,02

$f'(x) - 20 = 10{,}1 \cdot 0{,}9797^x \approx 10{,}1 \cdot e^{-0{,}02 \cdot x}$
$f(x) = 20 + 10{,}1 \cdot e^{-0{,}02x}$
Differenzialgleichung: $f'(x) = 0{,}02 \cdot (20 - f(x))$; $f(0) = 30$

VI Lineare Gleichungssysteme

VI Das Gauß-Verfahren, Seite 41

1 a) (−6; 1; 2); b) (13; 3; −4); c) (−12,4; 3,8; −1,2);

2 a) alle Gleichungen erfüllt; b) 2. Gleichung −51 = 51;
c) alle Gleichungen erfüllt

3 Ia = −3 · I; Ia $12x_1 + 12x_2 - 3x_3 = -36$;
IIa $-3x_2 + 4x_3 = -26$;
Ib = 11 · I; Ib $-44x_1 - 44x_2 + 11x_3 = 132$; IIIa $9x_2 - 7x_3 = 38$;
IIb = 3 · IIa; IIb $-9x_2 + 12x_3 = -78$; IIIb $5x_3 = -40$;
(−3; −2; −8)

4 a) (0; −2; 0); b) (−2; 3; −2); c) (3; 1; 2)

5 a) Vorzeichenfehler $4x_2 - 6x_2$ ergibt $-2x_2$.
Es wurde statt mit $4x_2$ mit $-4x_2$ gerechnet.
b) Man darf eine Gleichung nicht durch die Summe zweier anderer ersetzen.
c) x_3 ist nicht 0, es gibt keine Lösung für dieses LGS.

6 z.B. Ia = I + II + III; IIa = 2 · I + II + III; IIIa = I − II − III

VI Lösungsmengen linearer Gleichungssysteme, Seite 42

1 a) $x_1 = -1$; $x_2 = 0$; $0 = 2$; $L = \{\ \}$;
b) $x_1 = 5$; $x_2 + x_3 = -3$; $0 = 0$;
unendlich viele Lösungen $x_3 = t$; $x_2 = -3 - t$;
$L = \{(5; -3 - t; t) | t \in \mathbb{R}\}$;
c) $x_1 + x_3 = -2$; $x_2 + 2x_3 = -4$; $0 = 0$; $x_3 = t$;
$x_2 = -4 - 2t$; $x_1 = -2 - t$; $L = \{(-2 - t; -4 - 2t; t) | t \in \mathbb{R}\}$

2 a) $L = \{(25; 2; 3)\}$; b) $L = \{(39; 9; -6)\}$;
c) $L = \{\ \}$; d) $L = \{(-4; t; -1) | t \in \mathbb{R}\}$;

3 **GTR-Darstellung:**

```
[A]
 [[2 0 1 -1]
  [1 1 -1 0]
  [1 3 -4 1]]
```

GTR-Lösung:

```
rref ([A])
 [[1 0 0,5 -0,5]
  [0 1 -1,5 0,5]
  [0 0 0     0]]
```

Stufenform:
Ia $x_1 + 0{,}5x_3 = -0{,}5$
IIa $x_2 - 1{,}5x_3 = 0{,}5$
IIIa $0 = 0$
aus IIa $x_2 = 0{,}5 + 1{,}5t$ und
aus Ia $x_1 = -0{,}5 - 0{,}5t$.
$L = \{(-0{,}5 - 0{,}5t; 0{,}5 + 1{,}5t; t) | t \in \mathbb{R}\}$

4 a) $L = \{0; 4; 5\}$; b) $L = \left\{\left(-\frac{t}{3} - 2; -\frac{t}{2} - 5; t\right) \middle| t \in \mathbb{R}\right\}$; c) $L = \{\ \}$

5 a)
$x_1 + x_2 + x_3 = 1$
$x_1 + 2x_2 + 2x_3 = 1$
$x_1 + x_2 - x_3 = 1$

b)
$x_1 + x_2 + x_3 = 1$
$x_1 + 2x_2 + 2x_3 = 1$
$2x_1 + 3x_2 + 3x_3 = 1$

c)
$x_1 + x_2 - x_3 = 1$
$x_1 + 2x_2 - 2x_3 = 1$
$2x_1 + 3x_2 - 3x_3 = 2$

d)
$x_1 + x_2 - 2x_3 = 0$
$x_1 + 2x_2 - 3x_3 = 1$
$2x_1 + 3x_2 - 5x_3 = 1$

VI Bestimmung ganzrationaler Funktionen, Seite 43

1 $f'(x) = 3ax^2 + 2bx + c$;
1. Bedingung: $f(0) = 1$; Gleichung: $d = 1$;
2. Bedingung: $f(-1) = 0$; Gleichung: $-a + b - c + d = 0$;
3. Bedingung: $f(2) = 0$; Gleichung: $8a + 4b + 2c + d = 0$;
4. Bedingung $f'(2) = 0$; Gleichung: $12a + 4b + c = 0$;
Lösung: $a = \frac{1}{4}$; $b = -\frac{3}{4}$; $c = 0$; $d = 1$; $f(x) = \frac{1}{4}x^3 - \frac{3}{4}x^2 + 1$

2 $f(x) = ax^3 + bx^2 + cx + d$; $f(2) = 0$; $f'(2) = 0$; $f(1) = -2$;
$f''(1) = 0$ ergeben das Gleichungssystem $0 = 8a + 4b + 2c + d$;
$0 = 12a + 4b + c$; $-2 = a + b + c + d$; $6a + 2b = 0$;
In GTR: $a = -1$; $b = 3$; $c = 0$; $d = -4$; $f(x) = -x^3 + 3x^2 - 4$;
$f''(2) < 0$ also Hochpunkt.

3 Mit etwas Erfahrung erkennt man ohne Rechnung, dass es keine Lösung gibt, weil die Nullstellen nicht symmetrisch zum Scheitel liegen. Auch die Rechnung ergibt dies: $f'(x) = 2ax + b$; $f(5) = 0$; $25a + 5b + c = 0$; $f(-4) = 0$; $16a - 4b + c = 0$; $f'(0) = 0$; $b = 0$; Lösung: $a = 0$; $b = 0$; $c = 0$; Es gibt keine ganzrationale Funktion 2. Grades, die die Bedingungen erfüllt.

4 $f(x) = ax^4 + bx^2 + c$, weil nur gerade Potenzen von x vorkommen. $f'(x) = 4ax^3 + 2bx$; $f''(x) = 12ax^2 + 2b$;
$f(2) = 4$; $16a + 4b + c = 4$; $f''(2) = 0$; $48a + 2b = 0$;
Das LGS hat unendlich viele Lösungen; $b = k$ ergibt
$a = -\frac{1}{24}k$; $-\frac{16}{24}k + 4k + c = 4$; $c = 4 - \frac{10}{3}k$;
$f_k(x) = -\frac{1}{24}kx^4 + kx^2 + 4 - \frac{10}{3}k$

5 $f(x) = ax^3 + bx$ (wegen Symmetrie);
Bedingungen $f(1) = -1$; $f'(1) = 0$; $a = \frac{1}{2}$; $b = -\frac{3}{2}$; $f(x) = \frac{1}{2}x^3 - \frac{3}{2}x$.

VI Anwendung linearer Gleichungssysteme, Seite 44

1 $x_1 + x_2 + x_3 = 0{,}5$; $150x_1 + 30x_2 + 90x_3 = 36$;
Der Nährwert beträgt 1160 kJ: $1300x_1 + 2200x_2 + 3200x_3 = 1160$;
GTR: $x_1 = 0{,}1$; $x_2 = 0{,}25$; $x_3 = 0{,}15$; 100 g Erdbeeren, 250 g Äpfel und 150 g Ananas.

2 $x_1 + x_2 + x_3 = 0{,}7$; $2x_1 + 4x_2 = 1{,}2$; $200x_1 + 300x_2 = 110$;
in GTR: $x_1 = 0{,}4$; $x_2 = 0{,}1$; $x_3 = 0{,}2$; 400 ml Orangensaft, 100 ml Zitronensaft, 200 ml Wasser

3 x_1 steht für den Anteil von Quelle 1, x_2 für den von Quelle 2 und x_3 für den von Quelle 3.
In einem Liter Wasser sollen 20 mg Nitrat sein. (II);
In einem Liter Wasser sollen 200 mg Calcium sein. (IV)
Die Anteile der Quellen ergeben zusammen 1: $x_1 + x_2 + x_3 = 1$;
Lösung (0,05; 0,4; 0,55); 5 %; 40 %; 55 %

VI Klausurtraining, Seite 45

1 a) $L = \{(11; -9; -1)\}$;
b) $L = \left\{\left(3 - t; \frac{(1+t)}{5}; t\right) \middle| t \in \mathbb{R}\right\}$;
c) $L = \{\ \}$; d) $L = \left\{\left(\frac{1}{3} + 2r; -\frac{2}{3} - r; 0\right) \middle| r \in \mathbb{R}\right\}$

2 Wegen $f(4) = 0$ scheidet das zweite System aus. $f'(4) = 0$ erfüllen die verbliebenen. Wegen $f(-1) = -3$ scheidet das erste System aus (Vorzeichenfehler). Wegen $f'(-1) = 2$ scheidet das 4. System aus. Richtig ist das dritte System.

3 Ansatz $y = ax + b$ und $y = cx + d$ ergibt folgendes Gleichungssystem:
I $4a + b = -2$
II $4c + d = -2$
III $b - d = 8$
IV $a + c = 2$

Lösung: $d = -10$; $c = 2$; $b = -2$; $a = 0$; Gleichungen der Geraden: $y = -2$ und $y = 2x - 10$

4 Winkelsumme im Viereck
Gegenwinkel 180°
Benachbarte Winkel 120°

I $\alpha + \beta + \gamma + \delta = 360°$
II $\alpha + \gamma = 180°$
III $\alpha + \beta = 120°$
IV $\beta + \gamma = 120°$
$\delta = 150°$; $\gamma = 90°$; $\beta = 30°$;
$\alpha - 90°$

5 Ansatz: $f(x) = ax^3 + bx^2 + cx + d$;
$f'(x) = 3ax^2 + 2bx + c$; $f''(x) = 6ax + 2b$;
Bedingungen: $f(2) = \frac{10}{3}$; $f'(2) = 0$;
$f(1) = \frac{8}{3}$; $f''(1) = 0$ und $f'(1) = 1$
ergeben folgendes Gleichungssystem:

I $8a + 4b + 2c + d = \frac{10}{3}$
II $12a + 4b + c = 0$
III $a + b + c + d = \frac{8}{3}$
IV $6a + 2b = 0$
V $3a + 2b + c = 1$

Die Funktion mit der Gleichung $f(x) = -\frac{1}{3}x^3 + x^2 + 2$ erfüllt die obigen Bedingungen. Es muss noch der y-Achsenabschnitt der Wendetangente geprüft werden: t: $y = (x - 1) + \frac{8}{3}$ ergibt $y = x + \frac{5}{3}$ (stimmt).

6 Aus 5 Punkten bestimmt man eine ganzrationale Funktion 4. Grades $f(x) = ax^4 + bx^3 + cx^2 + dx + e$

Eingabe in GTR

16	8	4	2	1	0
81	27	9	3	1	1
256	64	16	4	1	3
2401	343	49	7	1	6
10 000	1000	100	10	1	7

$f(x) = 0{,}0212x^4 - 0{,}490x^3 + 3{,}739x^2 - 9{,}773x + 8{,}167$
$f(5) = 4{,}777$, d.h. bei einer Zugkraft von 5 N dehnt sich das Gummiband um ca. 4,8 cm.
$f(1) = 1{,}664$. Dieser Wert ist nicht sinnvoll, weil man bei weniger als 2 N keine Dehnung erwarten kann.

7 x_1, x_2, x_3 seien die Anteile an Speku-Fond, Garant bzw. Secure
a) $45x_1 + 32x_2 + 110x_3 = 150\,000$
$50x_1 + 20x_2 + 10x_3 = 15(x_1 + x_2 + x_3)$
$25x_1 + 8x_2 + 15x_3 = 12(x_1 + x_2 + x_3)$
Lösung: (26,58; 903,77; 1089,85)
Er wird also 26 Anteile an Speku-Fond, 903 Anteile an Garant und 1089 Anteile an Secure erwerben.
b) $45x_1 + 32x_2 + 110x_3 = 150\,000$
$50x_1 + 20x_2 + 10x_3 = 45(x_1 + x_2 + x_3)$
$25x_1 + 8x_2 + 15x_3 = 12(x_1 + x_2 + x_3)$
Lösung: (−3650,25; −7979,62; 5178,27)
Die negativen Werte für Speku-Fond und Garant sind nicht möglich, weil gekauft und nicht verkauft werden soll.
c) Um das hohe Risiko zu erreichen, müssen viele Anteile von Speku-Fond erworben werden. Da dieser ein größeres KGV besitzt, muss das KGV vergrößert werden. Wir suchen die allgemeine Lösung der ersten beiden Gleichungen
$45x_1 + 32x_2 + 110x_3 = 150\,000$
$50x_1 + 20x_2 + 10x_3 = 45(x_1 + x_2 + x_3)$
Lösungsmenge $L = \{(2918{,}3 - 1{,}27t;\ 583{,}7 - 1{,}65t;\ t) \mid t \in \mathbb{R}\}$
Die Lösungsmenge soll nur positive Zahlen enthalten.
Das bedeutet $t < \frac{2918{,}3}{1{,}27} \approx 2297$ und $t < \frac{583{,}7}{1{,}65} \approx 353$, also $t < 353$.
Wir wählen z.B. $t = 300$. Dann wäre $x_1 \approx 2537$; $x_2 \approx 89$; $x_3 = 300$;
Sei r das gesuchte KGV, dann lautet die dritte Gleichung
$25x_1 + 8x_2 + 15x_3 = r(x_1 + x_2 + x_3)$; aufgelöst nach r ergibt sich
$r = \frac{25x_1 + 8x_2 + 15x_3}{x_1 + x_2 + x_3}$, mit den eingesetzten Werten $r \approx 23{,}46$.
LGS wird zum Test mit 3. Gleichung
$25x_1 + 8x_2 + 15x_3 = 23(x_1 + x_2 + x_3)$ gerechnet:
(2658,8; 245,4; 204,5).

VII Schlüsselkonzept: Vektoren

VII Wiederholung: Vektoren und Geraden, Seite 46

1 wahr: $\vec a + \vec b = \vec b + \vec a$ (Kommutativgesetz)
wahr: $(\vec a - \vec b) + \vec c = -\vec b + (\vec c + \vec a)$ (Kommutativ- und Assoziativgesetz)
falsch: Sind zwei Geraden parallel, so sind deren Richtungsvektoren nicht notwendigerweise gleich.
falsch: Haben zwei Geraden unterschiedliche Richtungsvektoren, dann schneiden sich die Geraden nicht notwendigerweise.
wahr: Schneiden sich zwei Geraden, so sind deren Richtungsvektoren unterschiedlich.
wahr: Windschiefe Geraden haben unterschiedliche Stütz- und unterschiedliche Richtungsvektoren.
wahr: Sind Stütz- und Richtungsvektoren unterschiedlich, so können die Geraden parallel sein.

2 $\overrightarrow{AM_3} = \frac{1}{2}\vec a + \frac{1}{2}\vec b + \vec c$ $\qquad \frac{1}{2}\vec a - \frac{1}{2}\vec b = \overrightarrow{M_1D} = \overrightarrow{FM_3} = \overrightarrow{M_3H}$
$-\frac{1}{2}(\vec a + \vec c) = \overrightarrow{GM_5}$ $\qquad \overrightarrow{M_1M_6} = \overrightarrow{M_5M_3}$

3 $g\colon \vec x = \begin{pmatrix} 2 \\ 4 \\ -1 \end{pmatrix} + r \cdot \begin{pmatrix} 1 \\ 1 \\ -2 \end{pmatrix}$

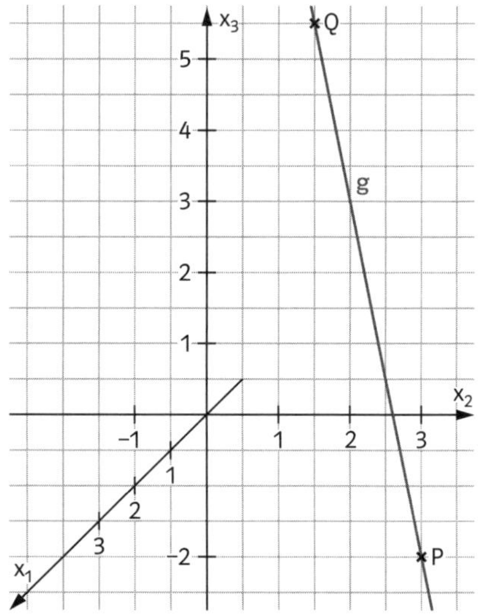

4
a) $g \cap h$ ergibt das
LGS $1 + 4r = 4 + s$
$2 + 5r = 5 + 2s$
$3 + 6r = 6 + 3s$
mit der Lösung $r = s = 1$
Also S(5 | 7 | 9)

b) Die Richtungsvektoren von g und h sind Vielfache voneinander. Da das
LGS $1 + 4r = 12s$
$2 + 5r = 15s$
$3 + 6r = 18s$
keine Lösung hat, sind g und h parallel.

c) Das LGS
$-1 - 2r = 1 + 4s$
$-0{,}5 - 2{,}5r = 2 + 5s$
$-3r = 3 + 6s$
besitzt unendlich viele Lösungen.
Also sind g und h identisch.

d) Die Richtungsvektoren von g und h sind keine Vielfachen voneinander.
Da das LGS
$1 + 4r = 5 + 7s$
$2 + 5r = 7 + 8s$
$3 + 6r = 8 + 9s$
keine Lösung hat, sind g und h windschief.

5 H(−4 | 1 | 3), G(−4 | 9 | 3), M_{DG}(−1 | 5 | 3), M_{AH}(−1 | 1 | 0),
M_{AB}(2 | 5 | −3) $\quad h\colon \vec x = \begin{pmatrix} -4 \\ 1 \\ 3 \end{pmatrix} + r \cdot \begin{pmatrix} 3 \\ 2 \\ -3 \end{pmatrix}$
$j\colon \vec x = \begin{pmatrix} -1 \\ 1 \\ 0 \end{pmatrix} + s \cdot \begin{pmatrix} 0 \\ 4 \\ 3 \end{pmatrix}$ $\quad$ h und j sind windschief

VII Längen messen mit Vektoren, Seite 47

1 a) $\overrightarrow{OP'} = \overrightarrow{OP} + 2 \cdot \overrightarrow{PQ}$ $\quad$ Es ist $\overrightarrow{PQ} = \begin{pmatrix} -1 \\ 1 \\ -4 \end{pmatrix}$.
P′(0 | 6 | −1).

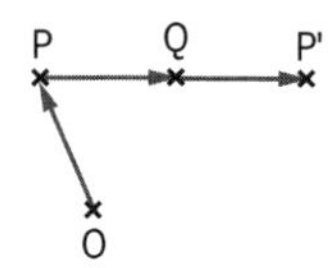

b) Ja, siehe Skizze

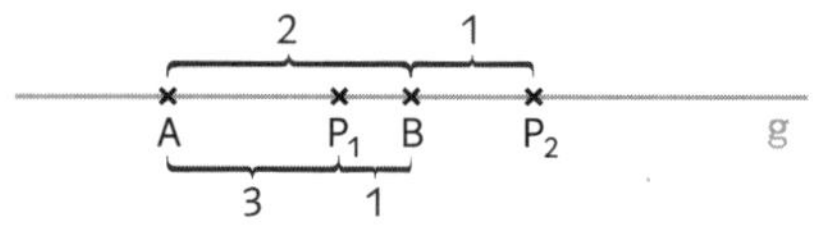

c) Nein: Kreis mit Radius 3 um A und Kreis mit Radius 1 um B müssen sich nicht notwendigerweise schneiden.

2 a) $\overrightarrow{AB} = \begin{pmatrix} 3 \\ -4 \\ 7 \end{pmatrix}$, $|\overrightarrow{AB}| = \sqrt{3^2 + (-4)^2 + 7^2} = \sqrt{74}$.
Also $\vec a_0 = \frac{1}{\sqrt{74}} \cdot \overrightarrow{AB} = \frac{1}{\sqrt{74}} \cdot \begin{pmatrix} 3 \\ -4 \\ 7 \end{pmatrix}$.

b) g: $\vec{x} = \begin{pmatrix} 0 \\ 2 \\ 5 \end{pmatrix} + r \cdot \begin{pmatrix} \frac{2}{3} \\ \frac{1}{3} \\ \frac{2}{3} \end{pmatrix}$. Punkte auf g mit

- Abstand 1 von A: $P_1\left(\frac{2}{3} \middle| \frac{7}{3} \middle| \frac{17}{3}\right)$, $P_2\left(-\frac{2}{3} \middle| \frac{5}{3} \middle| \frac{13}{3}\right)$
- Abstand 3 von A: $P_3(2|3|7)$, $P_4(-2|-1|3)$
- Abstand 12 von A: $P_5(8|6|13)$, $P_6(-8|-2|-3)$

3 $\overrightarrow{OR} = \overrightarrow{OP} + 2\overrightarrow{PQ}$; $R(-4|1|11)$

$\overrightarrow{OS} = \overrightarrow{OP} + \frac{2}{3}\overrightarrow{PQ}$; $S\left(0 \middle| 1 \middle| \frac{17}{3}\right)$

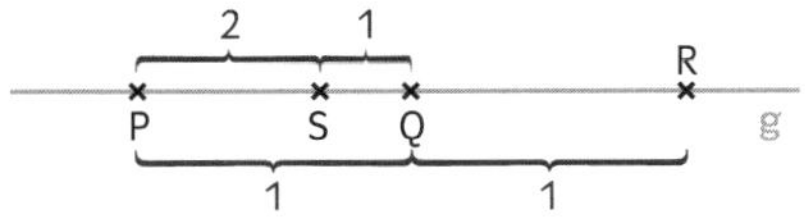

4 a) $\overrightarrow{AB} = \overrightarrow{DC}$ und $|\overrightarrow{AD}| = |\overrightarrow{AB}|$

$\overrightarrow{AB} = \begin{pmatrix} -3 \\ 1 \\ 3 \end{pmatrix} = \overrightarrow{DC}$ und $|\overrightarrow{AD}| = \sqrt{19} = |\overrightarrow{AB}|$: ABCD ist eine Raute.

b) $\overrightarrow{AB} = r \cdot \overrightarrow{DC}$ oder $\overrightarrow{BC} = r \cdot \overrightarrow{AD}$, $r \in \mathbb{R}$

$\overrightarrow{AB} = \begin{pmatrix} -6 \\ -3 \\ 4 \end{pmatrix} = 2 \cdot \overrightarrow{DC}$: ABCD ist ein Trapez

c) $|\overrightarrow{AB}| = |\overrightarrow{BC}|$ oder $|\overrightarrow{BC}| = |\overrightarrow{AC}|$ oder $|\overrightarrow{CA}| = |\overrightarrow{AB}|$.

$|\overrightarrow{AB}| = |\overrightarrow{BC}| = 3$. Das Dreieck ABC ist gleichschenklig.

d) $M_c(5|-1|-0{,}5)$, $M_b(4{,}5|0|0{,}5)$, $M_a(3{,}5|-1|1)$

$s_a = |\overrightarrow{AM_a}| = \sqrt{(-2{,}5)^2 + (-1)^2 + 2^2} = \sqrt{11{,}25} \notin \mathbb{Z}$

$s_b = |\overrightarrow{BM_b}| = \sqrt{0{,}5^2 + 2^2 + 0{,}5^2} = \sqrt{4{,}5} \notin \mathbb{Z}$

$s_c = |\overrightarrow{CM_c}| = \sqrt{2^2 + (-1)^2 + (-2{,}5)^2} = \sqrt{11{,}25} \notin \mathbb{Z}$

5 a) $|\overrightarrow{PQ}| = 3\frac{\text{km}}{\text{min}}$, also $180\frac{\text{km}}{\text{h}}$

b) $\overrightarrow{OF_1} = \overrightarrow{OP} + 3 \cdot \overrightarrow{PQ} = \begin{pmatrix} 1 \\ 4 \\ 2 \end{pmatrix} + 3 \cdot \begin{pmatrix} 2 \\ 2 \\ 1 \end{pmatrix} = \begin{pmatrix} 7 \\ 10 \\ 5 \end{pmatrix}$, $F_1(7|10|5)$

$|\overrightarrow{RS}| = \sqrt{4^2 + (-3)^2 + 0^2} = 5\left(\frac{\text{km}}{\text{min}}\right)$. F_2 befindet sich nach einer Minute in S. Nach 3 Minuten befindet sich F_2 in

$\overrightarrow{OF_2} = \overrightarrow{OR} + 3 \cdot \overrightarrow{RS} = \begin{pmatrix} 2 \\ 6 \\ 6 \end{pmatrix} + 3 \cdot \begin{pmatrix} 4 \\ -3 \\ 0 \end{pmatrix}$, $F_2(14|-3|6)$

c) $|\overrightarrow{F_1F_2}| = \sqrt{7^2 + (-13)^2 + 1^2} = \sqrt{219}$

F_1 und F_2 sind nach 3 Minuten etwa 14,8 km voneinander entfernt.

VII Ebenen im Raum, Seite 48

1 falsch: E ist parallel zur x_2x_3-Ebene.
falsch: siehe oben
wahr: siehe oben
falsch: Drei Punkte im Raum legen keine Ebene fest, wenn sie auf einer gemeinsamen Geraden liegen.
wahr: Zwei parallele (nicht identische) Geraden im Raum legen immer eine Ebene fest.
wahr: F enthällt den Ursprung.
wahr: F enthält die x_3-Achse.
wahr: F schneidet die x_1-Achse unter einem Winkel von 45°.

2 $\overrightarrow{OA} = \begin{pmatrix} 1 \\ 0 \\ 2 \end{pmatrix}$, $\overrightarrow{AB} = \begin{pmatrix} 2 \\ 2 \\ 3 \end{pmatrix}$ und $\overrightarrow{AC} = \begin{pmatrix} -3 \\ 1 \\ 1 \end{pmatrix}$

E: $\vec{x} = \begin{pmatrix} 1 \\ 0 \\ 2 \end{pmatrix} + r \cdot \begin{pmatrix} 2 \\ 2 \\ 3 \end{pmatrix} + s \cdot \begin{pmatrix} -3 \\ 1 \\ 1 \end{pmatrix}$.

Da die Spannvektoren $\overrightarrow{AB}$ und $\overrightarrow{AC}$ nicht Vielfache voneinander sind, erhält man eine Ebenengleichung. D(0|3|6)

$\begin{pmatrix} 0 \\ 3 \\ d_3 \end{pmatrix} = \begin{pmatrix} 1 \\ 0 \\ 2 \end{pmatrix} + r \cdot \begin{pmatrix} 2 \\ 2 \\ 3 \end{pmatrix} + s \cdot \begin{pmatrix} -3 \\ 1 \\ 1 \end{pmatrix}$ liefert r = s = 1 und damit $d_3 = 6$

3 a) Für r = 3 und s = 1 ergibt sich $A \in E$. Für s = 0 und r = 2 ergibt sich $B \in E$.

b) E_{ABC}: $\vec{x} = \begin{pmatrix} 3 \\ 2 \\ 9 \end{pmatrix} + r \cdot \begin{pmatrix} 1 \\ 1 \\ 6 \end{pmatrix} + s \cdot \begin{pmatrix} 0 \\ 1 \\ 8 \end{pmatrix}$. Die vier Punkte liegen nicht in einer Ebene.

c) g und h schneiden sich für r = 1 und s = 0 in S(3|7|8)

E: $\vec{x} = \begin{pmatrix} 3 \\ 7 \\ 8 \end{pmatrix} + s \cdot \begin{pmatrix} 1 \\ 3 \\ 4 \end{pmatrix} + r \cdot \begin{pmatrix} 2 \\ 7 \\ 5 \end{pmatrix}$

4 Das zugehörige
LGS $\quad 2 + r = 3 + t$
$\quad 5r - 2s = 5 + 3t$
$\quad 5 + 2r + 7s = 7 + 9t$
hat unendlich viele Lösungen (r = t + 1 und s = t).

5 B(1|0|0), C(1|1|0), D(0|1|0), E(0|0|1), F(1|0|1), H(0|1|1)

z.B. E: $\vec{x} = r \cdot \begin{pmatrix} 1 \\ 1 \\ 1 \end{pmatrix} + s \cdot \begin{pmatrix} 0 \\ 0 \\ 1 \end{pmatrix}$

VII Skalarprodukt und Orthogonalität, Seite 49

1 $\begin{pmatrix} 0 \\ 1 \\ 2 \end{pmatrix} \cdot \begin{pmatrix} 7 \\ -2 \\ 1 \end{pmatrix} = 0$; $\begin{pmatrix} -1 \\ 2 \\ 0 \end{pmatrix} \cdot \begin{pmatrix} 2 \\ 1 \\ 9 \end{pmatrix} = 0$; $\begin{pmatrix} 1 \\ 7 \\ 2 \end{pmatrix} \cdot \begin{pmatrix} -3 \\ 2 \\ -5{,}5 \end{pmatrix} = 0$

2 $\overrightarrow{BA} = \begin{pmatrix} 2 \\ 4 \\ 4 \end{pmatrix}$, $\overrightarrow{BC} = \begin{pmatrix} -4 \\ 1 \\ 1 \end{pmatrix}$ $\quad \overrightarrow{BA} \cdot \overrightarrow{BC} = \begin{pmatrix} 2 \\ 4 \\ 4 \end{pmatrix} \cdot \begin{pmatrix} -4 \\ 1 \\ 1 \end{pmatrix} = 0$

Das Dreieck ABC hat bei B einen rechten Winkel.

3 1./2. falsch/wahr: Wenn $|\overrightarrow{AB}| = |\overrightarrow{BC}|$, dann ist ABC gleichschenklig.

3./4. wahr/falsch: Wenn $\overrightarrow{AB} \cdot \overrightarrow{AC} = 0$, dann ist ABC rechtwinklig.

5./6. falsch/wahr: Wenn $\overrightarrow{AB} = \overrightarrow{DC}$ und $|\overrightarrow{BC}| = |\overrightarrow{AB}|$, dann ist ABCD eine Raute.

7. wahr: Wenn $\overrightarrow{AB} = \overrightarrow{DC}$, dann ist ABCD ein Parallelogramm.
8. wahr: Wenn $\overrightarrow{AB} = r \cdot \overrightarrow{DC}$ für ein $r \in \mathbb{R}$, dann ist ABCD ein Trapez.

9./10. falsch/wahr: Wenn $\overrightarrow{AB} = \overrightarrow{DC}$, $|\overrightarrow{AB}| = |\overrightarrow{AD}|$ und $\overrightarrow{AB} \cdot \overrightarrow{AD} = 0$, dann ist ABCD ein Quadrat.

4 a) z.B. $\begin{pmatrix} 0 \\ 2 \\ -3 \end{pmatrix}$, $\begin{pmatrix} 3 \\ -1 \\ 0 \end{pmatrix}$ und $\begin{pmatrix} 2 \\ 0 \\ -1 \end{pmatrix}$

b) $\begin{matrix} 2n_1 + n_2 + 3n_3 = 0 \\ n_1 \quad\quad + 2n_3 = 0 \end{matrix}$ liefert z.B. $\vec{n} = \begin{pmatrix} -2 \\ 1 \\ 1 \end{pmatrix}, \begin{pmatrix} -4 \\ 2 \\ 2 \end{pmatrix}, \begin{pmatrix} 2 \\ -1 \\ -1 \end{pmatrix}, \ldots$

c) $2 + 3a_2 + 1 = 0 \Rightarrow a_2 = -1$

$2b_1 + 3 - 2 = 0 \Rightarrow b_1 = -\frac{1}{2}$

5 $\overrightarrow{AB} = \overrightarrow{DC}$, $|\overrightarrow{AB}| = |\overrightarrow{AD}|$, $\overrightarrow{AB} \cdot \overrightarrow{AD} \neq 0$

Das Viereck ABCD ist eine Raute.

VII Ebenengleichungen, Seite 50

1 E_1, E_3 und E_7; E_2, E_4 und E_5.

2 wahr, denn sie besitzen denselben Normalenvektor $\begin{pmatrix} a \\ b \\ c \end{pmatrix}$

falsch: Die Normalenvektoren müssen nicht gleich sein, sondern Vielfache von einander

falsch: Der Normalenvektor von E ist ein Vielfachen des Richtungsvektors von g. g schneidet E daher orthogonal.
wahr: Die Ebenen der Schar sind parallel zur x_1x_3-Ebene und daher orthogonal zur x_2-Achse
wahr: s.o.

3 $\vec{n_E} = \vec{PD} = \begin{pmatrix}2\\0\\-7\end{pmatrix}$; E: $\left(\vec{x} - \begin{pmatrix}5\\2\\-1\end{pmatrix}\right) \cdot \begin{pmatrix}2\\0\\-7\end{pmatrix} = 0$; E: $2x_1 - 7x_3 = 17$;

$S_1\left(\frac{17}{2}\middle|0\middle|0\right)$; $S_3\left(0\middle|0\middle|-\frac{17}{7}\right)$; E ist parallel zur x_2-Achse.

4 a) E: $x_1 = 97$
b) E: $x_3 = 3$
c) E: $\vec{x} = \begin{pmatrix}-2\\1\\5\end{pmatrix} + t \cdot \begin{pmatrix}1\\1\\-1\end{pmatrix} + s \cdot \begin{pmatrix}-7\\1\\4\end{pmatrix}$. Für $\vec{n_E} = \begin{pmatrix}n_1\\n_2\\n_3\end{pmatrix}$ gilt:

$\begin{pmatrix}1\\1\\-1\end{pmatrix} \cdot \begin{pmatrix}n_1\\n_2\\n_3\end{pmatrix} = 0$ und $\begin{pmatrix}-7\\1\\4\end{pmatrix} \cdot \begin{pmatrix}n_1\\n_2\\n_3\end{pmatrix} = 0$. Dies liefert z.B. $\begin{pmatrix}n_1\\n_2\\n_3\end{pmatrix} = \begin{pmatrix}5\\3\\8\end{pmatrix}$, also

E: $5x_1 + 3x_2 + 8x_3 = d$. Einsetzen von $P(-2|1|5)$ liefert d = 33.

d) $M_{PQ}(2|3|2)$; $\vec{n} = \begin{pmatrix}1\\-2\\4\end{pmatrix}$; E: $x_1 - 2x_2 + 4x_3 = 4$

5 a) E: $\vec{x} = \begin{pmatrix}2\\3\\0\end{pmatrix} + r \cdot \begin{pmatrix}-1\\2\\2\end{pmatrix} + s \cdot \begin{pmatrix}-2\\4\\-1\end{pmatrix}$

b) E: $\left(\vec{x} - \begin{pmatrix}2\\3\\0\end{pmatrix}\right) \cdot \begin{pmatrix}2\\1\\0\end{pmatrix} = 0$

c) E: $2x_1 + x_2 = 7$

6 E: $\left(\vec{x} - \begin{pmatrix}2\\5\\3\end{pmatrix}\right) \cdot \begin{pmatrix}1\\2\\9\end{pmatrix} = 0$; E: $x_1 + 2x_2 + 9x_3 = 39$

7 a) $A \notin E$ b) $r = -1$, $s = 1$: $A \in E$ c) $A \in E$

VII Lage von Ebenen, Seite 51

1 E: $2x_1 + 3x_2 = -7$ ist parallel zur x_3-Achse
E: $x_3 = 5$ ist parallel zur x_1x_2-Ebene
E: $x_1 - x_3 = 15$ ist parallel zur x_2-Achse
E: $x_2 = -2$ ist paralell zur x_1x_3-Ebene
E: $5x_2 + 2x_3 = 0$ ist parallel zur x_1-Achse
E: $3x_1 = -22$ ist parallel zur x_2x_3-Ebene

2 Eine Ebene schneidet mindestens eine und höchstens drei Koordinatenachsen. Schneidet sie genau zwei Koordinatenachsen, dann ist sie parallel zu einer Koordinatenachse; schneidet sie genau eine Koordinatenachse, so ist sie parallel zu einer Koordinatenebene. Eine Ebene hat mindestens zwei und höchstens drei Spurgeraden. Die Spurpunkte einer Ebene sind Ecken eines gleichschenkligen Dreiecks, falls in der Koordinatengleichung von E: $ax_1 + bx_2 + cx_3 = d$ gilt: zwei der drei Koefizienten a, b und c betragsmäßig gleich sind.

3 a) $S_1(3|0|0)$, $S_2(0|1|0)$, $S_3(0|0|4)$,
also E: $4x_1 + 12x_2 + 3x_3 = 12$

b) $S_1(-2|0|0)$, $S_2(0|5|0)$, $S_3\left(0\middle|0\middle|-\frac{3}{2}\right)$,

also E: $15x_1 - 6x_2 + 20x_3 = -30$
c) $S_2(0|4|0)$, $S_3(0|0|3)$, also E: $3x_2 + 4x_3 = 12$

d) $S_3\left(0\middle|0\middle|\frac{5}{2}\right)$, also E: $x_3 = \frac{5}{2}$

4
a)

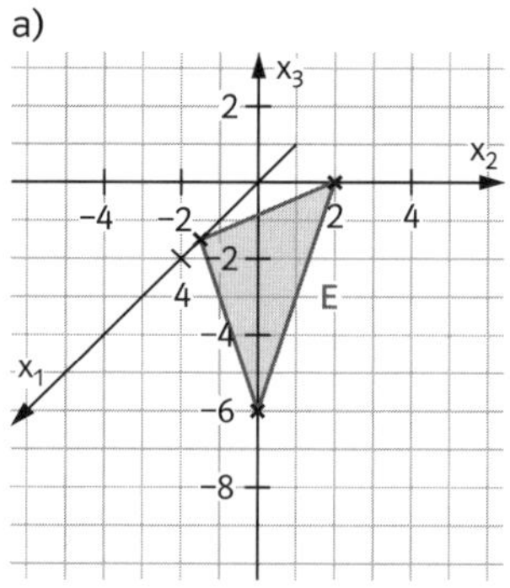

b)

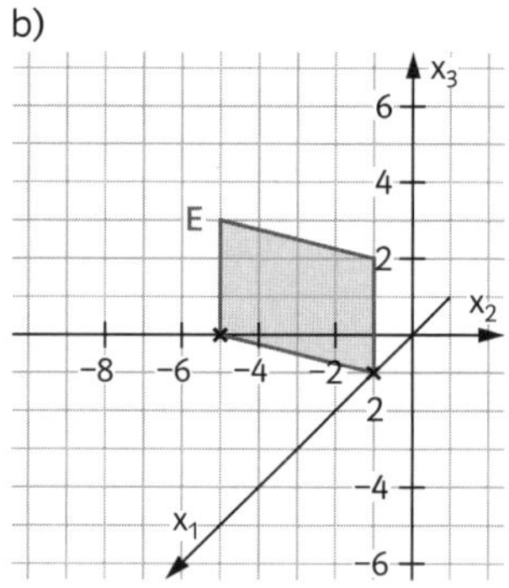

c)

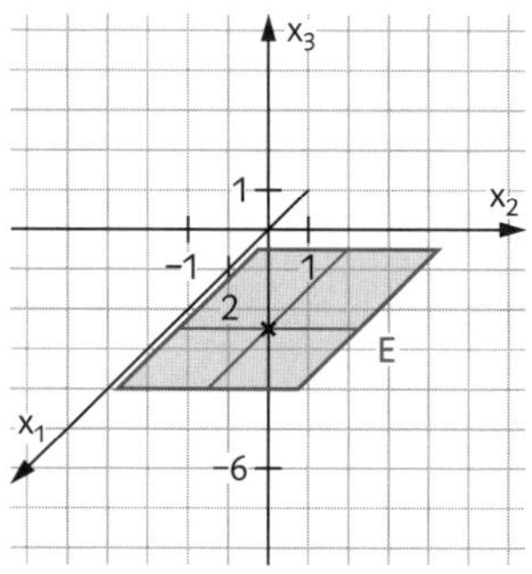

d)

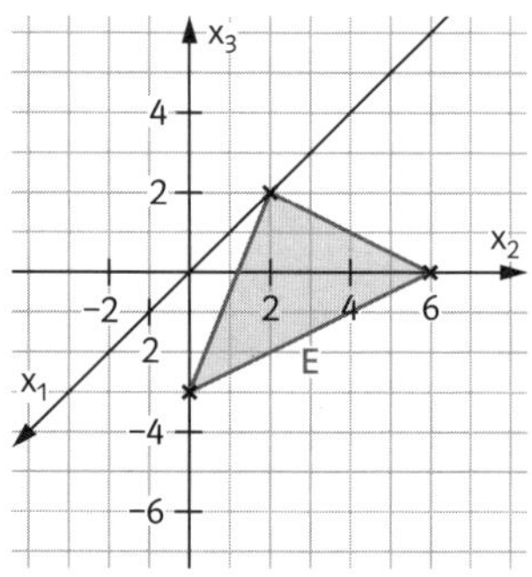

5 a) E: $5x_2 + 2x_3 = 10$
b) E: $x_2 = 1$
c) E: $10x_1 + 15x_2 + 6x_3 = 30$
d) $S_2(0|2|0)$, $S_3(0|0|-2)$, also E: $x_1 + 2x_2 - 2x_3 = 4$
e) $S_1(1|0|0)$ einziger Spurpunkt von E, daher E: $x_1 = 1$

VII Lagebeziehungen, Seite 52

1 Die Gleichung $a \cdot (p_1 + t \cdot u_1) + b \cdot (p_2 + tu_2) + c(p_3 + tu_3) = d$ hat für t
- genau eine Lösung: es gibt einen Schnittpunkt von g und E
- keine Lösung: g und E sind parallel
- unendlich viele Lösungen: g liegt in E

Die Koordinaten des Durchstoßpunktes bestimmt man, indem man den Wert von t in die Geradengleichung einsetzt.

2 ACF; BH; DEG

3 g: $\vec{x} = \begin{pmatrix}2\\1\\3\end{pmatrix} + r \cdot \begin{pmatrix}5\\0\\2\end{pmatrix}$

a) $(2 + 5r) + 1 - (3 + 2r) = 5$ liefert $r = \frac{5}{3}$ und damit $D\left(\frac{31}{3}\middle|1\middle|\frac{19}{3}\right)$

b) $3 + 2r = 0$ liefert $r = -\frac{3}{2}$ und damit $D\left(-\frac{11}{2}\middle|1\middle|0\right)$

c) $2 \cdot (2 + 5r) - 5 \cdot (3 + 2r) = 4$ liefert $-11 = 4$, also g ist parallel zu E

d) $2 \cdot (2 + 5r) - 5 \cdot (3 + 2r) = 4$ liefert $-11 = -11$, also ist für alle $r \in \mathbb{R}$ die Gleichung richtig, d.h. g liegt in E

e) Das LGS $\begin{aligned} 2 + 5t &= -2 + 2r + s \\ 1 &= -16 + 3s \\ 3 + 2t &= -25 + 5r + 4s \end{aligned}$ liefert $t = 1$, $r = 2$, $s = 3$ und damit $D(7|1|5)$

4 Das zugehörige lineare Gleichungssystem hat
- keine Lösung: die Ebenen sind parallel
- die Normalenvektoren sind Vielfache voneinander: die Ebenen sind identisch
- die Normalenvektoren sind keine Vielfachen voneinander: die Ebenen schneiden sich in einer Geraden

Die Gleichung der Schnittgeraden bestimmt man, indem man einen Parameter durch den berechneten Wert des anderen Parameters in der Ebenengleichung ersetzt.

5 $E_1 \cap E_2$: $2 \cdot (2 + r - s) - 3 \cdot (3 + 2s) = 5$ liefert $r = 4s + 5$, also

$$g: \vec{x} = \begin{pmatrix} 2 \\ 3 \\ 5 \end{pmatrix} + (4s + 5) \cdot \begin{pmatrix} 1 \\ 0 \\ 3 \end{pmatrix} + s \cdot \begin{pmatrix} -1 \\ 2 \\ 1 \end{pmatrix} = \begin{pmatrix} 7 \\ 3 \\ 20 \end{pmatrix} + s \cdot \begin{pmatrix} 3 \\ 2 \\ 13 \end{pmatrix}$$

VII Klausurtraining ohne Hilfsmittel, Seite 53

1 a) $S_1(4|0|0)$, $S_2(0|2|0)$, $S_3(0|0|8)$

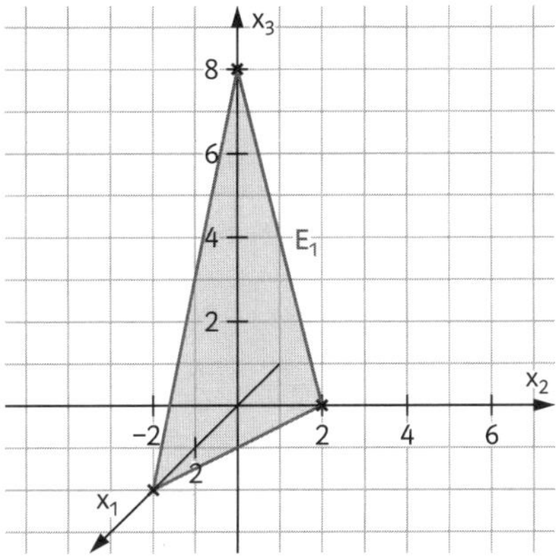

b) Das LGS

$$\begin{aligned} 4 + t &= -s \\ 2 + t &= 4 + 2s \\ -16 - 8t &= -8 - 4s \end{aligned}$$

hat die Lösung $t = -2$, $s = -2$

Einsetzen von t in die Gleichung von g oder s in die Gleichung von h liefert $S(2|0|0)$

c) $E_2: \vec{x} = \begin{pmatrix} 2 \\ 0 \\ 0 \end{pmatrix} + r \cdot \begin{pmatrix} 1 \\ 1 \\ -8 \end{pmatrix} + s \cdot \begin{pmatrix} -1 \\ 2 \\ -4 \end{pmatrix}$ $E_1 \cap E_2$ liefert:

$2 \cdot (2 + r - s) + 4 \cdot (r + 2s) + (-8r - 4s) = 8$, also $r = s - 2$ und

damit $g: \vec{x} = \begin{pmatrix} 2 \\ 0 \\ 0 \end{pmatrix} + (s - 2) \begin{pmatrix} 1 \\ 1 \\ -8 \end{pmatrix} + s \cdot \begin{pmatrix} -1 \\ 2 \\ -4 \end{pmatrix}$ oder $g: \vec{x} = \begin{pmatrix} 0 \\ -2 \\ 16 \end{pmatrix} + t \cdot \begin{pmatrix} 0 \\ 1 \\ -4 \end{pmatrix}$

2 a) $E: \vec{x} = \begin{pmatrix} -3 \\ 4 \\ 7 \end{pmatrix} + r \cdot \begin{pmatrix} 2 \\ 0 \\ -3 \end{pmatrix} + s \cdot \begin{pmatrix} 1 \\ 4 \\ -3 \end{pmatrix}$

b) $g: \vec{x} = \begin{pmatrix} -3 \\ 4 \\ 7 \end{pmatrix} + t \cdot \begin{pmatrix} 2 \\ 0 \\ -3 \end{pmatrix}$

g und E haben denselben Stützvektor und der Richtungsvektor von g ist ein möglicher Spannvektor von E

$g \cap E_1$: $2 \cdot (-3 + 2t) - 3 \cdot (7 - 3t) = -1$ liefert $t = 2$ und damit $D(1|4|1)$

3 Setze im LGS

$$\begin{aligned} x_1 - 3x_2 + 10x_3 &= 7 \\ 3x_1 + x_2 &= 11 \end{aligned}$$

$x_1 := t$. Dann folgt

$x_2 = 11 - 3t$, $x_3 = 4 - t$ und damit $g: \vec{x} = \begin{pmatrix} 0 \\ 11 \\ 4 \end{pmatrix} + t \cdot \begin{pmatrix} 1 \\ -3 \\ -1 \end{pmatrix}$

$\vec{n_{E_1}} \cdot \vec{n_{E_2}} = \begin{pmatrix} 1 \\ -3 \\ 10 \end{pmatrix} \cdot \begin{pmatrix} 3 \\ 1 \\ 0 \end{pmatrix} = 0$

4 $E_1: x_1 - 24x_2 + 17x_3 = 53$.

Da $E_1 \neq E_2$ und die Normalenvektoren von E_1 und E_2 Vielfache voneinander sind, liegen E_1 und E_2 parallel zueinander.

5 $\vec{AB} = \begin{pmatrix} 1 \\ -2 \\ -2{,}5 \end{pmatrix} = \vec{DC}$; $\vec{AD} = \begin{pmatrix} -2 \\ 1{,}5 \\ 5{,}5 \end{pmatrix}$, also $\vec{AB} \cdot \vec{AD} \neq 0$ und

$|\vec{AB}| \neq |\vec{AD}|$. Es handelt sich also um ein Parallelogramm.

6 a) $\vec{AB} = \begin{pmatrix} 2 \\ 3 \\ 6 \end{pmatrix}$, $\vec{AD} = \begin{pmatrix} 6 \\ 2 \\ -3 \end{pmatrix}$, daher $|\vec{AB}| = |\vec{AD}|$ und $\vec{AB} \cdot \vec{AD} = 0$

b) $\frac{1}{2}|\vec{AB}| \cdot |\vec{AD}| = \frac{49}{2}$

c) Mit $\vec{AD} = \vec{BC}$ folgt $C(8|2|5)$

7 E_1: $S_1(3|0|0)$, $S_2(0|-3|0)$, $S_3(0|0|3)$

$E_1: x_1 - x_2 + x_3 = 3$;

E_2: $S_1(3|0|0)$ $E_2: x_1 = 3$

E_3: $S_1(2|0|0)$, $S_2(0|-3|0)$

$E_3: 3x_1 - 2x_2 = 6$

VII Klausurtraining mit Hilfsmitteln, Seite 54

1 a) $A(4|0|0)$, $B(4|4|0)$, $C(0|4|0)$, $S(2|2|6)$

b) $E: \vec{x} = \begin{pmatrix} 4 \\ 4 \\ 0 \end{pmatrix} + r \cdot \begin{pmatrix} 1 \\ 0 \\ 0 \end{pmatrix} + s \cdot \begin{pmatrix} 1 \\ 1 \\ -3 \end{pmatrix}$; $E: 3x_2 + x_3 = 12$

c) $M_{BC}(2|4|0)$, $M_{CS}(1|3|3)$

Der Richtungsvektor der Mittelsenkrechten von CS ist orthogonal zu $\vec{CS} = \begin{pmatrix} 2 \\ -2 \\ 6 \end{pmatrix}$ und zum Normalenvektor $\vec{m_E} = \begin{pmatrix} 0 \\ 3 \\ 1 \end{pmatrix}$ von E.

Also $m_{CS}: \vec{x} = \begin{pmatrix} 1 \\ 3 \\ 3 \end{pmatrix} + r \cdot \begin{pmatrix} 10 \\ 1 \\ -3 \end{pmatrix}$. Da das Dreieck BCS gleichschenklig ist, geht die Mittelsenkrechte von BC durch den Punkt S. Also

$m_{BC}: \vec{x} = \begin{pmatrix} 2 \\ 4 \\ 0 \end{pmatrix} + s \cdot \begin{pmatrix} 0 \\ 2 \\ -6 \end{pmatrix}$

$m_{CS} \cap m_{BC}$ liefert für $r = \frac{1}{10}$ und $s = -\frac{9}{20}$ den Schnittpunkt

$U(2|3{,}1|2{,}7)$ und damit für die Bohrung $g: \vec{x} = \begin{pmatrix} 2 \\ 3{,}1 \\ 2{,}7 \end{pmatrix} + t \cdot \begin{pmatrix} 0 \\ 3 \\ 1 \end{pmatrix}$.

Für $t = -2{,}7$ ergibt sich der Schnittpunkt von g mit der x_1x_2-Ebene in $P(2|-5{,}4|0)$. Da die x_2-Koordinate negativ ist, liegt P außerhalb des Vierecks ABCD.

2 a) mögliche Spannvektoren von E sind $\begin{pmatrix} 0 \\ 0 \\ 1 \end{pmatrix}$ und $\begin{pmatrix} 2 \\ -2 \\ -1 \end{pmatrix}$.

Also ist ein möglicher Normalenvektor von E: $\vec{n_E} = \begin{pmatrix} 1 \\ 1 \\ 0 \end{pmatrix}$.

Daraus ergibt sich E: $\left(\vec{x} - \begin{pmatrix} 1 \\ 1 \\ 0 \end{pmatrix}\right) \cdot \begin{pmatrix} 1 \\ 1 \\ 0 \end{pmatrix} = 0$ $E: x_1 + x_2 = 2$

b) $g: \vec{x} = \begin{pmatrix} 1 \\ 1 \\ 5 \end{pmatrix} + r \cdot \begin{pmatrix} 2 \\ -2 \\ -1 \end{pmatrix}$ $\cap$ x_1x_2-Ebene: $Q(11|-9|0)$

Länge des Schattens: $|\vec{PQ}| = \sqrt{200} = 10 \cdot \sqrt{2}$

$h: \vec{x} = \begin{pmatrix} 1 \\ 1 \\ 0 \end{pmatrix} + s \cdot \begin{pmatrix} 1 \\ -1 \\ 0 \end{pmatrix}$

3 a) $g_{F_1}: \vec{x} = \begin{pmatrix} -6 \\ 1 \\ 2 \end{pmatrix} + r \cdot \begin{pmatrix} -1 \\ 5 \\ 2 \end{pmatrix}$; $g_{F_2}: \vec{x} = \begin{pmatrix} -3 \\ 6 \\ 4 \end{pmatrix} + s \cdot \begin{pmatrix} 1 \\ 5 \\ 2 \end{pmatrix}$

b) Da die Geschwindigkeitsvektoren der beiden Flugzeuge den gleichen Betrag ($\sqrt{30}$) haben, sind die Flugzeuge gleich schnell. Nach 3 Minuten ist F_1 im Punkt $F_1(-9|16|8)$ und F_2 bei $F_2(0|21|10)$; $|\vec{F_1F_2}| = \sqrt{110} \approx 10{,}5$

c) $g_{F_1} \cap g_{F_2}$ für $r = -1$ und $s = -2$ in $S(-5|-4|0)$

d) Da $r \neq s$ für den Schnittpunkt S gilt, kommt es nicht zur Kollision der Flugzeuge.

4 a) E_2 ist parallel zur x_1-Achse

E_1 ist parallel zur x_2-Achse

E_0 ist parallel zur x_3-Achse

b) g schneidet E_a genau dann senkrecht, wenn $\vec{n_{E_a}} = k \cdot \begin{pmatrix} 1 \\ 0 \\ -1 \end{pmatrix}$

Für a = 1 gilt: $\vec{n_{E_1}} = \begin{pmatrix} -1 \\ 0 \\ 1 \end{pmatrix} = -\begin{pmatrix} 1 \\ 0 \\ -1 \end{pmatrix}$

c) $g \parallel E_a$ genau dann, wenn $n_{E_a} \cdot \begin{pmatrix} 1 \\ 0 \\ -1 \end{pmatrix} = 0$

$(a - 2) \cdot 1 + (a - 1) \cdot 0 + a \cdot (-1) = -2 \neq 0$ für alle $a \in \mathbb{R}$

VIII Geometrische Probleme lösen

VIII Abstand Punkt-Ebene, Seite 55

1 a)

1a **Bestimmen der Gleichung der Lotgeraden, d.h. der zu E** orthogonalen **Gerade g durch P.**

1b **Als Richtungsvektor der Lotgerade dient der** Normalenvektor **von E, als Stützvektor kann der Ortsvektor von** P **gewählt werden.**

2 **Berechnen der Koordinaten des Lotfußpunktes F als** Schnittpunkt **von g und E.**

3 **Der Abstand von P zur Ebene E ergibt sich als Betrag des Vektors $\overrightarrow{PF}$.**

b) (1) Lotgerade g zu E durch P

Stützvektor: $\vec{p} = \begin{pmatrix} 2 \\ -1 \\ 2 \end{pmatrix}$,

Richtungsvektor $\vec{u} = \begin{pmatrix} 2 \\ 1 \\ 2 \end{pmatrix}$; g: $\vec{x} = \begin{pmatrix} 2 \\ -1 \\ 2 \end{pmatrix} + r\begin{pmatrix} 2 \\ 1 \\ 2 \end{pmatrix}$

(2) Bestimmen des Lotfußpunktes F:

$2 \cdot (2 + 2r) + (-1 + r) + 2 \cdot (2 + 2r) = 1 \quad r = -\frac{2}{3}$

$F\left(\frac{2}{3} \middle| -\frac{5}{3} \middle| \frac{2}{3}\right)$

(3) Abstand von P zu E: $|\overrightarrow{PF}| = 2$

2 a) möglicher Normalenvektor

$\vec{n} = \begin{pmatrix} 2 \\ -2 \\ 1 \end{pmatrix}$ g: $\vec{x} = \begin{pmatrix} 4 \\ 8 \\ -5 \end{pmatrix} + r\begin{pmatrix} 2 \\ -2 \\ 1 \end{pmatrix}$

b) Durchstoßpunkt $D\left(8\frac{2}{3} \middle| 3\frac{1}{3} \middle| -2\frac{2}{3}\right)$

$|\vec{n}| = 3$, also $\vec{n_0} = \frac{1}{3}\vec{n} = \frac{1}{3}\begin{pmatrix} 2 \\ -2 \\ 1 \end{pmatrix}$

Die Punkte P_1 und P_2 erhält man: $\overrightarrow{OP_{1/2}} = \overrightarrow{OD} \pm 10 \cdot \frac{1}{3}\vec{n}$

$P_1\left(15\frac{1}{3} \middle| -3\frac{1}{3} \middle| \frac{2}{3}\right)$, $P_2(2|10|-6)$

3 Diagonalenschnittpunkt $M(-2|0|1)$;
möglicher Normalenvektor der Ebene E_{ABCD}:

$\vec{n} = \begin{pmatrix} -1 \\ -1 \\ 6 \end{pmatrix}$; $\vec{n_0} = \frac{1}{\sqrt{38}}\vec{n}$; $\overrightarrow{OS_{1/2}} = \overrightarrow{OM} \pm \sqrt{38} \cdot \frac{1}{\sqrt{38}}\vec{n}$

$S_1(-3|-1|7)$, $S_2(-1|1|-5)$

4 a) $\vec{n} = \begin{pmatrix} 2 \\ 2 \\ -2 \end{pmatrix}$; $\begin{pmatrix} 2 \\ 2 \\ -2 \end{pmatrix} \cdot \begin{pmatrix} 2 \\ 1 \\ 3 \end{pmatrix} = 0$

Da der Normalenvektor der Ebene orthogonal zum Richtungsvektor der Gerade steht, verläuft g parallel zu E.

b) Gerade h orthogonal zu E und g und durch Punkt P $(1|-2|-1)$:

h: $\vec{x} = \begin{pmatrix} 1 \\ -2 \\ -1 \end{pmatrix} + r\begin{pmatrix} 2 \\ 2 \\ -2 \end{pmatrix}$

Lotfußpunkt $F(2|-1|-2)$; $d = |\overrightarrow{PF}| = \sqrt{3}$

VIII Hesse'sche Normalenform, Seite 56

1 a) A(4), B(5), C(1), D(6)

b) (7) $d = \left|\left[\begin{pmatrix} 3 \\ 7 \\ 2 \end{pmatrix} - \begin{pmatrix} 5 \\ 2 \\ 3 \end{pmatrix}\right] \cdot \begin{pmatrix} 1 \\ 1 \\ 1 \end{pmatrix}\right|$; (3) $d = \left|\frac{2 \cdot 3 + 4 \cdot 7 - 5 \cdot 2}{\sqrt{4 + 16 + 25}}\right|$

(8) $d = \left[\begin{pmatrix} 3 \\ 1 \\ 2 \end{pmatrix} - \begin{pmatrix} 5 \\ -2 \\ 4 \end{pmatrix}\right] \cdot \frac{1}{3}\begin{pmatrix} 1 \\ 2 \\ 2 \end{pmatrix}$; (2) $d = \left|\frac{2 \cdot 5 + 4 \cdot 2 - 5 \cdot 4}{\sqrt{4 + 16 + 25}}\right|$

2 a) $\vec{n} = \begin{pmatrix} 4 \\ 4 \\ -2 \end{pmatrix}$; Normalenvektor von F; orthogonal;

$\vec{u} = \begin{pmatrix} 2 \\ 0 \\ 4 \end{pmatrix}$; $\vec{v} = \begin{pmatrix} 1 \\ -1 \\ 0 \end{pmatrix}$; $\vec{n} \cdot \vec{u} = \begin{pmatrix} 4 \\ 4 \\ -2 \end{pmatrix} \cdot \begin{pmatrix} 2 \\ 0 \\ 4 \end{pmatrix} = 8 + 0 - 8 = 0$

$\vec{n} \cdot \vec{v} = \begin{pmatrix} 4 \\ 4 \\ -2 \end{pmatrix} \cdot \begin{pmatrix} 1 \\ -1 \\ 0 \end{pmatrix} = 4 - 4 + 0 = 0$; 0

b) $P(3|0|2)$, Ebene F; $\vec{n_0} = \frac{1}{\sqrt{16 + 16 + 4}}\begin{pmatrix} 4 \\ 4 \\ -2 \end{pmatrix}$;

$d = \left|\left[\begin{pmatrix} 3 \\ 0 \\ 2 \end{pmatrix} - \begin{pmatrix} 3 \\ 1 \\ 0 \end{pmatrix}\right] \cdot \frac{1}{6}\begin{pmatrix} 4 \\ 4 \\ -2 \end{pmatrix}\right| = \left|\begin{pmatrix} 0 \\ -1 \\ 2 \end{pmatrix} \cdot \begin{pmatrix} 4 \\ 4 \\ -2 \end{pmatrix} \cdot \frac{1}{6}\right| = \frac{4}{3}$

c) Koordinatengleichung von E: $4x_1 + 4x_2 - 2x_3 = 16$
gesuchte Ebene G: $4x_1 + 4x_2 - 2x_3 = k$
Wenn $Q(q_1|q_2|q_3)$ ein Punkt von G ist, so gilt:

$d(Q; E) = \left|\frac{4q_1 + 4q_2 - 2q_3 - 16}{\sqrt{16 + 16 + 4}}\right| = \left|\frac{k - 16}{6}\right|$.

Da $d(Q; E) = 2$ gelten soll, folgt $\frac{k - 16}{6} = 2$ oder $\frac{k - 16}{6} = -2$.
Also $k_1 = 28$ und $k_2 = 4$ und somit G_1: $4x_1 + 4x_2 - 2x_3 = 28$ und G_2: $4x_1 + 4x_2 - 2x_3 = 4$.

3 $|\overrightarrow{AB}| = 4$, Grundfläche $G = 16$, $V = \frac{1}{3}G \cdot h \quad h = \frac{3V}{G} = 3 \cdot \frac{64}{16} = 12$;
E_1: $x_2 = 12$ bzw. E_2: $x_2 = -12$; Gleichsetzen von g und E_1 bzw. E_2 liefert $r_1 = 4$ bzw. $r_2 = -4$, also $S_1(4|12|4)$ und $S_2(-4|-12|-4)$.

VIII Abstandbestimmungen, Seite 57

1 $P_t(-4 + t|6|6 - 2t)$; $\overrightarrow{AP_t} = \begin{pmatrix} -4 + t - 5 \\ 6 - 4 \\ 6 - 2t - 3 \end{pmatrix} = \begin{pmatrix} -9 + t \\ 2 \\ 3 - 2t \end{pmatrix}$

a) $|\overrightarrow{AP_t}| = \left|\begin{pmatrix} -9 + t \\ 2 \\ 3 - 2t \end{pmatrix}\right| = \sqrt{(-9 + t)^2 + 2^2 + (3 - 2t)^2}$

$= \sqrt{81 - 18t + t^2 + 4 + 9 - 12t + 4t^2} = \sqrt{94 - 30t + 5t^2}$;
$t = 3$ mit $d(3) = 7$

b) $\begin{pmatrix} -9 + t \\ 2 \\ 3 - 2t \end{pmatrix} \cdot \begin{pmatrix} 1 \\ 0 \\ -2 \end{pmatrix} = 0$; $-9 + t - 6 + 4t = 0 \quad t = 3$

$|\overrightarrow{AP_3}| = \left|\begin{pmatrix} -6 \\ 2 \\ -3 \end{pmatrix}\right| = \sqrt{36 + 4 + 9} = 7$

2 (1) Man bestimmt eine Hilfsebene E, die orthogonal zu g und durch den Punkt Q verläuft.
(2) Der Richtungsvektor von g ist Normalenvektor von E.
(3) Man berechnet den Schnittpunkt S der Ebene E mit der Geraden g.
(4) Der Abstand von g zu h ist gleich dem Betrag des Vektors $\overrightarrow{QS}$.

3 Hilfsebene E: $2x_1 - x_2 + 3x_3 = b$;
Wenn $(6|2|4)$ ein Punkt von E ist, ergibt sich aus
$2 \cdot 6 - 1 \cdot 2 + 3 \cdot 4 = b$, dass $b = 22$ ist.
E: $2x_1 - x_2 + 3x_3 = 22$;
Schnittpunkt S von g mit E: $S(3|2|6)$;
$d(g; h) = |\overrightarrow{QS}| = \sqrt{13}$

4 Grundseite sei AB mit $|\overrightarrow{AB}| = \sqrt{68}$

Abstand von C zur Geraden g durch A und B:

$g: \vec{x} = \begin{pmatrix} 0 \\ -1 \\ 8 \end{pmatrix} + t\begin{pmatrix} -4 \\ -4 \\ 6 \end{pmatrix}$; $\overrightarrow{CP_t} = \begin{pmatrix} -4t-5 \\ -4t-3 \\ 6t+6 \end{pmatrix}$;

Aus $\begin{pmatrix} -4t-5 \\ -4t-3 \\ 6t+6 \end{pmatrix} \cdot \begin{pmatrix} -4 \\ -4 \\ 6 \end{pmatrix} = 0$ ergibt sich $t = -1$.

Höhe des Dreiecks: $|\overrightarrow{CP_{-1}}| = \left|\begin{pmatrix} 4-5 \\ 4-3 \\ -6+6 \end{pmatrix}\right| = \left|\begin{pmatrix} -1 \\ 1 \\ 0 \end{pmatrix}\right| = \sqrt{2}$

Flächeninhalt $A = \frac{1}{2} \cdot \sqrt{2} \cdot \sqrt{68} = \sqrt{34}$

Alternative: Höhe über Minimum der Funktion $d(t) = |\overrightarrow{CP_t}|$

5 Die Richtungsvektoren sind nicht parallel zueinander, also sind die Geraden windschief zueinander.

$G_s(0|2+s|3+s)$, $H_t(11+4t|2-5t|2+2t)$

$\overrightarrow{G_sH_t} = \begin{pmatrix} 11+4t \\ -5t-s \\ -1+2t-s \end{pmatrix}$

Aus $\overrightarrow{G_sH_t} \cdot \begin{pmatrix} 0 \\ 1 \\ 1 \end{pmatrix} = 0$ und $\overrightarrow{G_sH_t} \cdot \begin{pmatrix} 4 \\ -5 \\ 2 \end{pmatrix} = 0$ ergibt sich das LGS:

$-2s - 3t = 1$

$3s + 45t = -42.$

Lösung: $s = 1$, $t = -1$

$G(0|3|4)$ und $H(7|7|0)$

$d(g;h) = |\overrightarrow{GH}| = \sqrt{7^2 + 4^2 + (-4)^2} = \sqrt{81} = 9$

VIII Winkel zwischen Vektoren, Seite 58

1 $\overrightarrow{AB} = \begin{pmatrix} 2 \\ -3 \\ -4 \end{pmatrix}$, $\overrightarrow{BC} = \begin{pmatrix} -8 \\ 1 \\ -1 \end{pmatrix}$; $\overrightarrow{CA} = \begin{pmatrix} 6 \\ 2 \\ 5 \end{pmatrix}$

$\cos(\alpha) = \frac{\overrightarrow{AB} \cdot \overrightarrow{AC}}{|\overrightarrow{AB}| \cdot |\overrightarrow{AC}|} = \frac{-12+6+20}{\sqrt{29} \cdot \sqrt{65}} = \frac{14}{\sqrt{1885}}$, $\alpha = 71{,}2°$

Die Markierung weist auf den ursprünglichen Fehler hin.

$\cos(\beta) = \frac{\overrightarrow{BA} \cdot \overrightarrow{BC}}{|\overrightarrow{BA}| \cdot |\overrightarrow{BC}|} = \frac{16+3-4}{\sqrt{29} \cdot \sqrt{66}} = \frac{15}{\sqrt{1914}}$, $\beta = 69{,}9°$

$\cos(\gamma) = \frac{\overrightarrow{CA} \cdot \overrightarrow{CB}}{|\overrightarrow{CA}| \cdot |\overrightarrow{CB}|} = \frac{48-2+5}{\sqrt{65} \cdot \sqrt{66}} = \frac{51}{\sqrt{4290}}$, $\gamma = 38{,}9°$

2 a) $\alpha = 63{,}8°$, b) $\alpha = 125{,}1°$

3 spitzen, stumpfen

4 a) $\cos(90°) = 0$ und $\cos(90°) = \frac{5b_1 + 8 - 18}{\sqrt{107} \cdot \sqrt{(b_1)^2 + 60}}$,

also $5b_1 + 8 - 18 = 0$, somit $b_1 = 2$.

b) $\cos(45°) = \frac{1}{\sqrt{2}}$ und $\cos(45°) = \frac{-3a_3}{\sqrt{1+(a_3)^2} \cdot 3} = \frac{-a_3}{\sqrt{1+(a_3)^2}}$,

also $\frac{-a_3}{\sqrt{1+(a_3)^2}} = \frac{1}{\sqrt{2}}$, somit $a_3 = -1$.

c) $\cos(60°) = \frac{1}{2}$ und $\cos(60°) = \frac{1}{\sqrt{2} \cdot \sqrt{(b_2)^2+1}}$,

also $\sqrt{2(b_2)^2 + 2} = 2$, somit $b_2 = 1$ oder $b_2 = -1$.

5 a) möglicher Weg: $\overrightarrow{BC} = \begin{pmatrix} -1 \\ -3 \\ 1 \end{pmatrix}$, $\overrightarrow{OD} = \overrightarrow{OA} + \overrightarrow{BC} = \begin{pmatrix} 0 \\ -1 \\ 2 \end{pmatrix}$, $D(0|-1|2)$

c) Schnittpunkt S:

$\overrightarrow{OS} = \overrightarrow{OB} + \frac{1}{2}\overrightarrow{BD} = \begin{pmatrix} -2 \\ 1 \\ 3 \end{pmatrix} + \frac{1}{2}\begin{pmatrix} 2 \\ -2 \\ -1 \end{pmatrix} = \begin{pmatrix} -1 \\ 0 \\ 2{,}5 \end{pmatrix}$; $S(-1|0|2{,}5)$

Schnittwinkel ε:

$\cos(\varepsilon) = \frac{|\overrightarrow{BD} \cdot \overrightarrow{AC}|}{|\overrightarrow{BD}| \cdot |\overrightarrow{AC}|} = \frac{-8+8-3}{\sqrt{9} \cdot \sqrt{41}} = \frac{3}{3 \cdot \sqrt{41}} = \frac{1}{\sqrt{41}}$, $\varepsilon = 81{,}0°$

6 a) $E_{ABC}: \vec{x} = \begin{pmatrix} 2 \\ 0 \\ -3 \end{pmatrix} + r\begin{pmatrix} 4 \\ 3{,}5 \\ 5 \end{pmatrix} + s\begin{pmatrix} 4 \\ 2 \\ 8 \end{pmatrix}$; $\begin{pmatrix} 4 \\ -0{,}5 \\ 4 \end{pmatrix} = \begin{pmatrix} 2 \\ 0 \\ -3 \end{pmatrix} + r\begin{pmatrix} 4 \\ 3{,}5 \\ 5 \end{pmatrix} + s\begin{pmatrix} 4 \\ 2 \\ 8 \end{pmatrix}$,

GTR liefert als Lösung der LGS: $r = -1$ und $s = 1{,}5$.

Also liegt D in E_{ABC}.

$|\overrightarrow{AB}| = \left|\begin{pmatrix} 4 \\ 3{,}5 \\ 5 \end{pmatrix}\right| = \sqrt{53{,}25}$, $|\overrightarrow{AD}| = \left|\begin{pmatrix} 2 \\ -0{,}5 \\ 7 \end{pmatrix}\right| = \sqrt{53{,}25}$,

$|\overrightarrow{CB}| = \left|\begin{pmatrix} 0 \\ 1{,}5 \\ -3 \end{pmatrix}\right| = \sqrt{11{,}25}$, $|\overrightarrow{DC}| = \left|\begin{pmatrix} 2 \\ 2{,}5 \\ 1 \end{pmatrix}\right| = \sqrt{11{,}25}$

ABCD ist ein Drachenviereck, da jeweils zwei benachbarte Seiten die gleiche Länge haben.

b) $\cos(\alpha) = \frac{\overrightarrow{AB} \cdot \overrightarrow{AD}}{|\overrightarrow{AB}| \cdot |\overrightarrow{AD}|} = \frac{8 - 1{,}75 + 35}{\sqrt{53{,}25} \cdot \sqrt{53{,}25}} = \frac{41{,}25}{53{,}25}$,

$\cos(\beta) = \frac{\overrightarrow{BA} \cdot \overrightarrow{BC}}{|\overrightarrow{BA}| \cdot |\overrightarrow{BC}|} = \frac{5{,}25 - 15}{\sqrt{53{,}25} \cdot \sqrt{11{,}25}} = \frac{-9{,}75}{\sqrt{599{,}0625}}$,

$\cos(\gamma) = \frac{\overrightarrow{CB} \cdot \overrightarrow{CD}}{|\overrightarrow{CB}| \cdot |\overrightarrow{CD}|} = \frac{-3{,}75 + 3}{\sqrt{11{,}25} \cdot \sqrt{11{,}25}} = \frac{-0{,}75}{11{,}25}$;

$\alpha \approx 39{,}2°$, $\beta \approx 113{,}5°$, $\beta = \gamma$, $\delta \approx 93{,}8°$ (Probe: $\alpha + \beta + \gamma + \delta = 360°$)

VIII Schnittwinkel, Seite 59

1 a) Schnittwinkel α von h und E_1, Schnittwinkel β von h und g, Schnittwinkel γ von E_1 und E_2

b) $\sin(\delta) = \frac{\left|\begin{pmatrix} 2 \\ 1 \\ -3 \end{pmatrix} \cdot \begin{pmatrix} 3 \\ 2 \\ 1 \end{pmatrix}\right|}{\left|\begin{pmatrix} 2 \\ 1 \\ -3 \end{pmatrix}\right| \cdot \left|\begin{pmatrix} 3 \\ 2 \\ 1 \end{pmatrix}\right|} = \frac{|6+2-3|}{\sqrt{14} \cdot \sqrt{14}} = \frac{5}{14}$, $\delta \approx 20{,}9°$

2 a) Die beiden Geraden g_1 und g_2 haben den gleichen Richtungsvektor und verlaufen daher parallel oder sind identisch.

Sie schließen also keinen Schnittwinkel ein.

$h_1: \vec{x} = \begin{pmatrix} 6 \\ -4 \\ 4 \end{pmatrix} + r\begin{pmatrix} 2 \\ 5 \\ 3 \end{pmatrix}$, $h_2: \vec{x} = \begin{pmatrix} 6 \\ -4 \\ 4 \end{pmatrix} + t\begin{pmatrix} 6 \\ -4 \\ 4 \end{pmatrix}$

b) $E_1: 6x_1 - 4x_2 + 4x_3 = a$ und $E_2: 2x_1 + 5x_2 + 3x_3 = b$ mit $a, b \in \mathbb{R}$. Die Normalenvektoren müssen Vielfache der Vektoren $\vec{a}$ und $\vec{b}$ sein.

c) $\alpha \approx 85{,}5°$

d) $\beta = 90° - \alpha = 90° - 85{,}5° = 4{,}5°$

3 a) Festlegung der Eckpunkte des vorderen Giebels:

$A(0|0|5{,}5)$, $B(0|6|7)$, $C(0|10|3)$

$\cos(\alpha) = \frac{|\overrightarrow{AB} \cdot \overrightarrow{CB}|}{|\overrightarrow{AB}| \cdot |\overrightarrow{CB}|} = \frac{|24-6|}{\sqrt{38{,}25} \cdot \sqrt{32}} = \frac{18}{\sqrt{1224}}$, $\alpha \approx 59°$

$a^* = 180 - 59° = 121°$

b) Die Dachflächen schließen mit den Giebelflächen jeweils einen 90°-Winkel ein.

Winkel zwischen linker Dachfläche und Seitenwand:

$\cos(\beta) = \frac{\begin{pmatrix} 0 \\ 0 \\ -1 \end{pmatrix} \cdot \overrightarrow{AB}}{\left|\begin{pmatrix} 0 \\ 0 \\ -1 \end{pmatrix}\right| \cdot |\overrightarrow{AB}|} = \frac{-1{,}5}{\sqrt{38{,}25}}$, $\beta \approx 104{,}0°$

Winkel zwischen rechter Dachfläche und Seitenwand:

$\cos(\gamma) = \frac{\begin{pmatrix} 0 \\ 0 \\ -1 \end{pmatrix} \cdot \overrightarrow{BC}}{\left|\begin{pmatrix} 0 \\ 0 \\ -1 \end{pmatrix}\right| \cdot |\overrightarrow{BC}|} = \frac{-4}{\sqrt{32}}$, $\gamma \approx 135°$

VIII Spiegelung und Symmetrie, Seite 60

1 a)

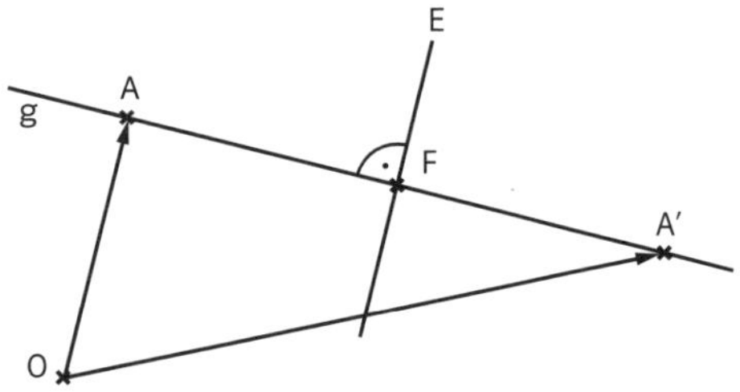

b) (1) Aufstellen einer Lotgeraden g ...
(2) Berechnen des Lotfußpunktes F als ...
(3) Bestimmen des Bildpunktes A': ...

2 a) Lot von P auf E liefert Lotfußpunkt F(7 | 1 | −3)

$\overrightarrow{OP'} = \overrightarrow{OF} + \overrightarrow{PF} = \begin{pmatrix}8\\0\\-7\end{pmatrix}$, P'(8 | 0 | −7)

b) F(−2 | 5 | 3), P'(4 | −3 | 7)

3 a) P'(1 | −3 | 8), b) Z(6 | 6 | 2),
c) P(1 | 2 | 3)

4 a) Der Fehler entsteht bei der Berechnung der 2. Koordinate des Vektors $\overrightarrow{PF_r}$: $5 - 2r + 2 = 7 - 2r$

$d(r) = \sqrt{(-2 + 8r)^2 + (7 - 2r)^2 + (3 - 2r)^2}$

$\sqrt{4 - 32r + 64r^2 + 49 - 28r + 4r^2 + 9 - 12r + 4r^2}$

$\sqrt{72r^2 - 72r + 62}$; d(r) wird minimal für r = 0,5.
Einsetzen von r = 0,5 in F_r ergibt sich F(7 | 4 | 3).

$\overrightarrow{PF} = \begin{pmatrix}2\\6\\2\end{pmatrix}$; $\overrightarrow{OP'} = \overrightarrow{OF} + \overrightarrow{PF} = \begin{pmatrix}7\\4\\3\end{pmatrix} + \begin{pmatrix}2\\6\\2\end{pmatrix} = \begin{pmatrix}9\\10\\5\end{pmatrix}$; P'(9 | 10 | 5)

b) $\overrightarrow{OM} = \begin{pmatrix}5\\-2\\1\end{pmatrix} + \frac{1}{2}\begin{pmatrix}4\\12\\4\end{pmatrix} = \begin{pmatrix}7\\4\\3\end{pmatrix}$, M(7 | 4 | 3), M = F,

$\vec{u}$, $\overrightarrow{PP'} \cdot \vec{u} = \begin{pmatrix}4\\12\\4\end{pmatrix} \cdot \begin{pmatrix}8\\-2\\-2\end{pmatrix} = 32 - 24 - 8 = 0$

5 $\vec{n} = \begin{pmatrix}2\\3\\1\end{pmatrix}$, $\overrightarrow{AB} = \begin{pmatrix}-8\\-12\\-4\end{pmatrix} = -4 \cdot \vec{n}$

Der Mittelpunkt M (1 | 1 | 5) der Strecke AB ist ein Punkt der Ebene E, da 2 · 1 + 3 · 1 + 5 = 10. Die Punkte A und B liegen symmetrisch zur Ebene E.

6 Mittelpunkt der Strecke AB: M(−2 | 4 | 2)

$\vec{n} = \overrightarrow{AB} = \begin{pmatrix}-8\\-2\\-4\end{pmatrix}$, E: $-8x_1 - 2x_2 - 4x_3 = 0$

VIII Klausurtraining ohne Hilfsmittel, Seite 61

1 a) $d = \left|\left[\begin{pmatrix}2\\10\\-6\end{pmatrix} - \begin{pmatrix}5\\1\\0\end{pmatrix}\right] \cdot \frac{1}{3}\begin{pmatrix}2\\-2\\1\end{pmatrix}\right| = \frac{1}{3}\left|\begin{pmatrix}-3\\9\\-6\end{pmatrix} \cdot \begin{pmatrix}2\\-2\\1\end{pmatrix}\right| = 10$

b) $d = \frac{6 \cdot 5 + 17 \cdot 6 - 6 \cdot 3 - 19}{\sqrt{36 + 289 + 36}} = \frac{95}{19} = 5$

2 a) Ebene E hat den Normalenvektor $\vec{n} = \begin{pmatrix}3\\2\\2\end{pmatrix}$.

Er ist orthogonal zu den Spannvektoren der Ebene E,

da gilt: $\begin{pmatrix}3\\2\\2\end{pmatrix} \cdot \begin{pmatrix}0\\-2\\2\end{pmatrix} = -4 + 4 = 0$, $\begin{pmatrix}3\\2\\2\end{pmatrix} \cdot \begin{pmatrix}-2\\0\\3\end{pmatrix} = -6 + 6 = 0$.

Also ist n auch ein Normalenvektor von F.
Wenn die Ebenen E und F identisch wären, müsste der Punkt P(4 | 4 | 1) der Ebene F auch ein Punkt der Ebene E sein.

$\left|\left[\begin{pmatrix}4\\4\\1\end{pmatrix} - \begin{pmatrix}0\\2\\2\end{pmatrix}\right] \cdot \begin{pmatrix}3\\2\\2\end{pmatrix}\right| = \left|\begin{pmatrix}4\\2\\-1\end{pmatrix} \cdot \begin{pmatrix}3\\2\\2\end{pmatrix}\right| = 14 \neq 0$

Die Ebenen E und F sind daher parallel.
b) Abstandbestimmung erfolgt über den Abstand des Punktes P(4 | 4 | 1) der Ebene F zur Ebene E: Einheitsnormalenvektor von E:

$\overrightarrow{n_0} = \frac{1}{\sqrt{17}}\begin{pmatrix}3\\2\\2\end{pmatrix}$;

$d(E;F) = d(R;E) = \left|\left[\begin{pmatrix}4\\4\\1\end{pmatrix} - \begin{pmatrix}0\\2\\2\end{pmatrix}\right] \cdot \begin{pmatrix}3\\2\\2\end{pmatrix}\frac{1}{\sqrt{17}}\right| = \left|\begin{pmatrix}4\\2\\-1\end{pmatrix} \cdot \begin{pmatrix}3\\2\\2\end{pmatrix}\right|\frac{1}{\sqrt{17}} = \frac{14}{\sqrt{17}}$

3 a) Da g und h denselben Stützvektor haben, sind sie entweder identisch oder sie schneiden sich im Punkt S(3 | 2 | 5). Da die Richtungsvektoren keine Vielfachen voneinander sind, liegt ein gemeinsamer Schnittpunkt vor, daher ist der Abstand d = 0.
b) Der Richtungsvektor von g ist das (−2)-Fache des Richtungsvektors von h, daher verlaufen die Geraden parallel oder sie sind identisch. Der Punkt Q(−4 | 0 | 3) der Gerade h liegt jedoch nicht auf g, da $\begin{pmatrix}-4\\0\\3\end{pmatrix} = \begin{pmatrix}-4\\1\\3\end{pmatrix} + r\begin{pmatrix}4\\2\\-6\end{pmatrix}$ keine eindeutige Lösung für r ergibt. Daher verlaufen g und h parallel.
Abstandsbestimmung: Gesucht ist der Vektor $\overrightarrow{P_rQ}$ von einem Punkt P_r der Gerade g zum Punkt Q der Gerade h, der orthogonal zur h verläuft. Die Länge dieses Vektors liefert dann den Abstand von g zu h.

$P_r(-4 + 4r \mid 1 + 2r \mid 3 - 6r)$, also $\overrightarrow{P_rQ} = \begin{pmatrix}-4r\\-1-2r\\6r\end{pmatrix}$;

Aus $\begin{pmatrix}-4r\\-1-2r\\6r\end{pmatrix} \cdot \begin{pmatrix}-2\\-1\\3\end{pmatrix} = 0$ folgt, $8r + 1 + 2r + 18r = 0$. Also $r = -\frac{1}{28}$.

Somit ist $d(g;h) = \left|\overrightarrow{P_{-\frac{1}{28}}Q}\right| = \left|\begin{pmatrix}-\frac{1}{7}\\-\frac{13}{14}\\-\frac{3}{14}\end{pmatrix}\right| = \sqrt{\frac{13}{14}}$

4 Gegeben sind die windschiefen Geraden g: $\vec{x} = \vec{p} + r\vec{u}$ und h: $\vec{x} = \vec{q} + s\vec{v}$.
Verfahren zur Abstandbestimmung:
Man bezeichnet die Punkte der Geraden g mit P_r, die Punkte der Geraden h mit Q_s. Dann bildet man den Vektor $\overrightarrow{P_rQ_s}$.
Die gesuchte kürzeste Strecke zwischen g und h muss orthogonal zu g und zu h sein. Aus $\overrightarrow{P_rQ_s} \cdot \vec{u} = 0$ und $\overrightarrow{P_rQ_s} \cdot \vec{v} = 0$ erhält man ein LGS. Als Lösung des LGS erhält man r und s.
Man berechnet mit r und s die Koordinaten der gesuchten Punkte P und Q. Der gesuchte Abstand $d(g;h) = |\overrightarrow{PQ}|$.
Alternatives Verfahren:
Man bestimmt einen Normaleneinheitsvektor der Ebene, die g enthält und parallel zu h verläuft. Den Normalenvektor erhält man als orthogonalen Vektor zu den beiden Richtungsvektoren $\vec{u}$ und $\vec{v}$. Für den gesuchten Abstand gilt: $d(g;h) = |(\vec{q} - \vec{p}) \cdot \overrightarrow{n_0}|$.

5 a) Die Aussage ist falsch. Wenn der Winkel α zwischen den Vektoren $\vec{a}$ und $\vec{b}$ 50° beträgt (also 0° < α < 90°), gilt $|\vec{a} \cdot \vec{b}| = \vec{a} \cdot \vec{b}$. Für den Schnittwinkel β zwischen den zwei Ebenen gilt demnach: $\cos(\beta) = \frac{|\vec{a} \cdot \vec{b}|}{|\vec{a}| \cdot |\vec{b}|} = \frac{\vec{a} \cdot \vec{b}}{|\vec{a}| \cdot |\vec{b}|} = \cos(50°)$.
Also β = α = 50°.
b) Die Aussage ist richtig. Für den Winkel zwischen den Vektoren $\vec{a}$ und $\vec{b}$ gilt: $\cos(50°) = \frac{\vec{a} \cdot \vec{b}}{|\vec{a}| \cdot |\vec{b}|}$. Da 0° < α < 90° ist,

ist $\vec{a} \cdot \vec{b}$ positiv. Für den Schnittwinkel zwischen einer Geraden mit dem Richtungsvektor $\vec{a}$ und einer Ebene mit dem Normalenvektor $\vec{b}$ gilt: $\sin(\alpha) = \frac{|\vec{a} \cdot \vec{b}|}{|\vec{a}| \cdot |\vec{b}|} = \frac{\vec{a} \cdot \vec{b}}{|\vec{a}| \cdot |\vec{b}|} = \cos(50°)$.

Da $\sin(\alpha) = \cos(90° - \alpha)$ ist, gilt $\alpha = 90° - 50° = 40°$.

c) Die Aussage ist falsch, denn das hieße, dass die Gerade g in der Ebene E liegt, also P(2 | 1 | 2) ein Punkt der Ebene wäre. Da aber $2 - 2 \cdot 1 + 2 = 2 \neq 4$ ist, ist P kein Punkt der Ebene.

6 a) $\overrightarrow{OA'} = \overrightarrow{OZ} + \overrightarrow{AZ} = \begin{pmatrix} 3 \\ 4 \\ -3 \end{pmatrix} + \begin{pmatrix} 4 \\ 2 \\ -4 \end{pmatrix} = \begin{pmatrix} 7 \\ 6 \\ -7 \end{pmatrix}$, A'(7 | 6 | −7)

b) $\overrightarrow{OM} = \overrightarrow{OB} + \frac{1}{2}\overrightarrow{BB'} = \begin{pmatrix} -1 \\ -4 \\ -9 \end{pmatrix} + \frac{1}{2}\begin{pmatrix} 4 \\ -4 \\ 2 \end{pmatrix} = \begin{pmatrix} 1 \\ -6 \\ -8 \end{pmatrix}$;

M(1 | −6 | −8); M ist ein Punkt der gesuchten Ebene und $\overrightarrow{BB'}$ ein möglicher Normalenvektor. Also gilt:

$E: \left[\vec{x} - \begin{pmatrix} 1 \\ -6 \\ -8 \end{pmatrix}\right] \cdot \begin{pmatrix} 4 \\ -4 \\ 2 \end{pmatrix} = 0$ oder $E: 4x_1 - 4x_2 + 2x_3 = 12$,

da $4 \cdot 1 - 4 \cdot (-6) + 2 \cdot (-8) = 12$.

7 a) Da der Normalenvektor der Ebene E und der Richtungsvektor der Geraden g orthogonal zueinander sind

(denn $\begin{pmatrix} 2 \\ 0 \\ 1 \end{pmatrix} \cdot \begin{pmatrix} 1 \\ 4 \\ -2 \end{pmatrix} = 0$), ist g parallel zu E, denn P(2 | 1 | 3) ist kein Punkt der Ebene ($2 \cdot 1 + 4 \cdot 1 - 2 \cdot 3 = 0 \neq 21$).

Lotgerade h, die orthogonal zu E und durch P verläuft:

$h: \vec{x} = \begin{pmatrix} 2 \\ 1 \\ 3 \end{pmatrix} + t\begin{pmatrix} 1 \\ 4 \\ -2 \end{pmatrix}$

Lotfußpunkt F: $(2 + t) + 4(1 + 4t) - 2(3 - 2t) = 21$

$t = 1$ F(3 | 5 | 1)

Bildpunkt P': $\overrightarrow{OP'} = \overrightarrow{OF} + \overrightarrow{PF} = \begin{pmatrix} 3 \\ 5 \\ 1 \end{pmatrix} + \begin{pmatrix} 1 \\ 4 \\ -2 \end{pmatrix} = \begin{pmatrix} 4 \\ 9 \\ -1 \end{pmatrix}$, P(4 | 9 | −1)

Da die Bildgerade g' parallel zu E und somit zu g verläuft, kann ihr Richtungsvektor $\vec{u'} = \vec{u}$ gewählt werden. Damit gilt:

$g': \vec{x} = \begin{pmatrix} 4 \\ 9 \\ -1 \end{pmatrix} + t\begin{pmatrix} 1 \\ 4 \\ -2 \end{pmatrix}$

b) Die Gerade g kann die Ebene E auch durchstoßen.
Verfahren zur Bestimmung der Bildgeraden:
Man bestimmt den Durchstoßpunkt D.
Man wählt einen weiteren Punkt P der Geraden g (günstig ist der durch den Stützvektor gegebene Punkt) und spiegelt diesen mithilfe einer Lotgeraden an E. So erhält man P'.
So ergibt sich die Bildgerade $g': \vec{x} = \overrightarrow{OD} + t\,\overrightarrow{DP'}$.

VIII Klausurtraining mit Hilfsmitteln, Seite 62

1 a) $d = \left|\frac{-7 + 4 - 0 - 3}{\sqrt{1 + 4 + 4}}\right| = \frac{6}{3} = 2$

$E_2: x_1 + 2x_2 - 2x_3 = b$,
P in E_2: $-7 + 2 \cdot 2 - 2 \cdot 0 = b \Rightarrow b = -3$,
also $E_2: x_1 + 2x_2 - 2x_3 = -3$

b) $E_3: x_1 + 2x_2 - 2x_3 = c$

Vergleich der rechten Gleichungsseiten von E_1 und E_2 zeigt die Differenz 6 (3 − (−3) = 6). Diese Differenz müssen bei gleichem Abstand auch die Gleichungen von E_2 und E_3 aufweisen.
Somit ergibt sich c = 9. Also $E_3: x_1 + 2x_2 - 2x_3 = 9$.
Alternativer Weg: Sei Q ein Punkt von E_3, so gilt:

$d(Q; E_1) = \left|\frac{q_1 + 2q_2 - 2q_3 - 3}{\sqrt{1 + 4 + 4}}\right| = \left|\frac{c - 3}{3}\right| = 2$

$\Rightarrow |c - 3| = 6 \Rightarrow c = 9$ oder $c = -3$.

3 a) $\overrightarrow{BC} = \begin{pmatrix} -6 \\ 8 \\ 0 \end{pmatrix}$, $\overrightarrow{BA} = \begin{pmatrix} -8 \\ -6 \\ 0 \end{pmatrix}$, Die Vektoren haben offensichtlich denselben Betrag. Außerdem gilt:

$\overrightarrow{BC} \cdot \overrightarrow{BA} = \begin{pmatrix} -6 \\ 8 \\ 0 \end{pmatrix} \cdot \begin{pmatrix} -8 \\ -6 \\ 0 \end{pmatrix} = 0$, d.h. die Vektoren stehen senkrecht aufeinander, so dass A, B und C die Eckpunkte eines Quadrates sein können.

$\overrightarrow{OD} = \overrightarrow{OA} + \overrightarrow{BC} = \begin{pmatrix} 0 \\ -6 \\ 0 \end{pmatrix} + \begin{pmatrix} -6 \\ 8 \\ 0 \end{pmatrix} = \begin{pmatrix} -6 \\ 2 \\ 0 \end{pmatrix}$, D(−6 | 2 | 0)

$\overrightarrow{OM} = \overrightarrow{OB} + \frac{1}{2}\overrightarrow{BC} + \frac{1}{2}\overrightarrow{BA} = \begin{pmatrix} 1 \\ 1 \\ 0 \end{pmatrix}$, M (1 | 1 | 0)

Also gilt für die Spitze: S(1 | 1 | 10).

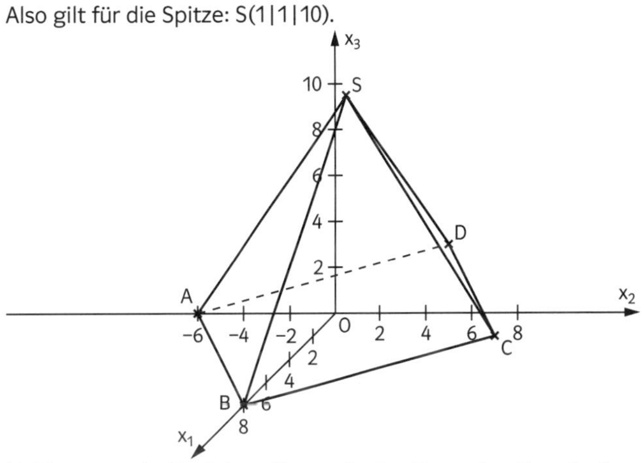

b) Einsetzen der Punktkoordinaten in die allgemeine Koordinatengleichung ergibt folgendes LGS:

$8a_1 = b$		$a_1 = \frac{1}{8}b$
$2a_1 + 8a_2 = b$	Der GTR liefert:	$a_2 = \frac{3}{32}b$
$a_1 + a_2 + 10a_3 = b$		$a_3 = \frac{5}{64}b$

Sei b = 64, so ergibt sich $a_1 = 8$, $a_2 = 6$ und $a_3 = 5$.
$E_1: 8x_1 + 6x_2 + 5x_3 = 64$
Schnittwinkel α zwischen E_1 und E_2:

$\cos(\alpha) = \frac{\left|\begin{pmatrix} 8 \\ 6 \\ 5 \end{pmatrix} \cdot \begin{pmatrix} 6 \\ -8 \\ 5 \end{pmatrix}\right|}{\left|\begin{pmatrix} 8 \\ 6 \\ 5 \end{pmatrix}\right| \cdot \left|\begin{pmatrix} 6 \\ -8 \\ 5 \end{pmatrix}\right|} = \frac{25}{\sqrt{125^2}} = \frac{25}{125} = \frac{1}{5}$, α = 78,5°

Schnittwinkel β zwischen Seitenfläche und x_1x_2-Ebene:

$\cos(\beta) = \frac{\left|\begin{pmatrix} 8 \\ 6 \\ 5 \end{pmatrix} \cdot \begin{pmatrix} 0 \\ 0 \\ 1 \end{pmatrix}\right|}{\left|\begin{pmatrix} 8 \\ 6 \\ 5 \end{pmatrix}\right| \cdot \left|\begin{pmatrix} 0 \\ 0 \\ 1 \end{pmatrix}\right|} = \frac{5}{\sqrt{125}}$, β = 63,4°

c) Gerade entlang der Kante $\overline{BS}$: $g: \vec{x} = \begin{pmatrix} 8 \\ 0 \\ 0 \end{pmatrix} + t\begin{pmatrix} -7 \\ 1 \\ 10 \end{pmatrix}$;

Gerade entlang der Fahnenstange: $f: \vec{x} = \begin{pmatrix} 7 \\ 3 \\ 0 \end{pmatrix} + r\begin{pmatrix} 0 \\ 0 \\ 1 \end{pmatrix}$

$P_t(8 - 7t | t | 10t)$, $Q_r(7 | 3 | r)$;

$\overrightarrow{Q_rP_t} = \begin{pmatrix} 8 - 7t - 7 \\ t - 3 \\ 10t - r \end{pmatrix} = \begin{pmatrix} 1 - 7t \\ -3 + t \\ 10t - r \end{pmatrix}$

$\overrightarrow{Q_rP_t} \cdot \begin{pmatrix} 0 \\ 0 \\ 1 \end{pmatrix} = 0$ und $\overrightarrow{Q_rP_t} \cdot \begin{pmatrix} -7 \\ 1 \\ 10 \end{pmatrix} = 0$ liefert das LGS:

$10t - r = 0$
$-10 + 150t - 10r = 0$ GTR liefert: t = 0,2; r = 2.

$Q_2(7 | 3 | 2)$, $P_{0,2}(6,6 | 0,2 | 2)$

$\left|\overrightarrow{Q_2P_{0,2}}\right| = \left|\begin{pmatrix} 6,6 - 7 \\ 0,2 - 3 \\ 2 - 2 \end{pmatrix}\right| = \left|\begin{pmatrix} -0,4 \\ -2,8 \\ 0 \end{pmatrix}\right| = \sqrt{8} \approx 2,83$

Der Abstand der Fahnenstange zur Kante $\overline{BS}$ beträgt etwa 2,83 m.

4 a) $\begin{pmatrix} 95 \\ -1450 \\ 153{,}75 \end{pmatrix} + t\begin{pmatrix} -0{,}1 \\ 22 \\ -1{,}5 \end{pmatrix} = \begin{pmatrix} 87{,}3 \\ 224 \\ p_3 \end{pmatrix} \Rightarrow t = 77$

Also ist $p_3 = 153{,}75 - 1{,}5 \cdot 77 = 38{,}25$. Das Flugzeug überfliegt die Kirchturmspitze in einer Höhe von 38,25 m und daher mit einem Abstand von 17,75 m.

b) Normalenvektor der Ebene ABCD:

Der Ansatz $\vec{n} \cdot \overrightarrow{AB} = 0$ und $\vec{n} \cdot \overrightarrow{AC} = 0$ liefert als möglichen Normalenvektor $\vec{n} = \begin{pmatrix} 0 \\ -1 \\ 200 \end{pmatrix}$.

Landewinkel α:

$$\sin(\alpha) = \frac{\left|\begin{pmatrix} 0 \\ -1 \\ 200 \end{pmatrix} \cdot \begin{pmatrix} -0{,}1 \\ 22 \\ -1{,}5 \end{pmatrix}\right|}{\left|\begin{pmatrix} 0 \\ -1 \\ 200 \end{pmatrix}\right| \cdot \left|\begin{pmatrix} -0{,}1 \\ 22 \\ -1{,}5 \end{pmatrix}\right|} = \frac{|-322|}{\sqrt{19\,450\,886{,}26}}$$

$\alpha \approx 4{,}2°$.

c) Gleichsetzen der Geradengleichungen (zuvor Parameter von Gerade h in r ändern) liefert:

$r\begin{pmatrix} -2 \\ 30 \\ -4 \end{pmatrix} + t\begin{pmatrix} -0{,}1 \\ 22 \\ -1{,}5 \end{pmatrix} = \begin{pmatrix} 58 \\ -460 \\ 90 \end{pmatrix}$. GTR liefert: $t = 20$ und $r = -30$.

Dies bedeutet, dass die Flugbahnen einen gemeinsamen Punkt haben ($S(93\,|\,-1010\,|\,123{,}75)$), allerdings passieren die Flugzeuge ihn mit einem Zeitabstand von $20\,s - (-30\,s) = 50\,s$.

d) Zu einem beliebigen Zeitpunkt t befinden sich die beiden Flugzeuge an diesen beiden Punkten ihrer Flugbahn:

$Q_t(153 + 2t\,|\,-1910 - 30t\,|\,243{,}75 + 4t)$,

$P_t(95 - 0{,}1t\,|\,-1450 + 22t\,|\,153{,}75 - 1{,}5t)$.

Gesucht ist derjenige Zeitpunkt t, an dem der Abstand zwischen den beiden Punkten minimal wird.

$d(t) = |\overrightarrow{P_tQ_t}| = \sqrt{(58 + 2{,}1t)^2 + (-460 - 52t)^2 + (90 + 5{,}5t)^2}$

Mit GTR bestimmt man das Minimum der Funktion d(t) bei $t \approx -9$.

Die Flugzeuge hatten zum Zeitpunkt $t = -9$ Sekunden den minimalen Abstand zueinander.

IX Beweisen in der Geometrie

IX Beweisen in der Geometrie (1), Seite 63

1 a) $\vec{a} \cdot \vec{b} = 1 \cdot 6 + 2 \cdot (-3) + 3 \cdot 0 = 0$; $|\vec{a}|^2 = 14$; $|\vec{b}|^2 = 45$;

$\vec{a} + \vec{b} = \begin{pmatrix} 7 \\ -1 \\ 3 \end{pmatrix}$; $|\vec{a} + \vec{b}|^2 = 59 = 14 + 45$

b) Voraussetzung: $\vec{a} \cdot \vec{b} = 0$;

Behauptung: $|\vec{a} + \vec{b}|^2 = |\vec{a}|^2 + |\vec{b}|^2$;

$|\vec{a} + \vec{b}|^2 = (\vec{a} + \vec{b})^2 = \vec{a}^2 + 2\vec{a} \cdot \vec{b} + \vec{b}^2$
$= \vec{a}^2 + \vec{b}^2 = |\vec{a}|^2 + |\vec{b}|^2$

2 a) $M\begin{pmatrix} 2{,}5 \\ -1{,}5 \\ 2 \end{pmatrix}$; $\overrightarrow{AC} = \begin{pmatrix} 7 \\ -3 \\ -2 \end{pmatrix}$; $\overrightarrow{BC} = \begin{pmatrix} 2 \\ 2 \\ 4 \end{pmatrix}$; $\overrightarrow{AC} \cdot \overrightarrow{BC} = 14 - 6 - 8 = 0$;

$\overrightarrow{MA} = \begin{pmatrix} -2{,}5 \\ 2{,}5 \\ 3 \end{pmatrix}$; $\overrightarrow{MC} = \begin{pmatrix} 4{,}5 \\ -0{,}5 \\ 1 \end{pmatrix}$; $|\overrightarrow{MA}| = \sqrt{2{,}5^2 + (-2{,}5)^2 + 3^2} = \sqrt{21{,}5}$;

$|\overrightarrow{MC}| = \sqrt{4{,}5^2 + (-0{,}5)^2 + 1^2} = \sqrt{21{,}5}$

b) $\overrightarrow{AC} = \vec{a}$; $\overrightarrow{BC} = \vec{b}$; Voraussetzung: $\vec{a} \cdot \vec{b} = 0$; $\overrightarrow{AB} = \vec{a} - \vec{b}$;

$\overrightarrow{MA} = \frac{1}{2}(\vec{b} - \vec{a})$; $\overrightarrow{MB} = \frac{1}{2}(\vec{a} - \vec{b})$;

$\overrightarrow{MC} = \overrightarrow{MB} + \vec{b} = \frac{1}{2}\vec{a} - \frac{1}{2}\vec{b} + \vec{b} = \frac{1}{2}(\vec{a} + \vec{b})$;

$|\overrightarrow{MA}|^2 = (\overrightarrow{MA})^2 = \frac{1}{4}(\vec{b} - \vec{a})^2 = \frac{1}{4}(\vec{b}^2 - 2\vec{b} \cdot \vec{a} + \vec{a}^2) = \frac{1}{4}(\vec{b}^2 + \vec{a}^2)$;

$|\overrightarrow{MB}| = |-\overrightarrow{MA}| = |\overrightarrow{MA}|$;

$|\overrightarrow{MC}|^2 = \frac{1}{4}(\vec{a} + \vec{b})^2 = \frac{1}{4}(\vec{a}^2 - 2\vec{a} \cdot \vec{b} + \vec{b}^2) = \frac{1}{4}(\vec{a}^2 + \vec{b}^2) = |\overrightarrow{MA}|^2$;

weil Beträge positiv sind gilt dann $|\overrightarrow{MA}| = |\overrightarrow{MC}|$.

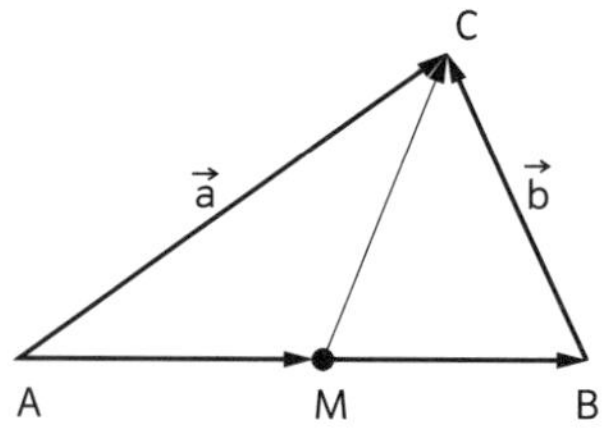

3 Es ist die linke untere Zeichnung.

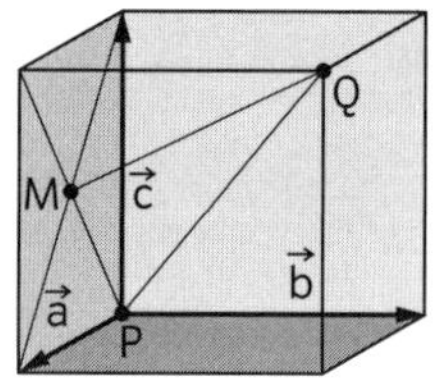

$\overrightarrow{MP} = -\frac{1}{2}\vec{c} - \frac{1}{2}\vec{a}$;

$\overrightarrow{MQ} = \overrightarrow{MP} + \vec{a} + \vec{b}$

$= -\frac{1}{2}\vec{c} + \frac{1}{2}\vec{a} + \vec{b}$;

$\overrightarrow{MP} \cdot \overrightarrow{MQ} = \left(-\frac{1}{2}\vec{c} - \frac{1}{2}\vec{a}\right) \cdot \left(-\frac{1}{2}\vec{c} + \frac{1}{2}\vec{a} + \vec{b}\right)$

$= \frac{1}{4}\vec{c}^2 - \frac{1}{4}\vec{c} \cdot \vec{a} - \frac{1}{2}\vec{c} \cdot \vec{b} - \frac{1}{4}\vec{a} \cdot \vec{c} - \frac{1}{4}\vec{a}^2 + \frac{1}{2}\vec{a} \cdot \vec{b} = 0$

weil $\vec{a}$; $\vec{b}$; $\vec{c}$ jeweils senkrecht zueinander und deshalb $\vec{a} \cdot \vec{b} = \vec{b} \cdot \vec{c} = \vec{a} \cdot \vec{c} = 0$ und die Seiten gleich lang sind, also $\vec{a}^2 = \vec{c}^2$.

4 Voraussetzung: $\overrightarrow{AB} = \overrightarrow{DC} = \vec{a}$; $\overrightarrow{AD} = \overrightarrow{BC} = \vec{b}$; $\overrightarrow{AC} \cdot \overrightarrow{BD} = 0$

Behauptung: Benachbarte Seiten sind gleich lang;

$|\vec{a}| = |\vec{b}|$; $\overrightarrow{AC} \cdot \overrightarrow{BD} = (\vec{a} + \vec{b}) \cdot (\vec{b} - \vec{a}) = \vec{b}^2 - \vec{a}^2 = 0$;

daraus folgt: $\vec{a}^2 = \vec{b}^2$, also $|\vec{a}| = |\vec{b}|$.

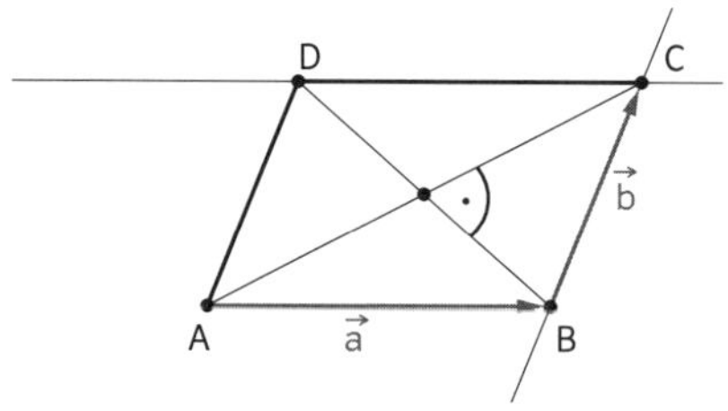

IX Beweisen in der Geometrie (2), Seite 64

1 $A(0\,|\,0)$; $B(1\,|\,0)$; $C(1\,|\,1)$; $D(0\,|\,1)$

$P(p\,|\,0)$; $Q(q\,|\,1)$; $R(0\,|\,r)$

$g: \vec{x} = \begin{pmatrix} p \\ 0 \end{pmatrix} + u\begin{pmatrix} q - p \\ 1 \end{pmatrix}$;

h ist orthogonal zu g deshalb gilt $h: \vec{x} = \begin{pmatrix} 0 \\ r \end{pmatrix} + v\begin{pmatrix} 1 \\ p - q \end{pmatrix}$.

Die x-Koordinate von S ist 1,

also ist $v = 1$. $S(1\,|\,r + p - q)$

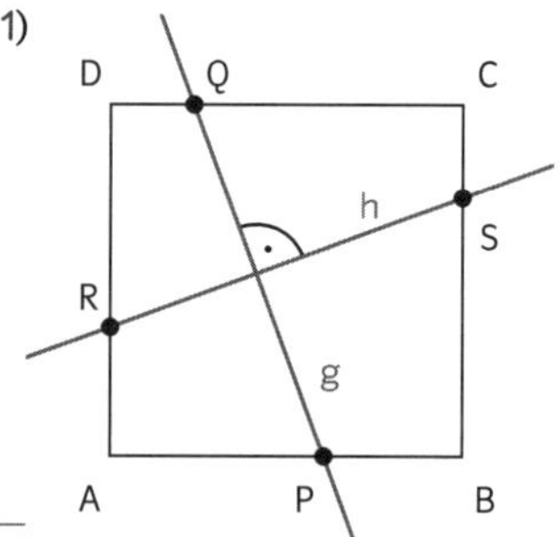

$\overrightarrow{PQ} = \begin{pmatrix} q - p \\ 1 \end{pmatrix}$; $|\overrightarrow{PQ}| = \sqrt{(q - p)^2 + 1}$;

$\overrightarrow{RS} = \begin{pmatrix} 1 \\ p - q \end{pmatrix}$; $|\overrightarrow{RS}| = \sqrt{(p - q)^2 + 1} = \sqrt{(q - p)^2 + 1}$

2 $C(0\,|\,0)$; $A(-a\,|\,h)$; $B(a\,|\,h)$

Gerade (CA): $\vec{x} = s\begin{pmatrix} -a \\ h \end{pmatrix}$

Gerade (BQ) orthogonal zu (CA): $\vec{x} = \begin{pmatrix} a \\ h \end{pmatrix} + u\begin{pmatrix} h \\ a \end{pmatrix}$

Schnittpunkt von (CA) und (BQ):

I $\;-sa = a + uh$

II $\;sh = h + ua$

$h \cdot \text{I} + a \cdot \text{II}: 0 = 2ah + u(h^2 + a^2)$

$u = \frac{-2ah}{h^2 + a^2}$; $Q\left(a - \frac{2ah^2}{h^2 + a^2}\,\middle|\,h - \frac{2a^2h}{h^2 + a^2}\right)$

$|\overrightarrow{BQ}| = \sqrt{\left(-\frac{2ah^2}{h^2 + a^2}\right)^2 + \left(-\frac{2a^2h}{h^2 + a^2}\right)^2}$

Gerade (CB): $\vec{x} = t\begin{pmatrix} a \\ h \end{pmatrix}$.

Gerade (AP) orthogonal zu (CB): $\vec{x} = \begin{pmatrix} -a \\ h \end{pmatrix} + v\begin{pmatrix} h \\ -a \end{pmatrix}$;

Schnittpunkt von (CB) und (AP):

I $ta = -a + vh$

II $th = h - va$

$h \cdot I - a \cdot II$: $0 = -2ah + v(h^2 + a^2)$

$v = \frac{2ah}{h^2+a^2}$; $P\left(-a + \frac{2ah^2}{h^2+a^2} \middle| h - \frac{2a^2h}{h^2+a^2}\right)$

$|\overrightarrow{AP}| = \sqrt{\left(\frac{2ah^2}{h^2+a^2}\right)^2 + \left(-\frac{2a^2h}{h^2+a^2}\right)^2}$

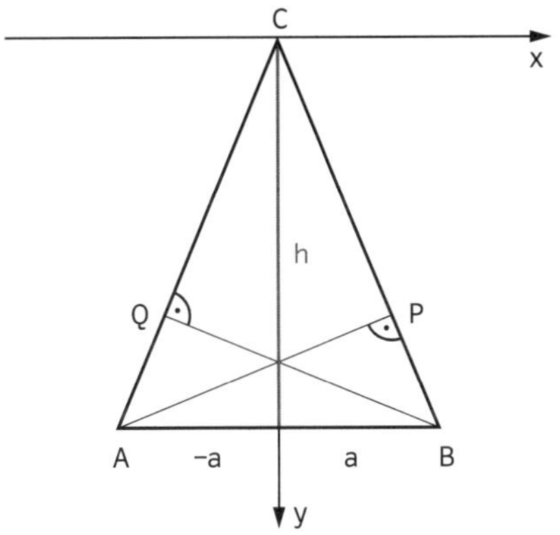

3 Voraussetzung: $|\overrightarrow{AC}| = |\overrightarrow{BC}|$; $\overrightarrow{AM} = \overrightarrow{MB}$;

Behauptung: $\overrightarrow{AB} \cdot \overrightarrow{MC} = 0$

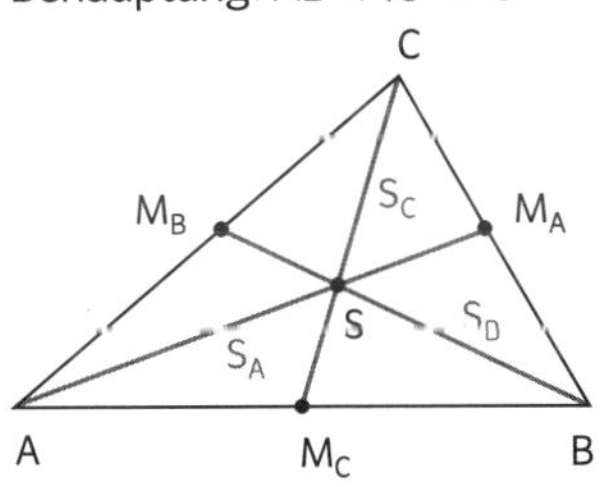

4 Festlegung eines Koordinatensystems:

$A(0|0)$; $B(x_b|0)$; $C(x_C|y_C)$

Koordinaten der Mittelpunkte $M_A\left(\frac{x_b + x_c}{2} \middle| \frac{y_c}{2}\right)$; $M_B\left(\frac{x_c}{2} \middle| \frac{y_c}{2}\right)$;

$M_C\left(\frac{x_b}{2} \middle| 0\right)$;

Gleichung der Seitenhalbierenden durch A s_A: $\vec{x} = r\begin{pmatrix} \frac{x_b + x_c}{2} \\ \frac{y_c}{2} \end{pmatrix}$;

durch B s_B: $\vec{x} = \begin{pmatrix} x_b \\ 0 \end{pmatrix} + s\begin{pmatrix} \frac{x_c}{2} - x_b \\ \frac{y_c}{2} \end{pmatrix}$; durch C s_C: $\vec{x} = \begin{pmatrix} x_c \\ y_c \end{pmatrix} + t\begin{pmatrix} \frac{x_b}{2} - x_c \\ -y_c \end{pmatrix}$;

Schnittpunkt S von s_A und s_B: $r = s$, also $r\,\frac{x_b + x_c}{2} = x_b + r\left(\frac{x_c}{2} - x_b\right)$;

nach r aufgelöst: $r = \frac{2}{3}$.

$S\left(\frac{x_b + x_c}{3} \middle| \frac{y_c}{2}\right)$

Punktprobe von S in s_C: $\frac{y_c}{3} = y_c - ty_c$, ergibt $t = \frac{2}{3}$;

in erste Gleichung $\frac{x_b + x_c}{3} = x_c + \frac{2}{3}\left(\frac{x_b}{2} - x_c\right)$ stimmt.

IX Beweisen in der Geometrie (3), Seite 65

1 a) Normaleneinheitsvektor E_2: $\vec{n}_0 = \frac{1}{\sqrt{56}}\begin{pmatrix} -6 \\ 4 \\ 2 \end{pmatrix}$;

Hesse'sche Normalenform von E_2: $\frac{1}{\sqrt{56}}\begin{pmatrix} -6 \\ 4 \\ 2 \end{pmatrix} \cdot \vec{x} = 0$

$d(A; E_2) = \frac{1}{\sqrt{56}}\begin{pmatrix} -6 \\ 4 \\ 2 \end{pmatrix} \cdot \begin{pmatrix} a_1 \\ a_2 \\ a_3 \end{pmatrix} = \frac{1}{\sqrt{56}}\left|-6a_1 + 4a_2 + 2a_3\right|$

$\frac{1}{\sqrt{14}}(3a_1 + 2a_2 - a_3 - 1) = \pm\frac{1}{\sqrt{56}}(-6a_1 + 4a_2 + 2a_3)$;

Beachte: $\sqrt{56} = 2\sqrt{14}$

$6a_1 + 6a_1 + 4a_2 - 4a_2 - 2a_3 - 2a_3 - 2 = 0$ und

$6a_1 - 6a_1 + 4a_2 + 4a_2 - 2a_3 + 2a_3 - 2 = 0$

E_4: $8x^2 = 2$ (Man könnte jede der Gleichungen auch durch 2 dividieren.)

b) E_3 und E_2: $\cos\beta = \frac{\begin{pmatrix} 12 \\ 0 \\ -4 \end{pmatrix} \cdot \begin{pmatrix} -6 \\ 4 \\ 2 \end{pmatrix}}{\sqrt{160}\sqrt{56}} = \frac{-80}{\sqrt{160}\sqrt{56}} = \frac{-40}{\sqrt{160}\sqrt{14}} = -\cos\alpha$,

also $\alpha = \beta$, weil der Graph der Kosinusfunktion symmetrisch zur y-Achse ist.

Entsprechend ergibt sich für E_4 und E_1: $\cos\gamma = \frac{16}{8 \cdot \sqrt{14}}$ bzw.

E_4 und E_2: $\cos\delta = \frac{32}{8 \cdot \sqrt{56}} = \frac{16}{8 \cdot \sqrt{14}}$.

IX Klausurtraining, Seite 66

1 Das Dreieck werde durch die Vektoren $\vec{a}$ und $\vec{b}$ aufgespannt.

Die dritte Seite wird dann vom Vektor $\vec{b} - \vec{a}$ gebildet. Der Vektor $\overrightarrow{M_aM_b} = \frac{1}{2}\vec{b} - \frac{1}{2}\vec{a} = \frac{1}{2}(\vec{b} - \vec{a})$

ist dann parallel zu dieser Seite.

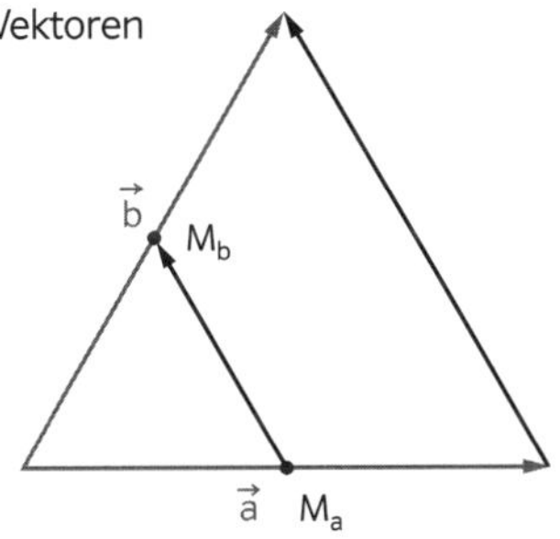

2 Voraussetzung Parallelogramm: $\overrightarrow{AB} = \overrightarrow{DC} = \vec{a}$ und $\overrightarrow{AD} = \overrightarrow{BC} = \vec{b}$, Diagonalen gleich lang $|\overrightarrow{AC}| = |\overrightarrow{BD}|$.

Behauptung: $\vec{a} \cdot \vec{b} = 0$; $\overrightarrow{AC}^2 = (\vec{a} + \vec{b})^2$; $\overrightarrow{BD}^2 = (\vec{b} - \vec{a})^2$;

Da $|\overrightarrow{AC}| = |\overrightarrow{BD}|$ ist $\overrightarrow{AC}^2 = \overrightarrow{BD}^2$, also $(\vec{a} + \vec{b})^2 = (\vec{b} - \vec{a})^2$;

$\vec{a}^2 + 2\vec{a}\vec{b} + \vec{b}^2 = \vec{a}^2 - 2\vec{a}\vec{b} + \vec{b}^2$, also $4\vec{a}\vec{b} = 0$; also $\vec{a}\vec{b} = 0$

3 a) Einfaches Beispiel: $A(0|0|0)$; $B(1|0|0)$; $D(0|1|0)$;

C wird nun nicht in der x_1x_2-Ebene, in der diese drei Punkte liegen, gewählt, z. B. $C(2|2|1)$.

b) Sei $\overrightarrow{AB} = \vec{a}$; $\overrightarrow{DC} = t\vec{a}$ und $\overrightarrow{AD} = \vec{b}$.

Alle Punkte liegen in der Ebene E: $\vec{x} = \overrightarrow{OA} + r\vec{a} + s\vec{b}$. Es gilt für A: $r = s = 0$; B: $r = 1$ und $s = 0$; C: $r = t$ und $s = 1$; D: $r = 0$ und $s = 1$;

4 Das Dreieck wird von den Vektoren $\vec{a}$, $\vec{b}$ und $\vec{b} - \vec{a}$ gebildet.

Eine Seitenhalbierende ist $\frac{1}{2}(\vec{b} - \vec{a})$. Der halbe Umfang des Dreiecks ist $\frac{U}{2} = \frac{1}{2}(|\vec{a}| + |\vec{b}| + |\vec{b} - \vec{a}|) > \frac{1}{2}|\vec{b} - \vec{a}| = \left|\frac{1}{2}(\vec{b} - \vec{a})\right|$.

Da die Vektoren beliebig vergeben wurden, gilt die Aussage für jede Seitenhalbierende.

5 Sei $\overrightarrow{AB} = \vec{a}$; $\overrightarrow{DC} = t\vec{a}$ und $\overrightarrow{AD} = \vec{b}$. $\overrightarrow{AM_1} = \frac{1}{2}\overrightarrow{AC} = \frac{1}{2}(\vec{b} + t\vec{a})$;

$\overrightarrow{BM_2} = \frac{1}{2}\overrightarrow{BD} = \frac{1}{2}(-\vec{a} + \vec{b})$; $\overrightarrow{M_1M_2} = -\overrightarrow{AM_1} + \overrightarrow{AB} + \overrightarrow{BM_2}$

$= -\frac{1}{2}(\vec{b} + t\vec{a}) + \vec{a} + \frac{1}{2}(-\vec{a} + \vec{b}) = \frac{1}{2}(\vec{a} - t\vec{a})$

Wir können die Bezeichnungen so wählen, dass $t < 1$ ist.

$2|\overrightarrow{M_1M_2}| = 2\left|\frac{1}{2}(\vec{a} - t\vec{a})\right| = 2\left|\frac{1}{2}(1 - t)\vec{a}\right| = (1 - t)|\vec{a}| = |\vec{a}| - t|\vec{a}|$

$= |\overrightarrow{AB}| - |\overrightarrow{CD}|$

6 a) Beispiel aus Aufgabe 3 (ohne Hilfsmittel):

Diagonalen AC: $\vec{x} = s\begin{pmatrix} 2 \\ 2 \\ 1 \end{pmatrix}$ und BD: $\vec{x} = \begin{pmatrix} 1 \\ 0 \\ 1 \end{pmatrix} + t\begin{pmatrix} 1 \\ -1 \\ 0 \end{pmatrix}$.

Gleichgesetzt und in GTR eingegeben ergibt sich als dritte Gleichung 0 = 1, also keine Lösung.

b) Verbindungsgeraden der Seitenmitten:

M_1M_3: $\vec{x} = \begin{pmatrix} 0,5 \\ 0 \\ 0 \end{pmatrix} + s \begin{pmatrix} 0,5 \\ 1,5 \\ 0,5 \end{pmatrix}$; M_2M_4: $\vec{x} = \begin{pmatrix} 0 \\ 0,5 \\ 0 \end{pmatrix} + t \begin{pmatrix} 1,5 \\ 0,5 \\ 0,5 \end{pmatrix}$.

Gleichgesetzt und in GTR eingegeben ergibt sich $s = t = 0,5$ und der Schnittpunkt $S \begin{pmatrix} 0,75 \\ 0,75 \\ 0,25 \end{pmatrix}$.

7 a) Wir setzen zwei Ebenen mit gleichem Normalenvektor an: E_1: $x_1 + 2x_2 - x_3 = 1$ und E_2: $x_1 + 2x_2 - x_3 = 3$;

Als parallele Geraden wählen wir zwei Geraden, deren Richtungsvektor nicht orthogonal zum Normalenvektor der Ebenen ist.

g: $\vec{x} = \begin{pmatrix} 1 \\ 0 \\ 1 \end{pmatrix} + s \begin{pmatrix} 2 \\ 1 \\ 1 \end{pmatrix}$; h: $\vec{x} = \begin{pmatrix} 0 \\ -1 \\ 1 \end{pmatrix} + s \begin{pmatrix} 2 \\ 1 \\ 1 \end{pmatrix}$.

Die Differenz der Stützvektoren ist kein Vielfaches des Richtungsvektors, also sind g und h verschieden.

Schnittpunkte von g mit E_1 und E_2:

$G_1\left(\frac{5}{3} \,\middle|\, \frac{1}{3} \,\middle|\, \frac{4}{3}\right)$; $G_2(3\,|\,1\,|\,2)$; $\left|\overrightarrow{G_1G_2}\right| = \frac{2}{3}\sqrt{6}$;

Schnittpunkte von h mit E_1 und E_2: $H_1\left(\frac{8}{3} \,\middle|\, \frac{1}{3} \,\middle|\, \frac{7}{3}\right)$; $H_2(4\,|\,1\,|\,3)$; $\left|\overrightarrow{H_1H_2}\right| = \frac{2}{3}\sqrt{6}$;

b) Dies ergibt sich automatisch aus der Berechnung des Schnittwinkels mit den beiden Ebenen, da beide Ebenen den gleichen Normaleneinheitsvektor haben.

8 a) Hesse'sche Normalenform von E_1:

$\frac{1}{\sqrt{6}}\begin{pmatrix} 2 \\ -1 \\ 1 \end{pmatrix} \cdot \left(\vec{x} - \begin{pmatrix} 1 \\ -3 \\ 0 \end{pmatrix}\right)$ und E_2: $\frac{1}{\sqrt{6}}\begin{pmatrix} 1 \\ 1 \\ -2 \end{pmatrix} \cdot \left(\vec{x} - \begin{pmatrix} 1 \\ 0 \\ 1 \end{pmatrix}\right) = 0$

$d(A; E_1) = \frac{1}{\sqrt{6}}\begin{pmatrix} 2 \\ -1 \\ 1 \end{pmatrix} \cdot \begin{pmatrix} a_1 - 1 \\ a_2 + 3 \\ a_3 \end{pmatrix} = \frac{1}{\sqrt{6}}|2a_1 - a_2 + a_3 - 5|$

$d(A; E_2) = \frac{1}{\sqrt{6}}\begin{pmatrix} 1 \\ 1 \\ -2 \end{pmatrix} \cdot \begin{pmatrix} a_1 - 1 \\ a_2 \\ a_3 - 1 \end{pmatrix} = \frac{1}{\sqrt{6}}|a_1 + a_2 - 2a_3 + 1|$

$\frac{1}{\sqrt{6}}(2a_1 - a_2 + a_3 - 5) = \pm\frac{1}{\sqrt{6}}(a_1 + a_2 - 2a_3 + 1)$;

$2a_1 - a_1 - a_2 - a_2 + a_3 + 2a_3 - 6 = 0$ und

$2a_1 + a_1 - a_2 + a_2 + a_3 - 2a_3 - 4 = 0$

E_3: $x_1 - 2x_2 + 3x_3 = 6$; E_4: $3x_1 - x_3 = 4$

b) E_3 und E_1: $\cos\alpha = \frac{7}{\sqrt{6}\sqrt{14}}$,

E_3 und E_2: $\cos\beta = \frac{-7}{\sqrt{6}\sqrt{14}}$, also $\alpha = \beta$, weil der Graph der Kosinusfunktion symmetrisch zur y-Achse ist.

Entsprechend ergibt sich für E_4 und E_1: $\cos\gamma = \frac{5}{\sqrt{6}\cdot\sqrt{10}}$ bzw. E_4 und E_2: $\cos\delta = \frac{5}{\sqrt{6}\cdot\sqrt{10}}$.

9 Seien $\vec{a}$ und $\vec{b}$ die Richtungsvektoren der beiden Geraden. Dann findet man den Richtungsvektor einer Winkelhalbierenden z. B. so: $t\vec{a}$ sei gleich lang wie $\vec{b}$ und M die Mitte der A gegenüber liegenden Seite im rechts gezeichneten Dreieck. Dann ist AM Winkelhalbierende als Symmetrieachse im gleichschenkligen Dreieck. Der Vektor, der senkrecht zu $\overrightarrow{AM}$ ist und in der Ebene liegt, die von $\vec{a}$ und $\vec{b}$ aufgespannt wird, ist Normalenvektor der gesuchten Ebene. $|\vec{a}| = \sqrt{5}$; $|\vec{b}| = \sqrt{45} = 3\sqrt{5}$;

$t = 3$; $\overrightarrow{AM} = \begin{pmatrix} 2,5 + 1,5 \\ 2 + 3 \\ -1 \end{pmatrix} = \begin{pmatrix} 4 \\ 5 \\ -1 \end{pmatrix}$; Normalenvektor $(r\vec{a} + s\vec{b}) \cdot \overrightarrow{AM} = 0$

ergibt: $4(r + 5s) + 5(2r + 4s) + 2s = 0$; $14r + 42s = 0$; $r = -3s$;

Wähle $r = -3$ und $s = 1$; das ergibt den Normalenvektor der gesuchten Ebene E: $\vec{n} = \begin{pmatrix} 1 \\ -1 \\ -1 \end{pmatrix}$. Nun benötigen wir noch den Schnittpunkt A der Geraden. Mit GTR ergibt sich: $A(3\,|\,1\,|\,1)$.

Gleichung der Ebene E: $x_1 - x_2 - x_3 = 1$.

Wir wählen z. B. den Punkt $P(1\,|\,0\,|\,0)$. Seien F_1 und F_2 die Fußpunkte der Lote von P auf die Geraden.

Dann gilt $\overrightarrow{PF_1} \cdot \vec{a} = 0$ und $\overrightarrow{PF_2} \cdot \vec{b} = 0$; also $(1 + r) + 2(-1 + 2r) = 0$;

$r = \frac{1}{5}$; $5(-3 + 5s) + 4(-3 + 4s) - 2(3 - 2s) = 0$; $s = \frac{11}{15}$;

$F_1\left(\frac{11}{5} \,\middle|\, -\frac{3}{5} \,\middle|\, 1\right)$; $F_2\left(\frac{25}{15} \,\middle|\, -\frac{1}{15} \,\middle|\, \frac{23}{15}\right)$

$\left|\overrightarrow{PF_1}\right| = \sqrt{\frac{36}{25} + \frac{9}{25} + 1} = \frac{1}{5}\sqrt{70}$; $\left|\overrightarrow{PF_2}\right| = \sqrt{\frac{100}{225} + \frac{1}{225} + \frac{529}{225}} = \sqrt{\frac{630}{225}} = \frac{1}{5}\sqrt{70}$

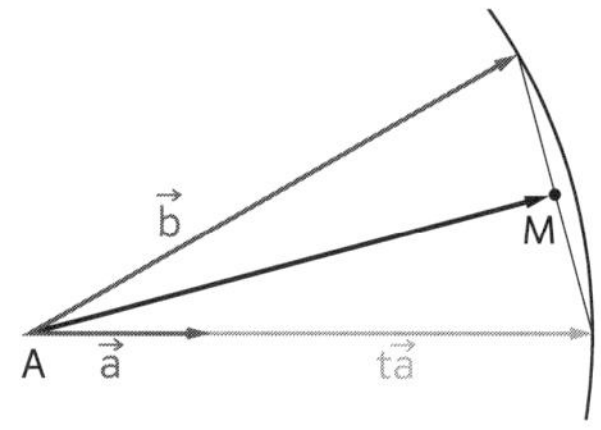

10 $A(a\,|\,0\,|\,0)$; $P(0,5a\,|\,1,5a\,|\,0)$; $Q(0\,|\,1,5a\,|\,0,5a)$

Gleichung der Geraden g durch A und Q: $\vec{x} = \begin{pmatrix} a \\ 0 \\ 0 \end{pmatrix} + s \begin{pmatrix} -1 \\ 1,5 \\ 0,5 \end{pmatrix}$

Gleichung der Ebene E die orthogonal zu g ist und durch P geht:

$-x_1 + 1,5x_2 + 0,5x_3 = 1,75a$

Koordinaten des Schnittpunktes S von g und E:

Vektor von g in Gleichung von E eingesetzt, ergibt $s = \frac{11}{14}a$ und

damit $S\left(\frac{3}{14}a \,\middle|\, \frac{33}{28}a \,\middle|\, \frac{11}{28}a\right)$. $\overrightarrow{PS} = \begin{pmatrix} -\frac{4}{14}a \\ -\frac{9}{28}a \\ \frac{11}{28}a \end{pmatrix}$

Länge des Vektors $\overrightarrow{PS}$: $d = \sqrt{\frac{64}{784} + \frac{81}{784} + \frac{121}{784}a} = \frac{a}{28}\sqrt{266} \approx 0,58a > \frac{1}{2}a$

X Schlüsselkonzept: Wahrscheinlichkeit

X Anzahl von Möglichkeiten – das Urnenmodell, Seite 67

1 a) Dann gibt es 8 Möglichkeiten.

b) … für die 1. Kugel 8 Möglichkeiten und für die 2. Kugel 8 Möglichkeiten, also insgesamt $8 \cdot 8 = 64$ Möglichkeiten.

c) Dann hat man für die 1. Kugel 8 Möglichkeiten und für die 2. Kugel 7 Möglichkeiten, also insgesamt $8 \cdot 7 = 56$ Möglichkeiten. Dabei muss diese Anzahl halbiert werden, weil die Reihenfolge uninteressant ist. Also gibt es 28 Möglichkeiten.

2 In der Urne sind 8 Kugeln, sie repräsentieren die Eissorten.

a) Ziehen von einer Kugel aus einer Urne mit 8 Kugeln.

b) Nacheinander Ziehen von 2 Kugeln aus einer Urne mit 8 Kugeln mit Zurücklegen.

c) Ziehen mit einem Griff von 2 Kugeln aus einer Urne mit 8 Kugeln.

3 a) → D b) → A c) → E d) → C

4 a) → 2^{12} b) → 12! c) → $\binom{12}{3}$ d) → $\binom{12}{3}$

e) → $12 \cdot 11 \cdot 10$ f) → 3^{12} g) 12^3

5 a) 2-maliges Ziehen ohne Zurücklegen (Vorsitzender, Stellvertreter) je einer Kugel aus einer Urne mit 7 Kugeln (4 Frauen, 3 Männer):

→ $7 \cdot 6 = 42$ Möglichkeiten

b) beides Männer **oder** beides Frauen:

→ $3 \cdot 2 + 4 \cdot 3 = 18$ Möglichkeiten

c) genau eine Frau **oder** beides Frauen:

→ $4 \cdot 3 \cdot 2 + 4 \cdot 3 = 36$ Möglichkeiten

(genau eine Frau kann jeweils als Vorsitzende oder als Stellvertreterin mit einem der drei Männer zusammenarbeiten)

X Wahrscheinlichkeiten mit dem Urnenmodell, Seite 68

1 Für die Wahrscheinlichkeiten bedeutet das

$\frac{5}{8} \cdot \frac{4}{7} + \frac{3}{8} \cdot \frac{2}{7} = \frac{13}{28}$

2 a) Stets die 1 oder stets die 2 oder … oder stets die 10:

$P(A) = 10 \cdot \frac{1}{10^3} = \frac{1}{100}$

b) $P(B) = \frac{10 \cdot 9 \cdot 8}{10^3} = \frac{18}{25}$

c) Die Nummern 1–7 sind nicht dabei, dafür alle Nummern von 8–10: $P(C) = \frac{\binom{7}{0} \cdot \binom{3}{3}}{\binom{10}{3}} = \frac{1}{120}$

d) $P(D) = \frac{\binom{5}{3}}{\binom{10}{3}} = \frac{1}{12}$

3 Anzahl aller Möglichkeiten: 8 Kugeln vertreten die Freunde, gezogen werden 5 Kugeln für die eingeladenen Freunde.

Die Anzahl aller Möglichkeiten ist also $\binom{8}{5} = 56$.

Wenn Moritz dabei sein soll, können nur noch 4 Freunde ausgelost werden, also $\binom{7}{4} = 35$

Wahrscheinlichkeit $P(A) = \frac{35}{56} = 0{,}625$

4 a) $P(A) = \frac{\binom{6}{0} \cdot \binom{43}{6}}{\binom{49}{6}} \approx 0{,}4360$ b) $P(B) = \frac{\binom{6}{4} \cdot \binom{43}{2}}{\binom{49}{6}} \approx 9{,}686 \cdot 10^{-4}$

c) $P(C) = \frac{1}{10} \cdot \frac{1}{\binom{49}{6}} \approx 7{,}151 \cdot 10^{-9}$

5 a) $P(A) = \frac{\binom{1}{1} \cdot \binom{19}{2}}{\binom{20}{3}} \approx 0{,}15$ b) $P(B) = \frac{\binom{13}{3} \cdot \binom{7}{0}}{\binom{20}{3}} \approx 0{,}2509$

c) $P(C) = \frac{\binom{13}{0} \cdot \binom{7}{3} + \binom{13}{1} \cdot \binom{7}{2}}{\binom{20}{3}} \approx 0{,}2702$

6 Ziehen von zwei Kugeln aus einer Urne mit 4 Kugeln ohne Zurücklegen: $P(A) = \frac{1}{4 \cdot 3} = \frac{1}{12}$

7 a) Anzahl aller Möglichkeiten: Ziehen von 2 Kugeln aus einer Urne mit 365 unterschiedlichen Kugeln (mögliche Geburtstage) mit Zurücklegen, also 365^2.
Anzahl der günstigen Möglichkeiten: 365

Es ist $P(A) = \frac{365}{365^2} = \frac{1}{365} \approx 0{,}00274$

b) Anzahl aller Möglichkeiten: Ziehen von 13 Kugeln aus einer Urne mit 365 unterschiedlichen Kugeln mit Zurücklegen.
Anzahl der ungünstigen Möglichkeiten: Ziehen von 13 Kugeln aus einer Urne mit 365 unterschiedlichen Kugeln ohne Zurücklegen.

$P(B) = 1 - \frac{365 \cdot 364 \cdot 363 \cdot 362 \cdot 361 \cdot 360 \cdot 359 \cdot 358 \cdot 357 \cdot 356 \cdot 355 \cdot 354 \cdot 353}{365^{13}}$

$\approx 1 - 0{,}194 = 0{,}806$

X Baumdiagramme und Wahrscheinlichkeitsverteilung, Seite 69

1 a) siehe Tabelle 1

b) $P(\text{2. Zug schwarz}) = \frac{2}{5} \cdot \frac{3}{4} + \frac{3}{5} \cdot \frac{1}{2} = \frac{6}{10} = 0{,}6$

c) $P(\text{3. Zug rot}) = \frac{1}{10} + \frac{1}{10} + \frac{1}{5} = 0{,}4$

2 Bezeichnet man mit X die Anzahl der roten Kugeln, so ist z. B. $P(X = 1) = \frac{\binom{4}{1} \cdot \binom{3}{3}}{\binom{7}{4}}$.

Wahrscheinlichkeitsverteilung:

x_i	1	2	3	4
$P(X = x_i)$	$\frac{\binom{4}{1} \cdot \binom{3}{3}}{\binom{7}{4}} = \frac{4}{35}$	$\frac{\binom{4}{2} \cdot \binom{3}{2}}{\binom{7}{4}} = \frac{18}{35}$	$\frac{\binom{4}{3} \cdot \binom{3}{1}}{\binom{7}{4}} = \frac{12}{35}$	$\frac{\binom{4}{4} \cdot \binom{3}{0}}{\binom{7}{4}} = \frac{1}{35}$

$E(X) = 1 \cdot \frac{4}{35} + 2 \cdot \frac{18}{35} + 3 \cdot \frac{12}{35} + 4 \cdot \frac{1}{35} = \frac{80}{35} \approx 2{,}29$

3 Baumdiagramm:

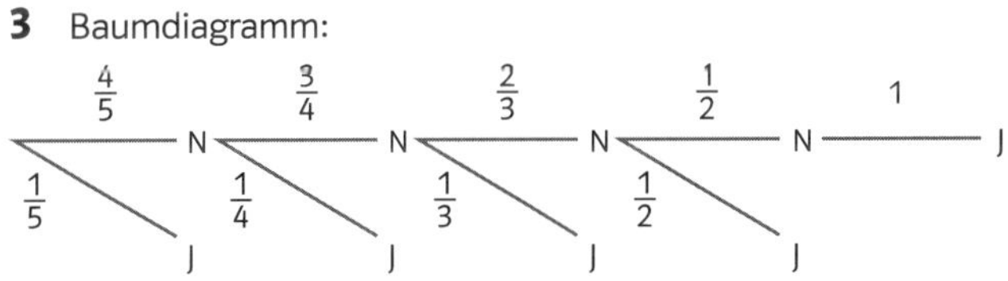

a) $P(A) = \frac{4}{5} \cdot \frac{1}{4} = \frac{1}{5}$ b) $P(B) = \frac{4}{5} \cdot \frac{3}{4} \cdot \frac{2}{3} \cdot \frac{1}{2} \cdot 1 = \frac{1}{5}$

4 X sei die Anzahl schwarzer Kugeln in der Urne.

Wegen $P(X \geq 1) = 1 - P(X = 0) = \frac{27}{38}$ ist $P(X = 0) = \frac{11}{38}$.

Keine schwarze Kugel bedeutet: Beim 1. Zug keine schwarze Kugel **und** beim 2. Zug keine schwarze Kugel

$P(X = 0) = \frac{20 - x}{20} \cdot \frac{19 - x}{19} = \frac{11}{38}$ führt auf die quadratische Gleichung

$x^2 - 39x + 270 = 0$ mit den Lösungen $x_1 = 30$ und $x_2 = 9$.
Da insgesamt nur 20 Kugeln in der Urne sind, entfällt x_1.
Es waren also 9 schwarze Kugeln in der Urne.

Tabelle 1

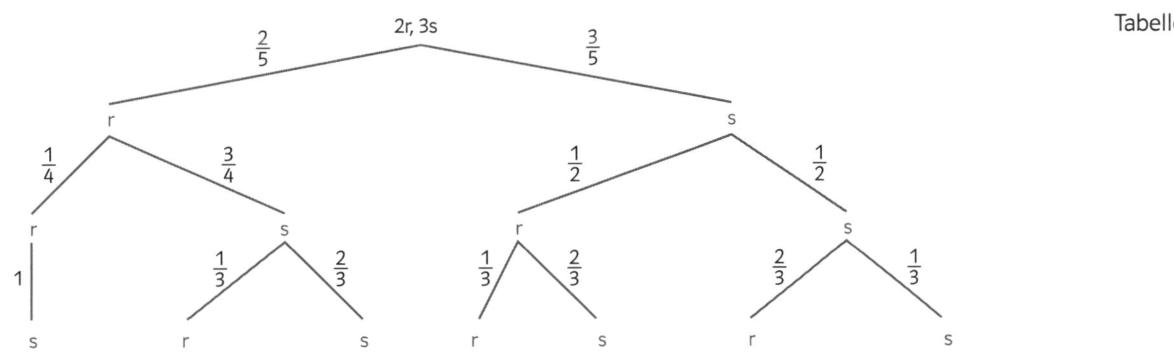

e_i	rrs	rsr	rss	srr	srs	ssr	sss
$P(e_i)$	$\frac{1}{10}$	$\frac{1}{10}$	$\frac{1}{5}$	$\frac{1}{10}$	$\frac{1}{5}$	$\frac{1}{5}$	$\frac{1}{10}$

5 Baumdiagramm:

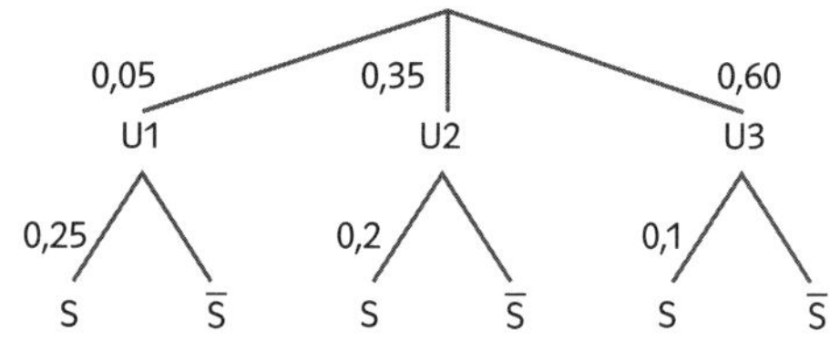

Das Symptom tritt auf, wenn es bei U1 oder bei U2 oder bei U3 auftritt.
$P(S) = 0{,}05 \cdot 0{,}25 + 0{,}35 \cdot 0{,}2 + 0{,}60 \cdot 0{,}10 = 0{,}1425$

X Binomalverteilte Zufallsgrößen, Seite 70

1 Die Zufallsgröße X hat die Realisierungen {0, 1, 2, ..., 10}. Interpretieren Sie die folgenden Aussagen:
a) $P(X = 0)$: In der Stichprobe ist kein Teil unbrauchbar.
b) $P(X < 2)$: In der Stichprobe sind weniger als 2 Teile unbrauchbar.
c) $P(X > 0)$: In der Stichprobe ist mindestens ein Teil unbrauchbar.
d) $P(X = k) < 0{,}9$: Die Wahrscheinlichkeit ist kleiner als 90 %, wenn k unbrauchbare Teile in der Stichprobe sind.
e) $P(X \le k) < 0{,}5$: Wie viel unbrauchbare Teile dürfen bei einer Wahrscheinlichkeit von weniger als 50 % höchstens in der Stichprobe sein?

2 Die Anzahl X der Schachteln mit abweichender Stückzahl ist binomialverteilt mit $n = 1000$ und $p = 0{,}02$:
$P(X \le 25) \approx 0{,}8901$

3 Die Anzahl X der geheilten Schweine ist binomialverteilt mit $n = 300$ und $p = 0{,}8$:
a) $P(X \ge 250) = 1 - P(X < 249) \approx 0{,}0830$
b) $P(X < 220) = P(X \le 219) \approx 0{,}0021$

4 Die Anzahl X der Personen mit Blutgruppe B ist binomialverteilt mit $n = 100$ und $p = 0{,}1$.
$P(5 < X < 15) = P(X \le 14) - P(X \le 5) \approx 0{,}92743 - 0{,}05758 \approx 0{,}8699$

5 Die Anzahl X der rot-grün-blinden Schüler ist binomialverteilt mit $n = 650$ und $p = 0{,}08$.
$P(40 \le X \le 60) = P(X \le 60) - P(X \le 39) \approx 0{,}8573$

6 Die Anzahl X unvollständiger Packungen ist binomialverteilt mit $n = 16$ und $p = \frac{1}{16}$. $P(A) = P(X \le 2) \approx 0{,}9258$
$P(B) = P(X \ge 4) \approx 0{,}0151$ $P(C) = P(X = 0) \approx 0{,}3561$

7 a) Die Wahrscheinlichkeiten sind binomialverteilt mit $n = 20$ und $p = \frac{1}{6}$. X sei die Anzahl der Sechsen: $P(A) = P(X = 0) \approx 0{,}0261$
b) Beim 1. Wurf eine 2 **oder** beim 2. Wurf eine 2 **oder** beim 3. Wurf eine 2

$P(B) = \frac{1}{6} + \frac{5}{6} \cdot \frac{1}{6} + \frac{5}{6} \cdot \frac{5}{6} \cdot \frac{1}{6} = \frac{91}{216}$ oder besser

$P(B) = 1 - P(\bar{B}) = 1 - \left(\frac{5}{6}\right)^3 = \frac{91}{216}$

c) $P(C) = \left(\frac{2}{3}\right)^3 = \frac{8}{27}$

d) X sei die Anzahl der Sechsen: $P(X \ge 1) \ge 0{,}99$, d.h.
$1 - P(X = 0) \ge 0{,}99$ und damit $P(X = 0) \le 0{,}01$.

Aus $P(X = 0) = \binom{n}{0} \cdot \left(\frac{1}{6}\right)^0 \cdot \left(\frac{5}{6}\right)^n \le 0{,}01$ folgt $\left(\frac{5}{6}\right)^n \le 0{,}01$

und durch Logarithmieren $n \ge \frac{\ln 0{,}01}{\ln\left(\frac{5}{6}\right)} \approx 25{,}3$

Man muss also mindestens 26 mal würfeln.

X Erwartungswert und Spielpläne, Seite 71

1 Das Spiel ist nicht fair, weil der Spieler im Durchschnitt 8 ct verliert:

Gewinn g	1€	2€	3€	−1€
P(G = g)	$3 \cdot \frac{1}{6} \cdot \left(\frac{5}{6}\right)^2 = \frac{75}{216}$	$3 \cdot \frac{5}{6} \cdot \left(\frac{1}{6}\right)^2 = \frac{15}{216}$	$\left(\frac{1}{6}\right)^3 = \frac{1}{216}$	$\left(\frac{5}{6}\right)^3 = \frac{125}{216}$

$E(G) = 1 \cdot \frac{75}{216} + 2 \cdot \frac{15}{216} + 3 \cdot \frac{1}{216} - 1 \cdot \frac{125}{216} = -\frac{17}{216} \approx -0{,}08$

Der Einsatz x für ein faires Spiel ergibt sich aus der Gleichung

$0 = 1 \cdot \frac{75}{216} + 2 \cdot \frac{15}{216} + 3 \cdot \frac{1}{216} - x \cdot \frac{125}{216}$ mit $x = 0{,}864$:

86 ct ist der Einsatz bei einem fairen Spiel.

2

Würfel 1/2	1	2	3	4	5	6
1	2	3	4	5	6	7
2	3	4	5	6	7	8
3	4	5	6	7	8	9
4	5	6	7	8	9	10
5	6	7	8	9	10	11
6	7	8	9	10	11	12

1 gerade Primzahl
14 ungerade Primzahlen
17 gerade Nicht-Primzahlen
4 ungerade Nicht-Primzahlen

Augensumme	Gerade Primzahl	Ungerade Primzahl	Gerade Nicht-Primzahl	Ungerade Nicht-Primzahl
Anzahl	1	14	17	4
Auszahlung in €	9	5	3	0
Gewinn g in €	5	1	−1	−4
P(G = g)	$\frac{1}{36}$	$\frac{14}{36}$	$\frac{17}{36}$	$\frac{4}{36}$

$E(G) = -\frac{14}{36} \approx -0{,}39$ €

3 Von 1–16 gibt es 6 Primzahlen und 8 gerade Zahlen.
Die Zahl 2 ist sowohl Primzahl, als auch gerade.
Gewinnplan für Anna:

Gewinn in EURO	3	−2	1
Wahrscheinlichkeit	$\frac{6-1}{16}$	$\frac{8-1}{16}$	$\frac{1}{16}$

$E(X) = 3 \cdot \frac{5}{16} + (-2) \cdot \frac{7}{16} + 1 \cdot \frac{1}{16} = \frac{1}{8}$.

Das Spiel ist nicht fair, weil Anna im Durchschnitt 12,5 ct pro Spiel gewinnt.

4 Für $p = \frac{1}{2}$ wegen $\alpha = 180°$ gilt:

g	0	−15	60
P(X = g)	$\frac{1}{2}$	$\frac{1}{4}$	$\frac{1}{4}$

$E(X) = \frac{45}{4} = 11{,}25$ €

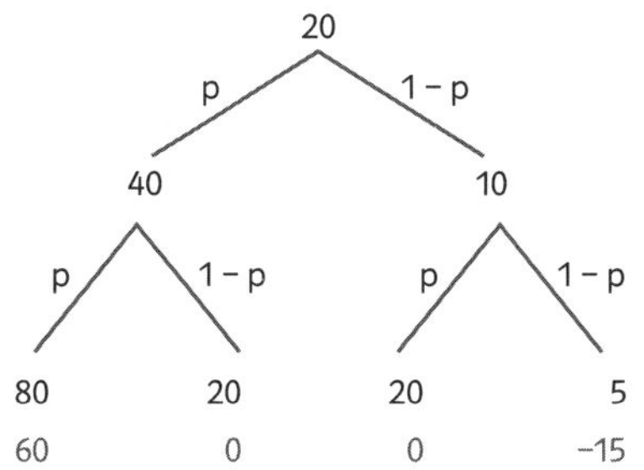

X … Gewinn von Anna

Da Anna im Vorteil ist, muss der Verdopplungssektor kleiner werden. Allgemeiner Ansatz für p:
$E(X) = -15(1-p)^2 + 60p^2 = 0$ führt auf
$p^2 + \frac{2}{3}p - \frac{1}{3} = 0$ mit den Lösungen $\frac{1}{3}$ und −1.

g	0	−15	60
P(X = g)	$2p(1-p)$	$(1-p)^2$	p^2

Wegen (p > 0) ist $p = \frac{1}{3} = \frac{\alpha}{360}$, also $\alpha = 120°$.

X Hypothesentests, Seite 72

1 … wobei die größte ganze Zahl g mit $P(T \leq g) \leq 0{,}05$ gesucht ist. Die Trefferanzahl ist binomialverteilt mit n = 100 und p = 0,4. Aus $P(T \leq 31) \approx 0{,}0398$ und $P(T \leq 32) \approx 0{,}0615$ folgt g = 31. Der Ablehnungsbereich ist {0, 1, 2, …, 31}.

2 siehe Tabelle 1

3 Es ist $p_0 = 0{,}4$ und $p_1 < 0{,}4$. Die Anzahl X der geheilten Patienten ist binomalverteilt. Die Wahrscheinlichkeit, dass die Nullhypothese wahr ist, aber abgelehnt wird, heißt Fehler 1. Art.
Es ist $\alpha = P(X \leq 7)$ mit n = 25 und $p_0 = 0{,}4$.
$\alpha = P(X \leq 7) = 0{,}1536$

4 X sei die Anzahl der Stimmen für diese Partei H_0: $p_0 \geq 0{,}05$
Ablehnungsbereich: {0, 1, …, g}.
Dann ist $P(X \leq g) \leq 0{,}01$ mit n = 2000 und p = 0,05.
$P(X \leq 77) \approx 0{,}008$ und $P(X \leq 78) \approx 0{,}012$
Ergebnis: Falls unter den 2000 Probanden weniger als 78 für diese Partei stimmen, lehnt man die Behauptung ab.

5 siehe Tabelle 2
Berechnung des Fehlers 1. Art:
Beim Fehler 1. Art ist in der Schachtel ein Anteil von 10 % fehlerhaften Schrauben, aber von den 10 Schrauben in den Stichproben sind mehr als 3 fehlerhaft.
Es gilt n = 10; $p_0 = 0{,}1$ sowie k > 3; $P(X > 3) = 1 - P(X \leq 3) \approx 0{,}0128$.
Mit einer Wahrscheinlichkeit von etwa 1,3 % wird die richtige Hypothese abgelehnt.

6 Es ist die Nullhypothese H_0: $p_0 \geq 0{,}6$ und die Gegenhypothese H_1: $p_1 < 0{,}6$ mit dem Ablehnungsbereich {0, 1, 2, …, g}.
Wenn 48 Personen den bisherigen Oberbürgermeister bevorzugen, so ist die Wahrscheinlichkeit bei richtiger Nullhypothese $P(X \leq 48) \approx 0{,}0100 < 0{,}05$. Die Nullhypothese wird also abgelehnt. Der Ablehnungsbereich ist {0, 1, 2, …, 51}.

X Klausurtraining ohne Hilfsmittel, Seite 73

1 a) $P(A) = \left(\frac{1}{6}\right)^2 + \left(\frac{1}{3}\right)^2 + \left(\frac{1}{2}\right)^2 = \frac{7}{18}$
$P(B) = 2 \cdot \frac{1}{6} \cdot \frac{1}{3} + \frac{7}{18} = \frac{1}{2}$
$P(C) = 2 \cdot \frac{1}{6} \cdot \frac{1}{2} + 2 \cdot \frac{1}{2} \cdot \frac{1}{3} = \frac{1}{2}$
b) $E(X) = n \cdot p$ mit n = 20 und p = 0,5, also ist E(X) = 10.
Im Mittel kann man 10 Sechsen erwarten.

2 Die Chance für den Ersten ist $P(E) = \frac{5}{25}$. Für den Zweiten sind zwei Pfade des Baumdiagramms günstig und es ist
$P(Z) = \frac{5}{25} \cdot \frac{4}{24} + \frac{20}{25} \cdot \frac{5}{24} = \frac{5}{25} \cdot \left(\frac{4}{24} + \frac{20}{24}\right) = \frac{5}{25}$. Beide haben also die gleiche Chance.

3 a) $P(A) = \frac{\binom{12}{2}}{\binom{18}{2}} = \frac{22}{51}$ $P(B) = \frac{\binom{4}{2}}{\binom{18}{2}} = \frac{2}{51}$
$P(C) = 1 - \frac{\binom{4}{2} + \binom{8}{2} + \binom{6}{2}}{\binom{18}{2}} = \frac{104}{153}$
b) Es gibt $\frac{18!}{6! \cdot 8! \cdot 4!} = 9\,189\,180$ Anordnungsmöglichkeiten.
Die erste Schülerin der Klassenstufe 10 kann an 1., 2., …, 15. Stelle stehen. Für die restlichen Schülerinnen ist nur die Klassenstufe von Bedeutung.
Es gibt also $15 \cdot \frac{14!}{6! \cdot 8!}$ günstige Möglichkeiten dafür, dass alle Schülerinnen der Klassenstufe 10 nebeneinander stehen.
Damit ist $P = 15 \cdot \frac{\frac{14!}{6! \cdot 8!}}{\frac{18!}{6! \cdot 8! \cdot 4!}} = \frac{15 \cdot 14! \cdot 4!}{18!} \approx 0{,}0049$.
Die Wahrscheinlichkeit, dass alle Schülerinnen der Klassenstufe 10 nebeneinander stehen, beträgt etwa 0,5 %.
c) (1) Der Torwart hält den 1. Ball und er hält den 2. Ball:
$P(C1) = 0{,}2 \cdot 0{,}2 = 0{,}04$
(2) $P(C2) = 0{,}8^5$
(3) Im Baumdiagramm gibt es fünf Pfade mit 4 gehaltenen und einem nicht gehaltenen Ball:
$P(C3) = 5 \cdot 0{,}2^4 \cdot 0{,}8^1 = 0{,}0064$

Tabelle 1

H_1:	Ablehnungsbereich	α	Ansatz
$p < p_0$	{0, 1, 2, …, g}	0,05	$P(X \leq g) \leq 0{,}05$
$p > p_0$	{g + 1, …, 199, 200}	0,01	$P(X \geq g) \leq 0{,}01$

Tabelle 2

Realität/Stichprobe	In der Stichprobe sind bis zu 3 Schrauben fehlerhaft: $0 \leq X \leq 3$	In der Stichprobe sind mehr als 3 Schrauben fehlerhaft: $3 < X \leq 10$
Schachtel ist von hoher Quallität, H_0 ist wahr, $p_0 = 0{,}1$	richtige Entscheidung	falsche Entscheidung, H_0 ist wahr und wird verworfen, Fehler 1. Art

4 Es befinden sich x schwarze und (10 – x) weiße Figuren auf dem Tisch.

$$\frac{\binom{x}{1} \cdot \binom{10-x}{1}}{\binom{10}{2}} = \frac{x \cdot (10-x)}{45} = \frac{16}{45}$$

Aus $x \cdot (10 - x) = 16$ folgen die beiden Lösungen 2 und 8.
Es lagen also 2 oder 8 schwarze Figuren auf dem Tisch.

5 Baumdiagramm:

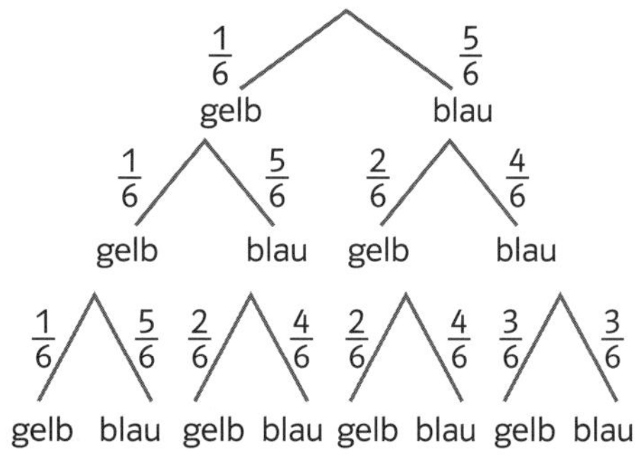

Anzahl gelber Kugeln	0	1	2	3
Gewinn für Spieler	–3€	0€	2€	47€
Wahrscheinlichkeit	$\frac{60}{216}$	$\frac{120}{216}$	$\frac{35}{216}$	$\frac{1}{216}$

$E(X) = -\frac{63}{216}€ \approx -0{,}29€$

Das Spiel ist nicht fair, weil der Spieler durchschnittlich 29 ct je Spiel verliert. Für ein faires Spiel muss die Gleichung

$-\frac{60}{216} \cdot e + (5 - e) \cdot \frac{35}{216} + (50 - e) \cdot \frac{1}{216} = 0$ erfüllt sein.

Lösung: e = 2,34€
Für ein faires Spiel müsste der Einsatz 2,34€ betragen.

X Klausurtraining mit Hilfsmitteln, Seite 74

1 a) X ist binomialverteilt mit n = 620 und p = 0,8
$P(X \geq 500) \approx 0{,}3660$.
Für 7200€ müssen 480 Karten verkauft werden.
Es ist $P(X \geq 480) \approx 0{,}9495$, also werden die Gesamtkosten mit einer Wahrscheinlichkeit von 95% erwirtschaftet.
b) X ist binomialverteilt mit unbekanntem n und p = 0,95.
Aus $P(X \leq 620) \geq 0{,}99$ folgt n = 640.

2 a) Die Anzahl X der anwesenden Schüler ist binomialverteilt mit n = 950 und p = 0,95.
Weniger als 900 Schüler bedeutet $P(X < 900) \approx 0{,}3212$.
Der Erwartungswert ist $E(X) = n \cdot p = 950 \cdot 0{,}95 \approx 903$.
Es werden also durchschnittlich 903 Schüler in der Schule sein.
b) n = 26; p = 0,9. Damit gilt $P(X < 18) \approx 0{,}0006$.
Aus n = 26 und p = 0,1 für abwesende Schüler folgt die Anzahl der Briefe mit $120 \cdot 26 \cdot 0{,}1 = 312$ Briefe, das sind täglich durchschnittlich etwa 2,6 Briefe.
Die Wahrscheinlichkeit, dass alle Schüler an einem Tag anwesend sind, ist $P(X = 26) \approx 0{,}0646$.
Die Wahrscheinlichkeit, dass nicht alle Schüler an einem Tag anwesend sind, ist $p \approx 1 - 0{,}0646 = 0{,}9354$.
P(erst am 5. Tag sind alle anwesend) = $p^4 \cdot (1 - p) = 0{,}04946$
P(höchstens 5 Tage bis alle anwesend sind) =
$(1 - p) + p \cdot (1 - p) + p^2 \cdot (1 - p) + p^3 \cdot (1 - p) + p^4 \cdot (1 - p) = 0{,}2839$
Oder über das Gegenereignis: P(auch am 5. Tag sind nicht alle anwesend) = $p^5 \approx 0{,}7141$
Warten auf den 1. Erfolg: p = P(nicht alle anwesend)

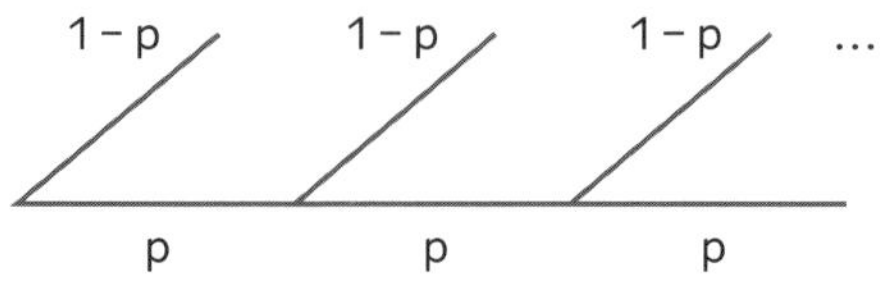

$(1 - p) + p \cdot (1 - p) + p^2 \cdot (1 - p) + \ldots + p^{n-1} \cdot (1 - p) \geq 0{,}9$
ausklammern:
$(1 - p) \cdot (1 + p + p^2 + \ldots + p^{n-1}) \geq 0{,}9$

$(1 - p) \cdot \frac{1 - p^n}{1 - p} \geq 0{,}9$

$p^n \leq 0{,}1$; $n \geq \frac{\ln 0{,}1}{\ln 0{,}9354} \approx 34{,}5$

Herr Heftig muss also 35 Tage warten, um mit 90%iger Sicherheit alle Schüler an einem Tag anzutreffen.

3 a) Die Anzahl X der Treffer von Paul ist binomialverteilt mit n = 10 und p = 0,4
$P(X \geq 5) = 0{,}3669$
$P(X \geq 1) \geq 0{,}9$ entspricht $P(X = 0) \leq 0{,}1$, also $\binom{n}{0} \cdot 0{,}4^0 \cdot 0{,}6^n \leq 0{,}1$
mit $n \geq 4{,}5$. Paul muss also mindestens fünfmal werfen, um mit 90%-iger Sicherheit einen Korb zu werfen.
b) Gewinnplan für das Spiel zwischen Maria und Lina:

Ergebnis	$3 \leq X \leq 4$	$0 \leq X \leq 2$ oder $5 \leq X \leq 10$
Gewinn von Maria	–3€	2€
Wahrscheinlichkeit	$P(X = 3) + P(X = 4) \approx 0{,}4658$	0,5342

$E(\text{Gewinn von Maria}) = -3 \cdot 0{,}4658 + 2 \cdot 0{,}5342 = -0{,}3291$
Das Spiel ist nicht fair, weil Maria pro Spiel im Durchschnitt 33 ct verlieren wird.
c) Nullhypothese für Kais Trefferwahrscheinlichkeit: p = 0,8
X sei die Anzahl der Treffer mit n = 10 und p = 0,8.
Der Ablehnungsbereich ist $\{0, 1, \ldots, g\}$ mit $P(X \leq g) \leq 0{,}1$.
Wegen $P(X \leq 5) \approx 0{,}0328$; $P(X \leq 6) \approx 0{,}1209$ ist g = 5.
Die Behauptung muss angenommen werden, wenn Kai mindestens 6 Treffer erzielt.

Abiturähnliche Aufgaben

Abiturähnliche Aufgaben – Pflichtteil 1, Seite 89

1 $f(x) = 4x \cdot e^{x^2+1}$
$f'(x) = 4 \cdot e^{x^2+1} + 4x \cdot e^{x^2+1} \cdot 2x$ ✓
$= (4 + 8x^2) \cdot e^{x^2+1}$ ✓

2 $\int_0^{\pi} \left(2 - \sin\left(\frac{1}{2} \cdot x\right)\right) dx = \left[2x + 2\cos\left(\frac{1}{2} \cdot x\right)\right]_0^{\pi}$ ✓
$= \left(2\pi + 2\cos\left(\frac{\pi}{2}\right)\right) - (0 + 2\cos(0)) = 2\pi - 2$ ✓

3 $1 = \frac{1}{e^x} + \frac{2}{e^{2x}}$
$e^{2x} = e^x + 2$
$e^{2x} - e^x - 2 = 0$
Substitution: $u = e^x$ ✓
$u^2 - u - 2 = 0$
$u_{1,2} = \frac{1 \pm \sqrt{1+8}}{2}$; $u_1 = 2$ und $u_2 = -1$
Resubstitution: $x = \ln(u)$
$x_1 = \ln(u_1) = \ln(2)$; da $u_2 < 0$ gibt es keine weitere Lösung ✓✓

4 $f(x) = -x^3 + 6x^2 - 8x + 4$
$f'(x) = -3x^2 + 12x - 8$
$f''(x) = -6x + 12$ ✓
notwendige Bedingung: $f''(x) = 0$: $-6x + 12 = 0$ für $x = 2$
hinreichende Bedingung: f'' hat bei $x = 2$ einen Vorzeichenwechsel
$f(2) = 4$; $W(2|4)$ ✓
$f'(2) = 4 = m_t$
t: $y = 4 \cdot (x - 2) + 4 = 4x - 4$ ✓

5 a) $f(4) = F'(4) \approx 0{,}4$ ✓
b) $\int_1^4 f(x)\,dx = F(4) - F(1) = 0 - (-3) = 3$ ✓
c) wahr; F ist im Bereich $-5 < x < 0$ streng monoton fallend, also ist $f(x) < 0$ für $-5 < x < 0$. ✓
d) wahr; F besitzt im Bereich $0 < x < 4$ eine Wendestelle (näherungsweise bei $x \approx 1{,}2$), also hat f an dieser Stelle eine Extremstelle. ✓
Der Graph von F zeigt hier den Übergang von einer Links- in eine Rechtskurve, also hat f in diesem Bereich ein Maximum. ✓

6 a) $\begin{pmatrix} -2 \\ 4 \\ 2 \end{pmatrix} = \begin{pmatrix} 0 \\ 2 \\ 1 \end{pmatrix} + t \cdot \begin{pmatrix} -4 \\ 4 \\ 2 \end{pmatrix}$ für $t = \frac{1}{2}$; P liegt auf g. ✓
b) $\begin{pmatrix} -4 \\ 4 \\ 2 \end{pmatrix} = r \cdot \begin{pmatrix} 2 \\ -2 \\ -1 \end{pmatrix}$ für $r = -2$; der Richtungsvektor von g ist parallel zum Normalenvektor von E, d.h. die Gerade g ist orthogonal zur Ebene E. ✓
c) Da P auf g liegt und g orthogonal zu E verläuft ist Q der Schnittpunkt von g mit E.
g in E einsetzen: $2 \cdot (-4t) - 2 \cdot (2 + 4t) - 1 \cdot (1 + 2t) = 31$ ✓
$-18t - 5 = 31$ $-18t = 36$ $t = -2$
einsetzen in g: $\vec{q} = \begin{pmatrix} 0 \\ 2 \\ 1 \end{pmatrix} + (-2) \cdot \begin{pmatrix} -4 \\ 4 \\ 2 \end{pmatrix} = \begin{pmatrix} 8 \\ -6 \\ -3 \end{pmatrix}$; $Q(8|-6|-3)$ ✓

7 a) Abstandsbestimmung mithilfe der Hesse'schen Normalenform:
$d(P; E) = \left|\frac{4 \cdot 1 - 3 \cdot 1 - 7}{\sqrt{4^2 + 3^2}}\right| = \left|\frac{-6}{5}\right| = 1{,}2$ ✓
b) Gerade g durch P und Q: g: $\vec{x} = \begin{pmatrix} 1 \\ 0 \\ 1 \end{pmatrix} + r \cdot \begin{pmatrix} 6 \\ -2 \\ 4 \end{pmatrix}$; $r \in \mathbb{R}$ ✓

Schnittpunkt S der Geraden g mit der Ebene E:
$4 \cdot (1 + 6r) - 3 \cdot (1 + 4r) = 7$ $12r + 1 = 7$
$r = \frac{1}{2}$
$S(4|-1|3)$ ✓
Der Punkt S liegt zwischen den Punkten P und Q, da für den Parameter r in der Geradengleichung von g der Wert $\frac{1}{2}$ eingesetzt wird. ✓

8 a) Es müssen 5 blaue und 3 rote Bausteine auf die 8 Positionen in der Mitte verteilt werden. Es gibt
$\binom{8}{3} = \frac{8!}{3! \cdot 5!} = \frac{8 \cdot 7 \cdot 6 \cdot 5 \cdot 4 \cdot 3 \cdot 2 \cdot 1}{3 \cdot 2 \cdot 1 \cdot 5 \cdot 4 \cdot 3 \cdot 2 \cdot 1} = 56$ Möglichkeiten. ✓✓
b) X sei die Anzahl der blauen Bausteine.
$P(X \geq 1) = 1 - P(X = 0) = 1 - \left(\frac{5}{10} \cdot \frac{4}{9} \cdot \frac{3}{8}\right) = 1 - \frac{1}{12} = \frac{11}{12}$
Die Wahrscheinlichkeit, dass das Kind mindestens einen blauen Baustein nimmt, beträgt $\frac{11}{12}$. ✓✓

9 g liegt nicht parallel zu E, d.h. g schneidet E in einem Punkt S. P sei ein weiterer Punkt auf g. Man stellt eine Hilfsgerade h auf, die den Ortsvektor von P als Stützvektor und den Normalenvektor von E als Richtungsvektor enthält. h: $\vec{x} = \vec{p} + r \cdot \vec{n}$. ✓
Die Gerade h schneidet die Ebene E für einen Parameterwert r_0.
Den Bildpunkt P' von P erhält man, indem man in h den Wert $2 \cdot r_0$ einsetzt. ✓
Die Bildgerade g' ist die Gerade durch P' und S. ✓

Abiturähnliche Aufgaben – Pflichtteil 2, Seite 91

1 $f(x) = x \cdot \sqrt{2x^2 + 2}$
$f'(x) = 1 \cdot \sqrt{2x^2 + 2} + x \cdot \frac{1}{2 \cdot \sqrt{2x^2 + 2}} \cdot 4x = \sqrt{2x^2 + 2} + \frac{2x^2}{\sqrt{2x^2 + 2}}$ ✓✓

2 $\int_1^e \left(\frac{1}{x} + x\right) dx = \left[\ln(|x|) + \frac{1}{2}x^2\right]_1^e$ ✓
$= \left(\ln(|e|) + \frac{1}{2}e^2\right) - \left(\ln(|1|) + \frac{1}{2}1^2\right) = 1 + \frac{1}{2}e^2 - 0 - \frac{1}{2} = \frac{1}{2}e^2 + \frac{1}{2}$ ✓

3 $(\cos(x))^2 - \cos(x) = 0$
$\cos(x) \cdot (\cos(x) - 1) = 0$ ✓
$\cos(x) = 0$ für $x_1 = \frac{\pi}{2}$ und $x_2 = \frac{3\pi}{2}$ oder $\cos(x) = 1$ für $x_3 = 0$ ✓
Lösungsmenge $\left\{0; \frac{\pi}{2}; \frac{3\pi}{2}\right\}$ ✓

4 Berechnung der Schnittpunkte der beiden Graphen:
$f(x) = g(x)$ $-x^2 + 2 = x$ $-x^2 - x + 2 = 0$ $x_1 = -2$ und $x_2 = 1$ ✓
Berechnung des Inhalts der eingeschlossenen Fläche:
$A = \int_{-2}^{1} (f(x) - g(x))\,dx = \int_{-2}^{1} (-x^2 - x + 2)\,dx$ ✓
$= \left[-\frac{1}{3}x^3 - \frac{1}{2}x^2 + 2x\right]_{-2}^{1}$ ✓
$= \left(-\frac{1}{3} - \frac{1}{2} + 2\right) - \left(\frac{8}{3} - 2 - 4\right) = 4{,}5$ ✓
Der Inhalt der von den Graphen f und g eingeschlossenen Fläche beträgt 4,5 Flächeneinheiten.

5 a) wahr: Der Graph von f an der Stelle $x = 0$ einen Tiefpunkt, da f' bei $x = 0$ eine Nullstelle mit Vorzeichenwechsel von – nach + hat. ✓
b) nicht entscheidbar: Aus dem Verlauf der Ableitungsfunktion f' ist keine Aussage über die Funktionswerte von f möglich. ✓
c) falsch: Damit der Graph von f punktsymmetrisch zum Koordinatenursprung ist, müsste der Graph von f' achsensymmetrisch zur y-Achse sein, was dieser jedoch nicht ist. ✓
d) wahr: $x = 2$ ist eine Extremstelle des Graphen von f' und damit eine Wendestelle des Graphen von f. ✓

e) wahr: Es ist $\int_0^2 f'(x)\,dx = f(2) - f(0)$. Aus dem Schaubild kann man ablesen, dass $\int_0^2 f'(x)\,dx < 2$ gilt und damit ist die Aussage $f(2) - f(0) < 2$ richtig. ✓

6

$$\begin{array}{lrl} \text{I} & x_1 - x_2 + 2x_3 &= 3 \\ \text{II} & 3x_1 + x_2 + 3x_3 &= 4 \\ \text{III} & x_1 - 2x_2 + x_3 &= -1 \\ \text{I} & x_1 - x_2 + 2x_3 &= 3 \\ \text{IV} = \text{II} - 3\text{III} & 7x_2 &= 7 \\ \text{V} = \text{I} - \text{III} & x_2 + x_3 &= 4 \end{array}$$

Aus IV folgt: $x_2 = 1$. Setzt man dies in V ein, so erhält man $x_3 = 3$. Setzt man nun $x_2 = 1$ und $x_3 = 3$ in Gleichung I ein, so erhält man $x_1 = -2$.
Also ist die Lösungsmenge $\{(-2;\,1;\,3)\}$. ✓✓
Alle drei Gleichungen des Gleichungssystems stellen geometrisch betrachtet drei Ebenen dar, die sich aufgrund der eindeutigen Lösung in einem einzigen Punkt S(−2 | 1 | 3) schneiden. ✓

7 a)

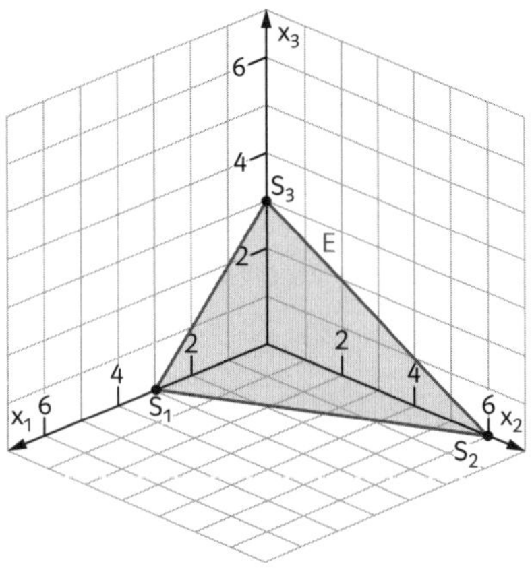

✓

b) Um die gegenseitige Lage von g und E zu untersuchen setzt man einen allgemeinen Punkt $P_g(6 + 3r \mid 0 - 2r \mid 0 - 2r)$ von g in die Ebenengleichung von E ein und erhält:
$2 \cdot (6 + 3r) + 1 \cdot (-2r) + 2 \cdot (-2r) = 6$ ✓
$12 + 6r - 2r - 4r = 6$
$12 = 6$
Aufgrund der falschen Aussage haben die Ebene E und die Gerade g keinen Punkt gemeinsam, d.h. die Gerade g verläuft parallel zur Ebene E. ✓
c) Abstandsbestimmung mithilfe der Hesse'schen Normalenform:

$$d = \left|\frac{2 \cdot 0 + 1 \cdot 0 + 2 \cdot 0 - 6}{\sqrt{2^2 + 1^2 + 2^2}}\right| = \left|\frac{-6}{3}\right| = 2$$

Die Ebene E hat den Abstand 2 LE vom Koordinatenursprung. ✓

8 a) Die Zufallsvariable X kann nur ganzzahlige Werte zwischen 0 und 10 annehmen und es ist $E(X) = n \cdot p = 4$, also muss $P(X = 4)$ maximal sein. Nur Abbildung (3) zeigt die richtige Verteilung der Zufallsvariablen X. ✓✓
b) $P(4 \le X < 6) = P(X = 4) + (P(X = 5) \approx 0{,}25 + 0{,}20 = 0{,}45$ ✓
$P(X \neq 5) = 1 - P(X = 5) \approx 1 - 0{,}2 = 0{,}8$ ✓

9 a) Die Funktion f besitzt die Extremstellen bei $x_1 = -3$ und $x_2 = 3$, wenn f' an diesen Stellen jeweils eine Nullstelle mit Vorzeichenwechsel hat. ✓
Dies ergibt den Lösungsansatz $f'(x) = (x + 3) \cdot (x - 3) = x^2 - 9$. ✓
Die Funktion f mit $f(x) = \frac{1}{3}x^3 - 9x$ ist eine Stammfunktion von f' und damit eine mögliche Lösung. ✓

b) z. B. $h(x) = \frac{1}{3}x^3 - 9x + 6$ bzw. $h_a(x) = \frac{1}{3}x^3 - 9x + a$ mit $a \in \mathbb{R}$. ✓

Abiturähnliche Aufgaben – Pflichtteil 3, Seite 93

1 $f'(x) = 3 \cdot e^{-3x} + (3x + 1) \cdot e^{-3x} \cdot (-3) = -9x \cdot e^{-3x}$ ✓✓

2 Eine allgemeine Stammfunktion von g erhält man durch lineare Substitution:
$G_c(x) = 4x - 3 \cdot \left(\frac{1}{2} \cdot \sin(2x)\right) + c = 4x - \frac{3}{2} \cdot \sin(2x) + c.$ ✓
Der Punkt P(0 | 2) liegt auf dem Graphen von G, also gilt $G_c(0) = 2$.
$4 \cdot 0 - \frac{3}{2} \cdot \sin(2 \cdot 0) + c = 2 \quad c = 2$
Die gesuchte Stammfunktion G hat somit den Funktionsterm
$G(x) = 4x - \frac{3}{2} \cdot \sin(2x) + 2.$ ✓

3 Der Faktor e^x ist in allen drei Summanden enthalten und kann ausgeklammert werden.
$e^{3x} - 3e^{2x} - 4e^x = 0$
$e^x \cdot (e^{2x} - 3e^x - 4) = 0$
Da $e^x > 0$ gilt, muss gelten: $e^{2x} - 3e^x - 4 = 0$ ✓
Diese Gleichung kann durch Substitution $u = e^x$ gelöst werden.
$u^2 - 3u - 4 = 0$
$u_{1,2} = \frac{3 \pm \sqrt{9 - 4 \cdot 1 \cdot (-4)}}{2} = \frac{3 \pm 5}{2}$
$u_1 = 4$ und damit durch Resubstitution $x_1 = \ln(4)$;
$u_2 = -1$ ergibt keine weitere Lösung. ✓
Die Lösung der Gleichung ist $x = \ln(4)$. ✓

4 Folgende Bedingungen müssen erfüllt werden:
$f(x_0) = g(x_0)$ und $f'(x_0) \cdot g'(x_0) = -1$. ✓
$x^3 + \frac{1}{2}x = x^2 - 2x$
$x^3 - x^2 + \frac{5}{2}x = 0$
$x \cdot \left(x^2 - x + \frac{5}{2}\right) = 0$
Es ist $x_1 = 0$ die einzige Lösung, da $x_{2,3} = \frac{1 \pm \sqrt{1 - 10}}{2}$ keine weitere Lösung liefert, d.h. für $x = 0$ ist die Bedingung $f(x_0) = g(x_0)$ erfüllt. ✓
$f'(x) = 3x^2 + \frac{1}{2}$ und $f'(0) = \frac{1}{2}$.
$g'(x) = 2x - 2$ und $g'(0) = -2$. ✓
Da für $x = 0$ auch die Bedingung $f'(x_0) \cdot g'(x_0) = -1$ erfüllt ist, schneiden sich die beiden Graphen orthogonal. ✓

5 a) – Der Funktion f mit $f(x) = 3 + \frac{3}{x - a}$ kann das Schaubild 3 zugeordnet werden, da dies als einziges Schaubild eine senkrechte Asymptote bei $x = 3$ besitzt. ✓
– Der Funktion h mit $h(x) = 3 + b \cdot e^x$ kann das Schaubild 1 zugeordnet werden, da nur noch dieses Schaubild eine waagrechte Asymptote $y = 3$ für $x \to -\infty$ besitzt. ✓
– Der Funktion g mit $g(x) = cx^3 + 2$ kann das Schaubild 4 zugeordnet werden, da g bei $x = 0$ eine Wendestelle hat. Schaubild 2 zeigt bei $x = 0$ ein Maximum und kann deshalb ausgeschlossen werden. ✓
b) Die Polstelle der Funktion f erhält man, indem man den Nenner von f(x) gleich 0 setzt. $x - a = 0$; $x = a$. Zur Bestimmung von a setzt man dann die Polstelle mit der senkrechten Asymptote $x = 3$ gleich und erhält $a = 3$. ✓
Der Punkt (0 | 2) liegt auf dem Graphen von h. $h(0) = 2$ führt zu $3 + b \cdot e^0 = 2$ und $b = -1$. ✓

6 AB ist die Grundseite des Dreiecks ABC:

$\overrightarrow{AB} = \begin{pmatrix} 4 \\ 2 \\ -4 \end{pmatrix}$, $|\overrightarrow{AB}| = \left| \begin{pmatrix} 4 \\ 2 \\ -4 \end{pmatrix} \right| = \sqrt{4^2 + 2^2 + (-4)^2} = 6.$ ✓

Die Gerade g verläuft durch die Punkte A und B:

$g: \vec{x} = \begin{pmatrix} 1 \\ 3 \\ 2 \end{pmatrix} + t \cdot \begin{pmatrix} 4 \\ 2 \\ -4 \end{pmatrix}.$

Die Hilfsebene H ist senkrecht zur Gerade g und enthält den Punkt C:

$H: \left[\vec{x} - \begin{pmatrix} 6 \\ 2 \\ 2 \end{pmatrix}\right] \cdot \begin{pmatrix} 4 \\ 2 \\ -4 \end{pmatrix} = 0$ bzw. $H: 4x_1 + 2x_2 - 4x_3 = 20.$ ✓

Setzt man die Gleichung der Geraden g in die Ebenengleichung von H ein, erhält man $4 \cdot (1 + 4t) + 2 \cdot (3 + 2t) - 4 \cdot (2 - 4t) = 20$. Die Gleichung liefert $t = 0{,}5$ und damit den Schnittpunkt F der Hilfsebene H mit der Geraden g, den Lotfußpunkt $F(3\,|\,4\,|\,0)$.

CF ist die Höhe des Dreiecks ABC:

$\overrightarrow{CF} = \begin{pmatrix} -3 \\ 2 \\ -2 \end{pmatrix}$, $|\overrightarrow{CF}| = \left| \begin{pmatrix} -3 \\ 2 \\ -2 \end{pmatrix} \right| = \sqrt{17}.$ ✓

Damit folgt für den Flächeninhalt des Dreiecks ABC:

$A_\Delta = \frac{1}{2} \cdot |\overrightarrow{AB}| \cdot |\overrightarrow{CF}| = \frac{1}{2} \cdot 6 \cdot \sqrt{17} = 3 \cdot \sqrt{17}.$ ✓

7 Aus der Abbildung kann man die Spurpunkte ablesen: $S_1(3\,|\,0\,|\,0)$; $S_2(0\,|\,6\,|\,0)$ und $S_3(0\,|\,0\,|\,4)$.

Daraus ergibt sich eine Parametergleichung der Ebene E:

$\vec{x} = \begin{pmatrix} 3 \\ 0 \\ 0 \end{pmatrix} + r \cdot \begin{pmatrix} -3 \\ 6 \\ 0 \end{pmatrix} + s \cdot \begin{pmatrix} -3 \\ 0 \\ 4 \end{pmatrix}.$ ✓

Für den Normalenvektor $\vec{n}$ der Ebene E gilt dann: $\vec{n} = \begin{pmatrix} 4 \\ 2 \\ 3 \end{pmatrix}.$ ✓

Setzt man den Normalenvektor und den Ortsvektor des Spurpunktes S_1 in die Normalform ein, so ergibt sich:

$E: \left[\vec{x} - \begin{pmatrix} 3 \\ 0 \\ 0 \end{pmatrix}\right] \cdot \begin{pmatrix} 4 \\ 2 \\ 3 \end{pmatrix} = 0.$ Eine Koordinatengleichung von E ist dann:

$4x_1 + 2x_2 + 3x_3 = 12.$ ✓

8 a) Wahrscheinlichkeit für zwei Treffer:
$P(2\text{ Treffer}) = 0{,}9^2 = 0{,}81$ ✓
b) A: Der Spieler wirft 10-mal und trifft jedes Mal den Korb. ✓
B: Der Spieler wirft 20-mal auf den Korb und trifft dabei genau 18-mal den Korb. ✓

9 a) Die Funktionsgleichung muss vier zu bestimmende Parameter beinhalten, da vier Bedingungen erfüllt werden müssen, d.h. für den Lösungsansatz verwendet man eine ganzrationale Funktion vom Grad 3 mit den Parametern a, b, c und d. ✓
Die vier Bedingungen ergeben sich aus dem Schaubild: Funktionswert und Steigung des Graphen von f jeweils an den Stellen $x = 0$ und $x = 2$. ✓
b) Setzt man $c = 0$ und $d = 1$ in die beiden anderen Gleichungen ein, so erhält man: $8a + 4b = 1$ und $12a + 4b = 1$. Daraus folgt $a = 0$, $b = \frac{1}{4}$ sowie $c = 0$ und $d = 1$. ✓
Die Funktionsgleichung lautet dann: $f(x) = \frac{1}{4}x^2 + 1.$ ✓

Abiturähnliche Aufgaben – Pflichtteil 4, Seite 95

1 $f(x) = \frac{e^{-4x+1}}{x}$

$f'(x) = \frac{-4 \cdot e^{-4x+1} \cdot x - e^{-4x+1} \cdot 1}{x^2} = \frac{(-4x-1) \cdot e^{-4x+1}}{x^2}$ ✓✓

alternativer Lösungsweg: $f(x) = \frac{e^{-4x+1}}{x} = e^{-4x+1} \cdot x^{-1}$
$f'(x) = -4 \cdot e^{-4x+1} \cdot x^{-1} + e^{-4x+1} \cdot (-x^{-2})$

2 $\int_0^{\ln(3)} e^{3x}dx = \left[\frac{1}{3}e^{3x}\right]_0^{\ln(3)} = \frac{1}{3}e^{3\ln(3)} - \frac{1}{3}e^0 = \frac{1}{3}e^{\ln(3^3)} - \frac{1}{3}$
$= \frac{1}{3}e^{\ln(27)} - \frac{1}{3} = \frac{27}{3} - \frac{1}{3} = \frac{26}{3}$ ✓✓

3 $(x^2 - 9) \cdot (e^{2x} - 9) = 0$
$x^2 - 9 = 0$ für $x_1 = -3$ und $x_2 = 3$ ✓
$e^{2x} - 9 = 0 \quad e^{2x} = 9 \quad 2x = \ln(9) \quad x = \frac{1}{2}\ln(9) = \ln(3)$ ✓
Lösungsmenge $\{-3; \ln(3); 3\}$ ✓

4 a) Allgemeiner Lösungsansatz für eine periodische Funktion: $f(x) = a \cdot \sin(b(x - c)) + d$

Periode $p = 4$: $\quad b = \frac{2\pi}{p} = \frac{2\pi}{4} = \frac{\pi}{2}$

Wertebereich $[0; 2]$: $\quad a = \frac{2-0}{2} = 1 \quad d = \frac{2+0}{2} = 1$

Über eine Verschiebung des Graphen in x-Richtung werden in der Aufgabenstellung keine Angaben gemacht, deshalb kann man $c = 0$ wählen.
Eine mögliche Funktionsgleichung der Funktion f ist dann:

$f(x) = 1 \cdot \sin\left(\frac{\pi}{2}x\right) + 1.$ ✓✓

b) Eine im gesamten Definitionsbereich streng monoton fallende Funktion ist eine Zerfallsfunktion. Dies ergibt den Lösungsansatz: $g^*(x) = e^{kx}$ mit $k < 0$. Da über die Zerfallskonstante k keine Angaben gegeben sind, kann $k = -1$ gewählt werden.
Der Graph der Funktion g nähert sich für $x \to \infty$ der Geraden mit der Gleichung $y = 1$ an. Daraus folgt: $g(x) = g^*(x) + 1$.
Eine mögliche Funktionsgleichung der Funktion g ist dann:
$g(x) = e^{-x} + 1.$ ✓✓

5 a) Für die Funktion f mit $f(x) = (3x - a) \cdot e^x$ und $a > 0$ gilt:
$f(x) \to 0$ für $x \to -\infty$ und $f(x) \to \infty$ für $x \to +\infty$;
$f(0) = -a \cdot e^0 = -a < 0$.
Nur der Funktionsgraph in Abbildung (2) zeigt diese Eigenschaften. ✓✓
Für den Schnittpunkt des Graphen von f mit der y-Achse gilt: $S(0\,|\,-2)$.
Eingesetzt in die Funktionsgleichung folgt:
$f(0) = -a = -2$ und $a = 2$. ✓
b) Der Graph von f hat bei $x \approx -0{,}3$ einen Tiefpunkt. Somit muss die Ableitungsfunktion f' an dieser Stelle eine Nullstelle mit Vorzeichenwechsel von − nach + haben. Diese Eigenschaft zeigt der Graph in Abbildung (4). ✓
Die Integralfunktion J hat bei $x = 0$ eine Nullstelle, da $J(0) = 0$ gilt. Die Funktion f hat bei $x \approx -0{,}6$ eine Nullstelle. Folglich muss jede Stammfunktion von f und damit auch die Integralfunktion J an dieser Stelle eine Extremstelle haben. Diese Eigenschafen zeigt der Graph in Abbildung (1). ✓

6 Spurpunkte der Ebene E:
$S_1(3\,|\,0\,|\,0)$, $S_2(0\,|\,6\,|\,0)$ und $S_3(0\,|\,0\,|\,4{,}5)$
Spurpunkte der Ebene F:
$R_1(4\,|\,0\,|\,0)$, $R_2(0\,|\,4\,|\,0)$, F ist parallel zur x_3-Achse ✓

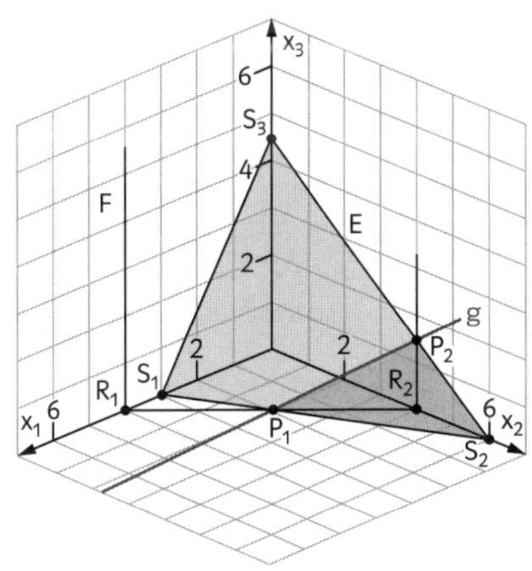

✓

Die Spurgeraden liegen in den Ebenen, die von den Koordinatenachsen aufgespannt werden und damit liegen auch die Schnittpunkte der Spurgeraden in den Koordinatenebenen und können aus der Abbildung abgelesen werden.
Schnittpunkt der Spurgeraden in der x_1x_2-Ebene: $P_1(2|2|0)$
Schnittpunkt der Spurgeraden in der x_2x_3-Ebene: $P_2(0|4|1{,}5)$ ✓
Die Punkte P_1 und P_2 liegen auf der Schnittgeraden.

Schnittgerade g: $\vec{x} = \begin{pmatrix} 2 \\ 2 \\ 0 \end{pmatrix} + r \cdot \begin{pmatrix} -2 \\ 2 \\ 1{,}5 \end{pmatrix}$ ✓

alternativer Lösungsweg: Die beiden Ebenengleichungen bilden ein lineares Gleichungssystem.
I $6x_1 + 3x_2 + 4x_3 = 18$
II $x_1 + x_2 = 4$
Wählt man $x_2 = t$, dann folgt aus Gleichung II: $x_1 = 4 - t$.
Setzt man dies in Gleichung I ein, folgt:
$6(4 - t) + 3t + 4x_3 = 18$
$24 - 3t + 4x_3 = 18$
$x_3 = -1{,}5 + 0{,}75t$ ✓
Die Schnittgerade entspricht dann der Lösungsmenge dieses Gleichungssystems.

g: $\vec{x} = \begin{pmatrix} x_1 \\ x_2 \\ x_3 \end{pmatrix} = \begin{pmatrix} 4 - t \\ t \\ -1{,}5 + 0{,}75t \end{pmatrix} = \begin{pmatrix} 4 \\ 0 \\ -1{,}5 \end{pmatrix} + t \cdot \begin{pmatrix} -1 \\ 1 \\ 0{,}75 \end{pmatrix}$. ✓

7 Die Geraden g und h sind parallel, da für die Richtungsvektoren gilt: $\begin{pmatrix} -5 \\ 4 \\ -3 \end{pmatrix} = -1 \cdot \begin{pmatrix} 5 \\ -4 \\ 3 \end{pmatrix}$.

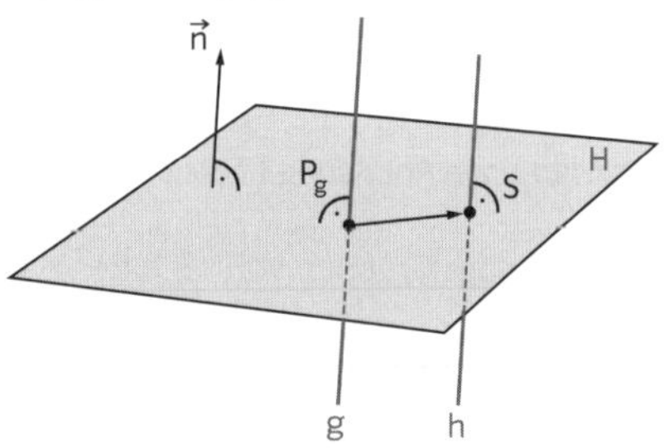

Die Hilfsebene H ist orthogonal zur Geraden h und der Stützpunkt $P_g(-1|1|7)$ der Geraden g liegt in der Ebene H.
Der Normalenvektor $\vec{n}$ der Hilfsebene H ist der Richtungsvektor der Geraden h.

H: $\left[\vec{x} - \begin{pmatrix} -1 \\ 1 \\ 7 \end{pmatrix}\right] \cdot \begin{pmatrix} 5 \\ -4 \\ 3 \end{pmatrix} = 0$ bzw. H: $5x_1 - 4x_2 + 3x_3 = 12$. ✓

Die Gerade h schneidet die Hilfsebene H im Punkt S:
$5 \cdot (-2 + 5s) - 4 \cdot (7 - 4s) + 3 \cdot (0 + 3s) = 12$ ✓
$-10 + 25s - 28 + 16s + 9s = 12$
$50s = 50$
$s = 1$

$\vec{s} = \begin{pmatrix} -2 \\ 7 \\ 0 \end{pmatrix} + 1 \cdot \begin{pmatrix} 5 \\ -4 \\ 3 \end{pmatrix} = \begin{pmatrix} 3 \\ 3 \\ 3 \end{pmatrix}$

Schnittpunkt $S(3|3|3)$ ✓
Der Abstand der Geraden g und h entspricht dem Abstand des Schnittpunktes S vom Stützpunkt P_g:

$d = \left|\overrightarrow{P_gS}\right| = \left|\begin{pmatrix} 3 - (-1) \\ 3 - 1 \\ 3 - 7 \end{pmatrix}\right| = \left|\begin{pmatrix} 4 \\ 2 \\ -4 \end{pmatrix}\right| = \sqrt{4^2 + 2^2 + (-4)^2} = 6$ ✓

Der Abstand der beiden Geraden g und h beträgt 6 LE.

8 a) A: genau ein Schuss trifft das Ziel
$P(A) = 0{,}4 \cdot 0{,}8 + 0{,}6 \cdot 0{,}2 = 0{,}32 + 0{,}12 = 0{,}44$ ✓
b) B: höchstens drei Torwandschüsse
$P(B) = 1 - P(\overline{B}) = 1 - 0{,}6^3 = 1 - 0{,}216 = 0{,}784$ ✓✓

9 Der Punkt P soll ein Punkt der Ebene E sein. Der Normalenvektor der Ebene E sei gegeben durch $\vec{n}$.

Dann ist $\vec{n}_0 = \frac{1}{|\vec{n}|} \cdot \vec{n}_0$ der Einheitsnormalenvektor.

Der Punkt Q mit $\overrightarrow{OQ} = \overrightarrow{OP} + 4 \cdot \vec{n}_0$ hat den Abstand 4 von der Ebene E und ist somit ein Punkt der gesuchten Ebene F. ✓
Die Ebene F ist parallel zur Ebene E, folglich ist $\vec{n}$ auch ein Normalenvektor der Ebene F. ✓
Eine Gleichung der Ebene F ist dann $\left(\vec{x} - \overrightarrow{OQ}\right) \cdot \vec{n} = 0$. ✓

Abiturähnliche Aufgaben – Wahlteil Analysis 1, Seite 97

1 a) Für die Nullstellen gilt $f_t(x_0) = 0$, also
$0 = \frac{1}{3}x^3 - 2t \cdot x^2 + 3t^2 \cdot x = \frac{1}{3}x \cdot (x^2 - 6t + 9t^2)$

Nullstellen $x_1 = 0$; $x_2 = 3t$ ✓
$f_t'(x) = x^2 - 4tx + 3t^2$ Die notwendige Bedingung $f_t'(x) = 0$ für Extremstellen gilt für die Werte t und 3t. ✓
$f_t''(x) = 2x - 4t$ Wegen $f_t''(t) = -2t < 0$ und $f_t(t) = \frac{4}{3}t^3$ ist der Hochpunkt $H\left(t\,\middle|\,\frac{4}{3}t^3\right)$ und wegen $f_t''(3t) = 2t > 0$ und $f_t(3t) = 0$ ist der Tiefpunkt bei $T(3t|0)$. ✓
Ortskurve g ermitteln: Hochpunkte mit $x = t$ und $y = \frac{4}{3}t^3$,
also g: $y = \frac{4}{3}x^3$, ✓
Ortskurve h: Tiefpunkte mit $y = 0$, also h: $y = 0$ ✓
b) Berechnung des eingeschlossenen Flächeninhalts:
$A = \int_0^6 f_2(x)\,dx = 36$ ✓
Der Flächeninhalt bis zum Hochpunkt ist $A_1 = \int_0^2 f_2(x)\,dx = \frac{44}{3}$.
Der Flächeninhalt von A_1 und A_2 muss also den Wert 18 haben.
A_2 wird aus dem rechtwinkligen Dreieck mit den Katheten $\frac{32}{3}$ und $k - 2$ berechnet. Es ist also $18 = \frac{44}{3} + \frac{1}{2} \cdot (k - 2) \cdot \frac{32}{3}$ $| \cdot 6$
$108 = 88 + 32 \cdot (k - 2)$
$20 = 32 \cdot (k - 2)$, also $k = \frac{21}{8} = 2{,}625$ und $S(2{,}625|0)$ ✓
Skizze:

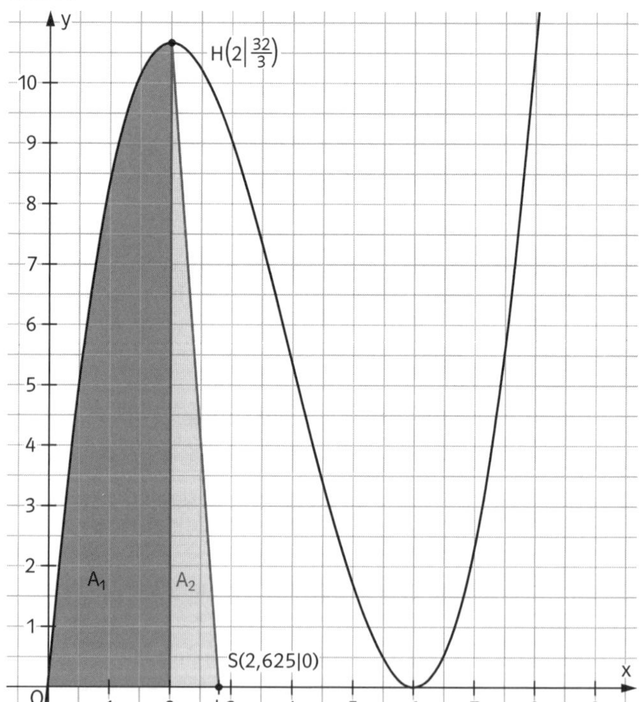

c) Wegen $f_2''(x) = 2x - 8 = 0$ kann die Wendestelle nur bei $x = 4$ liegen. $z = f_2(4) = \frac{64}{3} - 64 + 48 = \frac{16}{3}$

Mit dem GTR wird die Stelle u im Intervall [0; 4] bestimmt, für die $f_2(u) = \frac{16}{3}$ gilt. ✓ Ergebnis: u = 0,5359
Die Längen der Rechteckseiten sind 4 − 0,5359 = 3,4641 und $\frac{16}{3} \approx 5{,}3333$. ✓

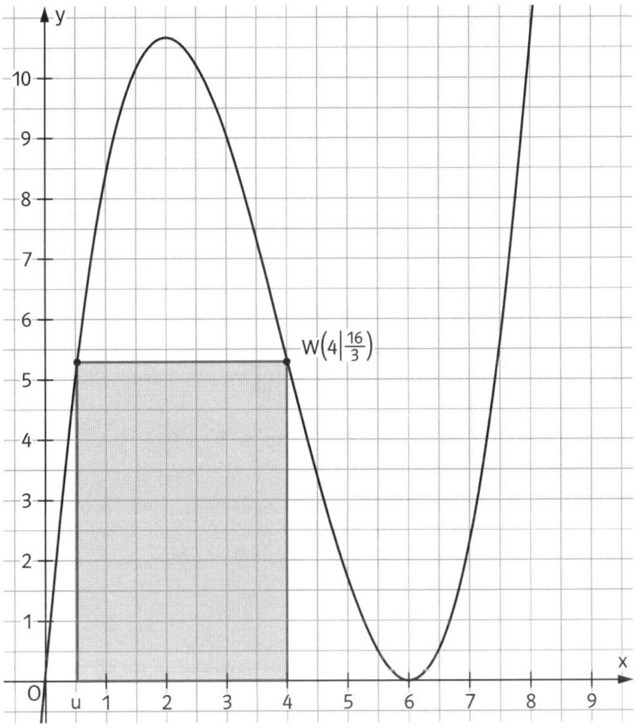

2 a) Wegen der fünf Forderungen f(0) = 2, f(−4) = 0, f(4) = 0, f′(−4) = 0 und f′(4) = 0 ist eine ganzrationale Funktion 4. Grades erforderlich. Aufgrund der Symmetrie genügt der Ansatz
$f(x) = ax^4 + bx^2 + 2$. ✓
$f(4) = 0$: $256a + 16b + 2 = 0$
$f'(4) = 0$: $256a + 8b = 0$ ✓ mit der Lösung $a = \frac{1}{128}$ und $b = -\frac{1}{4}$
Die gesuchte Funktion f hat die Funktionsvorschrift
$f(x) = \frac{1}{128}x^4 - \frac{1}{4}x^2 + 2$. ✓

b) 1. Schritt: Abstandsfunktion aufstellen: $a(x) = \sqrt{x^2 + [f(x)]^2}$ ✓
2. Schritt: Minimum ermitteln ✓
3. Schritt: Vergleich: Um die Forderung zu erfüllen, muss das Minimum größer als 1,8 sein. ✓

Abiturähnliche Aufgaben – Wahlteil Analysis 2, Seite 98

1 a) Der Graph von f_2 beschreibt die Änderungsrate der Staulänge für a = 2: $f_2(t) = 0{,}5t^3 - 3t^2 + 4t$.
Graph ✓

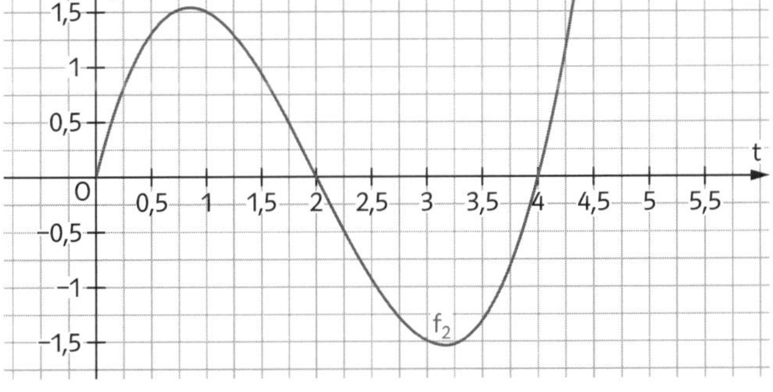

Positive Funktionswerte: Positive Werte der Änderungsrate der Staulänge bedeuten eine Zunahme der Staulänge. Negative Funktionswerte: Negative Werte der Änderungsrate der Staulänge bedeuten eine Abnahme der Staulänge. ✓

Die schnellste Zunahme der Staulänge entspricht dem Hochpunkt des Graphen von f_2.
Eine Untersuchung des Funktionsgraphen mit dem GTR ergibt:
$H(0{,}85\,|\,1{,}54)$; $0{,}85\,h \cdot 60\frac{min}{h} \approx 51\,min$.

Die maximale Zunahme der Staulänge wird um 6.51 Uhr erreicht. ✓
Die maximale Staulänge wird zu dem Zeitpunkt erreicht, an dem die Änderungsrate der Staulänge 0 ist und einen Vorzeichenwechsel von + nach − aufweist.
$f_2(t) = 0$ mit VZW von + nach − für t = 2. Um 8.00 Uhr ist die Staulänge maximal. ✓
Berechnung der Staulänge L mit dem GTR: $L = \int_{t=0}^{t=2} f_2(t)\,dt = 2{,}0$
Die maximale Staulänge beträgt 2,0 km. ✓
b) Die Staulänge wird durch eine Stammfunktion $F_a(t)$ von $f_a(t)$ angegeben.
$F_a(t) = 0{,}125t^4 - 0{,}5at^3 + 0{,}5a^2t^2 + c$ ✓
$F_a(0) = 0$ für c = 0.
Staulänge zum Zeitpunkt t: $F_a(t) = 0{,}125t^4 - 0{,}5at^3 + 0{,}5a^2t^2$ ✓
$F_a(2) = 3$, d.h. $3 = 0{,}125 \cdot (2)^4 - 0{,}5a \cdot (2)^3 + 0{,}5a^2 \cdot (2)^2$.
Die Lösungen dieser Gleichung können mit dem GTR bestimmt werden: Die Lösungen der Gleichung sind
$a_1 \approx 2{,}22$ und $a_2 \approx -0{,}22$. Da jedoch a > 0 vorgegeben ist, ist $a_1 \approx 2{,}22$ die einzige sinnvolle Lösung.
Für $a \approx 2{,}22$ beträgt zum Zeitpunkt 8.00 Uhr die Staulänge 3,0 km. ✓
c) Die Abnahme der Staulänge ist insgesamt größer als die vorherige gesamte Zunahme der Staulänge, so dass sich für die Staulänge auch negative Werte ergeben würden. Negative Werte machen jedoch für die Staulänge keinen Sinn, so dass die Änderungsrate der Staulänge nicht durch die Funktion g beschrieben werden kann. ✓✓

2 Der Flächeninhalt zwischen dem Graphen von f und der x-Achse beträgt $A = \int_{-\pi}^{\pi} f(x)\,dx = 4$ FE. ✓

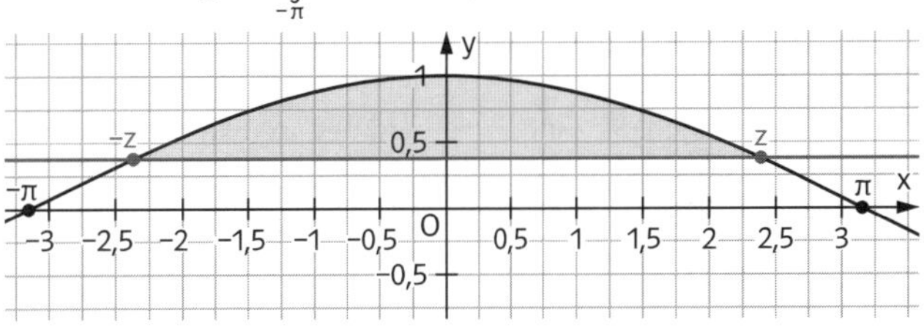

Diese Fläche wird durch die Parallele zur x-Achse mit der Gleichung y = cos(0,5z) halbiert. Der Flächeninhalt zwischen dem Graphen von f und der Parallelen im Intervall [−z; z] beträgt folglich 2 FE (siehe eingefärbte Fläche in der Abbildung).
Damit gilt: $\int_{-z}^{z} (f(x) - f(z))\,dx = \int_{-z}^{z} (\cos(0{,}5x) - \cos(0{,}5z))\,dx = 2$. ✓
Der Term cos(0,5z) ist eine Konstante. Bildet man eine Stammfunktion und setzt die Grenzen ein, so folgt:
$[2\sin(0{,}5x) - \cos(0{,}5z) \cdot x]_{-z}^{z} = 2$ ✓
$[2\sin(0{,}5z) - \cos(0{,}5z) \cdot z] - [2\sin(-0{,}5z) - \cos(0{,}5z) \cdot (-z)] = 2$ ✓
Mit dem GTR erhält man eine Lösung dieser Gleichung:
$z \approx 2{,}40$. ✓

Abiturähnliche Aufgaben – Wahlteil Analysis 3, Seite 99

1 a) Setzt man die Werte t = 4 und y = 8,83 in die Funktionsgleichung $f_a(t) = a \cdot t \cdot e^{-0{,}25t}$ ein, so ergibt sich die Gleichung:
$f_a(4) = a \cdot 4 \cdot e^{-0{,}25 \cdot 4} = 8{,}83$
$a \cdot 4 \cdot e^{-1} = 8{,}83$
$a = \frac{8{,}83 \cdot e}{4} \approx 6{,}00$

Für a = 6 ergibt sich vier Stunden nach der Einnahme eine Wirkstoffkonzentration von 8,83 mg/l. ✓

Graph der Funktion f_6: ✓

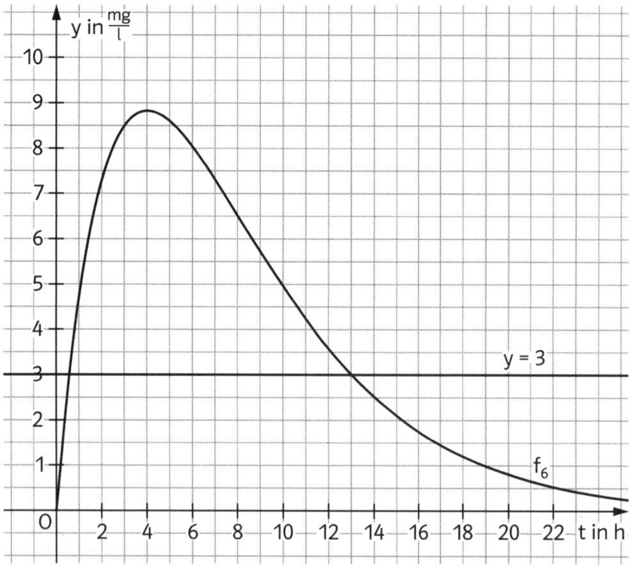

Mittlere Wirkstoffkonzentration im Zeitintervall [0; 24], Berechnung mit dem GTR:

$m = \frac{1}{24-0}\int_0^{24} f(t)\,dt \approx 3{,}93$

Die mittlere Wirkstoffkonzentration in den ersten 24 Stunden nach der Einnahme beträgt ca. 3,93 mg/l. ✓

Schneidet man den Graphen der Funktion f_6 mit der Geraden y = 3, so erhält man mit dem GTR: $t_1 \approx 0{,}58$ und $t_2 \approx 13{,}05$;

$t_2 - t_1 = 13{,}05 - 0{,}58 \approx 12{,}47$.

Für ungefähr $12\frac{1}{2}$ Stunden ist die Wirkstoffkonzentration im Blut über 3 mg/l. ✓

Der Zeitpunkt, an dem der Wirkstoff am stärksten abgebaut wird, ist der Zeitpunkt, bei dem die momentane Änderungsrate den größten negativen Wert annimmt. Dies entspricht dem Minimum der Ableitungsfunktion f_6'.

Mit dem GTR erhält man $t_3 = 8{,}00$.

Acht Stunden nach der Einnahme wird der Medikamentenwirkstoff am stärksten abgebaut. ✓

b) Ableitungsfunktion der Funktionenschar f_a:

$f_a'(t) = a \cdot e^{-0{,}25t} + a \cdot t \cdot e^{-0{,}25t} \cdot (-0{,}25)$

$f_a'(t) = a \cdot e^{-0{,}25t} \cdot (1 - 0{,}25t)$ ✓

Es ist $f_a'(t) = 0$ für t = 4; außerdem gilt: $a \cdot e^{-0{,}25t} > 0$ für alle Werte von t, der Faktor (1 − 0,25 t) hat bei t = 4 einen Vorzeichenwechsel von + nach −. Folglich ist jede Funktion f_a an der Stelle t = 4 maximal. ✓

Da die maximale Wirkstoffkonzentration im Blut nach 4 Stunden erreicht wird, muss $f_a(4) \le 15$ gelten.

$a \cdot 4 \cdot e^{-0{,}25 \cdot 4} = a \cdot 4 \cdot e^{-1} \le 15$ für $a \le 10{,}19$.

Die verabreichte Dosierung sollte nicht größer als 10,19 sein. ✓

c) Damit $F_a(t) = -4a \cdot (t + 4) \cdot e^{-0{,}25t}$ eine Stammfunktion von f_a ist, muss $F_a'(t) = f_a(t)$ gelten.

$F_a(t) = -4a \cdot t \cdot e^{-0{,}25t} - 16a \cdot e^{-0{,}25t}$

$F_a'(t) = -4a \cdot e^{-0{,}25t} - 4a \cdot t \cdot e^{-0{,}25t} \cdot (-0{,}25) - 16a \cdot e^{-0{,}25t} \cdot (-0{,}25)$

$= -4a \cdot e^{-0{,}25t} + a \cdot t \cdot e^{-0{,}25t} + 4a \cdot e^{-0{,}25t}$

$= a \cdot t \cdot e^{-0{,}25t}$

$= f_a(t)$ ✓✓

Für die mittlere Wirkstoffkonzentration $m_a(s)$ in den ersten s Stunden nach der Einnahme des Medikaments gilt:

$m_a(s) = \frac{1}{s-0} \cdot \int_0^s f_a(t)\,dt = \frac{1}{s} \cdot (F_a(s) - F_a(0))$

$= \frac{1}{s} \cdot [(-4a \cdot (s+4) \cdot e^{-0{,}25 \cdot s}) - (-4a \cdot (0+4) \cdot e^{-0{,}25 \cdot 0})]$

$= \frac{1}{s} \cdot [(-4a \cdot (s+4) \cdot e^{-0{,}25 \cdot s}) + 16a]$ ✓✓

2 Bestimmung benachbarter Schnittpunkte mit der x-Achse:

$1 - \cos(x) = 0$, z. B. für $x_1 = 0$ und $x_2 = 2\pi$. ✓

Ableitungsfunktion g': $g'(x) = \sin(x)$.

Berechnung der Kurvenlänge im Intervall [0; 2π] mithilfe des GTR:

$L = \int_0^{2\pi} \sqrt{1 + (\sin(x))^2}\,dx \approx 7{,}64$ ✓✓

Die Kurvenlänge der Funktion g zwischen zwei benachbarten Schnittpunkten mit der x-Achse ist ungefähr 7,64 LE.

Abiturähnliche Aufgaben – Wahlteil Analytische Geometrie/ Stochastik 1, Seite 100

1 a) g: $\vec{x} = \begin{pmatrix}2\\6\\0\end{pmatrix} + r\begin{pmatrix}2\\1\\-2\end{pmatrix}$; A liegt in E: 8 + 12 = 20 und B liegt in E: 10 + 10 = 20; ✓ Länge von $\overline{AB}$: $\sqrt{4+1+4} = 3$

Koordinaten von M(1 | 5,5 | 1). ✓

b) Spurpunkte (5 | 0 | 0), (0 | 10 | 0), (0 | 0 | 4). + Zeichnung ✓✓

Orthogonale in E zu g in M: Richtungsvektor $\begin{pmatrix}v_1\\v_2\\v_3\end{pmatrix}$ senkrecht zu Normalenvektor und senkrecht zu Richtungsvektor von g:

$4v_1 + 2v_2 + 5v_3 = 0$ und $2v_1 + v_2 - 2v_3 = 0$ ergibt

$v_3 = 0$; $v_1 = 1$; $v_2 = -2$;

Gleichung der Geraden g_1: $\vec{x} = \begin{pmatrix}1\\5{,}5\\1\end{pmatrix} + s\begin{pmatrix}1\\-2\\0\end{pmatrix}$ ✓

Flächeninhalt des Dreiecks $F = \frac{1}{2} \cdot 3 \cdot h$; $h = \frac{2}{3} \cdot 3\sqrt{5}$

Länge des Richtungsvektors von g_1: $l = \sqrt{5}$; $\frac{h}{l} = \frac{2\sqrt{5}}{\sqrt{5}} = 2$;

also ist C(3 | 1,5 | 1) oder C(−1 | 9,5 | 1).

Wegen x_1 positiv ist der gesuchte Punkt C(3 | 1,5 | 1). ✓

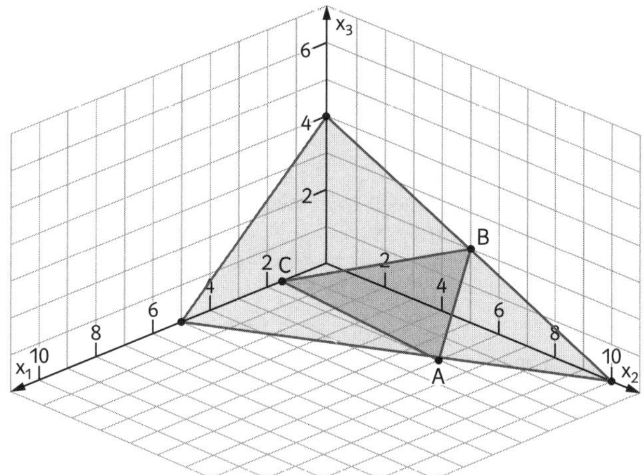

c) Einsetzen eines Punktes S auf h (3 + t | 1,5 | 1 + t) in E ergibt:

4(3 + t) + 3 + 5(1 + t) = 20; t = 0 also T = C.

$|\overrightarrow{AS}|^2 = (t+1)^2 + 4{,}5^2 + (t+1)^2 = 2t^2 + 4t + 22{,}25$;

$|\overrightarrow{BS}|^2 = (t+3)^2 + 3{,}5^2 + (t-1)^2 = 2t^2 + 4t + 22{,}25$. ✓

$F = \frac{1}{2} \cdot 3 \cdot |\overrightarrow{SM}| = \frac{3}{2}\sqrt{(-2-t)^2 + 16 + (-t)^2} = \frac{3}{2}\sqrt{20 + 4t + 2t^2}$ ✓

in GTR ergibt Minimum bei t = −1 oder Rechnung mit Ableitung. S(2 | 1,5 | 0). ✓

d) Hesse'sche Normalenform von E: $\frac{1}{\sqrt{45}}\left(\vec{x} - \begin{pmatrix}2\\6\\0\end{pmatrix}\right) \cdot \begin{pmatrix}4\\2\\5\end{pmatrix} = 0$;

$d = \left|\frac{1}{\sqrt{45}}(-9)\right| = \frac{3}{\sqrt{5}}$; ✓

$V = \frac{1}{3}F \cdot d = \frac{1}{3} \cdot 3 \cdot \sqrt{5} \cdot \frac{3}{\sqrt{5}} = 3$. ✓

2 a) X sei die Anzahl mangelhafter Fliesen. X_i ist binomialverteilt mit $n = 300$ und $p = 0{,}05$: $P(A) = P(X < 20) \approx 0{,}8810$ ✓
b) $P(B) = P(\text{höchstens 10 Fliesen mangelhaft}) = P(X \leq 10)$
$= F_{240;\,0{,}05}(10) \approx 0{,}3418$ ✓
c) $n = 200$; $p = 0{,}01$ $P(X \geq 6) = 1 - P(X \leq 5) \approx 0{,}0160$
Ansatz ✓ Lösung ✓

Abiturähnliche Aufgaben – Wahlteil Analytische Geometrie/ Stochastik 2, Seite 101

1 a) Die weiteren Eckpunkte des Quaders lauten D(0 | 5 | 0), F(3 | 0 | 6), G(3 | 5 | 6) und H(0 | 5 | 6). Zeichnung ✓.
Mit einer Punktprobe findet man, dass B und C in der Ebene E_1 liegen.
Aus dem Satz des Pythagoras ergibt sich für den Punkt P auf der x_3-Achse: $\overrightarrow{AB}^2 + \overrightarrow{AP}^2 = \overrightarrow{BP}^2 = \overrightarrow{BC}^2$; $3^2 + \overrightarrow{AP}^2 = 5^2$.
Daraus ergibt sich P(0 | 0 | 4) auf der Ebene E_2. ✓
Mit den Punkten B, C und P ergibt sich durch Punktprobe in die Ebenengleichung E_2: $a x_1 + b x_2 + c x_3 = d$ folgendes Gleichungssystem: $3a = d$; $3a + 5b = d$; $4c = d$;
Man wählt z. B. $a = 4$, dann ergibt sich E_2: $4x_1 + 3x_3 = 12$. ✓✓
Der gesuchte Winkel ist der Winkel zwischen den Normalenvektoren:
$\cos(\alpha) = \frac{0 \cdot 4 + 0 \cdot 0 + 1 \cdot 3}{5} = 0{,}6$; $\alpha \approx 53{,}1°$. ✓

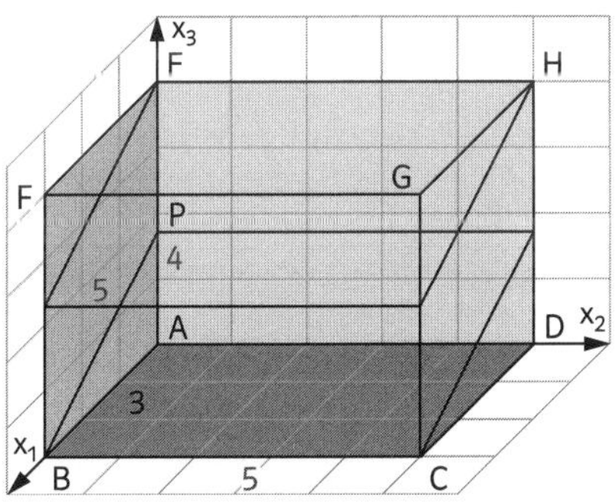

b) Da die Ebenen parallel zu E_3 sein sollen, ist der Normalenvektor dieser Ebenen der von E_3. F_t: $4x_1 + 3x_3 = t$. ✓
Die eine maximale Lage ist die Ebene F_{12}, weil diese die Kante $\overline{BC}$ enthält. Die andere muss die Kante $\overline{EH}$ enthalten. Punktprobe mit E ergibt $t = 18$. Es gilt also:
$12 \leq t \leq 18$. ✓
Zur Berechnung des Abstandes bestimmt man die Hesse'sche Normalenform von F_{12}: $\frac{1}{5}\left(\vec{x} - \begin{pmatrix} 3 \\ 0 \\ 0 \end{pmatrix}\right) \cdot \begin{pmatrix} 4 \\ 0 \\ 3 \end{pmatrix} = 0$ und erhält den Anstand des Punktes E von dieser Ebene
$d(F_{12}; F_{18}) = 1{,}2$. ✓

2 a) $P(A) = p = \frac{1}{20} \cdot \frac{1}{60} = \frac{1}{1200}$ ✓
b) $P(B) = \left(\frac{19}{20}\right)^4 \cdot \frac{1}{20} \approx 0{,}0407$ ✓
c) Höchstens 2 Anrufe = Erfolg beim 1. Anruf oder Erfolg beim 2. Anruf
X: Anzahl der Anrufe
$q = \frac{1199}{1200} \approx 0{,}999167$

$P(X \leq 2) = 1 - P(X > 2)$	Oder: Höchstens 2 Anrufe:
$= 1 - q^2 \approx 0{,}0017$ ✓	$P(X \leq 2) = p + q \cdot p \approx 0{,}0017$
$P(X \leq 3) = 1 - P(X > 3)$	Höchstens 3 Anrufe:
$= 1 - q^3 \approx 0{,}0025$ ✓	$P(X \leq 3) = p + q \cdot p + q^2 \cdot p \approx 0{,}0025$
$P(X \leq n) = 1 - P(X > n)$	Höchstens n Anrufe:
$= 1 - q^n$ ✓	$P(X \leq n) = p + q \cdot p + q^2 \cdot p + \ldots + q^{n-1} \cdot p$
	$= p \cdot (1 + q + q^2 + q^3 + \ldots + q^{n-1}) = p \cdot \frac{q^{n-1}}{q-1}$
	$= 1 - q^n$

d) $1 - q^n \geqq 0{,}9$ ✓ $q^n \leq 0{,}1$ $n \geq \frac{\ln(0{,}1)}{\ln(0{,}999167)} = 2761{,}95$ ✓
Es sind also 2762 Anrufe erforderlich, um mit 90 % Wahrscheinlichkeit dem Sender das Lösungswort mitteilen zu können.

Abiturähnliche Aufgaben – Wahlteil Analytische Geometrie/ Stochastik 3, Seite 102

1 a) Die Flugbahn von F_1 hat die Gleichung g: $\vec{x} = \begin{pmatrix} 3 \\ 5 \\ 2 \end{pmatrix} + t \cdot \begin{pmatrix} -4 \\ 4 \\ 1 \end{pmatrix}$,
(t in Minuten nach Beobachtungsbeginn)
Für $t = 3$ ergibt sich der Punkt P(−9 | 17 | 5). ✓
Für $x_3 = 6$ befindet sich F_1 für $2 + t \cdot 1 = 6$, also nach $t = 4$ Minuten, in einer Höhe von 6 km. ✓
Der Richtungsvektor von g ist der Geschwindigkeitsvektor für F_1. Demnach hat F_1 eine Geschwindigkeit von $v = \sqrt{(-4)^2 + 4^2 + 1^2} = \sqrt{33}\,\frac{\text{km}}{\text{min}}$, also $v = \sqrt{33} \cdot 60\,\frac{\text{km}}{\text{h}} \approx 345\,\frac{\text{km}}{\text{h}}$ ✓
Die Flugbahn von F_2 hat (mit normiertem Richtungsvektor, d. h. der Richtungsvektor hat die Länge 1 [in km]) die Gleichung h:
$\vec{x} = \begin{pmatrix} -1 \\ 3 \\ 3 \end{pmatrix} + r \cdot \begin{pmatrix} \frac{2}{3} \\ -\frac{2}{3} \\ \frac{1}{3} \end{pmatrix}$. Da F_2 in einer Minute 5 km zurücklegt, befindet sich dieses Flugzeug demnach nach einer Minute ($r = 5$) im Punkt $Q\left(\frac{7}{3} \,\middle|\, -\frac{1}{3} \,\middle|\, \frac{14}{3}\right)$. ✓
b) g ∩ h: Die Vektorgleichung $\begin{pmatrix} 3 \\ 5 \\ 2 \end{pmatrix} + t \cdot \begin{pmatrix} -4 \\ 4 \\ 1 \end{pmatrix} = \begin{pmatrix} -1 \\ 3 \\ 3 \end{pmatrix} + s \cdot \begin{pmatrix} 2 \\ -2 \\ 1 \end{pmatrix}$ bzw. das sich daraus ergebende lineare Gleichungssystem hat keine Lösung. Die Geraden g und h sind damit windschief. ✓
Für jedes t ist $G_t(3 - 4t \mid 5 + 4t \mid 2 + t)$ ein Punkt auf g und für jedes s ist $H_s(-1 + 2s \mid 3 - 2s \mid 3 + s)$ ein Punkt auf h.
Also ist $\overrightarrow{G_tH_s} = \begin{pmatrix} -4 + 2s + 4t \\ -2 - 2s - 4t \\ 1 + s - t \end{pmatrix}$ und $\begin{pmatrix} -4 + 2s + 4t \\ -2 - 2s - 4t \\ 1 + s - t \end{pmatrix} \cdot \begin{pmatrix} -4 \\ 4 \\ 1 \end{pmatrix} = 0$
und $\begin{pmatrix} -4 + 2s + 4t \\ -2 - 2s - 4t \\ 1 + s - t \end{pmatrix} \cdot \begin{pmatrix} 2 \\ -2 \\ 1 \end{pmatrix} = 0$.
Dies führt auf das LGS (1) $15s + 33t = 9$ und (2) $9s + 15t = 3$ mit den Lösungen $s = -0{,}5$ und $t = 0{,}5$. Der Abstand von g und h ist damit gleich dem Abstand von G(1 | 7 | 2,5) und H(−2 | 4 | 2,5), also $d = \sqrt{(1 - (-2))^2 + (7 - 4)^2 + 0^2} = 3\sqrt{2} \approx 4{,}24$ km. ✓
Nach drei Minuten befindet sich F_1 in (−9 | 17 | 6) und F_2 in $(-1 + 5 \cdot 2 \mid 3 + 5 \cdot (-2) \mid 3 + 5 \cdot 1) = (9 \mid -7 \mid 8)$. Der Abstand der beiden Flugzeuge beträgt demnach nach drei Minuten
$d_{F_1,F_2}(3) = \sqrt{(9 - (-9))^2 + (-7 - 17)^2 + (8 - 6)^2} = 2\sqrt{226}$
≈ 30 km. ✓
Bezeichnet man mit t die Zeit in Minuten nach Beobachtungsbeginn, so befindet sich F_2 nach t Minuten im Punkt X mit dem Ortsvektor $\vec{x} = \begin{pmatrix} -1 \\ 3 \\ 3 \end{pmatrix} + t \cdot 5 \begin{pmatrix} \frac{2}{3} \\ -\frac{2}{3} \\ \frac{1}{3} \end{pmatrix}$. Der Abstand der Flugzeuge ist daher $d_{F_1,F_2}(t) = W\left(3 - 4t - \left(-1 + \frac{10}{3}t\right)\right)^2 + \left(5 + 4t - \left(3 - \frac{10}{3}t\right)\right)^2$
$+ \left(2 + t - \left(3 + \frac{5}{3}t\right)\right)^2 = \sqrt{108 \cdot t^2 - 28 \cdot t + 21}$. Das Minimum von $d_{F_1,F_2}(t)$ ergibt sich für $t = \frac{7}{54}$ (GTR). Der minimale Abstand der beiden Flugzeuge ist daher $d_{F_1,F_2}\left(\frac{7}{54}\right) = 4{,}38$ km. ✓

c) Situation:

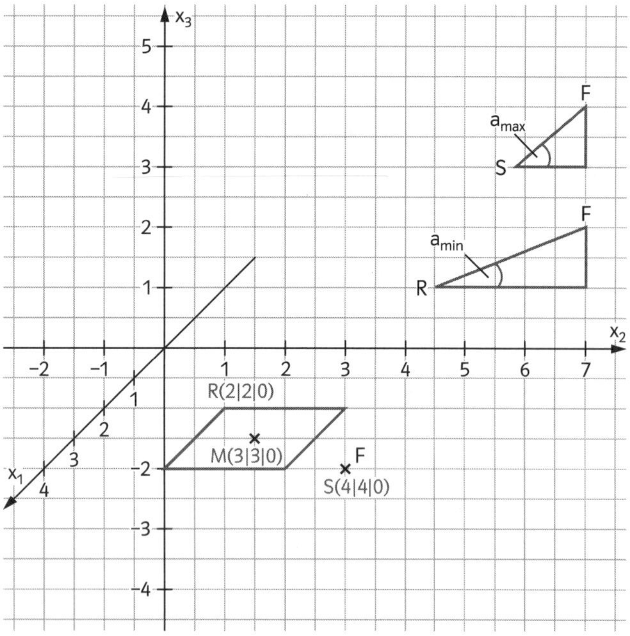

Der maximale Blickwinkel α_{max} ergibt sich für den von F am nächstgelegenen Punkt S. Es gilt: $\tan(\alpha_{max}) = \frac{1}{\sqrt{2^2 + 2^2}} = \frac{1}{4} \cdot \sqrt{2}$.

Damit ist $\alpha_{max} = 19{,}5°$

Der minimale Blickwinkel α_{min} ergibt sich für den von F am weitest weg gelegenen Punkt R. Es gilt:

$\tan(\alpha_{min}) = \frac{1}{\sqrt{4^2 + 4^2}} = \frac{1}{8} \cdot \sqrt{2}$. Damit ist $\alpha_{min} = 10°$

Alternativer Lösungsweg:

Berechnung von α_{max}: Schnittwinkel der Geraden g durch S und F mit der x_1x_2-Ebene:

$\sin(\alpha_{max}) = \frac{\begin{pmatrix} 2 \\ 2 \\ 1 \end{pmatrix} \cdot \begin{pmatrix} 0 \\ 0 \\ 1 \end{pmatrix}}{\sqrt{9} \cdot \sqrt{1}} = \frac{1}{3}$. Damit $\alpha_{max} = 19{,}5°$

Berechnung von α_{min}: Schnittwinkel der Geraden h durch R und F mit der x_1x_2-Ebene:

$\sin(\alpha_{min}) = \frac{\begin{pmatrix} 4 \\ 4 \\ 1 \end{pmatrix} \cdot \begin{pmatrix} 0 \\ 0 \\ 1 \end{pmatrix}}{\sqrt{33} \cdot \sqrt{1}} = \frac{1}{\sqrt{33}}$. Damit $\alpha_{min} = 10°$

Bemerkung: Die Augenhöhe des Beobachters ist vernachlässigbar.

2 a) X ist die Anzahl ausfallender Glühlampen. X ist binomialverteilt mit $n = 18$ und $p = 0{,}05$. Gesucht ist $P(X < 3) = P(X \leq 2) \approx 0{,}9419$ Ansatz ✓ Lösung ✓

b)

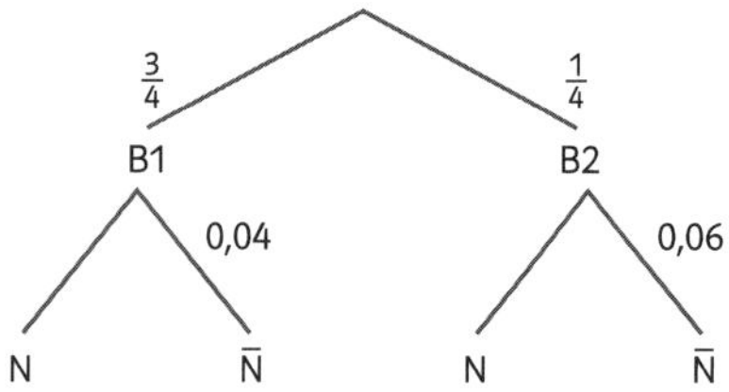

✓

$\frac{0{,}75 \cdot 0{,}04}{0{,}75 \cdot 0{,}04 + 0{,}25 \cdot 0{,}06} \approx 0{,}66667$, also ein Anteil von 66,67%. ✓

Register

Die Seitenangaben in Schwarz verweisen auf die Aufgabenseiten, die Seitenangaben in Orange auf Basisfertigkeiten-Seiten.